Stark / Wicht · Geschichte der Baustoffe

Jochen Stark · Bernd Wicht

Geschichte der Baustoffe

Bauverlag · Wiesbaden und Berlin

Die Deutsche Bibliothek – CIP-Einheitsaufnahme

Stark, Jochen:
Geschichte der Baustoffe / Jochen Stark ; Bernd Wicht. - Wiesbaden ;
Berlin : Bauverl., 1998
   ISBN 978-3-322-92893-1   ISBN 978-3-322-92892-4 (eBook)
   DOI 10.1007/978-3-322-92892-4

Folgenden Firmen danken wir für die freundliche Unterstützung:
Dyckerhoff Zement GmbH
Heidelberger Bauchemie
Lafarge Zement GmbH
READYMIX Zement
WOERMANN Bauchemie GmbH & Co. KG

Das Werk ist urheberrechtlich geschützt. Jede Verwendung auch von Teilen außerhalb des Urheberrechtsgesetzes ist ohne schriftliche Zustimmung des Verlags unzulässig und strafbar. Dies gilt insbesondere für Vervielfältigungen, Übersetzungen, Mikroverfilmungen sowie die Einspeicherung und Verarbeitung in elektronischen Systemen.
Autor(en) bzw. Herausgeber, Verlag und Herstellungsbetrieb(e) haben das Werk nach bestem Wissen und mit größtmöglicher Sorgfalt erstellt. Gleichwohl sind sowohl inhaltliche als auch technische Fehler nicht vollständig auszuschließen.

© 1998 Bauverlag GmbH, Wiesbaden und Berlin
Softcover reprint of the hardcover 1st edition 1998

ISBN 978-3-322-92893-1

Vorwort

Um ein Wissensgebiet besser zu verstehen und notwendige Schlußfolgerungen für gegenwärtiges Handeln zu ziehen, ist es immer nützlich, einen Blick in die Vergangenheit zu werfen. Die vorliegende „Geschichte der Baustoffe" ist insbesondere für Studierende der Fachrichtungen Bauingenieurwesen, Werkstoffwissenschaften (Baustoffe) und Architektur gedacht. Fachleute der genannten Richtungen sollten interessante Einzelheiten finden und technikgeschichtlich interessierte Nichtfachleute einen Eindruck von diesem Gebiet bekommen. Angesichts der Fülle des zu diesem Thema zusammengetragenen und veröffentlichten Materials, kann hier natürlich keine alles umfassende Darstellung der Baustoffgeschichte vorgelegt werden. Es wird vielmehr versucht, wichtige Etappen und Episoden der Entwicklung, Herstellung und Anwendung von Baustoffen anhand der vorliegenden Literatur zusammenzufassen. Die sicher subjektive Auswahl der verwendeten Literatur ist in erster Linie darauf zurückzuführen, daß wir Baustoffingenieure und keine Historiker sind.

Bei der uns selbst gestellten Beschränkung auf einen bestimmten Umfang mußte natürlich auf vieles, was auch einer Darstellung wert gewesen wäre, verzichtet werden. Die den einzelnen Kapiteln vorangestellten Übersichten sollen den schnellen Überblick über bestimmte Zeiträume erleichtern. Auch diese Übersichten enthalten nur einige markante und bedeutsame Höhepunkte der Baustoffgeschichte.

Die neuere Geschichte, insbesondere das 20. Jahrhundert, wurde bewußt zum Teil nur gestreift, da eine auch nur annähernd vollständige Beschreibung der rasanten Entwicklung bei der gebotenen Kürze nicht möglich ist. Es sollen vielmehr die Wurzeln der Baustoffherstellung und -anwendung herausgestellt werden.

Die „Geschichte der Baustoffe" soll beitragen, Geschichtsbewußtsein zu wecken und zum besseren Verständnis der Zusammenhänge der Baustoffentwicklung und der Tatsache, daß der Baustoff die Grundlage alles Bauens ist, dienen. Schließlich sind die Baustoffe als die Werkstoffe des Bauwesens heute mit ca. 100 Mrd. DM pro Jahr Umsatz in den baustoffproduzierenden Betrieben Deutschlands ein gewichtiger Wirtschaftsfaktor.

Inhaltsverzeichnis

1. Einführung 9
2. Natursteine 16
3. Ziegel 36
4. Gips und Kalk 53
5. Portlandzement 64
6. Beton 77
7. Bituminöse Baustoffe 94
8. Metalle 104
9. Holz 119
10. Glas 128
11. Kunststoffe 140
12. Baustoffprüfung 147
13. Zusatzmittel und Zusatzstoffe 157
14. Zeittafeln 175
    Literaturverzeichnis 195
    Bildnachweis 205

1. Einführung

Für die Geschichte der Technik und für die Geschichte jeder Fachwissenschaft und jedes Industrie- und Branchenzweiges gilt der hinsichtlich der allgemeinen Geschichte anerkannte Satz:

„Wir müssen die Vergangenheit kennen, um die Gegenwart zu verstehen und die Zukunft zu meistern!"

oder mit Johann Wolfgang von Goethes Worten:

„Ganz allein durch die Aufklärung der Vergangenheit läßt sich die Gegenwart begreifen".

In den vergangenen Jahren wurden verschiedentlich zusammenfassende Arbeiten zur Technikgeschichte veröffentlicht. Darunter befinden sich auch hervorragende Darstellungen zur Geschichte des Bauingenieurwesens, zur Bautechnik und zu Teilgebieten der Baustoffkunde und -technologie. Dazu zählen u. a. die Veröffentlichungen von *Elliot* [36], *Haegermann et al.* [64], *Lamprecht* [93], *Mislin* [109], *Nachtigall et al.* [112], *Pauser* [211], *Rupp & Friedrich* 137], *Scheidegger* [145] und *Straub* [165], auf die auch in der vorliegenden Arbeit zurückgegriffen wurde. Das einzige Buch, das sich ausschließlich mit der Geschichte der Baustoffe befaßt – „A history of building materials" – wurde bereits Anfang der 60er Jahre von dem Engländer *Norman Davey* [34] geschrieben.

Wissenschaftliche Arbeiten zur Geschichte der Baustoffe werden seit langem auch an der Hochschule für Architektur und Bauwesen Weimar, der heutigen Bauhaus-Universität, durchgeführt. Dazu zählen u. a. die Arbeiten von *Hermann Weidhaas,* der bei seinen kunsthistorischen Untersuchungen in den 50er Jahren auch immer den Aspekt der Baustoffe betrachtete [180]. Mitte der 60er Jahre war es *Otfried Wagenbreth,* der sich insbesondere mit der Geschichte der Baustoffindustrie in Thüringen beschäftigte [174] [175] [176]. *Peter Lange* legte in den 80er Jahren mit seiner Arbeit zur „Herausbildung der Silikattechnik als eine Disziplin der Technikwissenschaften" eine zusammenfassende Darstellung zu den silikatischen Baustoffen vor [94]. *Hella Rübesam* lieferte mit den „Entwicklungslinien ausgewählter Baustoffe in ihrer gesellschaftlichen sowie technik- und wissenschaftshistorischen Determination in synoptisch-chronologischer Darstellung für den Zeitraum 1750 bis 1990" einen wesentlichen Beitrag zur Geschichte der Baustoffe für den genannten Zeitraum [136]. In den 90er Jahren verfolgten *Frank Werner* und *Joachim Seidel* den Werdegang des Bauens mit dem Baustoff Eisen [210], und *Frank Rauschenbach* ging in seiner Arbeit über organische Zusätze zu Mörteln und Betonen auch ausführlich auf Mörtelrezepturen aus vergangenen Jahrhunderten ein [125].

Der Baustoff ist die Basis allen Bauens

In den folgenden Kapiteln zur Geschichte der Baustoffe wird ein Bogen von den ersten uns nachweislich bekannten und in irgendeiner Form überlieferten Anwendungen von Baustoffen über die frühen Hochkulturen in Ägypten und Mesopotamien, das Römische Reich, das Mittelalter, das Industriezeitalter sowie die Jetztzeit gespannt. Dabei werden einzelne Entwicklungsetappen der Baustoffgeschichte behandelt und Fragen, Probleme und Entwicklungen aller wichtigen Baustoffe mehr oder weniger ausführlich und mit bestimmten Schwerpunkten, die keinen Anspruch auf Vollständigkeit erheben, dargestellt.

Bestimmte Technologien der Gewinnung, Herstellung und Verarbeitung von Baustoffen sind über Jahrhunderte hinweg prinzipiell unverändert geblieben, und insbesondere in einigen Entwicklungsländern kann man heute noch ursprüngliche Technologien zur Baustoffherstellung erleben, z. B. die Ziegelherstellung.

Andererseits kannte man vor mehreren tausend Jahren offensichtlich auch Technologien und Techniken, die zu begreifen uns heute Mühe macht. Dazu zählen die zum Teil verblüffend exakte Bearbeitung von Natursteinen, aus denen z. B. die ägyptischen Pyramiden oder die Bauten im alten Griechenland errichtet wurden. Viel altes Wissen und „know how" sind im Laufe der Zeit verlorengegangen und müssen erst wieder entdeckt werden.

Wurde z. B. bis vor kurzem weithin angenommen, daß die Anfänge des heutigen Stahlbetons Mitte des 19. Jahrhunderts in Frankreich liegen, so haben neuere Funde (in Köln und Klagenfurt) erwiesen, daß hier eine Art Eisenbeton, ähnlich dem von dem Gärtner *Monier* für Blumenkübel eingesetzten, bereits kurz nach Christi Geburt für den Hausbau verwendet wurde [93]. Die Römer kombinierten also bereits die Eigenschaften des Betons mit denen des Eisens und praktizierten damit das Gedankenmodell des heutigen Stahlbetons [205].

Ein weiteres Beispiel ist der Luftporenbeton, eine Erfindung, von der wir annehmen, daß sie vor etwa 60 Jahren gemacht wurde. Zum Zwecke der besseren Verarbeitung und insbesondere zur Verbesserung der Frostbeständigkeit werden dabei dem Frischbeton luftporenbildende Zusätze beigemischt. Der etwa von 84 bis 10 v. Chr. lebende römische Baumeister und Schriftsteller Vitruv berichtete aber schon in seinen um 20 v. Chr. erschienenen 10 Büchern über Architektur von Ölen, die man dem Kalk für frostgefährdeten Estrich zumischen sollte [170]. Bei neueren Dünnschliffuntersuchungen von alten Mörteln römischer Aquädukte konnten kugelige Luftporen mit Durchmessern von 0,1 bis 1 mm in regelmäßiger Verteilung im Mörtel festgestellt werden. Die Römer kannten also bereits die Methode zur Verbesserung der Geschmeidigkeit eines Mörtels bzw. zur Erhöhung der Frostbeständigkeit mittels Zugabe eines luftporenbildenden Mittels wie z. B. Öl.

Ein letztes Beispiel aus dem Bereich der Biotechnologie soll in diesem Zusammenhang erwähnt werden. Biotechnologie – ein Gebiet, mit dem sich bei uns heute Vorstellungen über den gezielten Einsatz von Mikroorganismen insbesondere in der Pharmaindustrie verbinden. Dabei sind bereits seit Jahrhunderten biotechnologische Verfahren zur Herstellung von Nahrungs- und Futtermitteln bekannt, z. B. von Bier und Wein oder Käse und Brot. Mindestens ebenso lange werden biotechnologische Verfahren bei der Herstellung von keramischen Erzeugnissen genutzt. Im alten China wußte man z. B., daß längeres Lagern von Tonmassen – heute als Sumpfen oder Mauken bekannt – oftmals in Verbindung mit einer Zugabe von Urin, Fäkalien oder Blut die Qualität dieser Massen erhöht. Durch Feuchtigkeit und Wärme konnten sich so eine Vielzahl von Mikroorganismen entwickeln, deren Stoffwechselprodukte einen positiven Einfluß auf die Verarbeitungseigenschaften der Tone ausübten. Obwohl nie ganz in Vergessenheit geraten, wurden die Methoden der „biotechnologischen Beeinflussung" von tonigen Rohstoffen erst vor wenigen Jahren gezielt zur Verbesserung von keramischen Wandbaustoffen eingesetzt. Eine „Erfindung", die eigentlich auch nur eine „Wiederentdeckung" ist [185].

Wie Kleidung und Nahrung erfüllen Bauwerke elementare und damit uralte Bedürfnisse des Menschen. Sie sicherten – zumindest in den ältesten Geschichtsperioden – im wesentlichen die Existenz des Menschen. Als erste menschliche Unterkünfte dienten wahrscheinlich Höhlen oder natürliche Schlupfwinkel in Bäumen und Sträuchern. Zur Verbesserung der vorgefundenen natürlichen Bedingungen wurden Stoffe aus der unmittelbaren Umgebung verwendet. Das kann als der Beginn der Anwendung von „Baustoffen" bezeichnet werden. In Abhängigkeit von den natürlichen Bedingungen wurden Steine, Lehm, Zweige, Äste und Stämme – aber auch Knochen, Felle und Häute, die als Ergebnis der Jagd anfielen – verwertet [60].

Vielleicht sollte man in diesem Stadium der Entwicklung noch nicht von Baustoffen sprechen, sondern von der Nutzung natürlicher Materialien zum „Bauen" [136]. Diese Etappe der Entwicklung des Menschen muß man einer Zeit von vor rund 50 000 bis 100 000 Jahren zurechnen, des Mittleren Paläolithikums (oder Mittleren Altsteinzeit), geologisch gesehen, der Warmzeit zwischen Riß- und Würmeiszeit.

In dem Maße, wie sich in der weiteren Entwicklung der Mensch die Naturgesetze und seine Umwelt immer besser nutzbar machte, löste er sich mehr und mehr aus der Abhängigkeit von naturgegebenen Verhältnissen, es erweiterten sich seine Anforderungen an Menge, Verwendungszweck und Qualität des „Gebauten", und es entstand ein wachsender Bedarf an Materialien, der schließlich zur zielgerichteten Herstellung von Baustoffen führte. Man kann annehmen, daß dieser Vorgang sich beim Übergang der nomadenhaft umherziehenden „Jäger und Sammler" zum mehr oder weniger seßhaften „Anbauer" vollzog. Zum ersten Mal wird das für den Vorderen Orient zu einer Zeit vor rund 10 000 Jahren nachgewiesen. Im Zusammenhang mit der veränderten Lebensweise begann das zielgerichtete und systematische Bauen von Unterkünften für Menschen und Tiere sowie von Bauten zur Aufbewahrung von Vorräten, denn die Seßhaftigkeit und der Ackerbau führten zur Vorratswirtschaft. Seit dieser Zeit beherrscht der Mensch auch das Formen und Brennen von Tongefäßen, das immer ein Zeichen von seßhaften Kulturen ist [145].

Maßgeblich beeinflußt wurden im Lauf der Geschichte die technischen Fortschritte durch die Vervollkommnung der Werkzeuge. Die Entwicklung der Handfertigkeit und der Werkzeuge verbesserte Kleidung und Nahrung und eröffnete neue Möglichkeiten im Bereich des Bauens. Die Bauwerke wurden größer, die Herstellung von Baustoffen wurde erweitert. Man war in der Lage, größere Siedlungen zu bauen und nicht nur Unterkünfte, sondern auch Straßen, Kanäle, Tempel oder Grabstätten [174].

Archäologische Funde aus der Zeit vom 9. bis zum 3. Jahrtausend v. Chr. erlauben es, den territorialen und zeitlichen Verlauf der Besiedlung und der Besiedlungsform in vielen Teilen der Welt zu verfolgen. So weiß man heute, daß um 8000 v. Chr. in Jericho etwa 2000 bis 3000 Menschen lebten. In der um 9000 bis 8500 v. Chr. entstandenen und in der Zentraltürkei gelegenen Siedlung Catal Huyuk lebten mindestens 6000 Menschen auf einer Fläche von 13 ha. Die Einwohnerzahl der Stadt Uruk wird zwischen 2900 und 2400 v. Chr. auf mehr als 50 000 geschätzt und Babylon war um 600 v. Chr. die größte Stadt der Erde mit einer Million Einwohnern [206]. Hier wird die Bedeutung der Herstellung von Baustoffen und deren Ausweitung zu einer Produktion mit bedeutendem Umfang ersichtlich. Die archäologischen Funde sind Sachzeugen stofflicher und technologischer Ursprünge wesentlicher, auch heute noch verwendeter Baustoffe.

Die Bedeutung der natürlichen Grundlagen

Art und Größe eines Bauwerkes sind in vielerlei Hinsicht vom Baustoff abhängig. Insbesondere in den alten Geschichtsepochen – z. T. auch heute noch in vielen Teilen der Erde – wurde bzw. wird der Stoff zum Bauen durch die natürlichen Bedingungen bestimmt [174].

Neben den klimatischen Bedingungen, die besonderen Einfluß auf die nachwachsenden Baustoffe – hauptsächlich Holz, aber auch andere pflanzliche Stoffe – haben, hat die geologische Verteilung der Rohstofflagerstätten einen starken Einfluß auf die Art und Menge der zur Verfügung stehenden Baustoffe. In alten Zeiten ergab sich ganz von selbst das „Prinzip der Bodenständigkeit" der jeweils verwendeten Baustoffe [175]. Als Massengüter konnten damals Baustoffe nicht über größere Entfernungen transportiert werden – dazu waren in der Regel die Beschaffenheit von Straßen und Wegen sowie die zur Verfügung stehenden Transportmittel nicht geeignet.

Um so beeindruckender und teilweise rätselhaft sind deshalb einige Beispiele des Transports von Baustoffen, die vor mehreren tausend Jahren zum Bau von monumentalen Begräbnis- oder Kultstätten verwendet wurden. So wurden z.B. zum Bau der Pyramiden von Gizeh (etwa 2500 v. Chr.) Kalksteinblöcke mit einem Gewicht von 2000 bis 4000 kg verwendet, die aus der Gegend der heutigen Stadt Assuan stammen, rund 1000 Kilometer von Gizeh entfernt. Man nimmt an, daß die Gesteinsblöcke zuerst mit Schiffen auf dem Nil transportiert wurden und dann auf hölzernen Rollen oder Schlitten zum Bauplatz gezogen wurden [109] [165]. Ein weiteres Beispiel ist aus der Stein- oder „Megalithzeit" – der Zeit des Bauens mit großen Steinen – vor rund 4000 Jahren zu nennen, wo insbesondere in England, Schottland, Frankreich und auf Malta Bauwerke – Steingräber, Steinkreise, Kultbauten – aus riesigen Gesteinsblöcken entstanden. Ein berühmter Steinbau dieser Art befindet sich in Stonehenge in der Grafschaft Wiltshire unweit des Städtchens Salisbury (Ursprung etwa 2800 Jahre v. Chr.) in England, wo etwa 30 nachweislich bearbeitete Steinblöcke von je rund 25 Tonnen bei einer Höhe von 4,3 Metern erkennbar im Kreis gesetzt wurden. Diese sogenannten „Blausteine" – Dolorit und Rhyolit – entstammen nicht einem Vorkommen der unmittelbaren Umgebung des Bauwerks, sondern wurden in den Prescelly-Bergen, rund zweihundert Kilometer Luftlinie von Stonehenge entfernt, gewonnen. Über den Transport dieser schweren Steine wird viel diskutiert und spekuliert.

Prinzipiell aber wurden zum Bauen nur die Stoffe verwendet, die durch geologische und klimatische Bedingungen in unmittelbarer Nähe des Bauplatzes vorhanden waren. So ist es nicht verwunderlich, daß sich z. B. die Entwicklung des Bauens mit Ziegeln zuerst in den naturstein- und holzarmen, aber lehmreichen Landschaften zwischen Euphrat und Tigris, in Mesopotamien vollzog. Die in den Flußtälern periodisch wiederkehrende Erfahrung von Anschwemmen, Ablagern, plastischem Zustand, Trocknung und Verfestigung von Lehmen bildete dort die Basis für die verallgemeinerte Erkenntnis, daß diese im feuchten Zustand bildsamen Materialien durch Lufttrocknung erhärten und dabei ihre Form behalten und daß die Zugabe von Magerungsmitteln wie Sand oder pflanzliche Fasern (Stroh, Schilf, Gräser) die Haltbarkeit erhöht und daß Trocknen und Feuer zu höheren Festigkeiten führen.

Aus diesen Erkenntnissen entwickelten sich 3 unterschiedliche Entwicklungslinien der Verwendung von Lehmen und Tonen, die in Abhängigkeit von der Qualität der Rohstoffe und den klimatischen Bedingungen - territorial zeitlich versetzt - entstanden und bis in die Gegenwart zu verfolgen sind [136]:

1. Das einfachste Verfahren benutzt den Lehm ungeformt und ohne Zusätze zum Verkleben von Flechtwerk bzw. als Bewurfmasse zum Versteifen und Abdichten von pflanzlichen Materialien. Dies könnte man als den Ursprung von Bindemitteln und Mörteln ansehen.

2. In einem weiteren Verfahren wird erdfeuchter Lehm mit steinigen oder pflanzlichen Zuschlägen als Stampfmasse verwendet. Die früheste Anwendung erfolgte bei Fußböden und Dächern, später bei Wänden von Grubenhütten aus Stampflehm. So entwickelte sich eine Lehmbautechnik, die es gestattete, ganze Häuser nach diesem Verfahren zu errichten. Dazu gibt es Nachweise aus dem 7. Jahrtausend v. Chr. [38]. Diese Lehmbautechnik hat in einigen heißen und trockenen Ländern bis heute nicht ihre Bedeutung verloren und wurde in Europa in unserem Jahrhundert vor allem nach den Weltkriegen wieder angewendet. Auch heute wird der Lehmbauweise in mitteleuropäischen Ländern wieder Aufmerksamkeit geschenkt, wie Beispiele aus Frankreich oder auch Arbeiten in Deutschland bezeugen [146] [147].

3. Das dritte Verfahren beruht auf dem Formen von Lehmpatzen, -blöcken oder -ziegeln, deren anschließendem Verfestigen durch Trocknen und, je nach Entwicklungsstufe und Einsatzzweck, weiterer Erhärtung durch Brennen. Die früheste Verwendung von Lehmpatzen und luftgetrockneten Ziegeln liegt etwa 10 000 Jahre zurück, Zeugnisse gebrannter Ziegel stammen aus dem 4. Jahrtausend v. Chr. aus Mesopotamien [140]. Die Herstellung gebrannter Ziegel ist als ein qualitativer Sprung in der Entwicklung der Baustoffe anzusehen, wurde doch damit erstmals ein „künstliches Erzeugnis" geschaffen, das sich in Festigkeit und Dauerhaftigkeit dem Naturstein nähert.

Etwa zur gleichen Zeit wird man die Entdeckung der künstlichen Bindemittel Gips und Kalk gemacht haben. Das älteste Vorkommen von gebranntem Gips wurde in der Stadt Catal Huyuk (Kleinasien) aus der Zeit um 9000 Jahre v. Chr. gefunden [145].

Im Unterschied zu den lehmreichen, aber steinarmen Gebieten Mesopotamiens dominierten im Ägäischen Raum Holz und Natursteine, so daß sich für Massenbauten Holzfachwerk - ausgefüllt mit Natursteinen oder Lehmziegeln - durchsetzte. Zum Bau von Kultstätten und Repräsentationsbauten wurden Natursteine verwendet. Die Bauwerke auf Kreta und in Griechenland zeugen von der Meisterschaft sowohl der Gewinnung als auch der Ver- und Bearbeitung von Natursteinen.

Mehr oder weniger lokale Bedeutung hatten in den frühen Kulturen die bituminösen Baustoffe, die in Vorderasien in den Gegenden, wo sie an sogenannten Sickerstellen zu Tage traten, sowohl als Bindemittel beim Bau von Ziegelkonstruktionen als auch als Baustoff zum Abdichten von Bauwerken gegenüber Wasser dienten.

Das jahrhundertealte Prinzip der Bodenständigkeit der Baustoffe wurde erst im 19. Jahrhundert mit der Verbesserung der Transportverhältnisse aufgelöst.

Nicht nur die Verteilung der Rohstofflagerstätten, sondern auch deren Größe und Qualität haben entscheidenden Einfluß auf die Geschichte der Baustoffindustrie. Zur Zeit des Abbaus der Rohstoffe von Hand, kleiner Jahresproduktionen eines einzelnen Werkes und geringen Mechanisierungsgrades bei der Herstellung konnte man auch kleine und kleinste Rohstofflagerstätten optimal nutzen. Das beste Beispiel dafür bietet die Ziegelherstellung. Überall dort, wo die Möglichkeit bestand, aus lokal anstehenden Lehm- und Tonvorkommen Ziegel herzustellen, wurde das getan. So existierte seit dem Mittelalter in fast jeder Stadt Deutschlands eine Ziegelei, in der Mauerziegel und Dachziegel auf handwerkliche Weise produziert wurden. Vielfach waren diese Ziegeleien städtisches oder staatliches Eigentum und wurden an die Ziegelhersteller verpachtet.

In Thüringen finden sich zahlreiche Beispiele für diese Verfahrensweise. In diesen Ziegeleien, die fast immer auf der Basis von bodenständigen Kleinstlagerstätten produzierten, waren in der Regel nicht mehr als 4 Personen beschäftigt [94]. Waren an bestimmten Orten größere Bauaufgaben zu erfüllen, kam es häufig zur Errichtung zeitweiliger Feldziegeleien durch „Wanderziegler", die überwiegend nur Mauersteine in Meilern brannten.

Auf dem Lande wurden Ziegel häufig im landwirtschaftlichen Nebengewerbe hergestellt. Noch bis heute haben sich in einigen Teilen Europas diese Formen der Ziegelherstellung – als landwirtschaftlicher Nebenerwerb und als Wandergewerbe – erhalten; z.B. auf dem Balkan [145].

Der geringe Mechanisierungsaufwand in derartigen Ziegeleien ergab auch bei niedriger Jahresproduktion eine kurze Amortisationszeit und damit einen risikoarmen Betrieb. Schädliche Bestandteile der Rohstoffe – z. B. Steine und Wurzeln im Ton – waren beim Abbau und bei der Aufbereitung von Hand leicht zu entfernen. Mit zunehmender Mechanisierung des Abbaus stieg im Regelfall der Anteil schädlichen Materials im Fördergut an und zog dadurch einen erhöhten maschinellen und ökonomischen Aufbereitungsaufwand nach sich. Dies und andere Faktoren erzwangen ökonomisch eine höhere Jahresproduktion und eine längere Amortisierungszeit. Die höhere Jahresproduktion forderte entsprechende Größen der Baustoffwerke, beide Faktoren aber wesentlich größere Vorratsmengen und damit den Übergang auf große Rohstofflagerstätten. So förderten die geologischen Grundlagen der Baustoffindustrie in deren historischer Entwicklung den Konzentrationsprozeß [174].

Werkzeuge und Baustoffe

Werkzeuge und Werkstoffe – oder Bauwerkzeuge und Baustoffe – gehören zusammen. Für das tägliche Leben, für das Bauen und das Erhalten eines Bauwerks benötigte der Mensch seit jeher Werkzeuge, mit denen er sowohl den Baustoff gewinnen als auch be- und verarbeiten konnte [145].

Die Verbreitung vieler alter Kulturen läßt sich anhand der hergestellten Werkzeuge und Geräte verfolgen. Als das „Ur-Werkzeug" des Menschen kann wohl der Faustkeil betrachtet werden. Es wurden Faustkeile gefunden, die schon vor rund 350 000 Jahren benutzt wurden. Der Faustkeil war ein Mehrzweckwerkzeug, mit dem der Mensch verschiedene Arbeiten ausführen konnte. Er gab einer ganzen Epoche seine Namen, der Steinzeit. Auch die weiteren großen Epochen der Urgeschichte sind nach den die Zeit prägenden Werkstoffen für Werkzeuge und Gegenstände benannt, die Bronzezeit und die Eisenzeit.

Mit der Seßhaftigkeit des Menschen, die regional unterschiedlich vor etwa 10 000 Jahren begann, und der damit verbundenen Aufgabe, Baustoffe zur Herstellung von Bauten zu gewinnen und zu verarbeiten, wurden nach und nach dazu geeignete Werkzeuge entwickelt.

In Mitteleuropa wurde z. B. in der Jungsteinzeit in erster Linie Holz als Baumaterial verwendet. Dazu mußten Bäume gefällt, abgeästet und zum Teil entrindet werden. Notwendig waren auch das Ablängen und Zuspitzen von Hölzern. Als Werkzeug kannte man damals offenbar das Steinbeil in mehreren Größen und Ausführungen (Schaftlochäxte und Schaftkeile) sowie Messer, Meißel, Bohrer und Hämmer. Die Werkzeuge wurden behauen und oft mittels Sand geschliffen und poliert. Man bohrte auch schon Löcher in den Stein. Ein Behauen der Stämme, wie es später und bis in die Neuzeit der Fall war, scheint unbekannt gewesen zu sein wie das insbesondere an den Pfahlbauten des Bodensees und in der Schweiz (etwa 3000 v. Chr.) nachzuweisen war [145].

Metalle wurden in Mitteleuropa etwa ab der ausgehenden Jungsteinzeit (etwa 1800 v. Chr.) verwendet. Diese Metalle – meist Gold oder Kupfer – hatten jedoch nur eine geringe technische Bedeutung, sie dienten vor allem als Schmuck- und Tauschgegenstände, wurden aber auch für Waffen oder Werkzeuge verwendet. Dies änderte sich, als die Legierung Bronze – eine Zusammensetzung aus Kupfer und Zinn im Verhältnis 90 : 10 – entdeckt wurde, und die erheblich härter als Kupfer war. Das neue Material wirkte auf allen Gebieten umwälzend und brachte einen erheblichen Entwicklungsschub mit sich. Mit den nun besseren Werkzeugen konnten jedoch nicht nur immer mehr Bäume gefällt, sondern auch die Stämme behauen werden. Aus dem früheren Ständerbau mit Flechtwerk und seinem geringerem Aufwand an großen Holzdimensionen entwickelte sich in der Bronzezeit Mitteleuropas der Blockbau aus behauenen Baumstämmen. Als Baumaterial wurde das neue Material allerdings nicht verwendet.

Die Bronzezeit stellt nur eine relativ kurze Übergangszeit dar, die in Mitteleuropa in den Zeitraum von 1800 bis 800 v. Chr. datiert wird.

Als letzte der prähistorischen Epochen folgt die Eisenzeit, die sich in Mitteleuropa bis in die historische Zeit erstreckte (etwa 800 v. Chr. bis zur Zeitenwende). Der neue Werkstoff Eisen bot weit mehr Möglichkeiten als die Bronze. Das Eisen wurde nach der Reduktion des Erzes im meilerartigen Hochofen in Formen gegossen und in dieser Form auch gehandelt. Die Bedeutung des Eisens wurde für die Entwicklung des Werkstoffs für Werkzeuge nur noch vom Stahl übertroffen.

Thermische Prozesse

Zur Herstellung von Baustoffen müssen vielfach thermische Prozesse eingesetzt werden. Ein Massenprodukt, wie wir ihn heute kennen, wurde der Baustoff aber erst, als sich im 18. bzw. 19. Jahrhundert der Übergang von der Holz- zur Kohlefeuerung vollzog. Erst dann konnten in den kohlereichen Ländern leistungsfähige Baustoffwerke, insbesondere Ziegeleien, Kalk- und Zementwerke betrieben werden. Damit wurde die Steigerung der Baustoffproduktion im 19. Jahrhundert überhaupt erst möglich und es wurden diesen Baustoffen – Ziegel, Beton, Stahl – Bereiche erschlossen, die vorher von Baustoffen beherrscht wurden, die ohne Brennprozeß hergestellt werden konnten. So konnte z. B. der Baustoff Ziegel nun auch dort häufiger angewendet werden, wo zuvor überwiegend mit Naturstein gebaut wurde. Manche Natursteine wurden im 19. Jahrhundert durch den Ziegel und in noch größerem Umfang durch den Beton im 20. Jahrhundert völlig als Baustoff verdrängt. Der früher aufgrund des Brennprozesses wertvolle Kalk diente bis ins 18. Jahrhundert nur bei bevorzugten Bauwerken als Bindemittel, während sonst vorwiegend Lehm als Bindemittel eingesetzt wurde. Erst die Verwendung von Stein- und Braunkohle seit dem 18./19. Jahrhundert ermöglichte eine solche Steigerung und Verbilligung der Branntkalkproduktion, daß seitdem Lehm als Bindemittel kaum noch zur Anwendung kam.

Weitere Entwicklungsstufen der Brennstoffindustrie, mit denen Fortschritte der Baustoffindustrie verbunden sind, waren die chemische Kohleveredelung (Gaserzeugung) und die Erdölindustrie. Beide Industriezweige ermöglichten der Baustoffindustrie die Umstellung der Brennprozesse auf die effektive Gas- und Ölfeuerung.

Der Steinkohlenbergbau bildete im 18. und 19. Jahrhundert die Voraussetzung für eine rasante Entwicklung des Eisenhüttenwesens und des Maschinenbaus. Ausdruck dessen sind u.a. die Erfindung und Anwendung der Dampfmaschine und der Eisenbahn. Auch die Baustoffindustrie profitierte von den neuen Möglichkeiten des Maschinenbaus. In der Natursteinindustrie waren es Gesteinssägen, in der Ziegelindustrie Strangpressen und Kollergänge, in der Schotter- und Splittindustrie Brecher und Walzwerke, in den Kies- und Sandgruben Siebmaschinen, in der Betonindustrie Mischer und in der Zementindustrie Drehrohröfen. Allerdings erfolgte die Mechanisierung in der Baustoffindustrie durchweg später, als es nach den Möglichkeiten des Maschinenbaus denkbar gewesen wäre [174].

Baustoffindustrie und Wissenschaft

Auch für die Baustoffindustrie und das Bauwesen überhaupt gilt seit jeher das Prinzip, einen maximalen Nutzen mit minimalem Aufwand zu erzielen. In der Geschichte der Baustoffe - insbesondere bei der Baustoffanwendung - lassen sich folgende, stoffwirtschaftliche Tendenzen erkennen:

- Minimierung der Bauwerksmassen je Volumeneinheit (deutlich sichtbar z. B. bei einem Vergleich romanischer und gotischer Kirchen)
- Verbesserung der Eigenschaften konventioneller Baustoffe, um höhere Belastbarkeiten und damit kleinere Dimensionen des Bauelements zu erreichen, wirksam besonders in der jüngsten Periode der Baustofftechnologie - z. B. Herstellung und Anwendung von Hochleistungsbetonen
- Anwendung neuer Baustoffe mit höheren Festigkeiten, um den gleichen Zweck mit geringerer Bauwerksmasse zu erreichen - z. B. Kunststoffe; die spezifischen Kosten des neuen Baustoffs können dabei durchaus höher als die der konventionellen Baustoffe sein, bei wesentlich höheren Festigkeiten des neuen Baustoffs ergibt sich dennoch eine Erniedrigung der Baukosten – dies war u. a bei der Einführung der Metallbauweise im 19. Jahrhundert der Fall, hat aber auch heute Bedeutung

Alle drei Tendenzen wurden früher empirisch verfolgt. Sie sind heute weitgehend wissenschaftlich präzisiert, wobei der Frage der Umweltverträglichkeit und des Recyclings der Baustoffe zusätzliche Bedeutung zukommt. Mit weiterer Steigerung und Ausweitung der Baustoffproduktion gewinnt zunehmend die Frage der Ressourcen an Wichtigkeit. Mineralische Bodenschätze sind mengenmäßig begrenzt und erneuern sich nicht. Das zwingt zu sparsamem und ökologisch vertretbarem Abbau der Rohstoffe und gilt insbesondere für die Rohstoffe des Massenbaustoffs unserer Zeit - den Beton. Die Produktion von Betonzuschlägen erreicht z. B. heute in manchen Ländern mehrere Millionen Tonnen. Vorräte sind teilweise nur noch für Jahrzehnte nachgewiesen. Daraus resultiert die stoffwirtschaftliche Forderung nach sparsamstem Materialeinsatz.

Die energiewirtschaftliche Entwicklung der Baustoffindustrie ist eine spezielle Form des Prinzips der Aufwandsminimierung. Besonders auffällig ist dies in der thermischen Verfahrenstechnik, wo die Notwendigkeit der Einsparung von Brennstoff die technische Entwicklung vorantrieb. Wie in der Metallurgie und in der thermischen Kohleveredelung findet man auch in der Baustoffindustrie – mehr oder weniger deutlich – folgende Entwicklungsschritte [174]:

1. chargenweises Brennen im Freien, ohne besonderen Brennraum (Gruben, Meiler)
2. chargenweises Brennen in besonderem Brennraum (Kammerofen, diskontinuierlich arbeitender Schachtofen)
3. halbkontinuierliches Brennen durch abwechselnden Betrieb zweier oder mehrerer gekoppelter Kammern
4. kontinuierliches Brennen (Ringofen, Tunnelofen, Drehrohrofen)

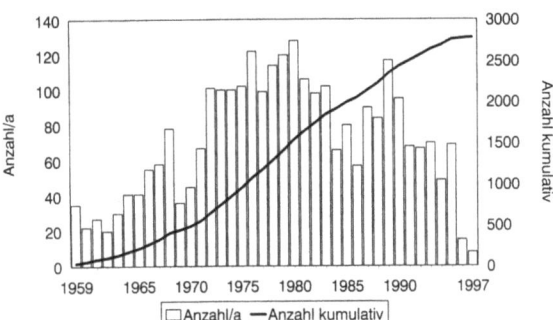

Bild 1: Anzahl der Absolventen der Fachrichtung Baustoffkunde und Baustoffverfahrenstechnik der Bauhaus-Universität Weimar, früher Hochschule für Architektur und Bauwesen

Prinzipiell ähnliche Minimierungen sind in der Geschichte der Baustoffindustrie auch bei anderen Verfahrensschritten anzutreffen. Diese waren wie in jedem Industriezweig anfangs nur durch handwerkliche Methoden und Empirie möglich. Besonders vom 19. Jahrhundert an nimmt der Anteil wissenschaftlicher Ingenieurtätigkeit zu, ohne die Empirie ganz zu verdrängen. Die Erfindungen des 19. und 20. Jahrhunderts waren ohne naturwissenschaftliches und technisch-wissenschaftliches Fundament nicht möglich.

Für die wissenschaftlichen Durchdringung der Baustoffindustrie waren die etwa ab Ende des 19. Jahrhunderts beginnenden Gründungen wissenschaftlicher Einrichtungen für Steine und Erden, für Baustoffkunde und für Baustofftechnologie sowie für Materialprüfung von großer Bedeutung. Zu gleicher Zeit begann die Herausgabe von Fachzeitschriften sowie von Lehrbüchern über Baustoffe. 1953 erfolgte schließlich durch *Friedrich August Finger* (1885–1961) die Gründung einer besonderen Fakultät für Baustoffkunde und Baustofftechnologie an der Hochschule für Architektur und Bauwesen in Weimar, der heutigen Bauhaus-Universität, an der bis 1996 über 2700 Diplomingenieure für Baustoffentwicklung und Baustofftechnologie ausgebildet wurden [159].

Bild 3: Friedrich August Finger

Bild 2: Finger-Bau in der Coudraystraße, Hauptgebäude des „F. A. Finger-Institutes für Baustoffkunde" der Bauhaus-Universität Weimar

2. Natursteine

Natursteine zählen neben Holz und Lehm zu den ersten Stoffen, die der Mensch zum Bauen verwendete. Unbearbeitete Natursteine wurden schon vor Beginn der Seßhaftigkeit des Menschen zum Schutz vor Witterungseinflüssen und wilden Tieren oder zur Kennzeichnung einer Lagerstätte und zum Schutz eines Lagerfeuers benutzt.

Die ersten sicher nachweisbaren Bauwerke aus bearbeiteten Natursteinen stammen aus einer Zeit vor mehr als 5000 Jahren. Zum einen sind es die allseits bekannten und zu den sieben Weltwundern zählenden ägyptischen Pyramiden und zum anderen die rätselhaften sogenannten Megalithbauten, Bauwerke aus zum Teil riesigen Gesteinsmonolithen, die in vielen Teilen der Welt anzutreffen sind [101] [165].

Alle Megalithbauten entstanden in der Jungsteinzeit und haben ihren Ursprung wahrscheinlich im Mittelmeerraum (Syrien, Palästina). Man unterscheidet fünf verschiedene Arten von Megalithbauwerken, deren Namen teilweise keltischen Ursprungs sind:

- Dolmen – Steintische oder „Hünengräber"
- Menhire – Stehende Steine
- Cromlechs – Bogenförmige Steinbauten
- Alignements – Kilometerlange „Steinalleen"
- Henges – Steinkreise

Dolmen sind gewöhnlich kleine aus einem Deckstein (Platte, „Tischplatte") und vier Tragsteinen bestehende Begräbnisstätten der Jungsteinzeitmenschen, die in verschiedenen Formen anzutreffen sind. In Deutschland nennt man die Dolmen z.T. auch „Hünengräber" – eine zutreffende Bezeichnung für Bauwerke, bei denen man sich nur vorstellen konnte, daß Menschen mit ungeheuren Kräften in der Lage gewesen wären, die z.T. mehrere Tonnen schweren Natursteinblöcke in geordneten Positionen anzuordnen. Kleinere Dolmen gibt es auf allen Kontinenten, in Europa besonders viele. Es gibt aber auch Dolmen mit beträchtlichen Ausmaßen. Als größter und am besten erhaltener Dolmen der Welt gilt die Anlage in Menga auf der iberischen Halbinsel in Spanien in der Nähe von Granada. Der Dolmen in Menga ist 25 m lang, 5,50 m breit und bis zu 3,20 hoch. Die Besonderheit dieses Steingrabes ist der Deckenabschluß der Grabkammer. Dieser Stein ist etwa 8 m lang und 6,30 m breit und sein geschätztes Gewicht beträgt etwa 180 Tonnen. Der zum Bau dieses Dolmen verwendete Naturstein ist ein tertiärer Jura-Kalkstein, der in einem etwa 1 Kilometer entfernten Steinbruch gewonnen wurde. Wie man allerdings den 180-Tonnen-Deckenstein, der auch steinmetzmäßig bearbeitet wurde, zur Einbaustelle transportiert hat, ist nicht recht vorstellbar.

Großdolmen dieser Art gibt es außer in Europa auch an anderen Stellen der Erde. In Kolumbien, in der Nähe des Ortes Agustin, existieren Dolmen aus

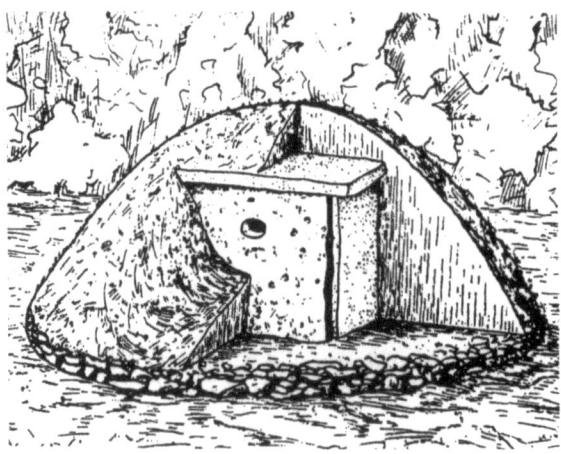

Bild 4: Jungsteinzeitliches Dolmengrab

Granit, bei denen Deckensteine mit Abmessungen bis zu 4 m Länge und 3,50 m Breite bei einer Dicke von etwa 30 cm vorkommen.

Unter den megalithischen Bauten kommt den sogenannten Steinkreisen oder „Henges", wie sie in England genannt werden, besondere Bedeutung zu. Der berühmteste dieser „Henges" ist in Stonehenge bei Salisbury in Südengland errichtet worden, ein imposanter runder Bau aus riesigen Natursteinblöcken möglicherweise zunächst zu einem Fluß geschleppt und danach auf Flößen weiter transportiert wurden. Zum Beweis dieser Theorie wurde ein etwa 4 Tonnen schwerer Stein mit Hilfe einer Vielzahl von Helfern auf Rollen zum Fluß gebracht und danach auf einem Ponton weiter transportiert. Im Prinzip ist diese Transportweise also möglich – nur waren die in Stonehenge verwendeten Steinblöcke bis etwa 10mal so schwer. Auch

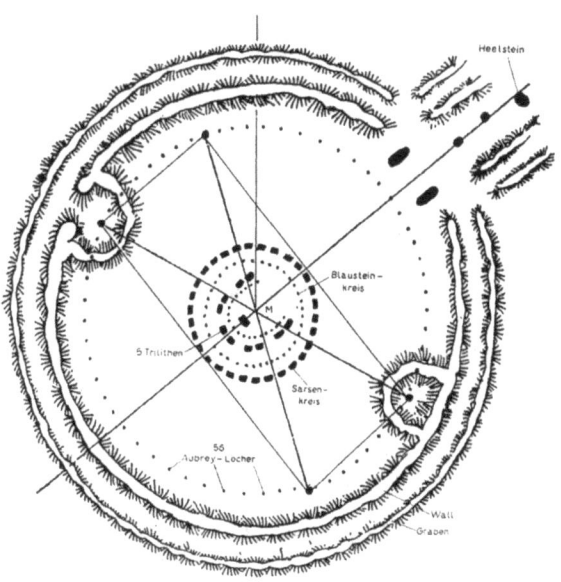

Bild 6: Schematische Darstellung von Stonehenge

Bild 5: Megalithische Kultstätte von Stonehenge

steinblöcken. Dieser Steinkreis besteht aus einer Vielzahl etwa 4 m hoher Gesteinsblöcke, die vor etwa 4000 Jahren dort aufgestellt wurden. Die senkrecht stehenden Steinblöcke wurden mit gewaltigen Abschlußsteinen verbunden. Über den ursprünglichen Zweck dieser Megalithanlage gibt es unterschiedliche Deutungen und entsprechend viel Literatur und Spekulationen.

Bei den Natursteinen, die zum Bau des Steinkreises von Stonehenge verwendet wurden, handelt es sich um sogenannte „Blausteine". Petrographisch gesehen sind es die Ergußgesteine Dolerit und Rhyolith. Diese Gesteinsarten sind in unmittelbarer Nähe von Stonehenge nicht zu finden. Nach gesteinstechnischen Untersuchungen wurde festgestellt, daß die zum Bau verwendeten Steine aus einem kleinen Vorkommen in den Prescelly-Bergen in der Grafschaft Prembrokeshire aus Südwales stammen, das etwa 200 Kilometer von Stonehenges entfernt liegt. Über den Transport der Natursteine nach Stonehenges besteht Unklarheit – zumindest gibt es offene Fragen. Untersuchungen haben ergeben, daß die tonnen-

Bild 7: Transport von Steinen für Megalithbauten

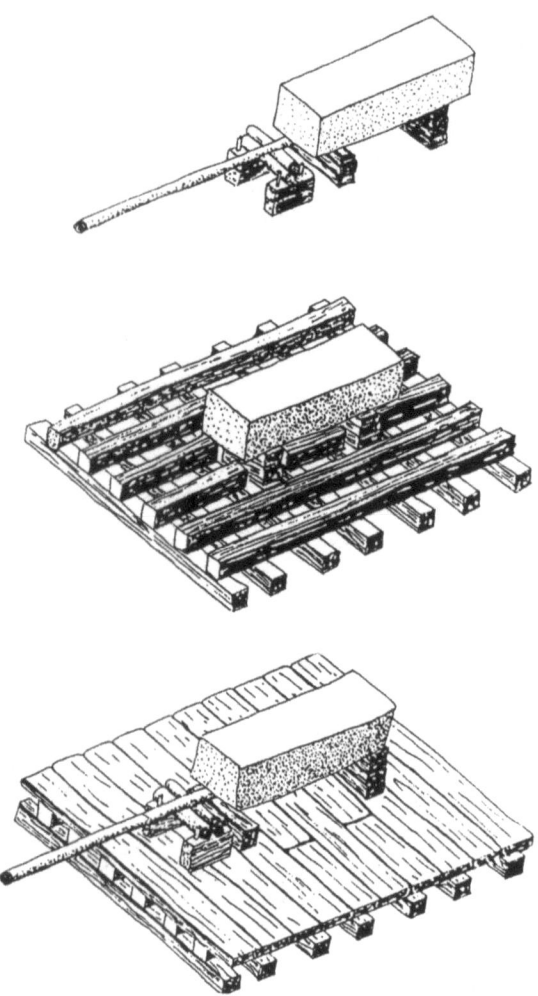

Bild 8: Schematische Darstellung der Anwendung des Hebels zum Transport von Steinen für Megalithbauten

über das Aufstellen der gewaltigen Steinblöcke auf der Baustelle gibt es anschauliche Theorien.

Offen ist die Frage, wozu diese Bauwerke einmal dienten. Am häufigsten wurden früher die Steinkreise als Kult- oder Begräbnisstätten bezeichnet, ohne genau zu wissen, was sich dort eigentlich abgespielt hat. Einer Theorie zufolge soll die Anlage von Stonehenge als Observatorium gedient haben, in dessen Mitte sich die Menschen versammelten, um z.B. das Sonnenwendfest zu feiern. Der Aufbau der Anlage ist im Hinblick auf astronomische Besonderheiten tatsächlich beeindruckend, und die Erbauer sind vermutlich von einem präzisen Bauplan ausgegangen. Vom Zentrum der Anlage in Stonehenge aus konnte man zu bestimmtem Zeiten die Sonne genau zwischen zwei der Steinmonolithe aufgehen sehen – zum Beispiel am Tag der Sonnenwende bei Beginn von Frühling oder Herbst.

Außer dem intensiv untersuchten Steinkreis von Stonehenge gibt es weltweit noch eine Vielzahl weiterer Megalithbauten, die nach bestimmten Plänen geometrisch und astronomisch ausgerichtet sind. Allein im Gebiet des Golfes von Morbihan in der Bretagne in Frankreich sind 135 von insgesamt 156 Dolmen auf die Sommer- oder Wintersonnenwende ausgerichtet. In Indien, Peru, Sri Lanka und Nordamerika existieren ähnliche Anlagen.

Etwa zur gleichen Zeit, als die Megalithbauten entstanden, wurden die bekannten ägyptischen Pyramiden gebaut. Schon vor dem Bau der drei großen und bekannten Pyramiden bei Gizeh aus der Zeit der 4. Dynastie in den Jahren um etwa 2600 v. Chr. wurde in Ägypten mit Natursteinen gebaut. Zum Bau von Palästen, Tempeln, Grabstätten und Monumenten wurden Tuffe und weiche Kalksteine, später vermehrt Sandsteine, aber auch Granite und Porphyre verwendet. Die Häuser für die Bevölkerung bestanden normalerweise aus Stroh, Lehm und sonnengetrockneten Ziegeln [109].

Ein sehr frühes Beispiel der Anwendung behauener Natursteine ist aus der 1. ägyptischen Dynastie (etwa 3000 v. Chr.) bekannt. Zur Abdeckung und seitlichen Begrenzung einer Grabkammer in Sakkara wurden Platten aus Kalkstein verwendet. Zur Bearbeitung der Gesteine wurden durch Hämmern gehärtete Werkzeuge aus Kupfer und Bronze verwendet.

Das möglicherweise früheste vollständig aus Natursteinen errichtete Bauwerk Ägyptens ist die Grabstätte König *Khaskhemui* aus der 2. Dynastie etwa 2800 v. Chr. in Petric bei Abydos am westlichen Nilufer. Die Grabstätte wurde aus teilweise mit dem Hammer bearbeiteten Kalksteinblöcken errichtet. Die Fugen dieses Bauwerks bestehen aus einem Gipsmörtel.

Die Pyramiden – oder „Wüstenberge", wie sie die Araber nennen – sind die bedeutendsten und markantesten ägyptischen Bauwerke aus Naturstein. Insgesamt wurden im alten Ägypten etwa 150 Pyramiden gebaut, von denen heute nur noch einige zu sehen sind. Im Laufe der Geschichte wurden bestehende Pyramiden oft als Baustofflieferant für neue Pyramiden oder andere Bauzwecke benutzt [115].

Die älteste Pyramide ist die Stufenpyramide des Pharaos *Djoser* aus der 3. Dynastie um etwa 2700 v. Chr. bei Sakkara. Gebaut wurde diese Pyramide aus relativ kleinen und grob behauenen bräunlichen Kalksteinblöcken. Die Außenseite der Pyramide ist mit einem fein bearbeiteten weißen Kalkstein verkleidet. Entscheidenden Einfluß auf die Verwendung bearbeiteter Natursteine als Baustoff in Ägypten hatte unter *Djoser* der Wesir *Imhotep*. Beim

2. Natursteine

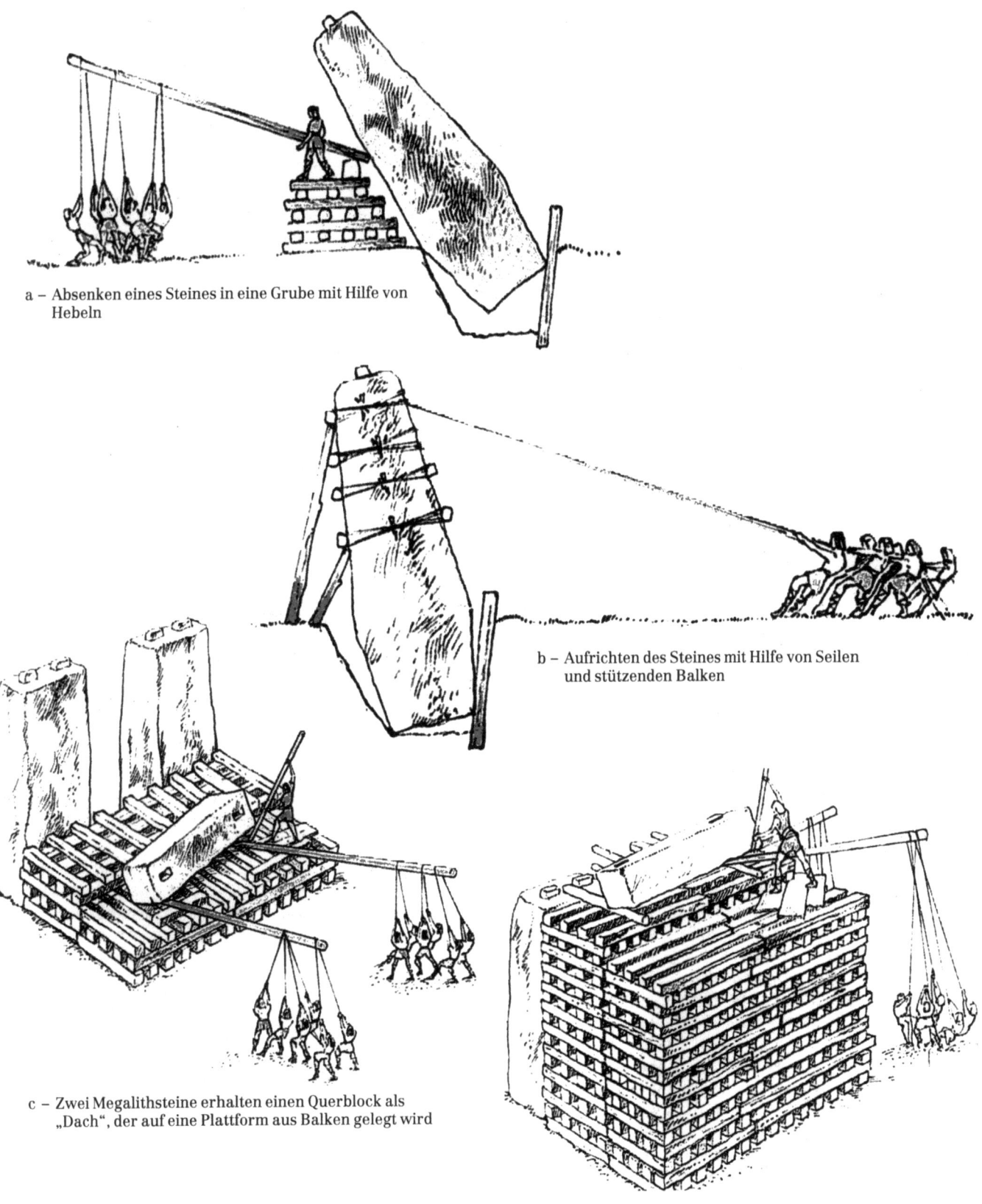

a – Absenken eines Steines in eine Grube mit Hilfe von Hebeln

b – Aufrichten des Steines mit Hilfe von Seilen und stützenden Balken

c – Zwei Megalithsteine erhalten einen Querblock als „Dach", der auf eine Plattform aus Balken gelegt wird

d – Erhöhung der Plattform bis der Querblock auf die beiden senkrechten Steine gehebelt werden kann

Bild 9: Phasen der Errichtung eines Megalithbauwerkes

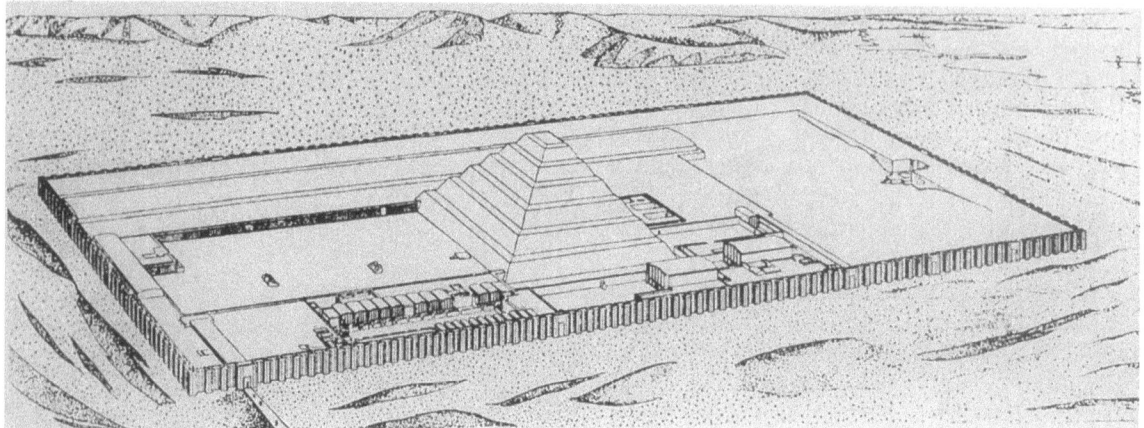

Bild 10: Grabbezirk des Königs Djoser in Sakkara, 545 m x 277 m (2620–2600 v.Chr.)

Bild 11: Kalksteinmauer um den Grabbezirk des Königs Djoser in Sakkara

Bau der Grabanlage des Pharao in Sakkara nutzte dieser konsequent die Möglichkeiten des Baustoffs Kalkstein für die Schaffung einer monumentalen Architektur. Den Grabbezirk des Pharaos *Djoser* umgab eine 10 m hohe und insgesamt mehr als 1,5 Kilometer lange Quadersteinmauer, die durch regelmäßige Vertiefungen sowie eine Anzahl von Scheintoren stark gegliedert war. Die einzelnen Kalksteinblöcke hatte man bereits mit großer Präzision bearbeitet. Für die Stufenpyramide im Zentrum der Anlage wurden etwa 850 000 Tonnen Kalkstein benötigt [34] [145].

Die drei großen Pyramiden bei Gizeh sind die Cheops-Pyramide, die Chefren-Pyramide und die Pyramide des Mykerinos [48]. Die Cheops-Pyramide wurde zwischen 2551 und 2525 v. Chr. – also in einem Zeitraum von etwa 25 Jahren – errichtet.

Diese Pyramide ist nach wie vor die größte Natursteinkonstruktion der Welt. Insgesamt sind für den Bau der Cheops-Pyramide etwa 2,5 Mill. Kalksteinblöcke mit je einem Durchschnittsgewicht von 2,5 Tonnen und einem Volumen von 1 m^3 verbaut worden. Die kleinsten der Steinblöcke hatten ein Gewicht von etwa 2 und die größten von etwa 4 Tonnen. Im Inneren der Pyramide fanden bei Gängen und Grabkammern bis zu 200 Tonnen schwere Monolithe aus Granit Anwendung [166] [190].

Die Cheops-Pyramide hat folgende Abmessungen:

Höhe:	etwa 146 m
Seitenlänge	etwa 230 m
Grundfläche	etwa 529000 m^2
Volumen	etwa 2,5 Mill. m^3

Sie ist – wie alle Pyramiden – exakt nach den Himmelsrichtungen ausgerichtet, und es ist beeindruckend, wie genau mit den damals mehr oder weniger einfachen Hilfsmitteln Winkelgrade eingehalten werden konnten.

Der Unterbau der Cheops-Pyramide besteht aus einer Felskuppe, die zu Beginn des Baues zunächst nivelliert werden mußte. Dazu wurde ein in der Nähe anstehender Tura-Kalkstein verwendet. Eine exakte Vermessungsebene erhielt man möglicherweise mit Hilfe von in den Fels gemeißelten und dann mit Wasser gefüllten Gräben, vielleicht aber auch durch eine gut austarierte Balkenwaage. Auf das so geschaffene Fundament wurde die erste Kalksteinschicht gelegt, die auf einer Fläche von etwa 230 m im Quadrat über die Diagonale von Südosten nach Nordwesten nur um etwa 1,3 cm vom Niveau abweicht. Auch die weiteren Lagen bis zur Spitze differieren nie mehr als 2 cm von der Waagerechten, ein Ergebnis genauer Messungen nach dem Setzen jedes einzelnen Steinblocks [166].

Die Bearbeitung der Kalksteinblöcke erfolgte – da es noch keine Eisenwerkzeuge gab – ausschließlich mit Werkzeugen aus Kupfer oder Diorit und Quarziten. Die Natursteinblöcke sind in der Regel sehr exakt bearbeitet worden. Bei den zum Bau der Pyramiden von Gizeh verwendeten Kalksteinen handelte es sich um sogenannte Nummuliten-Kalke von mächtigen Kalksteinbänken aus dem Eozän (vor 53 – 37 Mill. Jahren). Die Steine wurden ohne Mörtelfuge versetzt, und die zum Teil gefundenen Kalk-Gips-Mörtel dienten vermutlich zum Ausgleichen von Unebenheiten im Mauerwerk.

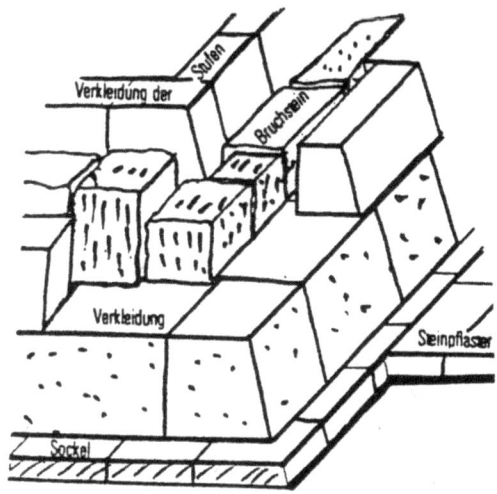

Bild 13: Aufbau der Natursteinschichten einer Pyramide

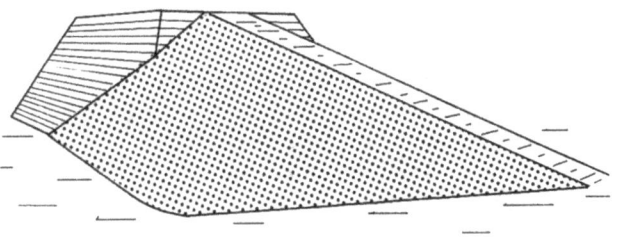

Bild 14: Errichtung von Pyramiden nach der Rampentheorie

Bild 12: Cheops-Pyramide aus Nummuliten-Kalkstein

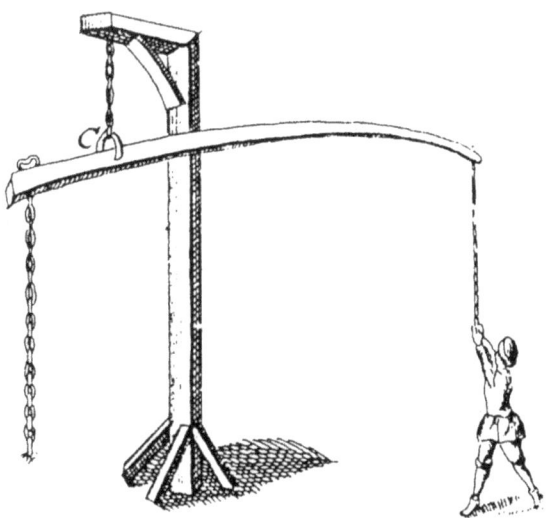

Bild 15: Kran zum Heben von Steinen beim Bau der Pyramiden

Wie Gewinnung, Transport, Verarbeitung und Aufeinandersetzen der Kalksteinblöcke im Einzelnen erfolgten, ist nicht bekannt. Es existieren verschiedene Theorien.

Die Gewinnung der Blöcke erfolgte in Steinbrüchen z.T. auf dem Gizeh-Plateau selbst. Als äußere Verkleidungsblöcke wurde der sehr viel feinere und damit exakter bearbeitbare, reinweiße Tura-Kalkstein vom Ostufer des Nils verwendet. Bis zum Beginn des neuen Reiches (1500 v. Chr.) erfolgte die Gewinnung der Steine mit Hilfe von Kupfermeißeln. Später wurden bronzene und vom 6. Jahrhundert v. Chr. an eiserne Meißel sowie Holz- oder Diorithämmer verwendet. Die sogenannte Holzkeiltechnik – also das Einschlagen von Holzkeilen in Spalten, das anschließende Befeuchten der Keile und die durch die Volumenausdehnung verursachte Sprengwirkung – zum Herausbrechen der Blöcke aus dem Fels war zur Zeit des Pyramidenbaus noch nicht bekannt [81] [166].

Zum Transport wurden die aus dem Fels gewonnenen Blöcke dann auf große hölzerne Schlitten gehoben. Damit die Schlitten gleiten konnten, wurde auf die Transportwege Schlamm aufgebracht. Auf diese Weise sollen etwa 100 Männer jeweils einen Quader zum Nil gezogen haben, auf dem der weitere Transport per Schiff erfolgte. Einige der Natursteinblöcke stammen aus der Gegend der heutigen Stadt Assuan. Der Transportweg auf dem Nil betrug also bis Gizeh etwa 1000 Kilometer. In Gizeh angekommen, wurden die Blöcke auf hölzernen Rollen oder auch auf Schlitten – obwohl das Rad in Ägypten bereits seit der 5. Dynastie (etwa 2400 v. Chr.) bekannt war – zum eigentlichen Bauplatz gebracht. In der Nähe des Bauplatzes erfolgte dann die endgültige Oberflächenbearbeitung der Natursteinblöcke [109].

Am häufigsten wird über die eigentliche Technik des Aufeinandersetzens der tonnenschweren Kalksteinblöcke spekuliert und wisssenschaftlich diskutiert. Die Rampentheorie konkurriert dabei mit der Hebebühnentheorie [145] [166].

Eine Rampentheorie geht von einer rechtwinklig angesetzten Rampe aus einer Erdaufschüttung aus, die mit oder in Verbindung mit Ziegelsteinen errichtet worden sei. Bei einer wohl kaum zu bewältigenden 15 %igen Steigung der Rampenauffahrt hätte die Länge der Rampe etwa 900 m betragen müssen, bei einer zumutbaren Steigung von 7 % wäre diese dann allerdings schon 2000 m lang gewesen und die Masse der erforderlichen Erdaufschüttung hätte das Sieben- bis Achtfache des Pyramidenvolumens betragen müssen.

Bei der sogenannten Rundrampentheorie, wonach eine schraubenförmig um das Bauwerk gelegte Rampe zum Transport der Blöcke angelegt wurde, wären nur etwa ein Siebentel des Pyramidenvolumens für die Erdaufschüttung notwendig gewesen. Allerdings ergibt sich dabei die Frage, wie der Lastentransport der Natursteinblöcke „um die Ecke" bewältigt wurde, weil die den Transportschlitten ziehende Mannschaft diese dann weit vor dem Schlitten hätte passieren müssen.

Konfrontiert wurde die Rampentheorie mit der These, daß die Steine mit Hebebühnen nach oben transportiert worden wären. Dabei stützt man sich auf eine Notiz des Begründers der griechischen Geschichtsschreibung *Herodot* (etwa 490 – 425–420 v. Chr.) über eine „kurze Holzvorrichtung", die man als einfache Seilwinde deutete. *Herodot* schreibt weiter von 100 000 Menschen, die rund 20 Jahre an einer Pyramide aus Naturstein gebaut haben sollen. Anderen Angaben zufolge sollen es täglich 25 000 Menschen gewesen sein, die beim Pyramidenbau beschäftigt waren, andere wiederum sprechen von 4000 bis 5000 Facharbeitern und möglicherweise einem mehrfachen an Hilfskräften. In jedem Fall war eine ausgezeichnete Organisation des gesamten Bauablaufs notwendig.

Schon um die Jahrhundertwende wurde – da man sich den Bau eines solch gewaltigen Bauwerks nicht recht vorstellen konnte – zum ersten Male die Theorie aufgestellt, daß die zum Bau der Pyramiden verwendeten Blöcke nicht aus Naturstein, sondern aus einem dem Beton ähnlichen Konglomerat hergestellt worden wären [79]. Zu Beginn der 80er Jahre dieses Jahrhunderts wurde diese These erneut aufgegriffen und versucht, sie wissenschaftlich zu untermauern [28]. Diese neue Theorie spricht von einem sogenannten Geopolymerbeton, den die alten Ägypter aus örtlich vorkommenden Rohstoffen herzustellen wußten [29]. Nach dieser Theorie wurden die Blöcke zum Pyramidenbau an Ort und Stelle als Fertigteile hergestellt. Dazu soll eine Mischung aus Kalksteinbrocken als Zuschlag und einem Bindemittel aus Soda, Nilschlamm und Kalk sowie Wasser verwendet worden sein. Diese betonähnliche Mischung wurde entweder in Holzformen gegossen oder bereits hergestellte benachbarte Blöcke ergaben die perfekte Paßform des nächsten Blocks. Die Mischung soll innerhalb weniger Stunden im warmen Klima Ägyptens (bis 60...70° C) erhärtet gewesen sein. In der populärwissenschaftlichen Literatur wird ein bei Untersuchungen an den Pyramidensteinen gefundenes organisches Faserbündel im Inneren der Blöcke immer wieder als Menschenhaar gedeutet, was dann als Beweis dient, daß die Pyramidensteine künstlichen Ursprungs sein müssen [80]. Tatsache ist jedoch, daß als Baustein der Pyramiden Nummulitenkalkstein verwendet wurde und kein künstlich hergestellter Baustein.

Etwa in der Mitte des 2. Jahrtausends v. Chr. finden sich viele gemeinsame Aspekte der ägyptischen und der griechisch- minoischen Kultur und Architektur. Eine frühe Phase der minoischen Kultur stellen verschiedene Bauwerke auf der Insel Kreta dar, insbesondere der Palast von Knossos, dessen Ursprünge etwa bei 2500 v. Chr. liegen. Als Baustoff für diesen Palast wurde hauptsächlich Kalkstein, aber auch Gipsgestein in der Form von Alabaster verwendet. Zur minoischen Periode zählen auch die Bauwerke von Mykene, von denen eines der bekanntesten, das sogenannte Löwentor, aus der Zeit um etwa 1400 v. Chr. stammt. Dieses Bauwerk wurde aus bräunlichen Kalksteinblöcken errichtet [34].

Etwa ab dem 7. Jahrhundert v. Chr. entstanden auf dem griechischen Festland imposante Bauwerke, bei denen ebenfalls wie bei den Ägyptern Kalkstein als Baustoff diente. Die ersten Bauwerke aus marmorartigem Kalktuff hatten zunächst noch einen „megalithischen Charakter".

Später wurde dann ausschließlich Marmor zum Bau der Monumentalbauten verwendet. Die Natursteinblöcke wurden sorgfältig bearbeitet und wie bei den ägyptischen Bauwerken ohne Fugenmörtel versetzt. Die Bauwerke unterscheiden sich von denen der frühen Mykener Zeit durch eine generell feinere Endbearbeitung der Natursteine [34].

Beim Transport und beim Heben der schweren Natursteinblöcke erbrachten die Griechen – ähnlich wie die Ägypter – eine bemerkenswerte technische Leistung. Die monolithischen Säulen des Apollon-Tempels von Korinth wiegen z.B. 26 Tonnen, die Blöcke des Architravs 10 Tonnen. Einen festen Verbund der Mauern erreichte man durch Klammern aus Metall, die in Vertiefungen an den Oberseiten nebeneinanderliegender Steine eingefügt und mit Blei befestigt wurden. Während damit eine horizontale Verbindung zwischen den Quadern gegeben war, wurde ein vertikaler Verbund mit Hilfe von Dübeln geschaffen.

Der Abbau und die Gewinnung der Natursteine erfolgte in Griechenland in Steinbrüchen mit unterirdischem oder bergmännischem Betrieb sowie in

Bild 16: Palast von Knossos / Kreta

Brüchen mit oberirdischem oder offenem Betrieb (Tagebau) [109]. Dabei wurde jedes Bauelement individuell aus der jeweils geeignetsten Stelle des Steinbruchs herausgearbeitet. Vermutlich wurden insbesondere bei den ersten Bauten die Marmorsparren der Dachkonstruktionen noch im Steinbruch einer Belastungsprobe unterzogen, da die Querschnitte bis zu einer gerade noch vertretbaren Sicherheit verringert wurden und auch für den erfahrensten Steinmetz Haarrisse und Strukturfehler, die zu einem späteren Versagen des Baustoffs hätten führen können, nicht ohne Hilfsmittel zu erkennen waren [136]. Für den Transport der Marmorblöcke aus den Steinbrüchen in den Bergen wurden meist nur notdürftig ausgebaute Schleifwege benutzt. Auf diesen wurden die Blöcke auf Rollen oder hölzernen Schlitten zu Tal gebracht. Einige dieser Wege sind noch heute im Gelände zu erkennen. Im Tal angekommen, wurden die Steine mit Wagen zu den Anlegestellen der Schiffe oder direkt zur Baustelle gebracht. Anders als in Ägypten wurden als Zugmittel für den Transport keine Menschen, sondern Tiere (Ochsen) benutzt, wobei je nach Steingröße und Straßenzustand zwischen 50 und 150 Tiere vorgespannt wurden.

Um die Mitte des 6. Jahrhunderts v. Chr. begannen die Griechen in der kleinasiatischen Stadt Ephesus mit dem Bau eines Tempels für die Göttin Artemis. Um die schweren Marmorquader zu transportieren, wurde dabei eine besondere Technik angewendet. Die Marmorblöcke wurden von allen Seiten mit dicken Brettern verschalt, die man am Ende mit dicken querlaufenden Balken versah. Die so entstandenen riesigen „Kisten" bekamen dann Räder, so daß die Blöcke verhältnismäßig leicht transportiert werden konnten [109]. Was den 110 m langen Artemistempel besonders sehenswert macht, sind seine ionischen Säulen, die ihn auf allen Seiten in doppelter Reihe säumen. Andere Tempel haben meist auf zwei Seiten nur je eine Säulenreihe. Die Säulen – ein charakteristisches Merkmal griechischer Baukunst – bestehen in der Regel nicht aus einem Stück, sondern werden aus sorgfältig geschliffenen Steintrommeln zusammengesetzt [109]. Die einzelnen Trommeln waren in der Regel in der Mitte durch Holz- oder Eisendübel miteinander verbunden und gaben so der Säule ihren Halt. In Sardes wurden sogar Dübel aus Gold verwendet. Die für die griechischen Säulen – die man der zeitlichen Entwicklung nach in dorische (archaische), ionische und korinthische einteilt – typischen Rillen

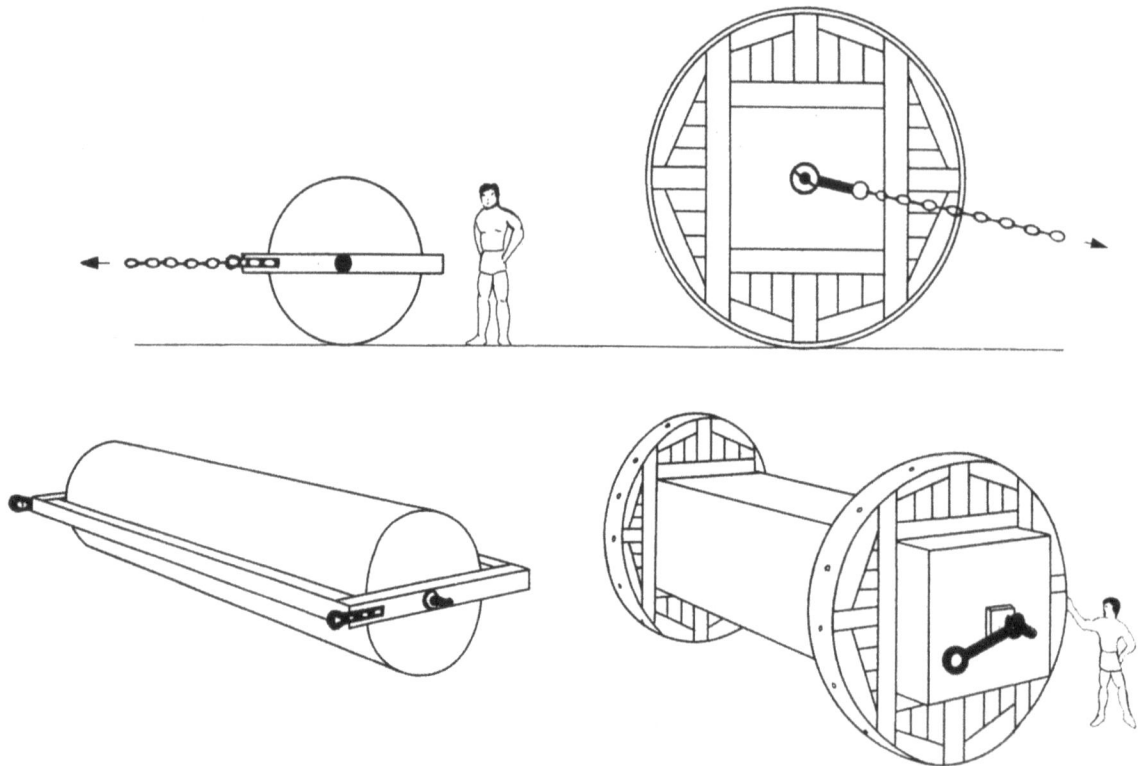

Bild 17: Transport schwerer Steinblöcke beim Bau des Artemis-Tempels von Ephesos

Bild 18: Dorische Säulenordnung

Bild 19: Ionische Säulenordnung

Bild 20: Korinthische Säulenordnung

(Kannelierung) erhielten diese erst nach der Aufstellung. Aus einer Inschrift eines Tempels auf der Athener Akropolis geht hervor, daß das Kannelieren einer einzelnen Säule 350 Drachmen gekostet hat. Der Tageslohn für einen Arbeiter betrug damals eine Drachme. Wenn man davon ausgeht, daß die griechischen Steinmetzen in Gruppen von vier bis sieben Mann arbeiteten, muß das Kannelieren einer Säule etwa 2 Monate betragen haben.

Die berühmtesten Bauwerke der griechischen Architektur wurden in der relativ kurzen Zeit zwischen 500 und 300 v. Chr. errichtet. Dazu zählen u.a. die in Korinth, Delphi, Epidauros, Olympia, Eluisis und auf der Insel Delos [34]. Die Akropolis in Athen ist wahrscheinlich der krönende Höhepunkt dieser Epoche. Als Akropolis bezeichnet man eine auf einem Bergrücken gelegene, mit einer gewaltigen Burgmauer umwehrte Königsburg. Solche Akropolen bestehen stets aus polygonalen, behauenen oder unbehauenen Kalksteinquadern von gewaltiger Größe, dem „Zyklopenmauerwerk" [100]. Die Bezeichnung dieses Mauerwerktyps ist von der Sagengestalt des Giganten Thracian (auch Zyklop genannt) abgeleitet. Die einfachen Menschen Griechenlands waren der Meinung, daß es nur einem Gigant möglich gewesen wäre, solch mächtige Gesteinsblöcke übereinanderzuschichten [34]. Über die imposanten Ruinen der Bauwerke von Tyrins aus der mykenischen Zeit wurde in der römischen Kaiserzeit von dem griechischen Schriftsteller Pausanias wie folgt geschrieben: „Die Mauer, die allein noch von den Ruinen übrig ist, ist ein Werk der Zyklopen und aus unbehauenen Steinen gebaut,

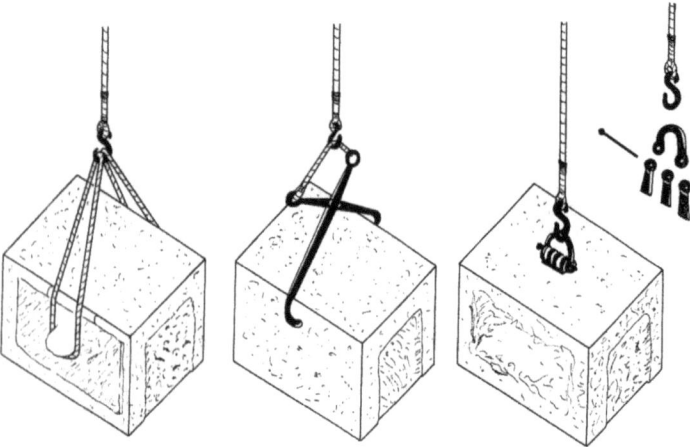

Bild 21: Vorrichtung zum Heben schwerer Steinblöcke

jeder Stein so groß, daß auch der kleinste von ihnen von einem Gespann Maultiere überhaupt nicht von der Stelle bewegt werden könnte".

Beim Zyklopenmauerwerk wurden die einzelnen Steine in annähernd waagerechten Schichten verlegt. Da es sich bei Kalksteinen – aus denen dieses Mauerwerk errichtet wurde – um Sedimentgestein handelt, mußte man, um ein Brechen der einzelnen Steine im Mauerwerk zu verhindern, beim Verlegen der Steine deren steineigene, natürlich gewachsene, immanente Schichtung berücksichtigen, was einen sehr hohen, wenn auch empirisch erworbenen petrographischen Kenntnisstand voraussetzte. Die Stoßfugen sind in der Regel schräg, und etwaige Lücken im Verband wurden durch Zwickelsteine, aber auch durch Sand und Lehm ausgefüllt. Beim Zyklopenmauerwerk handelt es sich stets um eine einschalige Mauerwerkskonstruktion. Die Dicke der Steine bestimmte die Dicke der Mauer [101].

Eine technische und ästhetische Steigerung dieser urtümlichen Mauerwerkskonstruktion zeigte das ebenfalls damals entwickelte Polygonalmauerwerk [100]. Dabei wurden vieleckige, nach Größe und Form zueinanderpassende Bruchsteine ausgesucht und ihre Stoßflächen mit Hammer und Meißel aneinander angeglichen. Dabei wurde der Mauerverband wieder wie beim Zyklopenmauerwerk mit schrägen Stoßfugen lagerhaft aufgeschichtet. Die Schichtungen wurden zueinander radial geordnet. Auf diese Weise war immer der nächstgelegene größere Stein der Mittelpunkt der sozusagen um ihn herumgeschichteten kleineren Steine. Die dadurch entstehende zusätzliche, wie Entlastungsbögen wirkende Verspannung gewährleistete dem Mauerwerksverband eine hohe Festigkeit. Für Mauerwerk dieser Art war Mörtel nicht unbedingt erforderlich.

Öffnungen im Mauerwerk wurden in dieser frühen Kulturstufe stets mit waagerechten Sturzsteinen überbrückt. Diese waren auch beim Polygonmauerwerk riesig groß und dementsprechend schwer.

Ein anschauliches Beispiel dafür stellt das schon erwähnte Löwentor in Mykene dar. Hier werden von dem Sturzstein etwa 3,25 m überbrückt. Würde dieser nun mit dem vollen Gewicht des darüberliegenden Mauerwerks belastet, zerbräche er. In Kenntnis dieser statischen Situation wurde anstelle der Wand ein sogenanntes Entlastungsdreieck über den Sturz gesetzt – eine Lösung, die bis heute im Mauerwerksbau, nun allerdings in Form von Entlastungsbögen, angewendet wird. Eine relativ dünne Reliefplatte beendet das Dreieck des Löwentores. Die beiden Schrägen des Dreiecks wurden durch eine einfache Technik gebildet. Diese läßt die jeweils obere Schicht über die untere von beiden Seiten her vorkragen und man erreicht so ein allmähliches Schließen der Öffnung. Die vorkragenden Steine wurden entlang der Dreieckslinie schräg zugehauen [100].

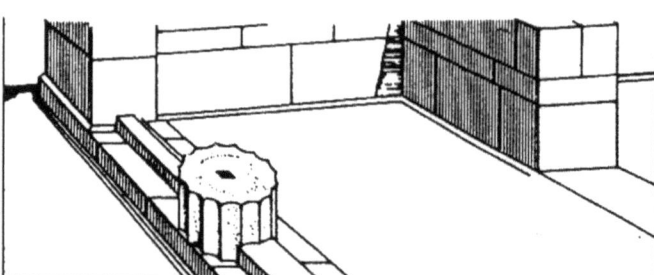

Bild 22: Mauerwerksprinzip und Ausrichten der Blöcke mit Brechstangen

Bögen und Gewölbe sind in dieser Phase der griechischen Frühgeschichte unbekannt. Der Nachteil der Natursteine beim Überbrücken von Öffnungen war bekannt. Die in der Regel äußerst druckfesten Steine haben nur eine sehr geringe Zug- und Bruchfestigkeit. Sie sind – im Gegensatz z.B. zum Holz – nicht elastisch. Daraus ergab sich die Notwendigkeit – bei „offenen Bauten" –, viele Stützen zur Überbrückung mehr oder weniger großer Spannweiten zu verwenden. Die Folge war, daß man viele, eng gestellte Stützen (Säulen), oft in doppelten oder dreifachen Reihen benötigte, damit sich das Bauwerk auch in die Tiefe erstrecken konnte. Beim Überbrücken von Öffnungen im Mauerwerk bediente man sich der oben beschriebenen Technik. Bei Rundbauten, z.B. beim sogenannten „Schatzhaus des Atreus" nahe Mykene, wurde ebenfalls diese Technik angewendet. Dabei kragt die jeweils obere Schicht ringsum über der unteren vor. Auf diese Weise nähert sich Schicht um Schicht der Raummitte und schließt den Raum schließlich oben ab. Für diese archaische Mauerwerkskonstruktion wurde von der Kunstwissenschaft der Name „falsches Gewölbe" geprägt. Bei einem Durchmesser von 14,50 m und einer Höhe von 13,20 m entstand bei diesem „Schatzhaus" (Grab) ein überwältigender Raumeindruck, der in der klassischen griechischen Architektur kaum eine Parallele findet. Welche technischen Probleme mit der Errichtung solcher Bauten verbunden waren, ist der Tatsache zu entnehmen, daß der Türsturz am über 5 m hohen Eingang des Atreus-Grabes in Mykene ein Gewicht von über 100 Tonnen besitzt.

Die „Erfindung" des Bogens in der Baukunst schrieb man zunächst den Etruskern zu, weil die Sakral- und Monumentalarchitektur der Ägypter und Griechen diese Bauform nicht kannte. Doch wurde festgestellt, daß die Ägypter bereits etwa 3000 Jahre v. Chr. für untergeordnete Objekte Bogenkonstruktionen anwandten. Dabei wurden nur kleine Spannweiten überdeckt und diese Gewölbe in der Regel nur bei unterirdischen Bauten angewendet.

Noch ältere Beispiele von Bogenkonstruktionen wurden aus Mesopotamien nachgewiesen [109]. Diese wurden in der Nähe von Ninive (Babylon) gefunden und stammen aus einer Zeit um etwa 5000 v.Chr. Es handelt sich dabei um Bauwerke (Rundbauten) aus Lehmziegeln, die als oberen Abschluß eine gewölbte Struktur aufweisen.

Der Gewölbebau ist dann von den Römern perfektioniert worden. Sie bevorzugten dabei sowohl das Tonnen- als auch das Kreuzgewölbe. Das Tonnengewölbe war aus etruskischer Zeit bekannt. Es ist

a – Kraggewölbe b – Schrägstellung zweier Natursteinplatten c – Abgerundete Balk mit Pfeilern und radial behauene Steine

Bild 23: Gewölbe in Griechenland

Bild 24: Löwentor in Mykene

Bild 25: Entlastungsgewölbe aus geneigten Kalksteinplatten (Ägypten, 4. Dynastie)

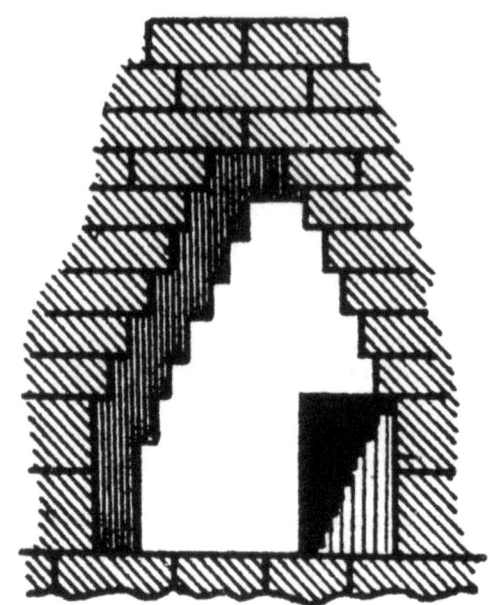

Bild 26: Kraggewölbe (Ägypten, 12. Dynastie)

ein einfaches, zylindrisches Gewölbe mit durchgehenden Auflagern. Ein aus Quadern hergestelltes Tonnengewölbe setzte sich aus aneinandergereihten Bogen zusammen. Um das Quadermauerwerk zu stabilisieren, wurden die Quader in einem Läufer- oder Blockverband mit liegenden Schichten versetzt. Diese Aufmauerung erforderte ein Traggerüst und eine vollständige Schalung [109]. Das Kreuzgewölbe ist ein zusammengesetztes zylindrisches Gewölbe mit geteilten Auflagern und entsteht aus der rechtwinkligen Durchdringung zweier Tonnen. Gewölberippen und Gurtbänder verblieben zumeist innerhalb der Gewölbeschale

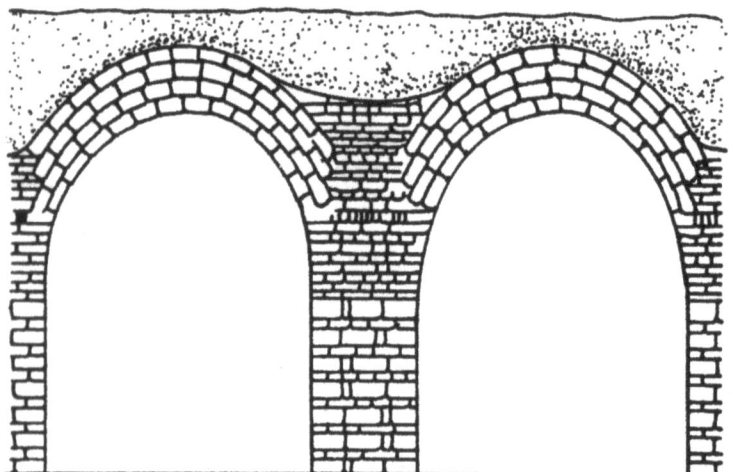

Bild 27: Tonnengewölbe aus Lehmziegeln (Ägypten, 19. Dynastie)

und wurden selten zu Dekorationszwecken plastisch durchgebildet. Im Gegensatz dazu wurde im Kuppelbau, z.B. am Pantheon in Rom, die Statik der Kuppel durch Ausbilden von radialen Rippen dekorativ betont. Als Baustoff der römischen Kuppeln und Gewölbe wurde allerdings weniger der Naturstein sondern hauptsächlich der römische Beton verwendet [92].

Der Mangel an Wölbungen in frühmittelalterlichen Bauwerken wird oft mit einem vermutlich technischen Unvermögen dieser Epoche in Verbindung gebracht. Widerlegt wird diese Ansicht durch das um 515 entstandene Grab des Ostgotenkönigs Theoderich (471–526) in Ravenna mit seiner Natursteinkuppel von 276 Tonnen Gewicht sowie durch das Tonnengewölbe der Aachener Pfalzkapelle, die um 800 unter *Karl dem Großen* (768–814) errichtet wurde.

Im Mauerwerksbau entwickelte sich in der Antike aus dem Polygonmauerwerk das der paßgenauen Natursteinquader. Dabei wurden die einzelnen Blöcke, meist Marmorquader, sehr paßgenau rechtwinklig zugerichtet und ohne Mörtelfuge versetzt. Der Verband wurde durch metallische Klammern und Dübel zusammengehalten. Dieses steinmetzmäßig sorgfältig hergestellte Mauerwerk von hoher Geschlossenheit bei geringstmöglichem Fugenanteil trifft man bis heute überall da an, wo eine hohe Beanspruchung paßgenaues Mauerwerk verlangt, wie an Sockeln, Pfeilern, Gewölbegurten, in Wasser stehenden Mauern und anderen Bereichen [101].

Für weniger aufwendige Bauaufgaben wurden wesentlich kleinere, handlichere, aus dem Steinbruch gewonnene Steine eingesetzt, die mit Kalkmörtel vermauert wurden. Es entstand das bis heute noch übliche Bruchsteinmauerwerk. Dieses wurde immer dann, wenn die Mauerwerksdicke größer sein mußte als die zur Verfügung stehenden Steine, auch aus zwei Mauerwerksschalen hergestellt. Der römische Bauingenieur und Bautheoretiker *Vitruv* (etwa 84–10 v. Chr.) berichtet über diese von den Griechen entwickelte Mauerwerkstechnik in seinen „Zehn Büchern über die Architektur" folgendes [170]: „ ... die Bauweise der Griechen (ist) nicht zu verachten ... Die Stirnseiten (der Mauersteine) werden glatt behauen. Das Übrige wird, in natürlichem Zustand mit Mörtel geschichtet, durch abwechselnde Stoßfugen verbunden ... die Griechen ... versetzen die Steine flach, lassen ihre Längen abwechselnd in die Mauerdicke einbinden und füllen nicht einfach die Mitte, sondern stellen von den Schalen her eine durchgehende Mauer in einheitlicher Dicke her. Außerdem verlegen sie einzelne Steine von der ganzen Mauerstärke, die an beiden Seiten Stirnen zeigen – die Griechen nennen sie Diatonoi –, die durch den Verband in höchstem Maße die Festigkeit der Mauern sichern ..."

Die rationellere römische Art zu mauern, beschrieb *Vitruv* wie folgt [170]: „... die Unseren aber, auf schnelle Ausführung bedacht, richten ihre Aufmerksamkeit nur auf die Aufrichtung der Schalen, versetzen die Steine hochkant und hinterfüllen sie in der Mitte getrennt mit Bruchsteinbrocken mit Mörtel vermischt. So werden bei diesem Mauerwerk drei Schichten hochgezogen: zwei Außenschalen und eine mittlere aus Füllmasse." (siehe auch Kapitel 4 und 6).

Um zu verhindern, daß die beiden äußeren, sauber gemauerten Schalen beim Verfüllen herausgedrückt werden, verlegte man von Zeit zu Zeit eine durchgehende Schicht, die die beiden Schalen miteinander verband. Die durchgehenden Schichten bestanden aus langen Natursteinquadern, Oliven- oder Eichenholz oder Ziegelschichten und dienten zugleich dem horizontalen Abgleichen des Mauerwerks [101].

Parallel mit der Vervollkommnung des Gußmauerwerks entwickelte sich die Verblendtechnik, bei der vor allem hochwertige Natursteine zur Sichtflächengestaltung verwendet wurden. Dies war der Beginn einer sich später fortsetzenden und sich vervollkommnenden Nutzung des Bausteins vom Konstruktionsbaustoff zum Dekorations- und Verkleidungswerkstoff, wobei die Farb- und Strukturwirkung des Natursteins immer stärker in den Vordergrund gestellt wurden [136].

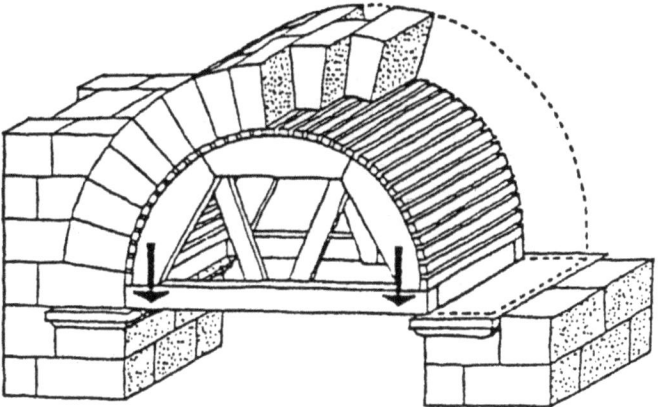

Bild 28: Römische Tonnengewölbe

Öffnungen im mehrschaligen Mauerwerk benötigen eine ringsumlaufende Fassung. Solche Fassungen bestanden unten aus einer Schwelle oder Sohlbank, seitlich aus Gewölbesteinen und oben aus einem Sturzstein, der durch einen Entlastungsbogen geschützt wurde. Diese wegen ihrer Größe ins Auge springenden Teile der Öffnungen wurden häufig durch steinmetzmäßig hergestellte Dekoration geschmückt. Dabei wurden die Oberflächen entweder profiliert oder mit profilierten Blütenranken dekoriert, ihre Ecken durch sogenannte „Ohren" vergrößert [101]. Diese sind Auskragungen am oberen Ende, oft auch Verdachungen in Form eines geraden Simses oder eines Dreieckgiebels. In der Spätantike kommen auch Segmentgiebelverdachungen vor. Wie schon beim Löwentor in Mykene wird die Entlastungsöffnung über dem Sturz ebenfalls geschmückt [100].

Auch die Mauerwerksecken wurden in der Regel verstärkt. Dazu wurden große Natursteinquader paßgenau zugerichtet, die dann in der Ecke eingesetzt wurden. Als oberen Abschluß erhielt die Mauer ein vorkragendes Gesims, das die Mauerkrone zusammenband und ihr die nötige Festigkeit gab.

Die gemauerte Wand sollte neben ihrer statischen auch eine ästhetische Funktion erfüllen. Die einfachste Schmuckform der Römer war das sogenannte „Incertum". Dies beinhaltete das ungeordnete Spiel von Fugen und Bruchsteinen im regulären Mauerverband. *Vitruv* schrieb dazu [170] „... die unregelmäßigen Bruchsteine aber, die einer über dem anderen sitzen und unter sich im Verband stehen, geben kein gut aussehendes, aber festeres Mauerwerk...". Dieses Mauerwerk konnte variiert werden, indem die Steine rechteckig zurichtet und entweder „isodom" oder „pseudoisodom" vermauert wurden. Isodom bedeutet, daß jede Schicht gleich hoch ist und pseudoisodom, daß jede Schicht mit der nächsten in der Höhe abwechselt. Die Steine konnten auch quadratisch zugerichtet werden und jeweils auf der Ecke stehend eingemauert werden. Bei diesem „reticulatum" (netzförmiges Mauerwerk) genannten Mauerwerk hatte man dann ein diagonal durchlaufendes Fugenbild. *Vitruv* berichtete [170] „...von diesen (Mauerwerksarten) ist das netzförmige Mauerwerk das anmutigere, aber es neigt deshalb dazu, Risse zu bilden, weil es seine Lager- und Stoßfugen nach allen Richtungen fortlaufend ohne Verband hat...". Bestand das zur Verfügung stehende Natursteinmaterial nur aus dünnen Kalksteinplatten, so konnten dieses auch im „spicatum"-Verband vermauert werden. Dabei wurden die Steine hochkant schräg aneinandergestellt – eine Schicht schräg nach links, die andere schräg nach rechts – und erzielte so ein Fischgrätenmuster [101].

Von den Römern lernten die übrigen europäischen Völker das Mauern und diese Kenntnis wurde auch im Mittelalter nicht mehr wesentlich verbessert. Oftmals wurde ganz bewußt auf die römischen Vorbilder Bezug genommen, wie z.B. unter Kaiser *Karl dem Großen* an der Pfalzkapelle in Aachen, und hat Orginalbauteile aus antiken Gebäuden in Neubauten einbezogen. Diese eingebauten Mauerwerksteile sollten gleichsam wie eine Reliquie das römische Imperium heraufbeschwören und seine Präsenz verbürgen [100].

Bild 29: Natursteinbearbeitung und -transport (nach eine Federzeichnung aus dem 10. Jahrhundert)

Im Mittelalter wurde das meist unter Verwendung von Kalkmörtel gemauerte, mehrschalige Natursteinmauerwerk bevorzugt. Bei gewöhnlichen Bürgerhäusern wurden für die Gebäudeecken normalerweise große Natursteinquader verwendet und die Wandflächen bestanden in der Regel aus kleinformatigen Bruchsteinen, die mit Putz überzogen wurden. Für Sakral- und Wehrgebäude wurden meist großformatige Natursteine genommen, denen man paßgenaue Kanten gab [100]. Unter den Stauferkaisern (Staufer – schwäbisches Geschlecht, das 1138–1254 den deutschen Königs- und Kaiserthron innehatte; u.a. mit der volkstümlichsten Herrschergestalt des deutschen Mittelalters, Kaiser *Friedrich I, Barbarossa,* 1152–1190) wurde eine eigene Mauerwerkstechnik entwickelt, das sogenannte Buckelquadermauerwerk. Dieses wurde hauptsächlich bei Burgen und Pfalzen angewendet. Bei dieser Mauerwerksart ließ man die Sichtflächen der Natursteinquder in erhabener Bosse – also Rohbelassung der Ansichtsflächen oder deren bewußte Grobbearbeitung – stehen und erreichte somit ein recht martialisches, wehrhaftes Aussehen der Mauer. Die Buckelquader wurden teilweise an bestimmten Stellen der Mauer durch zu menschlichen Gesichtern umgearbeitete Bossen ersetzt. Dadurch bekam die Mauerwerksfront zusätzlich eine metaphysische Bedeutung, die zur Abwehr von Unheil dienen sollte [101]. Andererseits wurden in der Romantik mit Natursteinen auch Feinheiten herausgearbeitet, wie das an Kapitellen und Farbwechseln bei Quadern in Sandstein sichtbar wird.

In Gegenden mit nur geringwertigem Natursteinangebot findet man im 12. Jahrhundert wieder das „opus spicatum", das Fischgrätenmauerwerk, z.B. an der Stadtmauer von Fulda. Die in der Regel verputzten Mauern bestehen zumeist aus nicht homogenem Material. Sand- und Kalksteine sind oft vermischt.

Im 12. Jahrhundert wurde auch mit der Kombination von Natursteinmauerwerk und Ziegelmauerwerk begonnen. So wurden beim Bau der ursprünglichen Domkirche in Schleswig im Jahre 1160 Tuffsteine im Wechsel mit Mauerziegeln vermauert. Ein ihnen zeitgemäßer Mauerverband war noch nicht entwickelt worden.

Mit der Baukunst der Gotik entwickelt die Steinmetzkunst ihre höchste Blüte. Im Kontrast zur groben Steinbearbeitung der Romantik („grobe" Gesteine) wurden in der Gotik – auch aus konstruktiv notwendigen Gründen – zunehmend fein zu bearbeitende Gesteine verwendet, z.B. Schaumkalk.

Der Vorgang der Steinbearbeitung blieb im Mittelalter mit dem der Antike im Grundsätzlichen gleich, soweit er mit Hilfe von Steinmetzwerkzeugen erfolgte. Der rohe Steinblock wurde zuerst in eine prismatische Form gebracht und das überschüssige Steinmaterial mit dem Spitzeisen abgeschlagen. Das Spitzeisen diente nur an den ältesten Bauteilen vereinzelt zur Herstellung der endgültigen Oberfläche. Die Bearbeitung der Werksteine erfolgte in der Regel wie heute auf einer Bank mit Holzböcken, wo auch die bossierte Oberfläche abgearbeitet wurde. Erst bei der Einführung des Scharriereisens im 15. Jahrhundert verlor die in der Steinbearbeitung der Romanik übliche Glattfläche an Bedeutung. Eine gewisse Gleichförmigkeit der Natursteinprofile von Basen und Bogen geht auf die Arbeitsteilung und auf eine größere Produktion von Fertigfabrikaten zurück, die im 13. Jahrhundert erreicht wurde. Zur Kontrolle und Herstellung des behauenen Steins dienten Negativschablonen aus Holz oder Eisenblech. Für den Vorgang des Konstruierens ist besonders bemerkenswert, wie die Umsetzung der Figur vom Reißboden in naturgroßem Maßstab 1 : 1 vollzogen wurde: Die Profilierungen wurden auf Bretter aufgezeichnet und exakt ausgesägt. Diese Schablonen dienten dem Steinmetzen, um die Basen und Strebepfeiler fertigzustellen, aber auch der Herstellung von Lehrbogenmodellen der Gewölbe eines gotischen Kirchenchores [109].

Das zweischalige Mauerwerk mit einer Füllmasse in der Mitte, das in der Gotik nur an untergeordneter Stelle eingesetzt wurde, kam später wieder allgemein für Fassaden zur Anwendung. Vermutlich aus Kostengründen wurden dabei immer öfter vor das aus kleinformatigen Bruchsteinen bestehenden Mehrschalenmauerwerk großformatige Natursteinplatten gesetzt. Damit wurde ein massives Natursteinmauerwerk vorgetäuscht. Schließlich verschwand das Natursteinmauerwerk weitgehend, und an seine Stelle trat das verputzte Ziegelmauerwerk.

Im 19. Jahrhundert kommt der Naturstein in der Wiederholung älterer Bauteile wieder zur Geltung. Meist findet er sich dabei in Kombination mit Ziegelmauerwerk.

Eine wichtige Rolle als Baustoff haben Natursteine stets beim Anlegen und Befestigen von Transport- und Verkehrswegen gespielt. Schon in den alten Hochkulturen waren Straßenverbindungen für wirtschaftliche und militärische Operationen von Bedeutung [78] [156].

Im alten Ägypten wurde der Naturstein allerdings kaum für systematische Straßenbauarbeiten eingesetzt. Lediglich für die Befestigung der religiösem

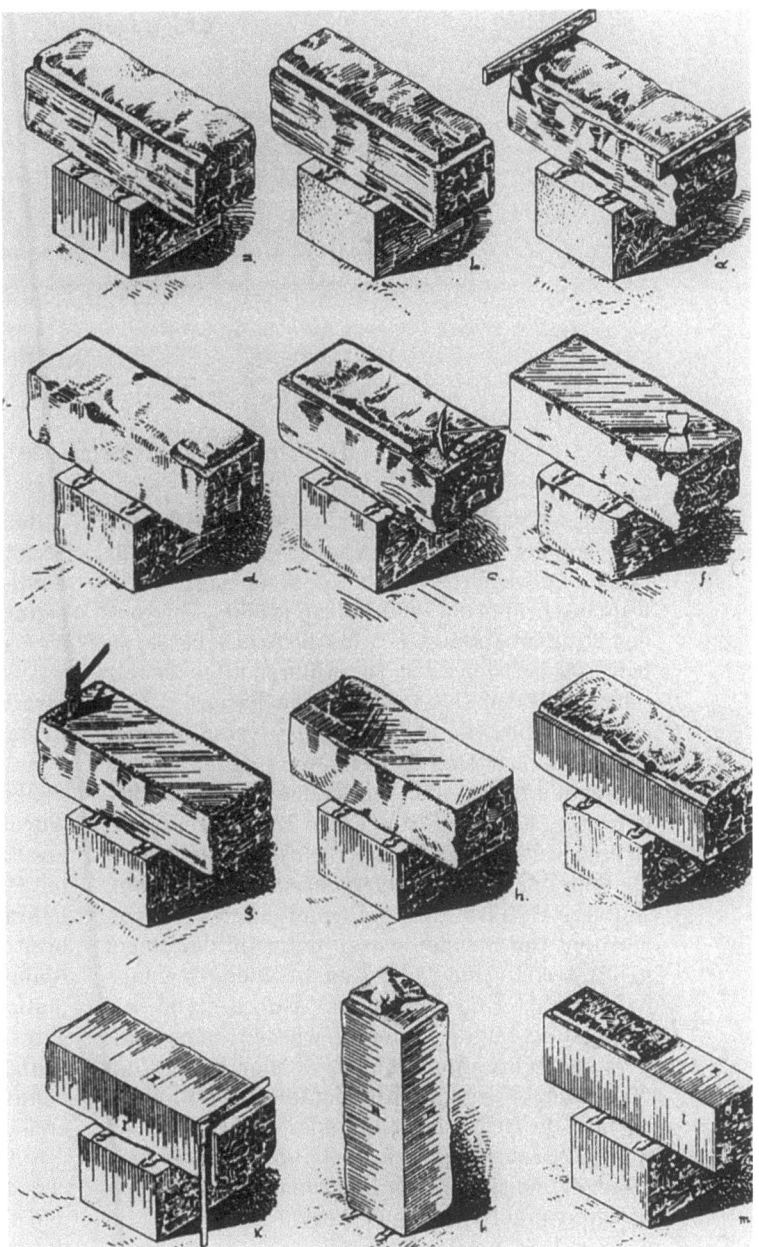

Bild 30: Bearbeitung eines prismatischen Steines in den verschiedenen Phasen

Kult dienenden Prachtstraßen und zum Pflastern der Tempelhöfe wurden Natursteinplatten verwendet. Bei den um 2800 v. Chr. von den Königen *Djoser* und *Snefru* gebauten Straßen zu den Türkisminen auf der Halbinsel Sinai und den Alabastersteinbrüchen von Hat-nub wurden jedoch bestimmte Teilstücke zum Ausgleich von Geländeunebenheiten mit Steinschutt oder Steinblöcken aufgefüllt.

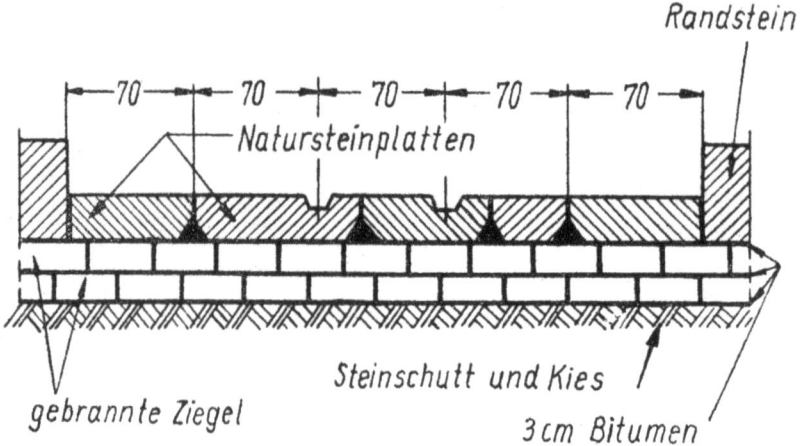

Bild 31: Prozessionsstraße zum Ischtartempel von Assur (um 720 v.Chr.)

In Mesopotamien wurde der Straßenbau insbesondere von der assyrischen Armee gefördert, die für ihre Kampfwagen einen guten Straßenbelag benötigte. In Inschriften um 1100 v. Chr. und 650 v. Chr. werden Straßenbautätigkeiten für die Armee beschrieben. Eine bei Ninive zum Tigris führende Straße war mit polygonalen Kalksteinplatten gepflastert.

Genaue Hinweise über den Aufbau verschiedener Prozessionsstraßen und Zugangsstraßen zu den Tempeln und die dabei verwendeten Baustoffe liegen aus Assur und Ninive vor. Die Prozessionsstraßen waren einer starken Beanspruchung durch die Räder der Tempelwagen ausgesetzt, auf denen schwere Götterbilder und Opfergaben gefahren wurden. Die Straßen waren daher in der Regel gepflastert. Die mit Radgleisen versehene Decklage der Zufahrt zum Tempel in Assur bestand aus Gipsplatten. Für den Unterbau wurden Steinschutt, Kies und gebrannte Ziegel verwendet. Bei der um 600 v. Chr. gebauten Prozessionsstraße in Babylon bestand die Deckschicht aus einer außerordentlich feinen Pflasterung mit Kalksteinplatten aus dem Libanon und einem Unterbau von mehreren Lagen in Bitumenmörtel verlegter Ziegel.

Bei den vor 2000 bis 4000 Jahren gebauten Straßen in Indien und China – u.a. die bekannte Seidenstraße – wurden verschiedene Straßenabschnitte unter Verwendung gebrochenen Natursteins sowie Sand und Kies gebaut.

Aus europäischer Sicht verdient der frühe Straßenbau um 3000 ... 2000 v. Chr. auf der Insel Kreta Beachtung. Die technische Ausbildung dieser Straßenkonstruktionen besaß bereits eine hohe Vollkommenheit. Auf dem geebneten Untergrund wurde zunächst ein etwa 20 cm dicker Unterbau aus Bruchsteinen in einem Ton-Gips-Mörtel errichtet. Darauf folgte eine etwa 6 cm dicke Lage eines Lehmmörtels, die als Bettung für die 3,5 bis 4 m breite Deckschicht diente. Diese bestand aus zwei Reihen etwa 6 cm dicken Basalt- oder Kalksteinplatten in der Straßenmitte und aus unregelmäßig geformten Kalksteinpflaster an beiden Seiten. Entlang der gesamten Straße waren seitlich Schutzmauern aus behauenen Kalksteinblöcken errichtet, deren Höhe 2,0 bis 3,75 m betrug.

Auf dem griechischen Festland und an der griechisch besiedelten kleinasiatischen Küste bestanden die um 2000 v. Chr. gebauten Straßen meist aus

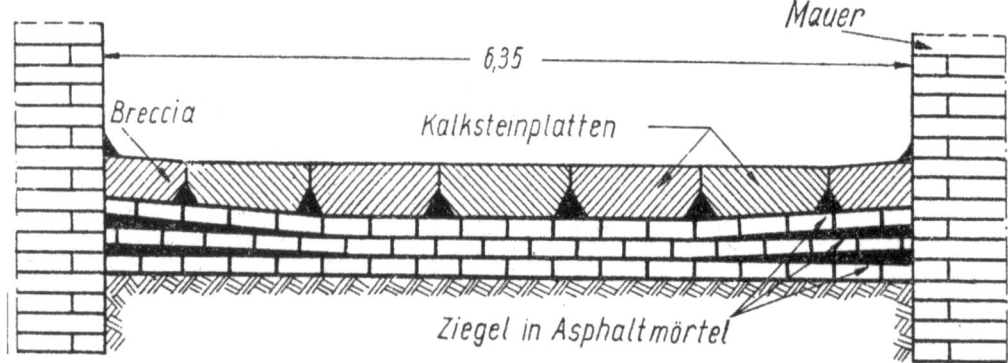

Bild 32: Prozessionsstraße „Aibur Schabu" in Babylon (um 600 v.Chr.)

2. Natursteine

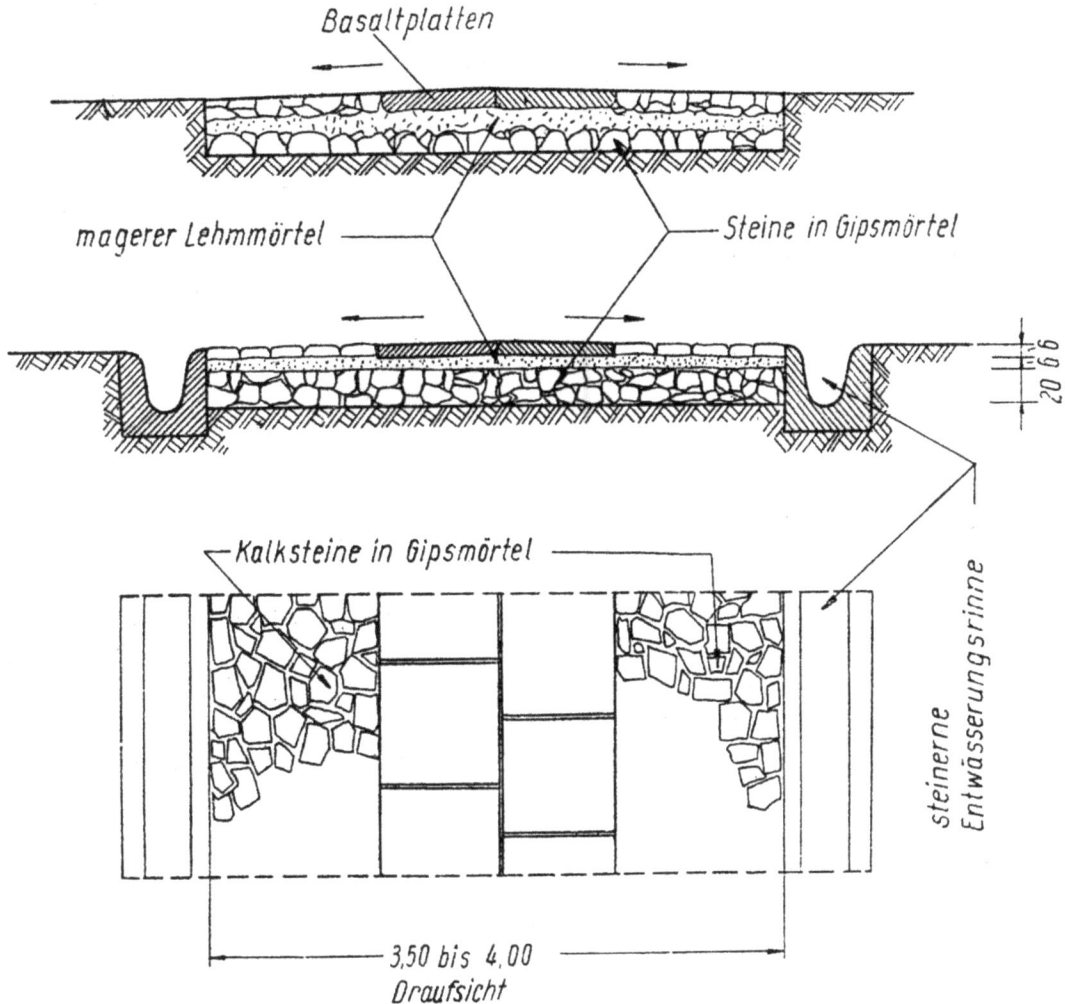

Bild 33: Kretische Kunststraßen (um 2000 v.Chr.)

unregelmäßigen polygonalen Kalksteinplatten, erreichten aber auch zu Zeiten höchster kultureller Entwicklung niemals die technische Vollkommenheit des Straßenbaus auf Kreta. Eine Ausnahme bildete lediglich die Hauptstraße von Alexandria, die 30 m breit war und eine gepflasterte Deckschicht aus Granitplatten (30 x 50 x 20 cm) auf einem Unterbau aus Kies und Kalkmörtel hatte.

Im Römischen Reich erreichte der Straßenbau sowohl in technischer Ausbildung als auch in Umfang und Ausdehnung des Staßennetzes einen bis dahin nicht gekannten Entwicklungsstand. Zwischen 400 v. Chr. und 200 n. Chr. wurde ein künstliches Straßennetz von etwa 90 000 Kilometern Länge angelegt und unter Hinzuziehung von sogenannten untergeordneten Straßen aus Kies und Sand sollen es etwa 300 000 Kilometer Straßennetz gewesen sein. Prinzipiell waren die römischen Kunststraßen nach folgendem Schema aufgebaut [78]:

1. *statumen*
Packlage aus etwa 30 cm hohen Bruchsteinen, die oft mit einer Lage plattiger Steine abgedeckt war (häufig mit Kalkmörtel oder Lehm bzw. Ton gebunden oder in einem Mörtelbett versetzt)

2. *ruderatio*
eine etwa 25 cm dicke Schicht groben Kieses oder Schotter in Mörtel oder Lehm zur Abhaltung von Feuchtigkeit

3. *nucleus*
eine etwa 25 cm dicke Schicht aus Kies, Splitt oder Ziegelbruch in Mörtel, die als Binderschicht für die Deckschicht fungierte

4. *summa crusta*
Deckschicht, die je nach Verkehrsbelastung aus einem Polygonalpflaster aus 20 bis 30 cm dicken

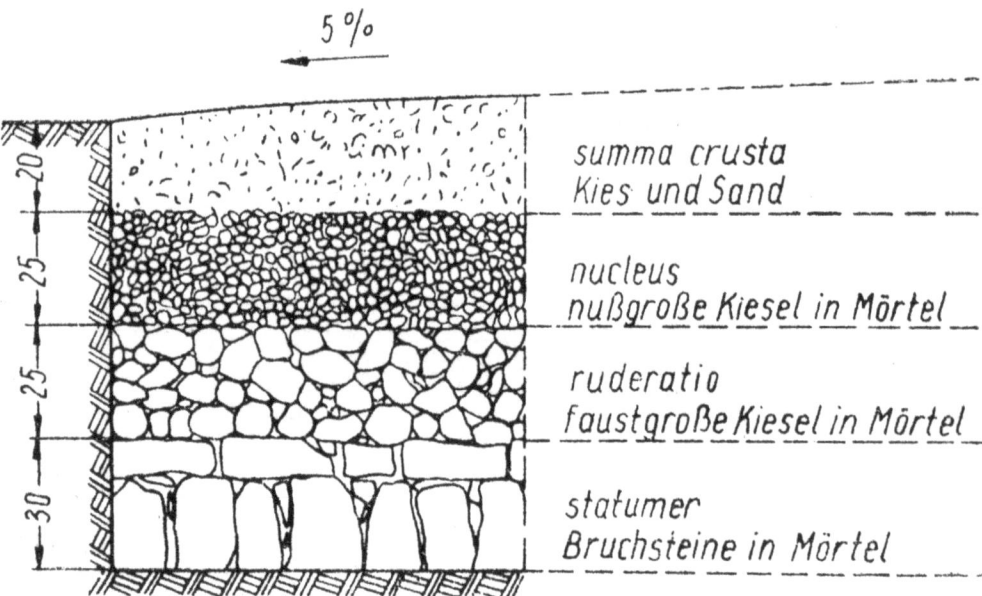

Bild 34: Schema des Aufbaus römischer Straßen aus Natursteinen

Steinplatten oder wie meist in den germanischen Provinzen aus einer etwa 20 cm dicken Kiesschicht bestand.

Das römische Natursteinpflaster bestand im Gegensatz zu heutigen Pflasterarten aus vergleichsweise großen Platten von unregelmäßiger Form. Die Platten besaßen eine sorgfältig bearbeitete Oberfläche und waren in den Fugen genau eingepaßt. Als Gesteinsarten für die Pflasterungen wurden vor allem Lava und verschiedene Tuffe verwendet. Daneben wurden auch Granit, Basalt, Travertin und Marmor benutzt. Die Abmessungen der Platten schwankten zwischen 30 bis 100 cm Länge und Breite bei 20 bis 30 cm Dicke. Über die Pflasterung der Via Appina aus dem 2. Jahrhundert v. Chr. stammt eine Beschreibung aus der Zeit um 490 n. Chr. „... die Via Appia war durch den Konsul Appius erbaut worden und hatte von ihm ihren Namen erhalten. Sie führt von Rom nach Capua und ist für einen rüstigen Wanderer fünf Tagesmärsche lang, ein sehr sehenswertes Wunderwerk und dabei so breit, daß zwei Lastwagen aneinander vorüberfahren können. Das ganze Pflaster, mühlsteingroß von Natur sehr hart, hatte Appius an weit entfernter Stelle brechen und herbeischaffen lassen. Denn solches Gestein gibt es nirgendwo in dieser Gegend. Appius ließ die Bruchsteine zunächst glatt und gleichmäßig zurichten sowie rechteckig behauen, dann wurden sie so dicht gesetzt, daß kein Bindemittel oder sonst dergleichen notwendig war. So fest sind die Steine zusammengefügt und verbun-

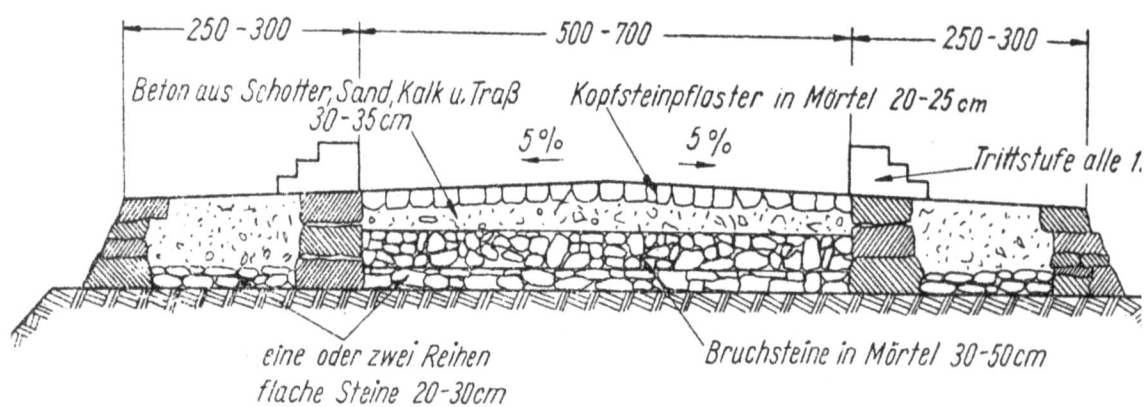

Bild 35: Querschnitt einer römischen Hauptstraße in Italien

den, daß sie beim Betrachter den Eindruck erwecken, nicht miteinander verfugt, sondern verwachsen zu sein. Und obschon lange Zeit Tag für Tag darüber viele Lastwgen fuhren und alle möglichen Lebewesen auf ihnen gingen, haben sich weder die Steine aus ihrer Verfugung gelöst, noch ist einer von ihnen zerbrochen oder kleiner geworden, nicht einmal an Glanz büßten sie ein ...".

Nach dem Zerfall des römischen Reiches verfiel das Straßennetz rasch und abgesehen von dem Bau einiger Straßen unter *Karl dem Großen* gab es in Europa bis ins 18. Jahrhundert praktisch keinen Straßenbau mehr. Erst unter *Napoleon* wurden in Europa wieder in umfangreichem Maßstab Straßen gebaut. Mit zunehmender Industrialisierung und vor allem Motorisierung erfuhr im 19. und 20. Jahrhundert der Straßenbau einen enormen Aufschwung. Sande und Kiese sowie gebrochenes Gestein wurden in großem Umfang gebunden und ungebunden für Unter- und Deckschichten benötigt.

Die Nutzung natürlicher Sande und Kiese als Zuschläge zur Herstellung von Mörteln und Putzen sowie auch als Magerungsmittel für Lehme und Tone beginnt etwa im 8. Jahrhundert v. Chr. Die von *Vitruv* zusammengefaßten und bis ins 18. Jahrhundert ohne wesentliche Erweiterung als gültig befundenen Aussagen zu den Qualitätsanforderungen an Bausande beruhen auf einer langen Erfahrung hinsichtlich Lagerstätten, Sandzusammensetzungen, schädlichen Verunreinigungen, Einsatzgebieten für Sande unterschiedlicher Herkunft und Methoden für ihre Eignungsprüfung. „... von diesen (Sanden für Mörtel) sind die besten die, die, in der Hand gerieben, knirschen. Sand aber, der erdhaltig ist, wird keine Schärfe besitzen. Ebenso wird er geeignet sein, wenn er, verstreut über ein weißes Laken und dann herausgeschüttelt oder herausgeworfen, dies nicht beschmutzt und sich keine Erde darauf absetzt..." [170].

Im 19. und 20. Jahrhundert entstand infolge der Industrialisierung sowie der Entwicklung des Portlandzementes und des Betons ein ungeheurer Bedarf an Sand und Kies sowie Schotter und Splitt. Gegenüber dem Naturwerkstein stieg der Anteil von Sanden, Kiesen und Brechprodukten an der Natursteingesamtproduktion rasant an. Betrug in Deutschland um 1900 der Anteil an gebrochenen Natursteinen noch knapp 25 Prozent, so erreichte er zu Beginn der 80er Jahre einen Anteil von über 95 Prozent [136].

3. Ziegel

Man weiß heute, daß sich die frühen Kulturen der Menschheit in den großen Flußtälern der Erde entwickelt haben. Dort war auch das zur Herstellung von Ziegeln notwendige Rohmaterial – Tone und Lehme – zu finden. Man kann mit Recht annehmen, daß sich dort die Ausgangspunkte der Ziegeltechnik befanden.

Am besten erforscht – und damit auch am besten bekannt – sind die frühen Kulturen in den Flußtälern des Nils in Ägypten sowie des Euphrat und des Tigris in Mesopotamien (griechisch: Land zwischen den Strömen oder auch Zweistromland, heute zum größten Teil im Irak und zum kleineren Teil in Syrien gelegen).

Die Archäologie hat sich in ihrer Blütezeit – im vorigen Jahrhundert – weitgehend mit den Erscheinungsformen einer Entwicklung erst von einem Zeitpunkt an befaßt, von dem an kulturell bewertbare Zeugnisse aufgetreten sind. Die unscheinbaren und sicher auch schwer deutbaren Spuren der vorausgegangenen Frühentwicklung wurden in vielen Fällen vernachlässigt mit dem Erfolg, daß es heute nur noch in seltenen Fällen möglich ist, diese Spuren zu finden, geschweige denn sie zu verfolgen und zu deuten.

Berücksichtigt man diese Tatsache bei den vorliegenden Ausgrabungen in den genannten Flußtälern in Ägypten und Mesopotamien, so muß man feststellen, daß selbst vor den ältesten Funden – wie z.B. in Ur (alte Stadt in Süd-Babylon, war im 3. Jahrtausend v. Chr. mehrfach die Hauptstadt Babyloniens) – eine noch viel ältere technische Entwicklung vorhanden gewesen sein muß, bevor es möglich war, so hoch entwickelte Ziegelbauten zu bauen, wie sie bei den Ausgrabungen gefunden wurden. Man muß davon ausgehen, daß der Errichtung solcher bis heute erhaltenen Kult-, Repräsentations- und Befestigungsbauten eine Technik der reinen Bedarfsdeckung, also der Herstellung von Ziegelsteinen zum Hausbau vorausgegangen ist.

Im Niltal wurden bei Grabungen unter mehreren Meter dicken Schlammablagerungen Reste alter Bebauungen entdeckt – frühzeitliche, klein dimensionierte Wohnbauten – die aus ungebrannten Lehmziegeln errichtet waren. Diese Lehmziegel wurden schon in Formen hergestellt und hatten die Abmessungen, die in etwa dem heutigen Normalformat der Ziegel entsprechen. Bei der Herstellung wurde der Ton mit Strohhäcksel – Kamelmist – vermischt, eine Technik, wie sie heute noch beim Bau einfacher Bauwerke in verschiedenen Teilen der Welt benutzt wird. Seit etwa 15000 Jahren muß diese Technik bekannt sein [137]. Dieses Alter für die erwähnten Siedlungsreste wurde aus der Zahl der heute diese Bebauungsreste überlagernden Schlammschichten und Prüfungen nach der C_{14}-Methode bestimmt. Da ältere datierbare Reste gleicher Art auf der Erde bisher nicht gefunden wurden, stellen diese Funde den frühesten Nachweis ziegeltechnischer Betätigung auf der Erde dar [7] [72].

Aus der Mitte des 15. Jahrhunderts v. Chr. stammen Abbildungen aus einem Königsgrab in Ägypten, wo dargestellt ist, wie 21 Arbeiter bei den verschiedenen Arbeitsgängen der Ziegelherstellung, vom Herausholen des Lehms aus dem Sumpf bis zum Stapeln der fertigen Ziegel tätig sind. Auch eine ganze Reihe von Werkzeugen ist abgebildet, und auf den Ziegeln wurden schon sogenannte Ziegelstempel gefunden, die die zeitliche Bestimmung der Herstellung ermöglichen [137] [196].

Wie aus Ägypten gibt es auch aus Mesopotamien – dem wohl am stärksten vom bildsamen Ziegelton geprägten Land – genaue Unterlagen über die Fertigung der Ziegelsteine. Ein wesentlicher Unterschied gegenüber Ägypten besteht allerdings darin, daß hier bereits in sehr früher Zeit neben

Bild 36: Ägyptische Ziegelherstellung (Wandmalerei aus dem Grabe des Rechmireh um 1450 v.Chr.

dem luftgetrockneten Lehmziegel auch gebrannte Ziegel verwendet wurden. Man ist heute sicher, daß bereits um 4000 v. Chr. in Mesopotamien gebrannte Ziegel bekannt waren und daß es um 3000 v. Chr. bereits möglich war, Ziegel in verschiedenen Färbungen herzustellen [137].

Die Erfindung des gebrannten Ziegels dürfte - wie viele Erfindungen - zufällig erfolgt sein. Am wahrscheinlichsten erscheint, daß man eines Tages entdeckte, daß nach einem Brand die luftgetrockneten Lehmziegel hart und festgeworden waren.

Ein Beispiel soll die Qualität dieser Ziegel demonstrieren. Von 1877 bis 1917 wurde von dem deutschen Archäologen *Robert Koldeway* (1855–1925; einer der Begründer der modernen archäologischen Bauforschung) der links des Euphrat gelegene Teil der Stadt Babylon ausgegraben (Babylon = Bab-Ilu, die Pforte Gottes). Aus den freigewordenen Ziegelsteinen, die nicht mehr in einen Zusammenhang mit bestimmten Bauwerken gebracht werden konnten, ließ *Koldeway* Hütten für die Arbeiter bauen. Die Ziegel sind fest und scharfkantig und gegen ihre Verwendung an einem modernen Bau wäre aus technischen Gründen nichts einzuwenden [7]. Die Ziegel aus dieser Zeit hatten Abmessungen, die wesentlich von denen des heutigen Normalformates abweichen [72]:

L = 36 – 56 cm
B = 18 – 28 cm
H = 9 – 14 cm

Bei den Ausgrabungen *Koldeways* wurden die bekannte Prozessionsstraße, das gewaltige Ischtartor (Ischtar, weibliche babylonische Gottheit) und der Thronsaal aus der Zeit *Nebukadnezars II.* (605–562 v. Chr.; babylonischer Herrscher, der Babylon zur prächtigsten Großstadt seiner Zeit

Bild 37:
4000 Jahre alter Ziegel mit Pech- und Schilfresten

machte) aus einer Zeit um 575 v.Chr. entdeckt. Zu diesen Bauten wurden genormte quadratische Ziegel von 33 cm Seitenlänge und 8 cm Dicke verwendet, die alle den Stempel *Nebukadnezars* trugen. An Hand der gefundenen Bruchstücke und mit Ergänzungen wurden Teile dieser Bauten im Vorderasiatischen Museum in Berlin aufgebaut und ab 1930 der Öffentlichkeit zugänglich gemacht. Die Wände der Prozessionsstraße bestehen aus blauglasierten Ziegeln, auf denen sich schreitende Löwen im Ziegelrelief von je 1,95 m Länge befinden. Die Löwen wechseln in der Farbgebung zwischen weißen Leibern mit gelber Mähne und gelben Leibern mit grüner Mähne ab. Man nimmt an, daß diese Löwen aus einer Form gewonnen wurden, die dann geschnitten und zunächst einem Brand unterzogen wurden. Danach wurden die Reliefkonturen in schmelzweichen schwarzen Glasfäden aufgetragen. Die so entstandenen einzelnen Felder wurden mit Emailfarben ausgefüllt und das Ganze getrocknet. Da die schwarzen Fäden den gleichen Schmelzpunkt hatten wie die Emailefarbe, sind diese beim Brand vielfach ineinandergelaufen und geben so dem Bauwerk einen außerordentlich lebendigen Charakter. Die glasierten Ziegel wurden bei Temperaturen von etwa 550 bis 600 °C gebrannt [181] [192].

In ähnlicher Weise sind sicher auch die Wandverkleidungen des etwa 400 v. Chr. erbauten Palastes des *Darius* von Susa (eine alte babylonische Stadt) entstanden. Hier werden auf glasierten Ziegeln schreitende Krieger – Bogenschützen – dargestellt. Das Orginal befindet sich im Louvre in Paris.

Das wohl bekannteste Ziegelbauwerk der Frühzeit ist der Turm von Babylon, auch Turm zu Babel genannt.

In der Bibel, im 1. Buch Mose, 11. Kap., V. 3 und 4 heißt es dazu:

„Wohlauf, laßt uns Ziegel streichen und brennen! – Und nahmen Ziegel zu Stein und Erdharz zu Kalk und sprachen:

Wohlauf, laßt uns eine Stadt und einen Turm bauen, des Spitze bis an den Himmel reicht, daß wir uns einen Namen machen!"

Dem hiermit gemeinten Turm von Babylon gingen zahlreiche kleinere Bauwerke dieser Art voraus. Der Turm war ohnehin das Charakteristikum babylonisch-assyrischer Baukunst. Im biblischen Urland – heute die Gebiete, die überwiegend im Irak und Syrien liegen – gruppierten sich um diese Bauwerke die sogenannten Zikkurats (Stufenpyramiden), die Städte. Auch als Heiligtum spielte der Turm bei den Babyloniern eine große Rolle. Verehrt wurde hier vor allem die Himmelsherrin Ischtar. Der Urbau des Turms von Babylon entstand zwischen 2000 und 1780 v. Chr. Fünf Würfel waren treppenförmig aufeinandergestellt. Der unterste besaß die imponierende Länge von 92 Metern. Alle Stufen besaßen eine symbolische Färbung. Die unterste Stufe war schwarz und symbolisierte das Totenreich. Eine höher angeordnete Stufe war rot, die Erde symbolisierend. Die oberste Stufe war azurblau und sollte das Himmelreich symbolisieren [7].

Turm und Stadt Babylon sind im Verlaufe der Geschichte oft zerstört und wieder aufgebaut worden (wie oft, ist ungewiß). Als sicher kann gelten, daß sich der Bibeltext auf den ältesten Bau bezieht (etwa 2000 v. Chr.) und der letzte Wiederaufbau durch den babylonischen König *Nebukadnezar* (604–562 v. Chr.) vorgenommen wurde. *Xerxes*, der von 484–465 v. Chr. herrschende Perserkönig, eroberte in seiner Regierungszeit Babylon und ließ den Turm so gründlich zerstören, daß ein Wiederaufbau nie wieder erfolgte.

Das Bauwerk wurde vom Wüstensand verschüttet, und erst im 19. Jahrhundert wurde der Turm - wie auch viele andere kleinere Türme – wieder ent-

Bild 38: Wandbild im Palast des Darius von Susa (um 400 v. Chr.)

Bild 39: Ziegelöfen beim Bau des Turmes von Babylon

deckt. Besondere Verdienste erwarb sich dabei der englische Archäologe *Sir Leonard Woolley*, der in den Jahren 1922–1934 die Ausgrabungen im Süden Babyloniens in Ur leitete. Anhand der Ausgabungsergebnisse läßt sich heute ein ziemlich genaues Bild vom Leben der damaligen Zeit machen. Selbst die Häuser der einfachen Bürger waren solide gebaut wie die Tempel und Königspaläste. Durch einen Eingang von der Straße her gelangte man in einen Vorraum und von dort in den klassischen Hof, um den die Räume geordnet waren. Deren Wände waren zumeist aus ungebrannten Ziegeln gebaut, während die Grundmauern durchweg aus gebrannten Ziegeln bestanden. Die Böden im Hof und in den Räumen waren meist mit gebrannten Tonplatten ausgelegt. Interessant war der Ziegelverband, mit dem die Bauwerke teilweise errichtet wurden. Waagerecht gelegte Ziegel wechselten mit schräg gestellten, so daß eine Art Fischgrätenmuster entstand. Auf den Ziegeln wurden zahlreiche Inschriften gefunden, die zum Teil mit Stempeln versehen worden waren und den Bauherrn – zumeist ein König – nannten.

Über die ältesten Öfen zum Brennen von Ziegeln können mehr oder weniger nur Vermutungen angestellt werden, denn die Ziegelbrennöfen, die im heutigen Irak ausgegraben wurden, stammen aus einer Zeit um etwa 1000 v. Chr. Es handelte sich dabei fast ausschließlich um gewölbte Rundöfen, bei denen das Brenngut auf einer gelochten Zwischendecke stand, unter der sich der eigentliche Feuerraum befand. Aus gefundenen alten Tontafeln aus einer Zeit um 2000–3000 v. Chr. ist zu entnehmen, daß auch Meileröfen und Öfen, die aus zwei nebeneinanderliegenden Ziegelmauern bestanden, zwischen denen das zu brennende Gut nach einem genauen Schema gesetzt, verwendet wurden. Das Innere des Meilerofens bestand aus Brenngassen und Rauchabzügen. Die Ziegelrohlinge wurden an den freien Flächen dicht gesetzt und zum völligen Abdichten des Ofens mit Lehm verschmiert. Der Brennstoff – Kameldung, Stroh, Schilf – wurde zerkleinert zwischen den Ziegelbesatz gegeben. Die in etwa erreichbaren Brenntemperaturen von 550–600 °C reichten aus, um dem Ziegel die notwendige Festigkeit und Dauerhaftigkeit zu geben, die das dortige Klima erforderte. Brennstoffmangel schränkte die Möglichkeit der Herstellung großer Mengen gebrannter Ziegel erheblich ein, so daß man bei Bauwerken aus dieser Zeit fast immer eine Kombination von gebrannten und nur luftgetrockneten Ziegeln antrifft, wobei die Lehmziegel im Inneren von Bauwerken und die gebrannten Ziegel an den Außenwänden zu finden sind [19].

Die Chinesen kannten ebenfall schon früh den Mauerziegel. Bestes Beispiel ist die „Große Chinesische Mauer", deren Ursprünge bis ins 6. Jahrhundert v. Chr. reichen, und es gab keine Dynastie, die nicht ihren Beitrag zur Verlängerung und Stärkung dieses Schutzwalles leistete, der gegen Einfälle kriegerischer Nachbarn konzipiert war [30]. So wie sich Chinas große Mauer jetzt darbietet, stammt sie im wesentlichen aus dem 15. Jahrhundert und zieht sich noch heute mehr als 5000 Kilometer über Berge, durch Täler, Steppen

Bild 40: Ziegelmeiler bei Fatepur Sikri/Indien

3. Ziegel

Bild 41: Große chinesische Mauer

und Wüsten [14]. Addiert man die Länge aller in zwei Jahrtausenden errichteten Mauerteile und Abzweigungen, ergeben sich nach Aussage chinesischer Wissenschaftler etwa 50 000 Kilometer [197]. Die Annahme, sie sei als einziges menschliches Bauwerk vom Mond aus mit bloßem Auge erkennbar, geht auf eine alte chinesische Sage zurück - sie wurde allerdings durch Satellitenfotos widerlegt. Die Bauweise der chinesischen Mauer war im wesentlichen folgende: zwischen den Wachtürmen wurden zwei parallellaufende Gräben ausgehoben, die das Fundament für quadratische Granitblöcke dienten. Darauf wurden zwei Ziegelmauern errichtet. Den Zwischenraum füllte gestampfte Erde aus.

Kein anderer Baustoff hat in allen Zivilisationen eine so beherrschende Stellung eingenommen wie der Ziegel, wobei es auch Zeiten gab, wo der Ziegel als Baustoff etwas in der Hintergrund trat. So z.B. im klassische Griechenland, wo etwa ab 600 v. Chr. als Baustoff für Repräsentations- und Kultbauten hauptsächlich Natursteine verwendet wurde, die dort in großer Menge und hervorragender Qualität zur Verfügung standen. Bis zu dieser Zeit bestanden die Bauten in Griechenland jedoch auch hauptsächlich aus Lemziegeln. Aber auch zu den Zeiten, als der Naturstein als Baustoff dominierte wurde von den Griechen mit Ziegelsteinen gebaut. Dessen zahlreiche hervorragenden bauphysikalischen Eigenschaften waren gut bekannt, und deshalb wurden sie auch beim Bau von Bögen und Gewölben wie auch für Wandkonstruktionen verwendet, wie bei der Stadtmauer von Athen. Ein anders Beispiel dafür, daß auch in Griechenland die Ziegeltechnik gepflegt wurde, beweist ein Bericht des im 5. Jahrhundert v. Chr. lebenden griechischen Schriftstellers *Pindar*, der den Korinthern die Erfindung des Dachziegels zuschreibt [32]. Korinth, die bedeutendste Handelsstadt im alten Griechenland nach Athen, war im 7. und frühen 6. Jahrhundert v. Chr. das wichtigste Zentrum der Keramikherstellung. Die Form des Dachziegels wurde der des vorher für diese Zwecke verwendeten Holzes nachgebildet. Am Prinzip des Deckens von Dächern hat sich von damals bis heute kaum etwas geändert. Man kannte damals schon Trauf-, Stirn- und Firstziegel, allerdings beträchtlich größer. Diese Dachziegel waren bis zu 50 cm breit und 80–100 cm lang [172].

Die Römer als „Nachfolger" der Griechen haben die meisten griechischen Dachziegelformen übernommen.

Ziegel wurden im Römischen Reich mit ganz unterschiedlichen Formaten hergestellt. *Vitriuv* und *Plinius* machten zwar Vorschläge für Ziegelnormen, aber die Römer waren zu große Individualisten, um sich durch Normen in ihren Vorstellungen einschränken und einengen zu lassen. Charakteristisch für alle römischen Ziegel war, daß sie verhältnismäßig dünn waren, etwa 2–3 cm, was vermutlich mit den Schwierigkeiten beim Trocknen und Brennen dickerer Ziegel zusammenhing [72].

Bild 42: Arbeit in einer Tongrube
(nach einem korinthischen Pinax um 550 v.Chr)

Die Römer verbreiteten die Ziegelherstellung – und damit den Ziegelbau – in ganz Europa. Bei allen ihren Feldzügen – ob nach Spanien, Frankreich, England, Holland, Belgien oder Deutschland – wurden nach den kriegerischen Aktivitäten sogenannte Legionsziegeleien eingerichtet, um Unterkünfte für die Soldaten zu schaffen. Teilweise wurden diese Legionsziegeleien auch als Straflager benutzt. So sollen in der Legionsziegelei am Standort Dormagen, nördlich von Köln, Überlebende der Varusschlacht im Teutoburger Wald im Jahre 9 n.Chr., etwa 1500 römische Legionäre wegen Feigheit vor dem Feind zur Zwangsarbeit in der Ziegelei strafversetzt worden sein. Ziegelherstellung war damals harte körperliche Arbeit [55]. In Deutschland befanden sich Legionsziegeleien besonders entlang des Limes, der römischen Grenz- und Befestigungslinie. Einige dieser Ziegeleien wurden in unserer Zeit entdeckt und ausgegraben, so daß klare Vorstellungen von den technischen Gegebenheiten dieser Zeit existieren. Bei Ausgrabungen wurden auch Ziegel mit verschiedenen Informationen, z.B. Abrechnungen gefunden. Diese wurden in den weichen Tonziegel, noch vor dem Trocknen und Brennen eingeritzt. So fand man Abrechnungen, die über die Tagesleistung eines Arbeiters oder Soldaten Auskunft geben. Danach lag die Tagesleistung bei großformatigen Ziegeln bei 120 bis 140 Stück und bei solchen im Normalformat bei 220 bis 240 Stück. Diese Leistung erscheint gering, denn in den deutschen Ziegeleien im 19. Jahrhundert wurden derartige Leistungen in einer Stunde erbracht. Es ist anzunehmen, daß die römischen Arbeiter oder die Soldaten, die zum Ziegelstreichen abgeordnet waren, ihren Lehm selbst graben und aufbereiten mußten [72].

Einige der damaligen Ziegeleien waren teilweise so leistungsfähig, daß sie über ihren Standort hinaus in die nähere und weitere Umgebung ihre hergestellten Ziegel liefern konnten. So soll z.B. eine in Abbach an der Donau gelegene Ziegelei ihre Erzeugnisse bis zu einer Entfernung von 100 Kilometern verbreitet haben. Eine bemerkenswerte Leistung, wenn man die damaligen Transportmittel und Verkehrswege berücksichtigt. Für den Nachweis dieser Transportleistungen werden die Ziegelstempel angeführt, die zur Kennzeichnung des Herstellungsortes verwendet wurden. Diese Transporttheorie scheint aber, wenn man die damaligen Transportmittel und Transportwege berücksichtigt, zumindest in einigen Fällen unwahrscheinlich, auch aus wirtschaftlichen Überlegungen heraus. So konnte z.B. an einem Beispiel aus der thüringischen Stadt Saalfeld nachgewiesen werden, daß noch im 18. Jahrhundert der Transport der Ziegel über eine Entfernung von 5 Kilometern ebenso teuer war wie die Ziegel selbst [94].

Sehr viel wahrscheinlicher ist nach unseren heutigen Begriffen ein sogenannter „Technologie-Transfer". Die bei Kriegshandlungen vorrückenden Legionen und die sie begleitenden „Bautruppen" nahmen ihren Ziegelstempel mit und deshalb werden Bauwerke aus Ziegeln mit gleichem Ziegelstempel oft geographisch weit auseinanderliegend gefunden [145].

Die von den Römern hergestellten Ziegel wurden in der Regel sehr sorgfältig hergestellt. Der zur Ziegelherstellung verwendete Ton oder Lehm wurde gut aufbereitet und bei Bedarf mit Sand gemagert. Schon *Vitruv* gibt in seinen „10 Büchern über die Architektur" genaue Anweisungen über die Aufbereitung, das Formen und die Trocknung der handgestrichenen Ziegel. So sollten die Ziegelrohstoffe, nachdem sie abgebaut waren, eine längere Zeit „liegen", am besten einen ganzen Winter lang, damit durch die Einwirkung von Wasser und dem Wechsel zwischen Einfrieren und Auftauen die Rohstoffe richtig aufgeschlossen werden. Gestrichen werden sollten die Ziegel nur im

Bild 43: Römischer Ziegelstempel

Bild 44: Römischer Ziegelstempel der Mainzer XXII. Legion

Frühjahr oder Herbst, weil im Sommer die Trocknung der Steine an der Oberfläche zu rasch erfolge und dadurch häufig Risse und andere Schäden auftreten würden. Dies galt für den Süden Italiens, denn nördlich der Alpen wurden die Ziegel in den Sommermonaten hergestellt [72].

Da die Jahreszeit bei der Aufbereitung der Ziegelrohstoffe ein gewisse Rolle spielte, ist es nicht verwunderlich, daß sich in der Zieglersprache die Begriffe des „Winterns" und „Sommerns" bis heute überliefert haben. Manchmal werden sie auch unter dem Begriff des „Wetterns" zusammengefaßt. Gemeinsamer Zweck dieser Methoden ist es, die Plastizität und damit insgesamt die Qualität des Tones zu verbessern. Sowohl beim Sommern als auch beim Wintern wird der Rohton zunächst auf Halden geschüttet und der Verwitterung durch Regen, Frost, Wind und Sonne ausgesetzt. Das kann man über Wochen und Monate hinaus geschehen lassen. In einigen Fällen wurde der Ton sogar Jahre liegengelassen. Vom alten China erzählte man, daß er dort vereinzelt Jahrhunderte lagerte, von verschiedenen Generationen immer wieder bearbeitet [7] [55].

Vitruv verweist auch auf die Bedeutung des Trocknens der Ziegelrohlinge und die sich ergebenden Konsequenzen bei Nichtbeachtung bestimmter Voraussetzungen. „.... ganz besonders brauchbar aber werden sie sein, wenn sie zwei Jahre vorher gestrichen sind, denn vor Ablauf dieser Zeit können sie innen nicht trocken werden. Daher können sie, wenn sie frisch und nicht völlig trocken verbaut sind, nachdem Verputz darüber gelegt ist und dieser schnell sich verhärtend starr bleibt, infolge ihrer eigenen Schrumpfung nicht die gleiche Höhe wie der Verputz behalten und hängen, durch die Schrumpfung in Bewegung gesetzt, nicht mehr mit ihm zusammen, sondern lösen sich aus der Verbindung mit ihm. So kann der Verputz, vom Mauerwerk gelöst, wegen seiner geringen Dicke nicht für sich stehen, sondern er bricht, und die Wände selbst, die sich von ungefähr setzen, werden schadhaft..." [170].

Die römischen Öfen zum Brennen der Ziegel waren im Grundriß rund, quadratisch, oval oder rechteckig. Die Öfen waren überwölbt und hatten Abzugslöcher in der Decke. Wesentlich ist, daß alle Öfen aus zwei Teilen bestanden: dem unteren Feuerungsraum mit verschiedenen zur gleichmäßigen Verteilung der Brenngase ausgestatteten Kanälen und dem oberen Brennraum, der vom Feuerungsraum durch eine Art Rost ausgebildete Zwischendecke getrennt war. Das Brennraumvolumen solcher Öfen reichte von 4 bis 30 m³ [19] [137]. Im Süden Italiens, auf Sizilien und in Griechenland findet man heute noch derartige Öfen.

Mit dem endgültigen Abzug der Römer, etwa um 400 n.Chr. geriet das Bauen mit Ziegeln nördlich der Alpen zunächst in Vergessenheit. Erst unter *Karl dem Großen* (768–814) gibt es wieder Hinweise auf eine im größerem Umfang betriebene Ziegelbautechnik [16]. Im Jahr 794 erließ dieser in den Kapitularen der Frankfurter Synode das Gebot der Verwendung von Dachziegeln. Die Dachziegel hatten die Form von Hohlziegeln nach römischem Vorbild und – das war das Neue an der Ziegelentwicklung – sie hatten auch die Form, die dem heutigen Biberschwanzziegel gleicht [15] [172]. Damit war ein für das mitteleuropäische Klima geeigneter eigenständiger Dachziegel entwickelt worden, der vorwiegend für steilere Dachneigungen in Betracht kam, während die römischen Dachziegel – der Mittelmeertradition folgend – für Gebäude mit flachgeneigten Dächern verwendet wurden, wie sie die Römer auch nördlich der Alpen gebrauchten [55]. Damit die Oberfläche der Dachziegel gleichmäßig und schön wirkte, wurde mit dem Pinsel eine feine Tonschlemme aufgetragen. Diese Technik kann als Vorläufer der heutigen Engobetechnik angesehen werden (der Überzug

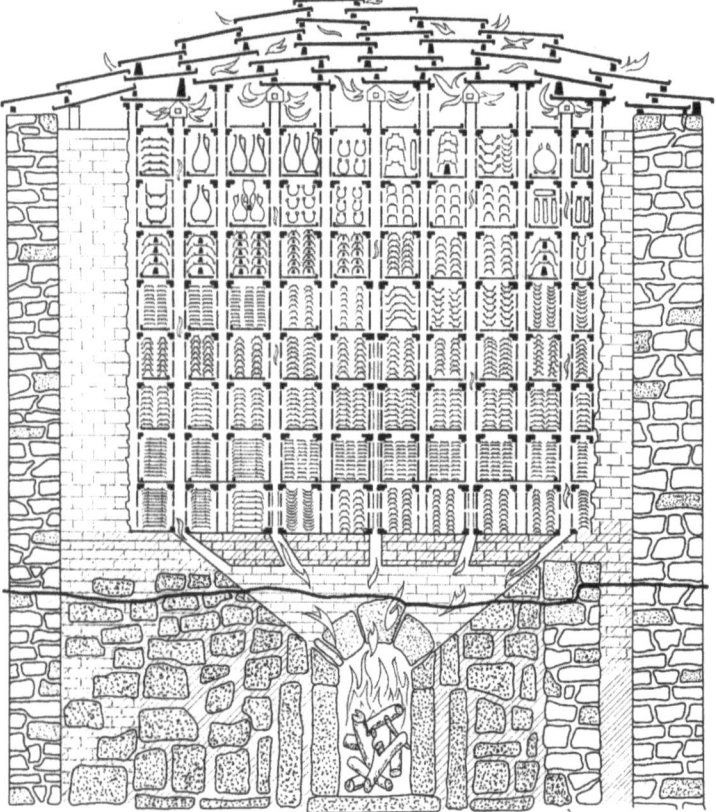

Bild 45: Großer römischer Töpferofen

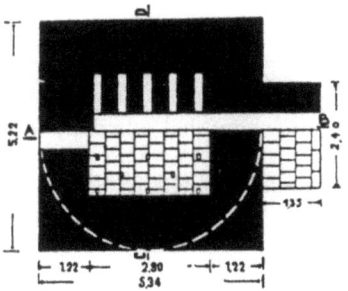

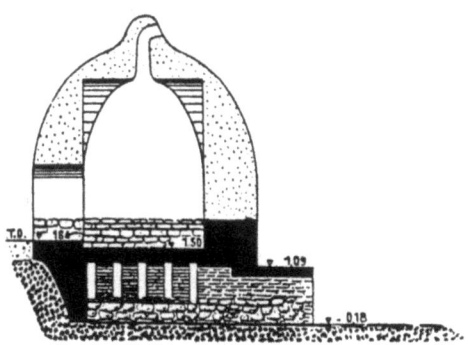

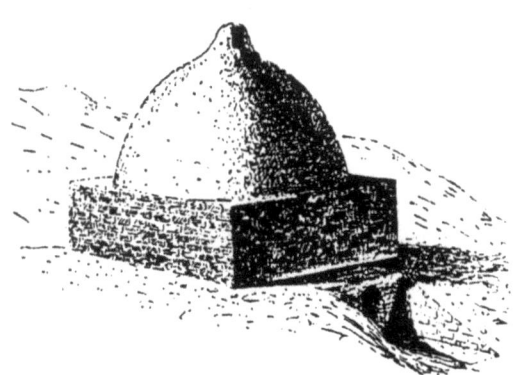

Bild 46: Rekonstruktionsversuch eines römischen Ziegelofens

einer keramischen Grundmasse mit einem andersfarbigen Ton).

Man kann davon ausgehen, daß die erste Formgebung von Ziegeln völlig ohne Hilfsmittel erfolgte. Mit beiden Händen wurde ein Rohling aus plastischem Ton auf dem flachen Boden gestaltet und auf der Stelle im Freien getrocknet. Für eine eventuelle weitere Behandlung des plastischen oder halbtrockenen Ziegelrohlings bediente man sich primitiver Kratz- und Zuschneidegeräte. Erst später wurde die Formgebung dadurch Verwendung eines Holzrahmens verbessert. Dieser Rahmen wird auf einen ebenen, mit Sand bestreuten Boden gelegt und mit plastischem Ton manuell gefüllt. Um das Ankleben der Masse zu vermeiden, wird der Holzrahmen mit Wasser durchnäßt und nach jedem Arbeitsgang gereinigt. Eine weitere Entwicklungsstufe war die Anwendung der auch noch heute bekannten Formkästen aus Holz. Anfangs wurde nur eine Form für einen Ziegelrohling benutzt, später kamen die Mehrfachformkästen [11].

Das manuelle Handstrichverfahren hat sich von den Anfängen bis heute kaum verändert. Es ist dadurch gekennzeichnet, daß ein aufbereiteter Tonbatzen mit der Hand in einen Formkasten geschlagen wird. Auf diese Weise entsteht der traditionelle Handstrichziegel mit unendlich variierter Faltenstruktur an den 5 mit Sand versehenen Sichtflächen. Der Ziegler steht dabei am Arbeitstisch – dem „Streichtisch" – auf dem ein Formkasten liegt. Neben dem Arbeitstisch befindet sich die aufbereitete Tonmasse. Für den Arbeitsgang beträgt das Batzenvolumen etwa 25 % mehr als der Inhalt des Formkastens. Dieser Batzen wird zuerst durch eine Sandschicht gerollt. Dabei wird der Batzen gleichzeitig so vorgeformt, daß beim Ein-

Bild 47: „Der Ziegler" aus dem Ständebuch von Jost Amman 1568

werfen zuerst der Boden des Formkastens berührt wird und nicht die vier Innenseiten – sonst würde die Sandschicht an der Außenseite des Batzens gestört werden. Durch die Wurf- und Fallenergie dehnt sich der plastische Batzen beim Auftreffen seitlich aus und füllt den Formkasten völlig aus.

Früher wurde der überstehende feuchte Lehm mit dem Handballen abgezogen. Später wurde mittels eines Abschneiders – früher ein Holzbrett, das sogenannte „Streichholz", heute ein Spannbogen, versehen mit einem dünnen Stahldraht – der auskragende Teil des Batzens „abgestrichen" oder abgeschnitten und umgekehrt auf die Sandschicht auf dem Arbeitstisch gelegt. Anschließend nimmt der Ziegler einen neuen Batzen vom Tonhaufen und verknetet den frischen Batzen mit dem abgeschnittenen Teil des vorhergehenden Batzens. Es folgt wieder das Rollen und Verformen des Batzens, das Einwerfen usw. Danach wird der Formkasten auf ein Brett umgekehrt und entleert. Das Brett mit den frischen Ziegelrohlingen wird dann zur Trocknung gebracht. Früher wurden die Rohlinge einfach auf den Boden abgesetzt, später dann in Trockengerüste geschoben [11].

Die Ziegelherstellung war immer mit schwerer körperlicher Arbeit verbunden. Selbst in Deutschland, wo viele Erfindungen zur Rationalisierung der Ziegelherstellung gemacht wurden gab es bis vor wenigen Jahren Ziegeleien, in denen viele Prozesse noch manuell durchgeführt wurden, so z.B. die Entnahme der Ziegelrohlinge von der Presse, das Einstapeln in Trockengerüste, das Setzen der Rohlinge im Ringofen und das Ausfahren der gebrannten Ziegel.

Schon seit langem wurde versucht, von der schweren Handarbeit fortzukommen. Man setzte Wasserkraft, Pferde und Ochsen ein, um einfache Aufbereitungsmaschinen - z.B. einfache Walzwerke und die Vorläufer der heutigen Kollergänge - anzutreiben [72]. Die Engländer waren dann die ersten, die nach der Erfindung der Dampfmaschine durch *James Watt* (1736-1819) ihre Mühlen und Walzwerke mittels dieser neuen Kraftmaschinen antrieben. Die erste Ziegeleimaschine überhaupt wurde durch den Engländer *John Etherington* gebaut. Er erhielt im Jahre 1619 ein Patent für eine Formgebungsmaschine – sicher eines der ersten Patente überhaupt – jedoch wurde nicht bekannt, ob diese Maschine umfangreich eingesetzt wurde [195].

1844 wurde von *Henry Clayton* aus der alten holländischen „Kleymühle" (auch Tonmühle) der erste stehende Tonschneider zur Aufbereitung der unmittelbaren Streichmasse entwickelt [72].

1799 entwickelte *Kinsley* eine Vorrichtung, die die Handarbeit des Zieglers nachahmte [137]. Dabei wurde eine Form unter den Tonschneider geschoben, in die das Material durch eine Presse gedrückt und von einem Stempel wieder ausgestoßen wird. Nach dem gleichen Prinzip wurden in Nordamerika 1819 von *Doolitle,* 1824 von *Delamoriniere,* 1840 von *Carville Issy* und 1844 von *Huguenin* und *Ducommin* ähnliche Maschinen gebaut. Diese frühen Ziegelmaschinen zu Beginn des 19. Jahrhunderts versuchten die Mechanisierung auf dem Wege der Nachahmung des Handstrichs [72].

Erst die Erfindung der Schraube („Thonschraube") zum Transport plastischer Massen durch den Berliner Maschinenfabrikanten *Carl Schlickeysen* (1824-1909) im Jahre 1854 schuf die Grundlage für die Entwicklung einer brauchbaren Formgebungsmaschine für die Ziegelindustrie [171]. Das Verdienst *Schlickeysens* besteht darin, den schon bekannten Tonschneider mit einer Treibschnecke versehen zu haben, die das kontinuierliche Auspressen eines Tonstranges aus einem Mundstück ermöglichte.

Die ersten von *Schlickeysen* gebauten Pressen glichen äußerlich dem stehenden Tonschneider, von dem sie abgeleitet waren. Antriebskraft war zunächst das Pferd. Bei diesen damaligen stehen-

Bild 48: Handformgebung von Mauerziegeln

3. Ziegel

Bild 49: Ziegelpresse von Schlickeysen mit Pferdeantrieb um 1850

den Pressen mit Göpelantrieb (Vorrichtung, die die Ausnutzung der Zugkraft von Tieren zum Antrieb von Arbeitsmaschinen gestattet; bereits in der Antike bekannt) betrug die Tagesleistung bei Verwendung nur eines Pferdes 1500 bis 2000 Mauerziegel. Dabei ist zu berücksichtigen, daß der Ton mit der Hand aufgegeben werden mußte, was bei der ungünstigen Stellung des den Ton aufgebenden Arbeiters eine mühevolle Arbeit war. Der Arbeiter stand unter dem Göpelbaum und mußte Schaufel für Schaufel in den oberen Teil der Presse werfen. Frühzeitig ging man von der ursprünglich stehenden zur liegenden Bauart über, weil sich bei dieser Ausführung die Antriebsverhältnisse günstiger gestalteten.

Der Austritt des Tonstranges aus der Presse erfolgt über ein auswechselbares Mundstück. Für jede gewünschte Ziegel- oder Strangdachziegelform stehen entsprechende Mundstücke zur Verfügung. Unmittelbar hinter dem Mundstück befinden sich die sogenannten Abschneidebügel mit Stahldrähten, die den Strang in einzelne Rohlinge zerschneiden. Der besondere Wert der Strangpresse liegt aber nicht nur in ihrer kontinuierlichen und rationellen Arbeitsweise, sondern auch darin, daß sie scharfkantige Ziegel von hoher Steifheit liefert, die sofort auf Trockengerüste gebracht werden können, ohne daß eine Veränderung ihrer Form befürchtet werden müßte.

Die Konstruktion der Schneckenpresse durch *Schlickeysen* legte in der Formgebung den Grund für die heute hochentwickelte Ziegelindustrie (heute moderne Vakuumstrangpressen). Die Erfindung *Schlickeysens* machte den Ziegelgroßbetrieb möglich.

Etwa im gleichen Zeitabschnitt eröffnete eine zweite Erfindung den Weg zur modernen Massenerzeugung von Ziegeln – der Brennofen mit kontinuierlichem Betrieb. Die ersten Vorschläge zur Umwandlung des periodischen Ofenbetriebs in einen kontinuierlichen stammen aus dem letzten Drittel des 18. Jahrhunderts. 1766 reichte der Ziegelbrenner *Johann Georg Müller* aus der Gegend bei Leipzig dem Königlichen Oberbaudepartment in Berlin Zeichnung und Beschreibung eines von ihm erfundenen Ziegelofens ein, bei dem gegenüber früheren Konstruktionen die Hälfte an Brennmaterial (Holz) eingespart werden konnte. Die Konstruktion bestand aus sechs Öfen, die so nebeneinander gebaut waren, daß die durch das Brennen im ersten Ofen entwickelte Temperatur zum Vorwärmen des zweiten Ofens genutzt wurde. Nach dem abgeschlossenen Brand des ersten Ofens wurde der zweite Ofen gefeuert, und die zum Abkühlen des ersten Ofens benutzte Luft wurde zur Erwärmung des zweiten Ofens verwendet. Auf ähnliche Weise sollte der zweite Ofen dem dritten, dieser dem vierten usw. dienen. Eine praktische Ausführung kam allerdings nicht zustande [18].

Durchschlagenden Erfolg hatte auf diesem Gebiet erst die Erfindung des Ringofens. Im Frühjahr 1858 meldeten der Berliner Regierungsbaumeister *Friedrich Hoffmann* (1818–1900) und der Wiener Stadtbaumeister *H. Licht* beim Königlich Preußischen Ministerium für Handel und Gewerbe in Berlin und in Österreich ein Patent für

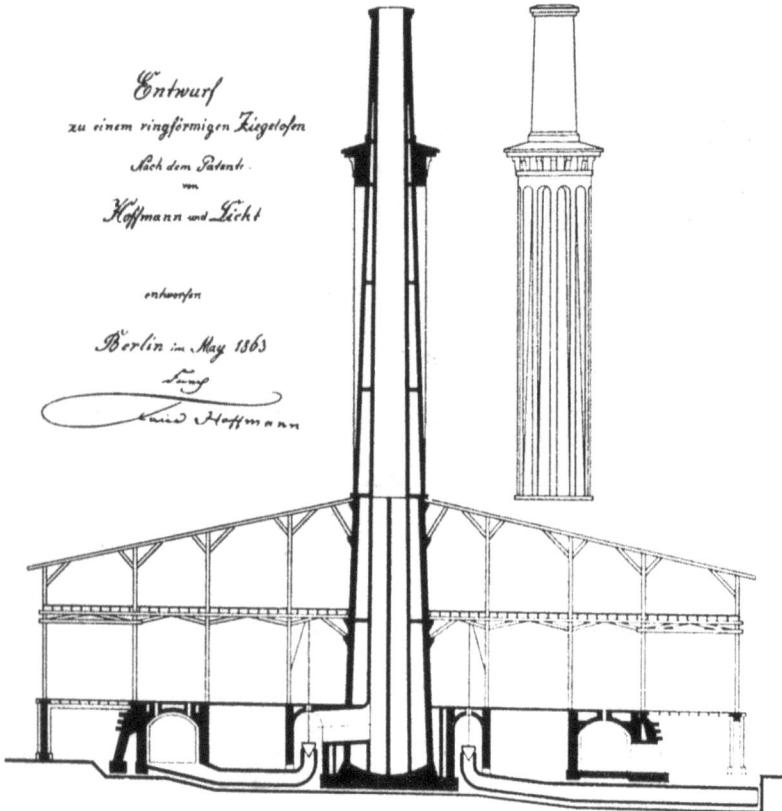

Bild 50: Bauzeichnung des Hoffmann'schen Ringofens aus dem Jahre 1863

„Ringförmige Brennöfen mit immerwährendem Betrieb"
an. Erteilt wurden die Patente am 17. 04. 1858 durch Österreich und am 27.05. 1858 durch das Königreich Preußen [19].

Den ersten Ofen baute *Hoffmann* 1859 in Scholwin bei Danzig, wobei gegenüber dem Brennen im Meiler Brennstoffeinsparungen von 60 bis 70 % erreicht wurden. Zuerst wurden die Ringöfen kreisförmig gebaut, während man später die sogenannte oblonge (lat. länglich, rechteckig) Form wählte, und die sich dann bis zur Ablösung des Ringofens durch den Tunnelofen allgemein erhalten hat.

Der Hoffmann'sche Ringofen bestand im Wesentlichen aus drei Teilen: dem Brennkanal, dem Rauchsammler und dem Schornstein in der Mitte der Anlage. Der Brennkanal stellte dabei ein endloses, in sich selbst zurückkehrendes Gewölbe dar, das durch Scheidewände, sogenannte Schieber, in mehrere Abteilungen oder Kammern unterteilt werden konnte, von denen jede nach außen mit einer Türöffnung versehen war. Im Brennkanal des Ringofens machte das Feuer beständig die Runde in Richtung des Luftzuges, der durch Abzüge reguliert werden konnte. In der von den Schiebern abgeteilten Brennkammer im ringförmigen Brennkanal standen die fertig gebrannten, aber noch heißen Ziegelsteine. Durch Kanäle wurde nun die Hitze aus dieser Kammer mittels Luftzug in die nächste Kammer getragen, in der der Brennprozeß im Gange war. Auf diese Weise sparte man Brennstoff und verkürzte die Brenndauer. Darüber hinaus wurde die heiße Abluft der jeweiligen Brennkammer in weitere Kammern geführt, in denen Rohziegel auf den Brand warteten. Diese wurden so getrocknet, oder „geschmaucht", wobei sie bei ihrem eigenen Brand weniger Brennstoff verbrauchten und eher „gar" waren. Erst danach wurde das mehrfach genutzte heiße Rauchgas über den Rauchkanal durch den Schornstein abgeleitet [20].

Friedrich Hoffmann berichtete über seinen Ofen wie folgt [41]: „Durch ständige Wiederholung dieses Vorganges macht das Feuer wiederkehrend die Runde im Ofen wie auch gleichzeitig das Ausziehen und Einsetzen der Steine ringsum ohne Unterbrechung stattfindet ... das Feuer brennt an der dem Schieber entgegengesetzten Seite des Ofens, also der Teil des letzteren vom Feuer bis zur offenen Einfahrt enthält fertig gebrannte, in allmählicher Abkühlung begriffene Steine, während der andere noch ungebrannte in allmählicher Erwärmung begriffene faßt."

Lange Zeit gab es bei der gleichmäßigen Luftführung des Ringofens erhebliche Probleme. Von entscheidender Bedeutung war deshalb die Erfindung *Jacob Bührers* (1828–1914), der mit einem zunächst von einem Wasserrad angetriebenen hölzernen Ventilator Wärme aus einem Einzelofen abzog. Dies war der Vorläufer des Exhausterzugs (künstlicher Rauchgasabzug), dessen Erfindung den Hoffmann'schen Ringofen und alle seine späteren Versionen zum Universalbrennaggregat der Ziegelindustrie machte [137].

Obwohl sehr teuer, fand der Ringofen für die damalige Zeit relativ schnell seine Verbreitung. 1870 gab es in Preußen bereits 331 Ringöfen, die vorwiegend um Berlin und Potsdam standen. Insgesamt wurden bis heute etwa 25 000 bis 30 000 Ringöfen weltweit errichtet.

Nach dem 1. Weltkrieg gab es in Deutschland noch etwa 4000 Ringöfen, und nach dem 2. Weltkrieg auf dem Territorium der DDR noch etwa 700 [19].

Die erste brauchbare Lösung eines Tunnelofens wurde von dem dänischen Ziegelingenieur *Otto Bock* (1850–1913) erfunden, der ab 1871 in Deutschland lebte und zeitweise auch in Weimar tätig war. Im Jahre 1873 erhielt *Otto Bock* ein preußisches Patent für seine Erfindung. Aber schon lange zuvor wurden Versuche zum Brennen von Ziegeln in Tunnel- oder Kanalöfen durchgeführt. Die ersten bisher bekannten Vorläufer dieses Ofentyps wurden 1751 in Frankreich entworfen [18]. In diesen Öfen sollten Aufglasurfarben eingebrannt werden. Danach hat es immer wieder Versuche gegeben, Ziegel in einem Kanal zu brennen, die letztlich alle fehlschlugen.

1874 wurde in Braunschweig der erste Bock'sche Tunnelofen in Betrieb genommen [19]. Bock befeuerte als erster den Tunnelofen von oben und erfand eines der wichtigsten Details, die Sandrinne zum Abdichten des Ofens nach unten.

Der Verbreitung des Tunnelofens standen zunächst viele Probleme entgegen, die ihn nicht ausreichend lukrativ machten, um den Ringofen zu verdrängen. Negativ wirkten sich insbesondere aus:

- unzureichende Tunnelofenwagenkonstruktion, zu deren Verschiebung die Technik fehlte, bei sehr hohem Verschleiß des Plateaus
- viele Besatzeinstürze durch nicht exaktes Setzen der Ziegelrohlinge
- noch nicht ausgereifte Feuerungstechnik und – damit Handstreufeuerung mit viel Asche
- fehlende Meßtechnik
- fehlende theoretische Grundlagen [19].

In den USA verbreitete sich der Tunnelofen wesentlich schneller als in Europa. Hier wurde auch 1889 die Ölfeuerung für Tunnelöfen erfunden. Erst nach dem 2. Weltkrieg wurde der Tunnelofen zum dominierenden Brennaggregat in der Ziegelindustrie. Insbesondere waren es die Bemühungen des Belgiers *Mac Aleavy*, der 1951 in Niel, in der Nähe von Brüssel, ein weitgehend mechanisiertes Werk mit einem Tunnelofen mit 4 Eckbrennern und der ersten Setzmaschine für die Tunnelofenbeladung realisierte. Der von *Mac Aleavy* konzipierte Ofen erhielt in den nächsten Jahren einen für die Massenproduktion geeigneten Querschnitt, eine die Wirtschaftlichkeit fördernde Mantelkühlung und eine zentrale Meß- und Regelanlage. Bis 1964 wurden über 150 Öfen dieses Typs gebaut. Ab 1960 wurden die ersten Tunnelöfen mit Erdgas betrieben und ab 1970 wurden die Erfahrungen der Feinkeramik mit seitenbefeuerten Öfen auch für die billige Massenproduktion in der Grobkeramik nutzbar gemacht. Die elektronische Prozeßleittechnik unterstützte diesen Prozeß [137].

Als letzter großer technologischer Abschnitt im Prozeß der Ziegelherstellung wurde das Trocknen hinsichtlich einer Mechanisierung und Rationalisierung untersucht.

Früher wurden die Formlinge vorwiegend im Freien getrocknet. Die mit dem Trocknen im Freien verbundene Wetterabhängigkeit führte oftmals zu Schwierigkeiten im Herstellungsprozeß, und unverhoffte Regenschauer konnten leicht zur Beschädigung oder Zerstörung der Formlinge führen. Die Freilufttrocknung setzte auch große Flächen voraus.

1895 wurde von *Carl Keller* (1847–1932) versuchsweise der erste Kammertrockner mit dem Absetzwagen gebaut. Als Wärmequellen dienten Rippenrohrheizungen, die mit Abdampf, Frischdampf oder Warmwasser betrieben wurden. Schwierigkeiten dabei bereitete die Abführung der verbrauchten wassergesättigten Trockenluft, die durch den natürlichen Auftrieb über Schlitze in der Decke, einen Saugkanal und Abzugsschacht erfolgte. Die Regelfähigkeit dieser Anlagen war gering, da die Zugkraft der Saugschächte von der Außentemperatur abhing. Erst mit der Einführung des künstlichen Rauchgasabzugs durch Jacob Bührer wurde eine automatische Regelung und Unabhängigkeit von den Witterungsverhältnissen erreicht [72]. 1956 wurde von H. Thater die erste klimatisierte Umwälztrocknungsanlage mit reversibler Luftführung für Trocknungsanlagen gebaut und Ende der 50er Jahre wurden die ersten vollautomatisierten Trockner mit horizontaler, reversibler Luftführung installiert, in denen das Medium dem Trocknungsgrad der Formlinge angepaßt wurde. Für Kanaltrockner wurden später Analogverfahren entwickelt. Heute gibt es bei den Trocknern eine Vielzahl von Varianten, angefangen von den immer noch betriebenen Großraumtrocknern bis zu Schnelltrocknern [137].

Carl Keller beschäftigte sich auch intensiv mit Transportproblemen in Ziegelwerken. 1910 stellte er erstmals einen Vollautomaten vor, der den gesamten Transport zwischen Presse und Absetzstelle bewerkstelligte. Heute verfügen alle modernen Ziegelwerke über elektronisch gesteuerte Transport- und Setzmaschinen [137].

Ziegelformate:

Entscheidend für die rationelle Verwendung des Ziegels war von Anfang an sein Format [173].

Die früheste Form des Ziegels entstand in neolithischer Zeit aus dem sogenannten Batzen, der nicht größer war, als man an Menge mit zwei Händen fassen konnte. Die ersten lufttrockneten Lehmziegel in Mesopotamien, deren Herstellung ohne Form erfolgte, kommen in der Halaf-Kultur im 5. Jahrtausend v. Chr. vor [109]. Später wurde zur

Formgebung der Ziegel Lehmbrei in einen Holzrahmen gepreßt. Die nach dieser Methode hergestellten Ziegel blieben einige Tage zum Trocknen liegen. Bautechnisch interessant ist die Entwicklung der Größe und der Form der mesopotamischen Lehmziegel. In der Frühgeschichte um 3000 v. Chr. wurden zunächst flache, rechteckige Ziegel – „Riemchen"– in den Abmessungen von etwa 16x6x6 cm hergestellt. Diese wurden in waagerechten Schichten zum Mauerverband verlegt. Die Herstellung dieser Ziegel erfolgte ohne Form. Man formte sie mit der Hand. In der frühdynastischen Zeit um 2000 v. Chr. wurden dann rechteckige „plankonvexe" Ziegel mit einer Seitenlänge von etwa 30 cm hergestellt. Diese Ziegel waren auf der einen Breitseite gewölbt geformt. Die Ziegel wurden schräg und in der nächsten Schicht in entgegengesetzter Richtung geschränkt vermauert [137]. In der babylonischen Zeit (1. Hälfte des 2. Jahrtausends) wurde ein Ziegelformat von 28x19x9 cm verwendet. Diese Ziegel wurden im regelmäßigen Wechsel von Läufer- und Binderschichten verlegt. Als Mauermörtel wurde Lehm verwendet. In späteren Zeiten kommen auch Gips und Bitumenasphalt als Mörtel vor.

Im alten Ägypten war die typische Form der Mauerziegel rechteckig, wobei die Abmessungen zwischen dem Alten und dem Neuen Reich variieren [109]. Für den Grabbau wurden in der 2. Dynastie (etwa 2900–2700 v. Chr.) Formate verwendet, die mit den Abmessungen 24x11,5x6,5 cm mit dem heutigen Normalformat fast identisch sind. Im Mittleren Reich (etwa 2100–1700 v. Chr.) stiegen die Abmessungen auf etwa 30x15x7 cm und im Neuen Reich (etwa 1500–1000 v. Chr.) wurden Formate mit den Abmessungen 38x18x9 cm verwendet. Für die Stadtmauern und Tempel von Karnak (oberägyptisches Dorf bei Luxor) wurden sogar Formate der Abmessungen 40x20x15 cm verwendet [137].

Die Ziegel des römischen Reiches waren, wie schon einmal erwähnt, relativ dünn. Eine einheitliche Mauerziegelnorm läßt sich anhand der baulichen Reste nicht feststellen. Es wurden Ziegel mit Seitenlängen von 20 bis 60 cm und einer Dicke von 2 bis 10 cm hergestellt. Neben den rechteckigen Ziegeln kannte man bei den Römern noch Rundziegel mit einem Durchmesser von 20 bis 25 cm sowie Dreieckziegel mit Längen zwischen 21 und 45 cm und Breiten von 11 bis 24 cm [109].

Mit dem römischen Erbe wurde das deutsche Mittelalter konfrontiert.

Nachrichten über die Herstellung quadratischer Ziegelsteine von etwa 60 und 28 cm Seitenlänge und etwa 7,5 bis 11 cm Dicke enthält ein Brief *Einhards* (um 700–840), Berater und Biograph *Karls des Großen* [173]. Mit derartigen quadratischen Ziegelsteinen wurden z.B. die etwa 60 cm breiten Pfeiler der 815–827 errichteten Kirche St. Maria in

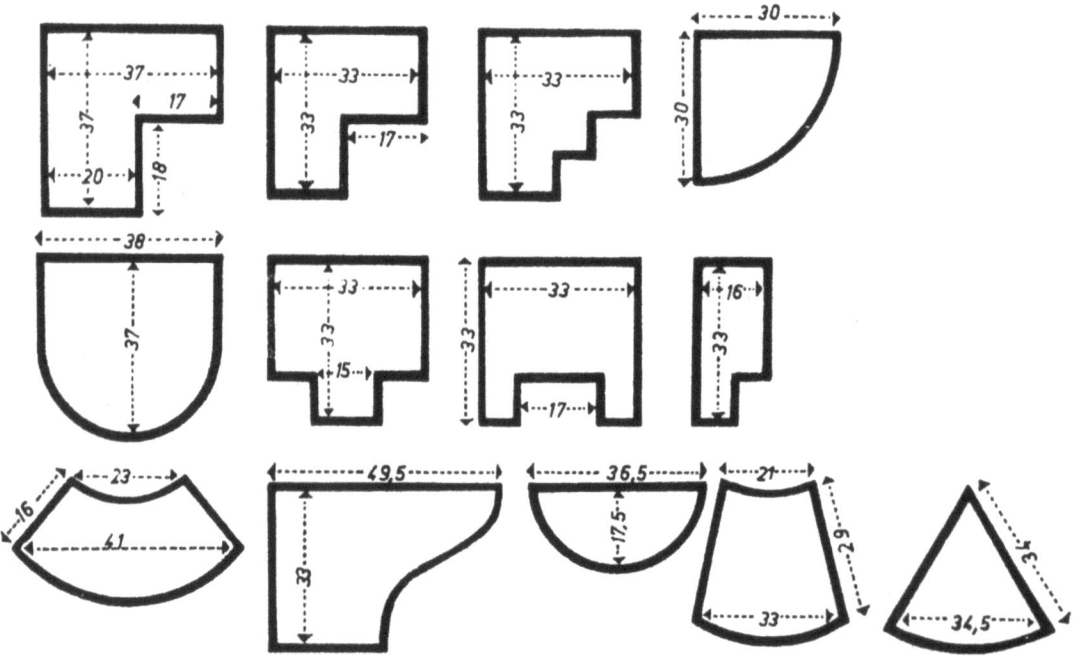

Bild 51: Assyrische und babylonische Formziegel

3. Ziegel

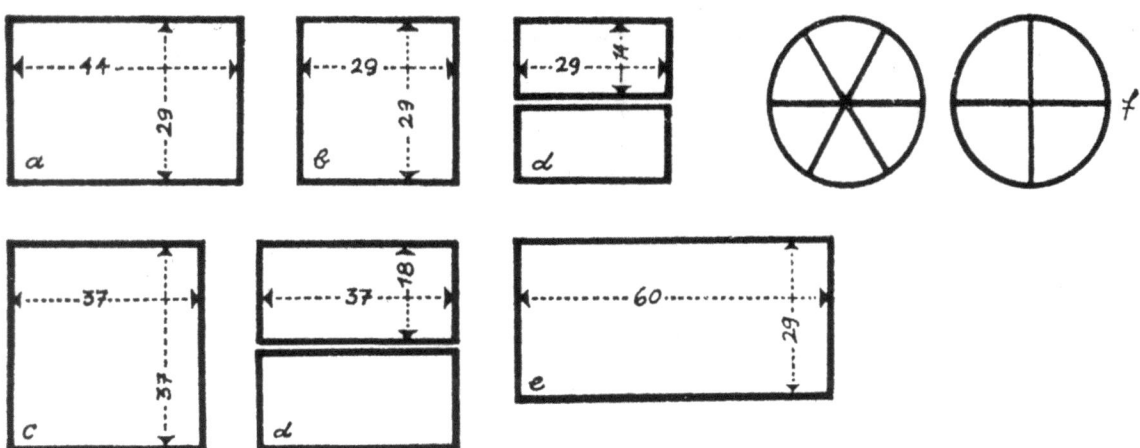

Bild 52: Römische Ziegelformate

Steinbach im Odenwald aufgemauert. Frühe Beispiele der Verwendung von Ziegelsteinen im mittelalterlichen Deutschland finden sich auch bei den Eckausbildungen der Wände bei St. Johann in Augsburg um 955 n. Chr. und um 1015 vereinzelt auch für Gewölbe (St. Maria in Quedlinburg). Im Dom von Trier (Bauzeit 1042/44) wechseln im Westteil Kalkstein- und Ziegelsteinschichten. Erst ab dem 12. Jahrhundert begann sich in Norddeutschland der Ziegelsteinbau bei Kirchen wie St. Johannis (1150) und St. Andreas (1160) in Verden (Kreisstadt in Niedersachsen an der Aller), im süddeutschen Raum bei den Kirchen St. Peter in München (1175), der Martinskapelle und am Dom zu Freising (1159) durchzusetzen [100]. Einheitliche Formate gab es zu dieser Zeit noch nicht, vielmehr orientierte man sich oftmals an den Formaten der Naturwerksteine. Von Zeit zu Zeit wurden die Formate von der jeweils herrschenden obersten Instanz neu festgelegt und dienen damit heute als geeignete Quelle für die Datierung eines Bauwerkes. Berühmt ist das Beispiel Nürnbergs: An der 1498 bis 1502 errichteten Mauthalle wurden in die Sandsteinaußenwände des Erdgeschoßes für alle gut sichtbar die für den Giebel verwendeten Ziegelsteinmaße eingemeißelt. Sie waren damit nachprüfbar für das Reichsstadtgebiet festgeschrieben worden. Verstöße gegen die Ziegelmaße wurden entsprechend geahndet [102].

Die mittelalterliche Ziegelsteinlänge entsprach etwa der jeweiligen Fußlänge, wobei die Trocknungs- und Brennschwindung manchmal berücksichtigt wurde und manchmal nicht.

Die Länge eines Fußes war allerdings von Land zu Land oder auch nur von Ort zu Ort unterschiedlich, wie die nachfolgenden Beispiele zeigen [111]:

Stadt bzw. Land	Bezeichnung	Länge in cm
Altenburg	Baufuß	28,37
Baden	Fuß	30,00
Bayern	Münchner Fuß	29,19
davon abweichend:		
Augsburg	Werkschuh	29,62
Bamberg	Fuß	30,40
Regensburg	Fuß	31,66
Braunschweig	Werkfuß	28,54
Bremen	Fuß	28,94
Hessen-Darmstadt	Fuß	25,00
Homburg	Homburger Fuß	28,46
Lübeck	Schiffsbaufuß	28,76
Mecklenburg-Schwerin	Mecklenburger Fuß	29,10
Mecklenburg-Strelitz	Werkfuß	31,39
Oldenburg	Oldenburger Fuß	29,59
Preußen	Preußischer Fuß	31,39
Sachsen-Weimar-Eisenach	Fuß	28,19
Württemberg	Fuß	28,65

Ein wichtiges Ziegelmaß des Mittelalters war das sogenannte Klosterformat. Hiervon einige Beispiele [102]:
- Dom in Lübeck um 1220
    Format: 29x14x10 cm
- Pfarrkirche in Jesenwang (Bayern) um 1414
    Format: 35x17x6,5 cm
- Mengstraße 64 in Lübeck um 1548
    Format: 28x13,5x 8 cm
- Gebäude in Pegau in Sachsen um 1559
    Format: 29 x12x8,5 cm

Das sogenannte holländische Format 20x10x4 cm kam ab dem 17. Jahrhundert auf.

Im 18. Jahrhunderts blieben die Formate in der Regel dem Klosterformat verpflichtet, nahmen aber in der Dicke zunehmend ab. Außerdem wuchs die Tendenz zur Normierung. Damit waren dann ganze Regionen durch einheitliche Ziegelmaße geprägt.

Auf diese Weise entstanden im 19. Jahrhundert für bestimmte Gebiete zuordenbare Ziegelsteinformate. Einige dieser Formate des 19. Jahrhunderts seien hier aufgezählt:

Alt-Hamburger Format: 22x10,5x6,5 cm
Alt-Oldenburger Format: 22x10,5x5,2 cm
Bayerisches Königstein-Format: 29x14x6,5 cm
Altbadisches Format: 27x13x6 cm.

Als wichtiger Vorläufer des späteren Reichsformats in Deutschland kann das Ziegelformat angesehen werden, das in der preußischen Verordnung vom Jahre 1793 für das gesamte preußische Staatsgebiet festgelegt wurde [160] (s. u.).

Die Einhaltung der festgelegten Normen war oftmals schwierig, und in dieser Zeit erwies sich staatlicher Zwang als das wirksamste Mittel. So mußten z.B. mit der Einführung der sächsischen Ziegelnorm im Jahre 1833 alle von ihr abweichenden Ziegel zerschlagen werden [66].

Die einheitliche Anwendung eines in größeren Gebieten Deutschlands verbindlichen Formats wurde erst nach Abstimmung der unterschiedlichen Maßsysteme möglich. Die Forderungen nach einem einheitlichen, international anwendbaren Maßsystem führten zur Einführung des metrischen Systems im Norddeutschen Bund durch das Gesetz vom 17. August 1868. Ab 1. Januar 1870 wurde bei Einigung der Beteiligten die Anwendung der neuen Maße gestattet, mit dem 1. Januar 1872 wurden sie verbindlich.

Die Einführung des als „Normalformat" bezeichneten Ziegelformats wurde dann durch „Zirkularerlaß des Preußischen Handelsministers über die Einführung des neuen Ziegelformats, Berlin, den 13. Oktober 1870" vorgenommen [201]. Hier wird unter Bezug auf die Maß- und Gewichtsordnung für den Norddeutschen Bund vom 17. August 1868 der Begriff „Normalformat" für Mauerziegel mit den Abmessungen

„25 zu 12 zu 6,5 cm = 9 7/12 zu 4 7/12 zu 2 1/2 preußische Zoll" festgelegt.

In der Folgezeit gelang es recht gut, Ziegel im Normalformat als Massenbaustoff in der Baupraxis durchzusetzen. Aus Gewinnsucht versuchten allerdings insbesondere Berliner Ziegeleien, Länge und Breite der Ziegel „ungehörig" zu kürzen [2].

Als „Reichsformat" war das Normalformat bis Ende der 40er Jahre des 20. Jahrhunderts gültig. Nur in wenigen Fällen wurde im Gebiet des Deutschen Reiches spürbar gegen das Normalformat angegangen. Bayern machte eine Ausnahme [198]. In der bayerischen „Allgemeinen Bauordnung" vom 20. Juli 1877 wurde das Normalformat einfach ignoriert und ein Ziegelformat von 30 cm Länge zugrunde gelegt [2]. Bemühungen der Münchener Architekten um die Beachtung des neuen Formats wurden nicht wirksam. Als Gründe für den damaligen bayerischen Alleingang wurden genannt:

– 1½ Stein dicke Wände (36,5 cm) im Normalformat seien für bayerische Klimaverhältnisse ungeeignet
– der in München verwendete Mörtel verlange große Formate, da er „nußgroße" Steinchen enthalte und Fugen bis zu 2 cm Dicke notwendig werden.

Ausschlaggebender Grund war aber sicher die Absicht, durch eine „bayerische Klausel" bei Konkurrenzentwürfen (Ausschreibungen) bayerische Architekten und Ziegeleien zu bevorzugen.

In der damaligen Diskussion um das Normalformat spielten architektonische Gesichtspunkte eine Rolle. Mit kleineren Formaten könne eine bes-

Ziegelart	Maßeinheit	Länge	Breite	Dicke
Große Ziegel	Zoll rhein.	11½	5½	2½
	mm	299	143,5	65,5
Mittlere Ziegel	Zoll rhein.	10	4⅚	2½
	mm	261,5	126,4	65,5
Kleine Ziegel	Zoll rhein.	9½	4½	2⅛
	mm	247	117	57
Pflasterklinker	Zoll rhein.	9	4½	2–2¼
	mm	234	117	52,4–57,8

sere Durchbildung der Details erreicht werden, großformatige Ziegel wurden zu Wandflächen mit deutlich hervortretendem Fugennetz gewünscht. Speziell für Norddeutschland wurden daher in einem Runderlaß von 1898 zusätzlich folgende Formate erlaubt [2]:

- Oldenburger Format   220x105x50 mm
- Kieler Format   230x110x55 mm
- Hamburger Format   220x105x65 mm

Das Hamburger Format durfte jedoch nicht für preußische Staatsbauten verwendet werden.

Denkmalpflegerische Belange führten schon bald nach der Einführung des „Reichsformates" zur Forderung nach Ziegeln großen Formats, ganz allgemein eines Klosterformats. Nachdem ein Vorschlag für ein einheitliches Klostermaß - es gab ja vorher sehr unterschiedliche Klosterformate - diskutiert wurde, legte der „Runderlaß, betreffend Verwendung von Ziegeln großen Formats, Berlin, 10. Oktober 1902" dann eine einheitliche Abmessung von 285x135x85 mm fest [2].

Nach der Gründung des Deutschen Normenausschusses im Jahre 1917 entstanden eine Anzahl von Normblättern für das Bauwesen, darunter die DIN 105 - Mauerziegel - mit Festlegungen zu Abmessungen und Güte und DIN 1035 - Mauerwerk, Berechnung und Ausführung - als technische Baubestimmungen.

Eine „Korrektur" des Reichsformates wurde notwendig, als durch die DIN 4172 eine Maßordnung für das Bauwesen verbindlich wurde. Das Vorzugsmaß von 250 mm für das Reichsformat findet sich dabei wieder. Unter Berücksichtigung der Fugendicken dürfen die Ziegel nur 240 mm lang sein.

Neben dem rechteckigen Normalziegel gibt es noch eine Reihe sogenannter Formziegel, die als gestalterische Elemente im Ziegelbau genutzt werden. Ihre Bezeichnung ist nicht immer ganz einheitlich. Ihre Abmessungen sind aber dem Normalformat angepaßt [205]:

1 – Schmiegenziegel mit großer Schräge (Schmiege von schmiegen, eigentlich ein Schrägwinkel, ein Winkelmeßzeug mit einem verstellbaren Schenkel)

2 – Schmiegenziegel mit kleiner Schräge

3 – Ziegel mit Hohlkehle

4 – Ziegel mit gefaster Hohlkehle

5 – Wulst- oder Rundeckziegel

6 – gefaster Wulstziegel

7 – doppelt gefaster Wulstziegel

8 – einfacher Rundstabziegel

9 – reichgegliederter Ziegel

10 – Achteckziegel

11 – gefaster Hochkantziegel

12 – Rundkantziegel

13 – Nasenziegel

Im Mittelalter wurden die Formsteine immer mit einem Messer oder Draht über einer Schablone aus dem frisch geformten Normalziegel geschnitten und eventuell nachgearbeitet. Erst in neuerer Zeit wurden Formsteine mit Holzformen oder aber mittels verschiedener Mundstücke durch die Strangpresse hergestellt [88].

Mauertechnik und Verbände:

Im Mittelalter wurden in Nordeuropa fast nur Ziegelsteine im sogenannten gotischen Verband als Sichtmauerwerk verbaut [102]. (Gotischer Verband = In jeder Schicht folgen auf einen Binder zwei oder seltener drei Läufer). Der Maurer arbeitete genau so wie heute, indem er in der linken Hand den Ziegel hielt und mit der rechten die Kelle führte. Jeder Ziegel wurde in das für ihn bereitete Mörtelbett gelegt. War die Dicke der Mauer zu groß, arbeitete man von außen nach innen. Im Inneren wurden meist Ziegel geringerer Qualität und Ziegelbruchstücke verarbeitet. Reines Schalenmauerwerk mit ausgegossenem Kern - wie es die Römer häufig mit ihrem Opus cementitium anwendeten - kommt im frühen Mittelalter auch vor, ist aber selten. Im süddeutschen Raum wurden die sehr großen und schweren Ziegel mit beiden Händen in ein großflächig aufgetragenes Mörtelbett schichtweise verlegt, meist im Wechselverband. Da aber hier viele spätmittelalterliche Gebäude als Putzbauten geplant waren, brauchten die einzelnen Ziegel nicht ganz so sorgfältig verlegt werden.

Bei den Ziegelverbänden unterscheidet man in der Regel nur den Läuferverband (eine halbsteindicke Wand aus Läufern), den Binderverband (eine vollsteindicke Wand, bei der nur Binder - auch „Köpfe" - in der Maueransicht zu sehen sind) sowie die sogenannte Rollschicht (eine Ziegelsteinlage aus hochkant gemauerten Ziegeln). Die Ziegel werden normalerweise waagerecht verlegt. Andere Arten des Vermauerns von Ziegeln, wie z.B. das Verlegen in der Art von Fischgräten, wie es bereits im alten Mesopotamien angewendet wurde, bleiben Ausnahmen.

Bei den mittelalterlichen Ziegelverbänden unterscheidet man den sogenannten Wechsel- oder Wendischen Verband sowie den Gotischen oder auch Klosterverband. In beiden Fällen gibt es keine einheitliche Benennung für diese Verbände.

Beim Wechsel- oder Wendischen Verband wechseln sich jeweils ein Läufer und ein Binder ab, der Läufer liegt mittig über dem untern Binder.

Beim Gotischen oder Klosterverband wechseln auf einen Binder zwei oder selten drei Läufer. Der Läufer liegt in der Regel mittig über dem Binder der unteren Lage.

Mittelalterliche Verbandsregeln:

Ein Grundprinzip des mittelalterlichen Mauerwerksbaus war, daß Mauerkanten und Ecken stets mit ganzen Ziegelsteinen aufgebaut wurden. Der Wechsel von der so entstandenen Halbsteinüberdeckung erfolgte regellos entweder mit einem Dreiviertelstein oder einem Einviertelstein.

Vor der allgemein gültigen Regelausbildung in der 1. Hälfte des 13. Jahrhunderts wurden besonders die Bauten in der zweiten Hälfte des 12. Jahrhunderts im sogenannten „Wilden Verband" ausgeführt, d.h. Binder und ungleich lange Ziegel (Viertel- bis Dreiviertelsteine) werden unregelmäßig, wie es für die Verbindung zwischen der äußeren Mauerschale und dem inneren Mauerkern nötig war, eingestreut. Typisch für dieses Mauerwerk ist die äußerst sorgfältige Eckausbildung.

Ab der Mitte des 16. Jahrhunderts setzen sich immer mehr der Kreuz- und der Blockverband durch, der in jeder Schicht nur noch Binder und Läufer zeigt. Bis zum Ende des 19. Jahrhunderts wird die Mauerecke noch mit ganzen Steinen aufgesetzt, danach fast nur noch mit dem Dreiviertelstein.

Blockverband:
- Binder- und Läuferschichten liegen genau gleich übereinander.

Kreuzverband:
- Die Läuferschichten springen in jeder zweiten Läuferschicht um eine halbe Ziegellänge.

4.
Gips und Kalk

Die Entwicklung der Bindemittel ist eine vielseitige und an menschlichem Entdecker- und Erfindergeist umfangreiche Geschichte, die von vielen Generationen von Ingenieuren, Baumeistern und Arbeitern gestaltet wurde. Sie ist eng verbunden mit der Verwendung

- verschiedener Zuschläge wie Sand und/oder Kies,
- unterschiedlicher Zusätze wie Milch, Blut, Aschen, Schlacken, Puzzolane sowie
- verschiedener Bewehrungsstoffe wie Holz oder Eisen und Stahl.

Die ältesten zum Bauen verwendeten Bindemittel waren mit Sicherheit Tone und Lehme. Die ersten Behausungen der Menschen bestanden, sofern sie nicht in Höhlen, unter vorspringenden Felsdächern oder in Fellhütten lebten, aus zusammengebundenen Zweigen und Ästen, deren Zwischenräume mit dem leicht zu verarbeitenden und „verbindenden Mittel" Erde verstrichen waren. Dieses Bindemittel erhärtet durch Austrocknen, ist im lufttrockenen Zustand ziemlich hart und ist auch dann dauerhaft, wenn es vor dem direkten Einfluß von Wasser oder Regen und Schnee geschützt wird.

Anders als die Bindemittel Erde und Ton erhärten die mineralischen Bindemittel – Zement, Kalk und Gips – durch einen chemischen Prozeß.

Eines der ältesten mineralischen Bindemittel ist Gips. Nicht bekannt ist, wann, wo und wie zum ersten Male das Bindemittel Gips als Baustoff verwendet worden ist. Der älteste gesicherte Nachweis der Anwendung von Gips wurde in der Stadt Catal Huyuk in Kleinasien gefunden. Die Funde werden einer Zeit um 9000 v. Chr. zugeordnet. Gips- und Kalkputz diente dort als Untergrund für dekorative Fresken [12].

Der Name Gips stammt aus dem Griechischen. Die Griechen verwendeten für diesen Baustoff den Namen Gypos, woraus die Bezeichnung Gips entstand. In der deutschen Sprache wird nicht zwischen dem Rohstoff Gips – dem Gipsstein – und dem Bindemittel Gips unterschieden. Anders z.B. im Englischen, wo mit „gypsum" der Gipsstein und mit „plaster" das Bindemittel Gips bezeichnet wird.

Gips ist ein in der Natur sehr häufig vorkommendes Gestein, entstanden als Sediment durch Ausfällung aus verdunstendem Meerwasser. Die heutigen Gipsvorkommen in Deutschland finden sich hauptsächlich in den geologischen Formationen des Muschelkalkes, des Keupers und des Zechsteins, und entstanden vor etwa 200 bis 300 Millionen Jahren.

Die chemische Bezeichnung für Gips ist Calciumsulfat-Dihydrat ($CaSO_4 \cdot 2\,H_2O$). Durch Brennen wird dem Rohgipsstein chemisch gebundenes Wasser entzogen und es entstehen je nach der Brenntemperatur verschiedene Formen von Gips. Bei einer Brenntemperatur von 100 °C entsteht der sogenannte Baugips [69].

Beim Anmachen der Baugipse mit Wasser wird das ausgetriebene Wasser wieder aufgenommen, so daß das Erhärtungsprodukt wieder kristallisiertes Doppelhydrat $CaSO_4 \cdot 2\,H_2O$ ist.

Dieser Kreislauf ist irgendwann vor 10 000 oder 20 000 Jahren entdeckt worden. Vermutlich wurden Gipssteine beim Bau eines Lagerfeuers oder einer Kochstelle (sicher oft identisch) verwendet. Das Feuer brannte den Gipsstein, entwässerte ihn, der Stein wurde mürbe, zerfiel mehr oder weniger, durch Regen entstand daraus ein Brei, der wieder zu einer festen Masse erstarrte.

Neben den erwähnten frühesten Nachweisen aus dem 9. Jahrtausend v. Chr. in Catal-Huyuk finden sich in den Keilschriften der Sumerer und Babylonier schon Hinweise auf Gips und seine

Anwendung. Archäologische Ausgrabungen in Israel brachten südlich des Sees Tiberias mehrere mit Gips verputzte Fußböden zutage, die aus einer Zeit um etwa 7000 v. Chr. stammten. In der Stadt Jericho wurde in der Zeit um 6000 v.Chr. ebenfalls schon Gips angewendet. Am Euphrat kam in der Nähe der Stadt Uruk in der Zeit um 3000 v. Chr. Gips als Baumaterial zur Anwendung [145].

Auch im alten Ägypten, dessen erste Kulturen ebenfalls in die Zeit um 3000 v. Chr. zurückreichen, wurde Gips verwendet. Untersuchungen von Mörtelproben an der Chefren-Pyramide, der nach der Cheopspyramide größten Pyramide (etwa 2000 v. Chr.), zeigten, daß diese aus einem Gemisch von Gips und gebranntem Kalk bestehen. Die im Durchschnitt 2,5 Tonnen schweren Kalksteinblöcke für die Pyramiden wurden in der Regel ohne Mörtel verlegt. Die Mörtel aus einer Mischung von Gips und Kalk wurden wahrscheinlich nur zum Ausfüllen entstandener Hohlräume, besonders bei den Senkrechtfugen eingesetzt. Auch bei der Sphinx wurden für bestimmte Arbeiten Mörtel aus einer Mischung von Gips und Kalk verwendet.

Im alten Ägypten war der Gipsstein im allgemeinen schlecht gebrannt, da das erforderliche Brennmaterial stets rar war. Der Gips wurde in den mit Kalkstein durchsetzten Steinbrüchen gewonnen, womit die Anwesenheit von Kalksteinstücken im Mörtel erklärt werden kann. Da die Brenntemperatur nicht genügend hoch war, um aus diesen Kalksteinstücken gebrannten Kalk zu erzeugen, wurde nur der Gips entwässert, und so blieben die Kalksteinreste in ihrer Form und Zusammensetzung erhalten [145].

Die Ägypter verwendeten Gips nicht nur als Baustoff, sondern auch zur Herstellung von Plastiken und als Überzug bei der Konservierung von Leichen und Früchten [87].

Von den Ägyptern gelangte die Kenntnis der Gipsherstellung nach Griechenland und Kreta. Als Baustoff fand man Gips beispielsweise am Palast von Knossos, wo die Fugen der aus Gipsstein bestehenden Außenmauern mit einem Gipsmörtel ausgefüllt wurden.

Von den Griechen gelangte die Kenntnis von Herstellung und Anwendung von Gips zu den Römern. *Plinius der Ältere* (23–79 n. Chr.) beschreibt in seiner Naturgeschichte den Gips. Er berichtet darin u. a. über die ersten Gipsabgüsse nach der Natur. So soll bereits 350 v. Chr. der Gipsabguß eines menschlichen Gesichtes mit anschließender Vervielfältigung durch Ausgießen der Form mit Wachs erfolgt sein. Im Bauwesen verwendeten die Römer Gips hauptsächlich bei Stuckarbeiten. Dabei setzten sie eine Technik ein, die der heutigen ähnlich ist. Diese bestand in einem lagenmäßigen Modellieren mit einer von Schicht zu Schicht feiner werdenden Materialmischung [87].

Mit den Römern gelangte das Wissen um den Gips auch nach Mittel- und Nordeuropa. Insbesondere die im Fränkischen Reich lebenden Merowinger beherrschten die Herstellung und Verarbeitung von Gips. So verwendeten sie seit dem Ende des 6. Jahrhunderts Gips zur Herstellung von Sarkophagen. Diese billigen, jedoch qualitativ guten Kopien der in Stein gehauenen Sarkophage der Römer wurden in doppelwandigen Formen hergestellt, von denen einige Platten Profil aufwiesen. Dadurch erhielt man nach Guß mit flüssigem Gipsbrei und Ausschalung die Wiedergabe von Dekors und verschiedenen Motiven, von denen sich einige auf mehreren Sarkophagen wiederfinden, die in verschiedenen Pariser Katakomben entdeckt wurden [12].

Nach dem Abzug der Römer aus Mitteleuropa ging die Kenntnis über die Herstellung und die Verwendung von Gips verloren, wie übrigens fast alle technischen Errungenschaften, die die Römer in das Gebiet nördlich der Alpen gebracht hatten. Erst ab dem 11. Jahrhundert nimmt der Gebrauch von Gips wieder zu. Besonders die Klöster förderten die Verwendung von Gips. Unter dem Einfluß der Klöster kam zur Zeit des romanischen Baustils das Zumischen von Strohfasern oder Roßhaar zum Gips auf, womit ein bewehrter Gips geschaffen wurde, der sich sehr gut z. B. für das Ausfachen von Fachwerksinnenwänden eignete [145].

Im frühen Mittelalter wurde Gips in Deutschland im Harz, im gesamten Thüringer Becken und vereinzelt im Thüringer Wald in Form von Estrichgips, als Mörtel und nach lombardischem Vorbild zur plastischen Dekorierung von Wänden, Architekturgliedern, Gräbern und Denkmälern verarbeitet [87]. Mauerwerk und Estriche, die mit den damals hergestellten Gipsmörteln und -estrichen hergestellt wurden, zeichnen sich durch eine außergewöhnliche Dauerhaftigkeit aus, oft ohne nennenswerte Festigkeitsverluste. Nicht selten kann beobachtet werden, daß der zur Herstellung verwendete Naturstein schneller durch das Regenwasser gelöst wurde als der Gipsmörtel. Die Mörtelfugen treten dadurch aus dem Natursteinmauerwerk plastisch hervor [162]. Die Haltbarkeit des Mörtels an Fundamenten und von Gipsestrichen in Denkmälern gleichen Alters ist ähnlich. In der Kaiserpfalz Tilleda, Landkreis Sangerhausen in Sachsen-Anhalt, sind Reste eines Gipsestrichbodens erhalten geblieben. Sie befinden sich am Standort der ehemaligen Festhalle der Kaiserpfalz aus dem 11. Jahrhundert, die ab 1420 als

Kaiserpfalz aufgegeben wurde. Der Fußbodenrest der ehemaligen Festhalle zeigt heute an seiner Oberfläche Auslaugungserscheinungen durch Regenwasser. Dadurch büßte er in seiner ursprünglichen Dicke wenige Millimeter ein, seine Festigkeit kann jedoch mit der eines Normalbetons verglichen werden [162].

Die Besonderheit dieser mittelalterlichen Gipsmörtel und -estriche besteht darin, daß Bindemittel und Zuschläge aus stofflich gleichem Material bestehen. Als Zuschlag wurde Gipsstein benutzt. Charakteristisch ist die Form dieser Zuschläge. Sie ist gedrungen, teilweise rundlich, nicht kantig und nicht plattig schiefrig. Die Herstellung der Zuschläge erfolgte vermutlich durch einen Mahlprozeß. Der Nachweis eines Mahlsteins aus dem Südharzbereich belegt dies. Nach dem Abbindeprozeß besteht der Mörtel oder Estrich fast ausschließlich aus Calciumsulfatdihydrat mit einem chemischen „Gitterschluß" zwischen Bindemittel und Zuschlag.

Eine weitere Besonderheit ist, daß die mittelalterlichen Mörtel und Estriche wegen geringer Mahlfeinheit der Gipse mit extrem wenig Wasser hergestellt wurden. Ihr Wasser-Bindemittel-Verhältnis lag unter 0,4. Der Mörtel besitzt wenig Luftporen, und die Rohdichte liegt bei 2,0 kg/dm^3. Alle späteren Gipsmörtel wurden sowohl mit anderen Zuschlägen (inerten Stoffen) als auch mit einem bedeutend höher liegendem Wassser-Bindemittel-Faktor hergestellt. Dementsprechend liegt die Rohdichte erheblich niedriger, und die Festigkeit ist geringer [162].

Diese mittelalterliche Gipsmörtel- und Estrichmörteltechnologie wurde erst in den letzten Jahren wiederentdeckt und bei Restaurierungs- und Rekonstruktionsarbeiten angewendet. Beispiele sind die Elisabethkemenate auf der Wartburg bei Eisenach, die Schlösser in Sondershausen und Allstedt oder der Dom in Halberstadt.

Gips war als Baustoff auch wegen seiner feuerhemmenden Eigenschaften geschätzt. In Frankreich wurde z. B. in einer Verordnung vom 18. August 1667 durch König *Ludwig XIV* festgelegt, daß das Holzfachwerk der Häuser mit genagelten Latten und Gips zu überziehen sei „sowohl innen als auch außen, so daß sie dem Feuer widerstehen können" [12].

Ein Höhepunkt in der Entwicklungsgeschichte der Gipsanwendung ist ohne Zweifel die Erfindung des Stuckmarmors. Stuckmarmor ist eine Marmorimitation aus Gips, die echten Marmor an Vielfalt der Farben und der Aderung oft weit übertrifft [130].

Über Ursprünge und frühe Entwicklungsverfahren des Stuckmarmors ist wenig bekannt. Bereits die ersten, belegbaren Beispiele der Stuckmarmorverwendung zeigen hervorragende Qualität und ausgereifte Technik. Zentren waren im 17. Jahrhundert Süddeutschland und Oberitalien. Weitere Verbreitung in Europa fand die Stuckmarmortechnik erst im 18. Jahrhundert. Ihre Blütezeit erreichte sie in der Zeit des Barock und Rokoko. Das früheste Beispiel von Stuckmarmorarbeiten in Süddeutschland stammt aus den Jahren 1590–1615.

Stuckmarmor besteht aus Gips, Leimwasser und Farbpigmenten [40]. Für Stuckmarmor verwendet man ausschließlich den fast reinweißen Alabaster- oder Modellgips, der eine größere Härte erreicht als gewöhnlicher Stuckgips. Die Zugabe von Leimwasser aus Knochenleim bewirkt die Aushärtung des Gipses und gleichzeitig eine Verzögerung des Abbindeprozesses. Zur Einfärbung des Gipsgemisches werden möglichst lichtechte Pigmente verwendet – es eignen sich am besten Erdfarben, aber auch einige Mineralfarben. Aus den drei Komponenten entsteht ein fester Teig. Für jeden Farbton muß ein eigener Farbteig vorgesehen werden. Entsprechend der nachzuahmenden Musterung werden die einzelnen Farbteige zerkleinert, miteinander gemischt und zu einer Kugel geformt. Der Querschnitt ergibt die Marmorierung.

Von dem Teig werden etwa 1 cm dicke Scheiben abgeschnitten, auf den Untergrund aufgelegt und mit einer speziellen Kelle angedrückt. Als Ansetzmörtel dient gefärbter, mit stark verdünntem Leimwasser angerührter Gips. Diese Stuckmarmorschicht bleibt so lange stehen, bis sie sich gut mit einer Raspel oder einem Kratzeisen bearbeiten läßt.

Der marmortypische Glanz wird nach dem völligen Aushärten des Stuckmarmors durch 6 bis 8 Schleifvorgänge mit Wasser und verschiedenen Schleifmitteln erreicht. Um die Oberfläche vor Feuchtigkeit zu schützen, trägt man abschließend eine Politur aus Bienenwachs auf.

Dieses Rezept, nach dem auch heute noch gearbeitet wird und das auch bei der Herstellung des Stuckmarmors beim Wiederaufbau der Semper-Oper in Dresden verwendet wurde, stammt wahrscheinlich aus dem 19. Jahrhundert. Wie man im 17. und 18. Jahrhundert Stuckmarmor herstellte, läßt sich nur vermuten, denn in den alten Quellen finden sich nur vereinzelt Hinweise. Als Oberflächenschutz lassen sich aus dieser frühen Zeit Schweineschmalz und Baumöle nachweisen [130].

Ab Mitte des 19. Jahrhunderts unterschied man bereits zwischen Halbhydrat und völlig entwässertem Gips und wußte um die Abhängigkeit der

Verarbeitbarkeit von der Herstellungstemperatur. Wichtigste Anwendungsgebiete dieser Zeit waren Mörtel und Estriche. Reine und sorgfältig hergestellte Gipsbinder dienten zum Gießen und Formen sowie für Stukkaturarbeiten.

Im 20. Jahrhundert bekam der Gips zunehmende Bedeutung durch die Entwicklung von vorgefertigten Elementen, beginnend mit der Gipsdiele bis zu den heutigen Gipskartonplatten und Gipswandbauplatten. Ein bedeutsamer Schritt der Entwicklung war die Einführung von Maschinenputzmörtel. Zunehmend gewinnen selbstnivellierende Estriche auf der Basis von Anhydrit und Alphahalbhydrat an Bedeutung. Verstärkt wird auch der Verwertung von Gips aus der Rauchgasentschwefelung (REA-Gips) Aufmerksamkeit geschenkt. Durch Autoklavieren wird z.B. Braunkohlen-REA-Gips in Calciumsulfat-Alphahalbhydrat umgewandelt, das dort eingesetzt werden kann, wo schnell hohe Festigkeiten erforderlich sind.

Wann, wo und wie zum ersten Male Kalk als Baustoff verwendet wurde, ist, ebenso wie beim Bindemittel Gips, unsicher und umstritten [3]. Über eine mögliche Variante berichtete einmal der Altmeister der deutschen Zementwissenschaft *Wilhelm Michaelis* (1840–1911) [106]:

„... Der Kalkmörtel mußte wohl eine der frühesten Erfindungen des Kulturmenschen sein, denn wo der seßhaft gewordene Mensch seinen Göttern Häuser baute und Brandopfer darbrachte, und wo er dabei zum Aufbau des Herdes Kalkstein mit verwendete, mußte dieser Kalkstein auch stellenweise gebrannt werden. Wenn dann beim Ausgießen des Opferfeuers oder beim Auslöschen desselben durch Regen der gebrannte Kalk sich zu Hydrat löschte, so konnte unmöglich diese sehr heftige und sinnfällige Reaktion unbemerkt bleiben. Wenn dann das so entstandene Kalkhydrat, der Kalkbrei oder die Kalkmilch in die Asche oder auf den sandigen Erdboden floß und in der Folge in kohlensauren Kalk übergehend, die Asche oder den Erdboden zu einer festen Masse vereinigte, so mußte sich damit dem Beobachter sofort die Nutzanwendung, nämlich die verkittende, gesteinsbildende Eigenschaft des gelöschten Kalkes aufdrängen; und da die nächsten Beobachter, die Priester, auch meist die Befähigsten zu sein pflegten, so konnte wohl die Anwendung des gebrannten und gelöschten Kalkes nicht lange auf sich warten lassen..."

Kalkstein muß bei Temperaturen von über 900 °C gebrannt werden. Brennen, Löschen und Erhärten verlaufen chemisch wie folgt:

Brennen
$$CaCO_3 \rightarrow CaO + CO_2 \uparrow$$
Der Kalkstein wird zu gebranntem Kalk, und das überschüssige Kohlendioxid entweicht.

Löschen
$$CaO + H_2O \rightarrow Ca(OH)_2$$
Gebrannter Kalk und Wasser ergeben den gelöschten Kalk (Calciumhydroxid, Kalkhydrat).

Die beim Löschen frei werdende große Wärmemenge erhitzt das Reaktionsgemisch, und es besteht Verspritzungsgefahr. Daher stammt die Bezeichnung „Löschen" für diese Reaktion.

Erhärten
$$Ca(OH)_2 + H_2O + CO_2 \rightarrow CaCO_3 + 2\,H_2O \uparrow$$
Der gelöschte Kalk erhärtet unter Aufnahme von Luftkohlensäure wieder zu Kalkstein bei frei werdender Feuchtigkeit.

Der älteste archäologische Nachweis der Verwendung gebrannten Kalksteins stammt aus einer jungsteinzeitlichen Kultur des Donauraumes [153] [154]. Es sind Grabungsfunde von Lepenski Vir – einer Uferterrasse an der Grenze zwischen mittlerem und unterem Donaulauf in der unwegsamen Schlucht des „Eisernen Tores" – aus einer Zeit zwischen 5600 und 5000 v. Chr. Die in den Hütten der Siedlungsreste gefundenen Fußböden bestanden aus einer Mischung aus Kies, Sand und gebranntem Kalk.

Die Verwendung von Mörtel mit Zusätzen von gebranntem Kalkstein ist ebenfalls nachgewiesen aus der Zeit des Königs Sahure (5. Dynastie Ägyptens um 2800 v. Chr.) für eine Bewässerungsanlage seines Grabdenkmales. Nachgewiesen wurde Kalk als Bindemittel u. a. auch in den ältesten Schichten von Troja aus der Zeit um 2000 v. Chr. sowie in den Palästen der minoischen Kultur auf Kreta um 1700 v. Chr. [3].

In der Bibel wird der Baustoff Kalk mehrfach erwähnt. So steht im 5. Buch Mose, Kapitel 27, 2, daß nach dem Übergang über den Jordan

„große Steine aufgerichtet und mit Kalk getüncht werden sollen".

Vom Tünchen ist noch einmal bei Hesekiel (etwa 600 v. Chr.) die Rede, wo es im Kapitel 13, 10–13, Vers 11 heißt: „Sprich zu den Tünchern, die mit losem Kalk tünchen, daß er abfallen wird; denn es wird ein Platzregen kommen, und werden große Hagel fallen, die es fällen, und ein Wirbelwind wird es zerreißen."

4. Gips und Kalk

In dieser Bibelübersetzung wird von „losem Kalk" gesprochen, in anderen Übersetzungen ist dafür auch die Bezeichnung „untüchtiger Kalk" zu finden. Es muß sich also vermutlich um einen Kalk schlechter Qualität handeln. Es gibt zwei mögliche Erklärungen dafür [145]. Einmal kann es sich um trocken gelöschten Kalk gehandelt haben (im Gegensatz zum Naßlöschen wird beim Trockenlöschen dem gebrannten Gut nur die für die Hydratation des freien Kalkes erforderliche Wassermenge zugeführt). Dies birgt die Gefahr, daß bei zuwenig Wasser eine Restmenge nicht gelöschter Teilchen zurückbleibt, die dann später bei Zugabe von Wasser quellen und eine Sprengwirkung haben. Eine andere Möglichkeit wäre die, daß gemahlener Branntkalk lange an der Luft liegengelassen wurde, ohne ihn naß oder trocken zu löschen. Dabei nimmt er aus der Luft Kohlensäure auf und geht anschließend bei Zugabe von Wasser nur noch eine schwache Reaktion ein. Da in der Bibel auf den „schlechten" Kalk hingewiesen wird, kann man annehmen, daß man vor mindestens 2500 Jahren bereits die Besonderheiten von Trocken- und Naßlöschen kannte.

Ein frühes Beispiel der Anwendung von Kalk als Mörtel konnte an den Zisternen von Jerusalem nachgewiesen werden, die etwa um 1000 v. Chr. erbaut wurden [124]. Auch die Verwendung von Ziegelmehl zur Herstellung wasserdichten, hydraulischen Mörtels und Putzes (hydraulische Bindemittel: Mörtelstoffe, die im Gegensatz zu den Lehm-, Kalk- oder Gipsmörteln die Fähigkeit besitzen, sowohl unter Wasser zu erhärten als auch dem Angriff des Wassers dauernd zu widerstehen) wurde erstmals an den Zisternen von Jerusalem festgestellt. Auch wußte man damals schon, daß durch Glätten der Oberfläche des verdichteten Mörtels die Wasserundurchlässigkeit erhöht wird. Die älteste noch heute genutzte Zisterne wurde mit einem dreischichtigen Kalkputz versehen, dessen Oberfläche sehr gut geglättet ist. Die Zuschläge und Zusätze für die drei Schichten von je 3–7 mm Dicke sind unterschiedlich. Die innere Mörtelschicht ist rot und enthält Ziegelsplitt und Ziegelmehl. Die mittlere - weiße - Schicht besteht aus gebrochenem Kalksteinsplitt von 1–2 mm Größe und Kalksteinmehl. Die direkt auf dem Untergrund aufgebrachte graue Schicht enthält als Zusätze Kalksteinsplitt, Natursand und eine kleine Menge von Holzkohlepartikeln. Diese Zusammensetzung zeugt von der damals schon großen Kenntnis von der Wirkung verschiedener Zuschläge für Branntkalk als Bindemittel. Einen ähnlichen Aufbau zeigt die Leitung des Aquäduktes von Caesarea, einer Stadt, die unter König *Herodes* (37-4 v. Chr.) Zentrum des Königreiches Juda war.

Die Wände der Wasserleitung waren mit einem sechsschichtigen Mörtel ausgekleidet. Auf der inneren dreischichtigen Putzschicht (ebenfalls aus rotem, weißem und grauem Mörtel bestehend) war eine zweite dreischichtige Schicht genau der gleichen Zusammensetzung aufgetragen. Eine mögliche Erklärung für das doppelte Verputzen ist, daß man in Hinblick auf eine erhöhte Wasserundurchlässigkeit besonders sicher gehen wollte [145].

Man nimmt an, daß die Phönizier (Phönizien – im Altertum ein schmaler Landstrich am Mittelteil der syrischen Mittelmeerküste und des südlich anschließenden Libanon) die Erfinder dieser wasserfesten Mörtel aus Kalk und Ziegelmehl waren. Zumindest haben sie aus vielleicht noch älteren Anwendungen, die uns unbekannt sind, eine systematische Technik gemacht [64].

Die Erkenntnis, daß Kalk in Mischung mit vulkanischer Asche einen wasserdichten hydraulischen Mörtel ergibt, stammt wahrscheinlich ebenfalls von den Phöniziern, denn die von ihnen auf der Insel Santorin gebauten großen Zisternenanlagen sind mit Mörtel aus Kalk und vulkanischem Sand („Santorinerde") abgedichtet worden. Vermutlich hat man die losen, lockeren Formen dieses vulkanischen Sandes zunächst als Ersatz für andere Sande verwendet und erst später, wie beim Ziegelmehl, deren Wert für die Erhärtung unter Wasser erkannt [124].

Den Griechen war von den Phöniziern her der gebrannte Kalk bekannt. Sie verwendeten ihn zunächst als Tünche, die häufig einen Farbzusatz erhielt. Später, nicht vor dem 7. Jahrhundert v. Chr., setzten sie dem Kalk zerstoßenen Marmor zu und glätteten mit dem so gewonnenen Mörtel die Flächen von Steinen und Säulen. Dieser Kalkputz und die Frescomalerei fanden in der griechischen Zeit verbreitet Anwendung, so in Pergamon, Ephesos und Knossos. Unter Frescomalerei wird eine Wandmalerei mit Wasserfarben auf feuchtem Kalkputz verstanden. Durch den Übergang des Kalkhydrates in kohlensauren Kalk wird der Farbstoff gebunden, und es entsteht an der Oberfläche eine dünne Schicht, die dem Gemälde einen matten Glanz verleiht.

Zum Mauerbau wurde Kalkmörtel im alten Griechenland verhältnismäßig spät benutzt. Die Griechen verwendeten beim Mauerbau ihrer Monumentalbauten vorwiegend sorgfältig bearbeitete Naturwerksteine, die ohne Mörtel versetzt wurden. Erst in den Fundamenten der zur Verbindung Athens mit dem Hafen Piräus um etwa 450 v. Chr. gebauten Mauern konnte Kalkmörtel nachgewiesen werden.

4. Gips und Kalk

Etwa 300 Jahre v. Chr. taucht bei den Griechen in Unteritalien eine neue Mauertechnik auf, die als Ursprung unseres heutigen Betons gilt. Zwischen zwei Wandschalen aus Naturstein wurden große und kleine Bruchsteine eingebracht und diese durch Stochern verdichtet. Das Schüttwerk wurde mit Kalkmörtel übergossen. Die Griechen nannten dieses Mauerwerk „Emplekton", das „verflochtene Mauerwerk". Die Römer übernahmen die Emplekton-Bautechnik der Griechen und entwickelten und vervollkommneten dieses Gußmörtelverfahren weiter zum „Opus Caementitium", dem Römerbeton. (siehe auch Kapitel 6).

Über die Mörtelkunde der Römer liegen sorgfältige Aufzeichnungen vor. Über den Kalk, seine Herstellung und Verarbeitung haben *Cato der Ältere* (234–149 v. Chr.), *Plinius der Ältere* (23–79 n. Chr.), *Frontinius* (40–103 n. Chr.) und vor allem *Vitruv* (80–10 v. Chr.) berichtet. In *Vitruvs* Werk werden die ersten Vorschriften über das Brennen und Löschen von Weißkalk sowie auch die Verarbeitung des Kalkes beschrieben. *Vitruv* schreibt z. B über die Bedeutung des richtigen Löschens [170]. „... Der (Mörtel) aber wird richtig hergestellt, wenn Klumpen besten Kalks lange vor dem Gebrauch abgewässert werden, damit, wenn irgendein Klumpen im Brennofen zu wenig gebrannt ist, er bei der langdauernden Wässerung, durch die Feuchtigkeit auszugären gezwungen, vollständig gelöscht wird. Wenn nämlich nicht vollständig gelöschter, sondern unvollständig gelöschter Kalk genommen wird, dann bildet er nach dem Anwurf, weil er noch ungelöschte Kalkteilchen in sich birgt, Bläschen. Wenn diese Kalkteilchen erst am Bauwerk vollständig durchweicht werden, dann lösen und zersprengen sie die Oberfläche des Verputzes...". Auch auf eine sorfältige Verarbeitung des Kalkes in der Kalkgrube wird von *Vitruv* hingewiesen. Als Mischungsverhältnis gibt er an, daß auf drei Teile Sand ein Teil Kalk verwendet werden solle - ein auch heute noch immer gültiges Rezept bei den Heimhandwerkern, wenn sie selbst eine Mischung zusammenstellen. Mit welcher Sorgfalt im alten Rom gebaut wurde, geht aus der Tatsache hervor, daß der römische Staat die Herstellung und Verarbeitung des Mörtels durch besondere Magistratsbeamte und Zensoren beaufsichtigen ließ.

Bekannt waren *Vitruv* auch die hydraulischen Eigenschaften der Puzzolanerde (genannt nach dem Fundort dieser Erde vulkanischen Ursprungs, der Bucht Pozzuoli /lateinisch Puteoli/). Er schreibt dazu [170]: „.... Wenn also nun drei Dinge, die auf gleiche Art durch die Heftigkeit des Feuers gebildet sind (nämlich Kalk, Puzzolanerde und Tuff) in eine Mischung gelangen, dann fügen sie sich, wenn plötzlich Feuchtigkeit aufgenommen ist, fest zusammen, und sie werden schnell, durch die Feuchtigkeit gehärtet, fest, und weder die Wogen noch die Macht des Wassers können sie voneinander lösen..."

Vitruv beschreibt hier die schon vor ihm gewonnene Erkenntnis, daß das Abbinden auf die Umsetzung der Mörtelstoffe mit Wasser und das Erhärten auf die Bindung von Wasser (Hydratation) zurückzuführen ist.

Bild 53: Mörtelherstellung auf mittelalterlichen Baustellen

Die Wirkung der Puzzolane besteht im Vorhandensein von verbindungsfähiger Kieselsäure, die sich mit dem Ca(OH)$_2$ des Luftkalkes auch bei Luftabschluß zu unlöslichen C-S-H-Phasen verbindet.

Nach dem Zerfall des Römischen Reiches trat ein starker Rückgang der Bautätigkeit ein. Erst im 12. und 13. Jahrhundert werden wieder in größerem Umfang Bauwerke wie Burgen, Stadtmauern und Rathäuser errichtet. Viele dieser Bauten wurden aus Naturstein und Mörtel gebaut. Der Mörtel bestand entweder aus Lehm, einer Kalk-Sand- oder Kalk-Lehm-Mischung. In Deutschland wurde überall dort, wo Gipsstein vorhanden ist - also insbesondere im Harz, in Thüringen und in Süddeutschland –, meist gebrannter Gips als Mauermörtel verwendet [162].

Hydraulische Kalke wurden auch im Mittelalter und später verwendet. Beispiele sind der Dom in Brandenburg aus dem 13. Jahrhundert und das Fundament eines Schlosses in Berlin aus dem 15. Jahrhundert.

Als hydraulischer Zusatz zum Kalkmörtel ist Ziegelmehl bis ins 19. Jahrhundert beibehalten worden. Beispiele dafür sind die St. Peterskirche in Metz aus dem 6. Jahrhundert, die St. Albanskirche in Mainz aus dem 9. Jahrhundert sowie Dom und Rathaus in Aachen aus der karolingischen Zeit. Ob allerdings Ziegelabfälle einfach nur als Sandersatz verwendet wurden oder ob bewußt Ziegelmehl zur Erzielung der hydraulischen Eigenschaften zugegeben wurde, ist ungewiß, denn in alten Mörtelresten findet man oft Ziegelsplitt der verschiedensten Größe und Beigabemengen.

Bestrebungen, Eigenschaften von Mörteln mit Hilfe von Zusätzen zu verbessern und zu verändern, sie dadurch insbesondere dauerhafter zu machen, hat es schon immer gegeben. Besonders das 17. und 18. Jahrhundert ist von solchen Bemühungen charakterisiert. Allen diesen Bemühungen ist das Empirische, das zufällige Finden gemeinsam – ganz allgemein ist es die Methode der Alchimie. Bekanntestes Ergebnis alchimistischer Tätigkeit ist die Erfindung des europäischen Porzellans durch *Johann Friedrich Böttger* (1682–1719).

Die Beeinflussung der Mörteleigenschaften wurde sowohl mit anorganischen als auch organischen Zusätzen versucht. Einige Beispiele sollen die Vielfalt dieser Versuche zeigen, wobei es teilweise zu kuriosen und abenteuerlichen Zusatzkombinationen kam. Nicht in jedem Fall waren die Auswirkungen der Zusätze auf die Mörteleigenschaften erklärbar, da der wissenschaftliche Hintergrund fehlte. Insbesondere die organischen Zusätze – Milch, Quark, Blut u. a. – geben bis heute immer wieder Rätsel auf und werden zum Teil ins Reich der Phantasie verwiesen [67]. Neuere Untersuchungen belegen jedoch eindeutig, daß derartige Zusätze zur Anwendung kamen, und es ist durchaus von wissenschaftlichem Interesse, sich diesen Problemen wieder zu nähern [125].

Beispiele anorganischer Zusätze:
Im 17. Jahrhundert wurden verschiedentlich Schlacken als Zusatz zum Kalkbrei empfohlen. Dazu zählen Schmiedeschlacke und auch die sogenannte Tournay' sche Schlacke, die aus einer Mischung aus durch den Rost von Kalköfen gefallener Kohlenschlacke, ungebrannten Kalksteinsplittern und gebranntem Kalk bestand [124].

In Schweden wurden 1760 Untersuchungen veröffentlicht, nach denen sich gebrannter, sandfreier Ton und scharf gebrannter Alaunschiefer als geeignete Zusätze erwiesen hätten [124].

In Frankreich wurde um 1774 von dem Maurermeister *Loriot* eine Mörtelzusammensetzung erfunden, die als „Loriot'scher Mörtel" in die Literatur einging [116]. Das Wesentliche an diesem Mörtel war, daß neben gelöschtem Kalk, Sand- und Ziegelmehl auch ungelöschter Kalk verwendet wurde. Der Einfluß des Zusatzes von ungelöschtem Kalk beruhte sicher auf der beim Löschen eintretenden starken Wärmeentwicklung, die eine Verbindung des Kalkes mit der Kieselsäure des Ziegelmehles beschleunigte. Diese Methode der Zugabe ungelöschten Kalkes zum Kalkmörtel – durch die Wärmeentwicklung wurde der Mörtel warm – wurde sogar bis ins 20. Jahrhundert von erfahrenen Maurermeistern bei Winterbauarbeiten genutzt. Die mit einem derartigen Mörtel gemauerten Bauwerke besitzen eine außerordentlich hohe Festigkeit [65].

Beispiele organischer Zusätze:
Um dauerhafte Kalkmörtel herzustellen, wurden im Mittelalter oft Blut und Milch (hauptsächlich in Form von Molke) als Zusatz verwendet. Milch und Blut enthalten Eiweiß, und Milcheiweiß übt auf den gelöschten Kalk eine ähnliche Wirkung wie freie Kieselsäure bei den Puzzolanen aus. Proteinhaltige Produkte bilden mit Kalk Ca-Caseinat, das zu einem dichten, festen und auch wasserbeständigen Mörtel führt.

Fette, z. B. Schweineschmalz, bilden mit Kalk Ca-Stearate, die eine hydrophobierende Wirkung haben und bei wasserabweisenden Putzen verwendet wurden.

Öle wirken als Luftporenbildner und ermöglichen höheren Frostwiderstand.

Einer alten Abrechnung aus dem Jahre 1373 zufolge wurden beim Bau der Wenzelskapelle des

Prager Domes dem Mörtel Eier zugegeben. Den Angaben nach soll die Zugabe der Eier einen besonders feinen und dauerhaften Verband des Mörtels garantieren [65].

Bei dem um 1335 erbauten sogenannten „Buttermilchturm" des Schlosses Marienburg im damaligen Westpreußen wurde dem Kalkmörtel Buttermilch zugegeben [124].
Weitere Beispiele:

nach *Angermann* (1766) [5]
„... die Malabaren [S.W.-Küste Vorderindiens] nehmen auch die Muscheln zu ihrem Kalk, welche sie aber mit gedörretem Kuhmist oder Reys-Strohe brennen; und darnach mischen sie solchen mit schwartzem Zucker, der von dem Safte des Cocus-Baumes gemacht wird, worunter noch eine Menge Eyer kommen. Dieser Kalk oder Mörtel gläntzt wie ein Spiegel; und wenn hölzerne Wände damit überzogen werden, so widerstehet der Anwurf dem Feuer..."

nach *Stieglitz* (1792) [164]
„... wenn man den Gypskalk mit saurer Milch oder Essig einrührt, so macht dieses eine feste Masse, als durch die Vermischung des Wassers hervorgebracht wird. Weil aber diese Vermischung kostbar ausfallen würde, sie doch aber vorteilhaft ist, so ist es gut, wenn man das Wasser durch etwas zugegossenen Essig oder durch eingelegte saure Kräuter versäuert..."

nach *Matthaen* (1826) [105]
„...man vermischt 2 Pfund gereinigten Weinstein, 20 Pfund gelöschten und getrockneten Kalk, welcher zuvor durch ein feines Sieb geschlagen worden; hierauf nimmt man einen Käse, und so viel starkes Leimwasser als zur Bearbeitung der Masse erforderlich ist. Man kann ihr frisch jede beliebige Form geben, und wenn diese getrocknet, sie feilen und polieren..."

nach *Weber* (1861) [178]
„... frisch gebrannter Kalk in Ochsenblut gelöscht und mit Ziegelmehl vermengt, gibt ... einen wasserfesten Cement.."

nach *Waldegg* (1861) [177]
„... man wendet ... frische aus der geronnenen Milch ausgeschiedene Käsemasse oder getrockneten Käse an. Die erstere reibt man unmittelbar mit dem Ätzkalk (oder frischem Mehlkalk) ohne weitere Zuthat auf einem glatten Steine zusammen, bis eine weiche, sich ziehende Masse ohne Spur von Kalkkörnern entsteht. Den anderen schneidet man in dünne Scheiben und rührt und kocht ihn so lange mit Wasser, bis er zu einer ganz zähen terpentinähnlichen Masse geworden ist; gießt das Wasser ab und knetet in einem warmen Mörser so viel luftzerfallenen Kalk hinein, daß eine weiche, bildsame Masse erhalten wird, die man sogleich verwenden muß, da sie rasch erhärtet; der Käse nimmt dabei höchstens 1/4 seines Gewichtes an Kalk auf..."

nach *Mothes* (1863) [111]
„... man mischt hie zu den Kalk mit gestoßenen Ziegelsteinen und Ochsenblut, trägt dies 4 Zoll stark auf, schlägt es breit und übergießt es nochmals mit derselben, aber dünner eingemachten Mischung..."

nach *Rincklake* (1885) [132]
„... bei der Ruhmeshalle des Waffenmuseums in Berlin wurde der Farbe ... eine Verbindung von frischem Quark (Käsestoff: 3 Maßteile) mit gelöschtem Weißkalk (Grubenkalk: 1 Maßteil) zugesetzt... das Eiweiß des Käsestoffes verbindet sich mit dem Kalk zu Kalkalbuminat..."

nach *Gesell* (1934) [53]
„... Quark- und magermilchhaltige Putzmörtel sollen nur für Arbeiten von künstlerischem oder denkmalpflegerischem Wert verwendet werden. 3 l Magermilch oder 500 g Quark auf 1 hl Weißkalkmörtel bewirken schon eine beträchtliche Härtung und lassen die Oberfläche des abgebundenen Putzes glasiert erscheinen. 2 Teile Weißkalk oder 1 Teil ungelöschter Kalk lösen sich mit 20 Teilen Quark zu flüssigem Kasein. Aus Quark gewonnenes Kasein muß vor der Mischung mit dem Kalkmörtel durchgesiebt werden. Magermilch wird dem sehr steifen Kalkmörtel zugeschüttet oder gleich an Stelle des Wassers zum Verdünnen des Kalkteiges genommen..."

Die Anwendung von Albuminen (Eiweißstoffen) als natürlicher Zusatz zu Kalkmörteln war also schon seit langem bekannt und auch weit verbreitet. Nur kannte man nicht in jedem Fall die richtige Rezeptur. So fand man beispielsweise im Mörtel der Stadtmauer von Solothurn Hohlräume, die ganz eingelegten Eiern entsprachen. Man kannte also das Verfahren, Eier dem Mörtel beizumischen, aber man wußte nicht mehr wie und legte deshalb sorgfältig ganze Eier zwischen die Steine in den Mörtel [145].

Vom großen französischen Bauingenieur der Spätrenaissance *Bernard Forest de Bèlidor* (1697–1761) wurde vorgeschlagen, dem Kalkmörtel Urin zuzusetzen [67]. *Bèlidor* soll hier erwähnt werden, da seine Arbeiten über hydraulische Mörtel im Wasserbau mit als ein Aus-

4. Gips und Kalk

gangspunkt für die modernen Bindemittel und Betone zu sehen sind. *Bèlidor* verwendete als erster den Begriff „bèton" für einen Grobmörtel, bestehend aus einem Gemisch fein- und grobkörniger Zuschläge und einem wasserbeständigen (hydraulischen) Kalk. Seine Erfahrungen und Erkenntnisse über hydraulische Kalke hat er in seinem 1753 erschienenen Buch „Architecture hydraulique" (Wasserbau) zusammengefaßt.

Auf den Arbeiten *Bèlidors* und den Werken *Vitruvs* aufbauend, untersuchte der Engländer *John Smeaton* (1724-1792) als erster mit wissenschaftlichen Methoden die Fragen der Hydraulizität des Wasserkalkes.

Smeaton könnte man nach heutigen Begriffen als „Baustoffingenieur" bezeichnen, obwohl er zunächst Jura studierte und sich anschließend der Herstellung nautischer Instrumente widmete. Er erhielt 1755 den Auftrag, vor Plymouth einen Leuchtturm neu zu errichten, dessen Vorgängerbauten aus Holz schon zweimal durch Feuer und Springfluten zerstört worden waren. Bei den Vorarbeiten zu diesem Bauvorhaben befaßte sich Smeaton gründlich und systematisch mit der Frage, welcher Kalkstein sich am besten für die Kalkherstellung eignet. Die erste Frage galt der von den zeitgenössischen Baupraktikern aufgestellten und von *Bèlidor* und *Vitruv* übernommenen Behauptung, daß der weißeste und weicheste Kalkstein den besten Kalk ergäbe. Bei seinen Versuchen mit Kalksteinen verschiedener Härte und unterschiedlicher Färbung stellte er dann fest, daß die verunreinigten (in der Regel nicht reinweißen) Kalksteine – unabhängig von ihrer Härte – den für Wasserbauten am besten geeigneten Kalk lieferten. Zunächst wandte sich *Smeaton* an einen Chemiker, der ihm empfahl, den Kalkstein nach seinen Hauptbestandteilen gewichtsanalytisch zu bestimmen. Dies war eine vollkommen neue Idee, denn bisher wurde in den Labors mit Feuer und nicht mit Lösungen gearbeitet. *Smeaton* zerkleinerte verschiedene Kalksteine zu einem Pulver und behandelte sie anschließend mit Salpetersäure. Sofern die Salpetersäure den Kalk vollständig auflöste, war dieser als rein zu bezeichnen. Bildete sich aber ein Bodensatz, so reinigte er diesen, bis ein Satz zurückblieb. Bei einem der untersuchten Kalksteine – dem Kalkstein von Aberthaw – stellte er fest, daß ein feiner, dichter, dunkler, blauer Ton als Rückstand resultierte, und zwar in einem ungefähren Masseverhältnis von 1 : 8. Er formte daraus eine Kugel und brannte diese, wobei ein guter fester Ziegelstein entstand [124].

Bild 54: Bernard Forest de Bèlidor

Bild 55: John Smeaton

Smeaton schreibt dazu: *„Dies brachte mich auf den Gedanken, daß ein Gehalt an Ton in der Zusammensetzung von Kalkstein den sichersten Wertmesser eines Kalkes für Wasserbauten bildet."*
Damit hatte *Smeaton* das Prinzip der Hydraulizität (der Hydraulefaktoren) des Wasserkalkes erkannt.

Für den Mauermörtel zum Bau des Edystone-Leuchtturms verwendete *Smeaton* eine Bindemittelmischung, die in gleichen Teilen aus gebranntem Kalk (des Kalksteins von Aberthaw) und Puzzolanerde aus Civita Veccia, nördlich von Rom, bestand. Von dem Mörtel sagte *Smeaton*, daß dieser „... dem besten marktgängigen Portland-Stein an Festigkeit und Dauerhaftigkeit gleichkommt..." [64]. Der Portlandstein ist ein oolithischer Kalkstein mit Muscheleinschlüssen, der auf der Halbinsel Portland in der Grafschaft Dorsethire an der Kanalküste Englands, abgebaut wird. Der Portlandstein wird seit Jahrhunderten in England, speziell in London, als Baumaterial wegen seiner hervorragenden Eigenschaften und seines Aussehens insbesondere beim Bau repräsentativer Gebäude verwendet.

Der Vergleich des Smeaton'schen Mörtels mit dem natürlichen Portlandstein führte später dazu, daß *Joseph Aspdin* – einer der englischen Zementpioniere – für sein Erzeugnis den Namen Portlandzement wählte.

Brennen

Wann die ersten Kalk- und Gipsöfen angewendet wurden und wie diese aussahen ist nicht bekannt. Vermutlich wird es zunächst zwischen beiden keine großen Unterschiede gegeben haben. Nachstehend wird nur auf das Kalkbrennen eingegangen.

Alle bisherigen Forschungsergebnisse lassen darauf schließen, daß die frühesten Kenntnisse des Kalkbrennens im mesopotamisch-ostmittelmeerischen Kulturbereich entwickelt wurden, wahrscheinlich basierend auf der vermutlich älteren Kenntnis des Gipsbrennens, das dem Kalkbrennen sehr ähnlich ist [17]. Klar ist, daß überall dort, wo Archäologen auf frühe Kalkmörtel stoßen, die Technik des Kalkbrennens bekannt gewesen sein muß. Bei Ausgrabungen bei Mohenjo-Daro im Industal stieß man auf einen Kalkbrennofen, der etwa um 2300 v. Chr. betrieben worden sein muß.

Die ältesten Kalkbrennöfen waren vermutlich einfache Gruben, in deren Mitte das Feuer unterhalten wurde. Die zu brennenden Kalksteine befanden sich an den Grubenwänden. Daraus entwickelten sich die sogenannten Trichteröfen, die Vorläufer der Schachtöfen.

Viele handwerkliche Techniken wurden über Generationen hinweg unter Vermeidung möglichst jeder Veränderung bis in die Neuzeit übernommen. Dies gilt auch für die Kalkbrenntechnik, wo man bis Anfang dieses Jahrhunderts z.B. in einigen Gebirgsorten Bayerns noch Kalköfen in Trichter- oder Tiegelform in Gebrauch hatte. Bis vor wenigen Jahren waren derartige Kalkbrennöfen auch noch auf dem Balkan im Gebiet des ehemaligen Jugoslawien zu finden [145].

Das Brennen in derartigen Öfen erfolgte periodisch. Anders als bei dem aus diesem Verfahren weiterentwickelten Brennen in hohen Schachtöfen wird der Brennstoff nicht unter das Brenngut gemischt. Die Brenndauer einer Charge kann 24 Stunden, aber auch zwei Tage und mehr betragen. Dies hängt vom Rohstoff und der Ofengröße ab.

Römische Kalkbrennöfen, die im Rheingebiet gefunden wurden und aus der Zeit um 150 - 300 n. Chr. stammen, hatten prinzipiell den gleichen Aufbau wie die heutigen dörflichen Brennöfen auf dem Balkan. Unterschiede bestehen nur in der Ofengröße. *Cato* (234–149 v. Chr.) beschreibt das Brennen in Kalköfen (fornax calcarius), die in unterirdischen, eigens gegrabenen Vertiefungen angelegt werden sollten, um jeden Wind von ihnen abzuhalten. Wenn sich die Vertiefung nicht tief genug herstellen läßt (der Ofen sollte 20 römische Fuß hoch, unten 10, oben 3 Fuß breit sein; 1 römischer Fuß = 0,29574 m), so setzte man oben einen Rand von Ziegeln oder Bruchsteinen auf, der außen mit Lehm verstrichen wurde. Man konnte ein oder zwei Heizlöcher anbringen.

Das älteste kontinuierliche Brennverfahren ist das Schachtofenverfahren, das große Bedeutung beim Kalkbrennen erlangte [94]. Es wurde in der Eisenmetallurgie entwickelt, und bereits im 16. Jahrhundert wurde in den Urformen des Schachtofens auf kontinuierliche Weise Roheisen erschmolzen. Als Ende des 18. Jahrhunderts in Chemie, Metallurgie und im Bauwesen ein höherer Bedarf an Branntkalk entstand, diente der Hochofen als Vorbild für einen effektiveren Kalkbrand. In Sachsen baute man nach dem Vorbild des Hochofens einen Kalkofen, der durch seinen kontinuierlichen Betrieb mit schnellem Durchsatz als „Kalkschneller" bekannt wurde.

Der Kalkschneller war ein Schachtofen, dessen 2–3 m hoher Schacht mit einem unteren Durchmesser von 0,5 m sich nach oben hin trichterförmig auf 1,5–2 m Durchmesser erweiterte. Kalkstein und Brennmaterial wurden von oben her schichtweise aufgegeben, und am unteren Ende des konischen Schachtes wurden über ein Abzugloch Branntkalk und Asche abgezogen. Die Arbeitsweise

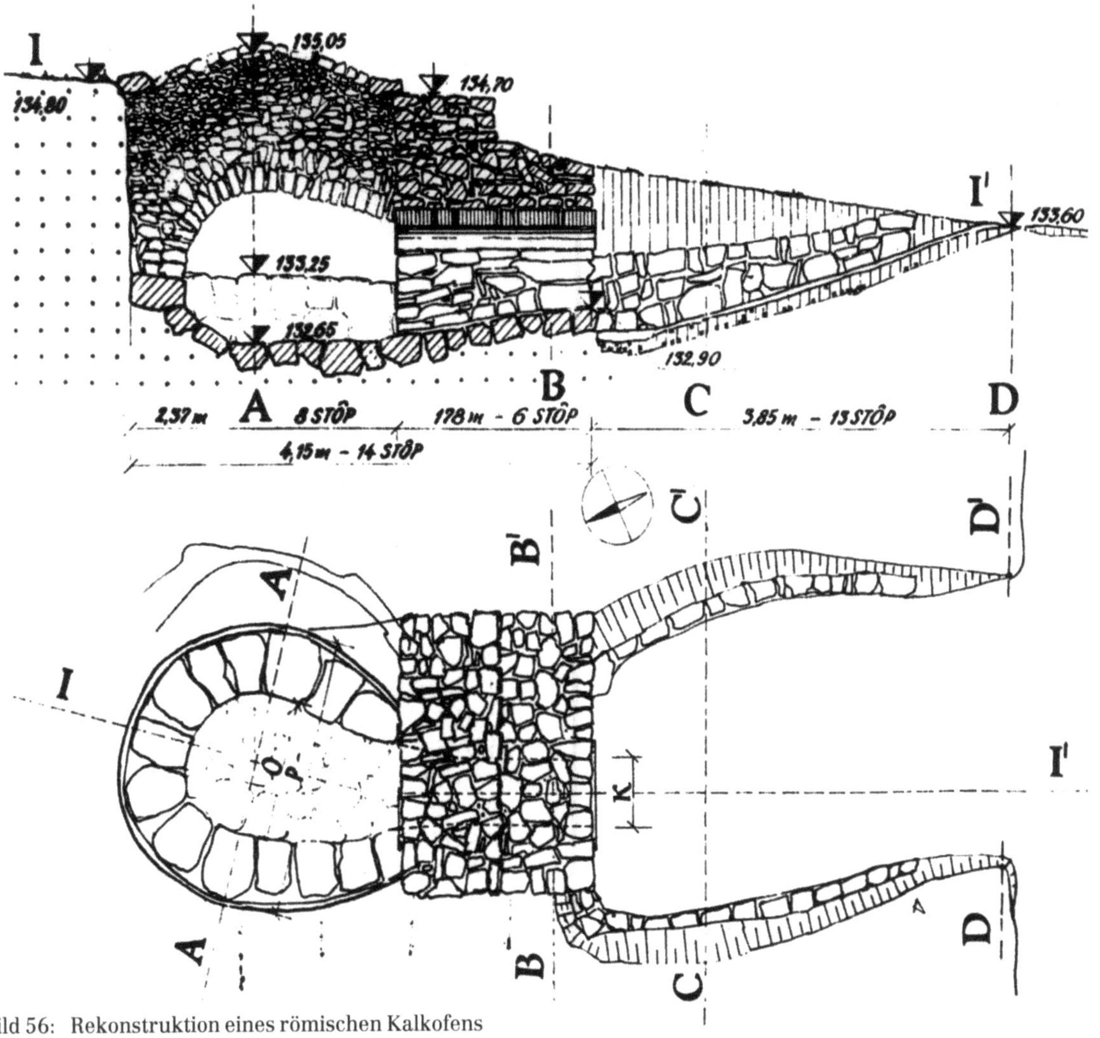

Bild 56: Rekonstruktion eines römischen Kalkofens

dieses Ofens war mit vielen Problemen verbunden, und die Qualität des Kalkes war oft schlecht, da Kalk und Kohle in enge Berührung kamen und viel unreiner Branntkalk anfiel. Das führte zu ständigen Verbesserungen des Aufbaus und der Brennführung des Schachtöfen [17].

Der Schachtofen mit seinen modernen Ausführungen als Humboldt-Querstromofen, Doppelschrägofen, Gleichstrom-Gegenstrom-Regenerativofen, Ringschachtofen usw. ist bis heute immer noch das dominierende Brennaggregat zum Kalkbrennen.

In den 70er Jahren des vergangenen Jahrhunderts erwuchs mit dem eigentlich für das Brennen von Mauerziegeln entwickelten Ringofen ein Konkurrent für das kontinuierliche Brennen von Kalk. Der Ringofen war als Kalkbrennofen bis in die 50er Jahre unseres Jahrhunderts gebräuchlich, so z. B. auch in den Kalkwerken Rüdersdorf bei Berlin [94].

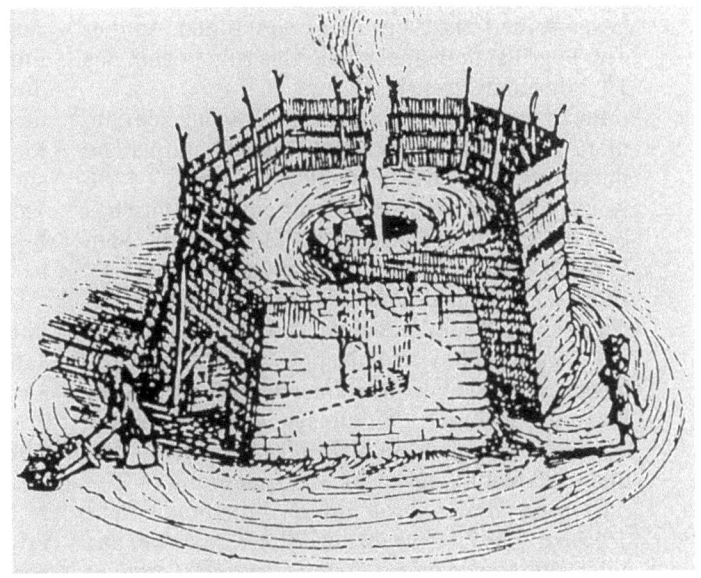

Bild 57: Alter Kalkofen

5.
Portlandzement

Der Ursprung des Wortes „Zement" ist bei den alten Römern zu finden [169]. Ihre von den Griechen übernommene Technik des Bauens mit Gußmauerwerk – dem Vorläufer unseres heutigen Betons – nannten sie „Opus Caementitium". Das lateinische cementum hängt mit caedere, d. h. schneiden oder brechen, zusammen und bezeichnete ursprünglich behauene Quader, später dann Bruchsteine und schließlich auch Gesteinssplitter und Steinmehl sowie zerkleinerte Ziegelbruchsteine und Ziegelmehl. Mit Caementum wurde früher ausschließlich der für das Gußmauerwerk verwendete Zuschlag (Bruchsteine und feine Gesteins- und Ziegelstücke) bezeichnet!

In Frankreich entstand nach dem Abzug der Römer im frühen Mittelalter aus „Caementum" zunächst „Cimentum" und anschließend – nach verschiedenen Schreibweisen – das Wort „Ciment". Dabei wurde als Ciment nur das aus Ziegelbruch hergestellte feine Ziegelmehl verstanden. An diesem Begriffsinhalt änderte sich bis zum Beginn des 19. Jahrhunderts nichts.

Im England des 18. Jahrhunderts bezeichnete man Traß und Puzzolane (sowohl natürliche Puzzolane als auch Ziegemehl) mit „Cement". 1796 wurde in England ein Patent für ein hydraulisches Bindemittel (hydraulischer Kalk) erteilt, das sein Erfinder, *James Parker*, „Romancement" nannte. Er verwendete ganz bewußt das „roman", um zu suggerieren, daß sein Erzeugnis genau so gut sei wie die importierten „römischen Puzzolane". Er bewirkte damit aber auch einen Begriffswandel des Wortes „Cement". Seit dieser Zeit wird unter „Cement" nur noch ein hydraulisches Bindemittel und nicht mehr Ziegelmehl verstanden.

In Deutschland wurde im 15. Jahrhundert mit „Zyment" das Ziegelmehl bezeichnet. Noch um das Jahr 1800 wurde unter Cäment oder auch Caement ganz allgemein ein Zusatzmittel verstanden, das einem anderen Stoff größere Härte oder überhaupt wertvollere Eigenschaften verleiht. So war Kohlenstoff ein Cäment für Eisen, woran heute noch der Begriff „Zementieren" in der Metallurgie erinnert. Mit diesem Begriff wird das Ausfällen des Kupfers aus einer Kupfersulfatlösung durch Eisenschrott bezeichnet. Das dabei entstehende Kupfer heißt „Zementkupfer".

Etwa um 1850, nachdem sich der Romanzement durchgesetzt hatte und auch der um 1843/1844 erstmalig hergestellte Portlandzement Erfolge verzeichnete, wurde in Deutschland aus dem „Cäment" der „Cement". Mit der allgemeinen orthographischen Neuordnung im Jahre 1901 wurde dann „Cement" durch „Zement" ersetzt.

Obwohl die Geschichte der hydraulischen Bindemittel nachweislich bis in die Zeit um 1000 v. Chr. zurückgeht, als erstmals hydraulische Kalkputze (Kalk mit Ziegelmehl) in den Zisternen von Jerusalem Anwendung fanden, wurde erst mit der Entdeckung der hydraulischen Faktoren des Kalkes durch *Smeaton* der wissenschaftliche Grundstein unserer heutigen Portlandzemente gelegt (siehe Kapitel 4). *Smeaton* hatte durch zahlreiche Versuche zwischen 1756 und 1759 erkannt, daß der Tongehalt des Kalksteins der ausschlaggebende Bestandteil für die Herstellung hydraulischer Kalke ist.

Über die Bedeutung der Erkenntnisse *Smeatons* äußerten sich die Zementwissenschaftler des 19. Jahrhunderts mit Hochachtung. So schrieb *Wilhelm Michaelis* (1840–1911) im Vorwort seines 1869 erschienenen umfassendem Werk über Portlandzement folgendes:

„Ein Jahrhundert ist verflossen, seit der berühmte Smeaton seinen epochemachenden Bau des Edystone-Leuchtturmes ausführte. Nicht den Seefahrern allein ... ist dieses Wahrzeichen ... eine Leuchte in dunkler Nacht geworden. In wissenschaftlicher Beziehung brachte derselbe Licht in fast 2000jährige Finsternis. Die Irrtümer, die uns von den Römern überkommen waren ... wurden zerstreut. Der Edystone-Leuchtturm ist der Grundstein, auf dem sich unsere Kenntnis der hydraulischen Mörtel entwickelt hat: er ist der Hauptpfeiler der modernen Baukunst. Smeaton befreite uns von den Fesseln des Traditionellen, indem er zeigte, daß der reinste und härteste Kalkstein nicht der beste sei, wenigstens nicht für den Wasserbau, und daß in dem tonigen Beischluß die Ursache der Hydraulizität der Kalkarten zu suchen sei."

Die Erkenntnisse *Smeatons* blieben zunächst aufgrund der begrenzten Möglichkeiten der Verbreitung wissenschaftlicher Ergebnisse dieser Zeit unbeachtet. Erst 1791 – rund 35 Jahre nach dem Bau des Eddystone-Leuchtturmes – veröffentlichte *Smeaton* seine Erfahrungen und Forschungsergebnisse über die hydraulischen Kalke in seinem umfangreichen Buch „Narrative on the Building and a Description of the Construction of the Edystone Lighthouse with Stone".

James Parker, ein Landsmann Smeatons, wurde offensichtlich durch dieses Buch angeregt, auf diesem Wege weiterzuforschen und nach tonhaltigen Kalksteinen zu suchen. Das Ergebnis war der erwähnte „Romancement". Grundlage für dieses Erzeugnis waren sogenannte Mergelnieren, die *Parker* im Septarienton einer Lagerstätte bei London fand. Dabei handelte es sich um einen Tertiärton, und die ihm den Namen gebenden Septarien sind linsenförmige bis knollige Konkretionen von Mergel im Ton, die durch örtliche Anreicherung von Calciumcarbonat entstanden waren. Diese Mergelnieren wurden zunächst zerkleinert, in einem üblichen Kalkofen gebrannt und anschließend bis zu einem Pulver – dem Cement – zerkleinert. Die Farbe des Produktes war rötlichbraun, und die farbliche Ähnlichkeit mit den bekannten römischen Puzzolanen führte dann zur Bezeichnung „Römischer oder Roman-Zement". *Parker* erhielt am 28. Juli 1796 das englische Patent Nr. 2120 für seine Erfindung und gründete eine Firma, die diesen Zement herstellte. Das Produkt war damals bei den Maurern sehr beliebt, da es nicht gelöscht zu werden brauchte, gut wasserbeständig war und schnell erhärtete (10–20 Minuten).

Smeaton und *Parker* stellten ihre hydraulischen Kalke auf der Grundlage natürlich vorkommender Ausgangsstoffe her (Kalksteine mit einem bestimmtem Tongehalt). Der Engländer *Edgar Dobbs* war der erste, der verschiedene Möglichkeiten zur Herstellung einer künstlichen Mischung für hydraulische Kalke zusammenstellte. *Dobbs* mischte gebrannten oder ungebrannten Kalk mit Ton, Lehm, Schiefer, Sande und Asche sowie verschiedenen Metalloxiden, brannte die Mischung und zerkleinerte das gebrannte Produkt zu einem Zement. *Dobbs* erhielt dafür am 2. August 1810 das englische Patent Nr. 3376. Mit diesem Patent war ein bedeutender Ansatz zur Herstellung eines Zementes aus einer künstlichen Mischung gegeben.

Zu den ersten, die sich der wissenschaftlichen Erforschung der hydraulischen Zemente zuwandten, zählt auch der Deutsche *Johann Friedrich John* (1782–1847). *John* war zu seinen Arbeiten durch ein Preisausschreiben der Holländischen Gesellschaft der Wissenschaften aus dem Jahre 1810 angeregt worden. Die von ihm im Jahre 1815 eingereichte und 1817 ergänzte Arbeit wurde mit der goldenen Medaille ausgezeichnet. *John* stellte fest, daß in dem erhärtenden Mörtel „... ein Theil des Kalkes mit einem Theile Kieselerde, oder mit Thonerde und etwas Eisenoxyd, oder mit allen dreien Substanzen zugleich, wirklich chemisch nach Art natürlicher Erdkörper verbunden sey". *John* kam zu dem Schluß, daß „... die erhärtende tafelspatharatige Verbindung aus Kieselerde, Thonerde, Eisenoxyd usw., welche ich das *wahre Caement im Mörtel nennen mögte*...", der erhärtenden Masse als das innigste Bindungs- und Verbindungsmittel dient [124].

Das Jahr 1824 gilt im allgemeinen als das Geburtsjahr des Portlandzementes und *Joseph Aspdin* aus Leeds als sein Erfinder. Der Maurermeister *Joseph Aspdin* (1778–1855) war trotz Herkunft aus bescheidenen Verhältnissen ein vielseitig gebildeter und belesener Mann, und es ist anzunehmen, daß er das Buch von *Smeaton* sorgfältig studiert hatte und alle damals einschlägigen Patente zur Zementherstellung kannte. Sein eigenes Patent meldete er unter der Nr. 5022 am 21. Oktober 1824 unter der Bezeichnung „Verbesserung in der Herstellung künstlicher Steine" an. Die Patentbeschreibung lautet [63]:

„Meine Methode zur Herstellung eines Cementes oder künstlichen Steins für Verputz von Gebäuden, für Wasserbauten, für Zisternen und für andere Zwecke, für die er verwendbar ist, (und den ich Portland-Cement nenne) ist folgende:

Ich nehme eine bestimmte (specific) Menge Kalkstein, wie er im allgemeinen zur Herstellung oder zur Reparatur von Straßen verwendet wird, nachdem er zu Staub oder Schlamm zerfahren ist; wenn ich davon aber keine genügende Menge von den Straßendecken beschaffen kann, dann nehme ich den Kalkstein selbst, wie der Fall gerade liegt. Dann füge ich eine bestimmte Menge tonhaltiger Erde oder Ton hinzu und mische alles unter Zusatz von Wasser zu einem sehr feinen – fast unfühlbaren – Brei, entweder mit Hand- oder Maschinenarbeit.

Nach dieser Vorbereitung bringe ich die besagte Mischung in eine flache Pfanne zwecks Verdampfung mittels der Sonnenwärme oder Feuer oder Dampf, diese in Heizkanäle unter die Pfanne oder deren Nähe leitend, bis das Wasser vollständig verdampft ist.

Dann breche ich besagte Mischung in passende Brocken und brenne sie in einem Schachtofen, ähnlich einem Kalkofen, bis die Kohlensäure vollständig ausgetrieben ist.

Die so gebrannte Mischung durch Mahlen, Zerstoßen oder Walzen in ein feines Pulver zu verwandeln und ist dann in der geeigneten Form, um Cement oder künstlichen Stein herzustellen.

Dieses Pulver ist mit einer für die Erzielung der Mörtelkonsistenz ausreichenden Menge Wasser zu mischen und ist so den gewünschten Zwecken verwendbar."

Aspdin wählte für sein Erzeugnis die Bezeichnung „Portland-Cement". Das war wie bei *Parkers* „Roman-Cement" ein werbeträchtiger Vergleich mit einem bekannten, gut eingeführten Produkt, dem Portlandstein. Der Portlandstein war als Baumaterial in England wegen seines Aussehens und seiner hervorragenden Eigenschaften sehr geschätzt. Schon *Smeaton* verglich seinen Mörtel mit dem des Portlandsteins, und *Aspdin* erneuerte diesen Vergleich, der dann in die Geschichte einging.

Es ist in der Geschichtsschreibung des Portlandzementes oft bezweifelt worden, ob *Joseph Aspdin* tatsächlich einen Portlandzement nach heutiger Definition hergestellt habe, also eine bis zur Sinterung gebrannte Rohmischung [107] [108] [194]. Insbesondere der Engländer *Isaac Charles Johnson* (1811–1911) behauptete, daß er als erster im Jahre 1844 einen derartigen Klinker gebrannt habe. Der oft heftige Prioritätsstreit in der Fachpresse diente vor allem dem Produkt. Auf diese Weise wurde der Portlandzement mit seinen Eigenschaften, die denen des Romanzementes überlegen waren, in breitesten Baukreisen bekannt.

Den ersten „echten Portlandzement" im heutigen Sinne stellte mit großer Wahrscheinlichkeit ein Sohn *Joseph Aspdins*, *William Aspdin* (1815–1864) im Jahre 1843 her. In diesem Jahr verließ er die väterliche Zementfabrik in Wakefield und stellte in eigenen Unternehmungen Zement her [47].

Ein 1848 in der Firma „Robins, Aspdin & Goodwin" in Northfleet hergestellter Zement wurde 1984 von der Building Research Station in Garston

Bild 58: William Aspdin

Bild 59: Der Portlandzement-Brennofen William Aspdins in Northfleet aus dem Jahre 1848

(England) analysiert. Die Zementsteinproben stammten aus Fässern – in denen damals der Zement transportiert wurde – des 1848 nahe der Insel Sheppey untergegangenen Segelschiffes „Lucky Escape". Dieser älteste bisher untersuchte Zement ist in seiner Zusammensetzung mit denen moderner Portlandzemente identisch [126].

Englische Zemente wurden Mitte des 19. Jahrhunderts insbesondere nach Holland, Belgien und Deutschland exportiert. Diese Exporte regten in den Importländern zur Nachahmung der Produktion an [94].

In Deutschland war es der Chemiker *Hermann Bleibtreu* (1821–1881), der in eingehenden Versuchen die Grundlagen für die deutsche Zementproduktion legte. Zu seinen Arbeiten wurde *Bleibtreu* durch den Architekten *Becker* angeregt, der zwar die ausgezeichnete Qualität des englischen Zementes sehr lobte, aber über den hohen Preis der Zemente klagte [202].

In einem kleinen Laboratorium auf der Alaunhütte seines Vaters begann daraufhin *Bleibtreu* die englischen Zemente zu untersuchen und eigene Mischungszusammensetzungen zu entwickeln. Das Ergebnis war das preußische Patent Nr. 2326 vom 23. Oktober 1852 – „Ein neues Verfahren zur Darstellung hydraulischer Zemente" –, das allerdings für die Portlandzement-Herstellung bedeutungslos blieb [189]. Im Jahre 1852 gelang es dann *Bleibtreu*, die Mittel zu einer kleinen Versuchsanlage in der Nähe von Stettin zusammenzubringen, aus der 1855 das erste größere Zementwerk, die „Stettiner Portland-Cement-Fabrik" hervorging [56].

Nach vielen vergeblichen Versuchen gelang es *Bleibtreu*, aus der Kreide von der Insel Wollin und einem Septarienton, den er auf dem eigenen Fabrikgelände fand, einen guten Portlandzement herzustellen. Seinen ersten Zementbrand im Dezember 1853 beschreibt er folgendermaßen [200]:

„Ein Quantum Wolliner Rohkreide wurde im Rührbottich verarbeitet und abgeschlämmt ... (zur Abtrennung von Feuerstein und Sand). Es wurde hierzu im Verhältnis von $4^1/_2$ zu 1 getrockneter Züllchower Septarienton, auf der Tonwalze zerkleinert, genommen ... Der Ton wurde in den Kreideschlamm eingestampft und mehrere Male durch den Tonschneider gegeben. Hierbei wurde zur Bewirkung einer gleichmäßigen Mengung der Bestandteile die vom Tonschneider abgestochene Masse reihenweise abgelegt und in entgegengesetzter Richtung abgestochen wieder auf den Tonschneider aufgegeben. Zuerst wurden die einzelnen, vom Tonschneider kommenden Abstiche in Reihen auf Brettchen gelegt ... Ich ließ die Stiche mit dem Spaten – einem geraden Holzspaten – vom Tonschneider zur Ablage tragen ... Es entstand so eine zusammenhängende Masse, die reihenweise geordnet wurde, so daß beim Abstechen in entgegengesetzter Richtung sich eine gute Vermengung der ganzen Partie ergeben mußte ... Die gehörig gemischte Masse wurde in Ziegelformen geformt und auf einem provisorisch eingerichteten Trockenboden getrocknet und bei dieser zum ersten Brande bestimmten Masse in Würfel von $2^1/_2$ bis 3 Zoll Seite zerschnitten. Die getrockneten Würfel wurden nun mit Koks geschichtet in den Zementofen eingetragen...

Der Ofen wurde spät abends angezündet ... Am folgenden Mittag schon war der Ofen ausgebrannt. Beim Ausnehmen des Inhalts zeigte sich die untere Masse sehr verschlackt, die obere viel zu schwach gebrannt. Alles schwach Gebrannte wurde ausgeschaltet und unbenutzt zur Seite gestellt.

Sodann wurde die verschlackte, gut und mittel gebrannte Masse – jede besonders – auf der Zementwalze zerkleinert und auf den Mahlgang gegeben. Die mittel gebrannte Masse war solche, die außen herum hart und dunkelgrün gebrannt erschien, in der Mitte aber noch einen ganz hellen, weißen Kern hatte. Von der gut gebrannten Masse erhielt Ph. Löwer in Stettin die erste Probetonne.

Bild 60: Hermann Bleibtreu

Der Rest der gut gebrannten Masse wurde mit etwa ein Viertel mittel gebrannter vermischt, und davon erhielt Ph. Löwer das zweite Probefaß, welches er besser wie das erste erklärte. Von dieser letzteren Mischung war auch die nach Berlin an Baumeister Becker beförderte Probe, worauf sich dessen Gutachten gründete. Ph. Löwer fand, daß hiervon ein Teil Zement mit vier Teilen Sand zu Kugeln geformt und unmittelbar nach dem Formen in Wasser gelegt, standhielt."

Die Portlandzementfabrik Züllchow bei Stettin wurde auf dem Gelände einer ehemaligen Ziegelei errichtet. Aus diesem Grunde ist es nicht verwunderlich, daß in der Anfangsphase der Portlandzementherstellung Technologien und Ausrüstungen der Ziegelindustrie übernommen wurden, so wie es auch dem Bericht *Bleibtreus* über den ersten Zementbrand in Züllchow zu entnehmen ist (Tonschneider, Kollergänge, Ziegelpressen, Kammeröfen, Ringöfen).

Aus der Ziegelindustrie stammt auch die Bezeichnung „Klinker" oder „Zementklinker" für die gesinterten Rohstoffe [152]. Sollten die aufbereiteten und gemischten Rohstoffe in einem Schacht- oder Ringofen gebrannt werden, mußten sie vorher stückig gemacht – oder wie es früher hieß – „verziegelt" werden, weil die übliche Form der Ziegel war. Da in den alten Ringöfen früher manchmal wechselweise Mauerziegel und Zement gebrannt wurden, ist die Bezeichnung „Klinker" für den „klingend" hart gebrannten Ziegel auch auf die scharf gebrannten „Zementziegel" übergegangen.

Nach der Inbetriebnahme des Stettiner Zementwerkes im Jahre 1853 folgten in Deutschland weitere Zementwerksgründungen. *Bleibtreu* selbst gründete 1856 ein Zementwerk in Obercassel bei Bonn, 1864 wurden die Dyckerhoff'schen Zementwerke in Amöneburg bei Biebrich am Rhein, 1864 das Zementwerk in Rüdersdorf, 1868 die Zementwerke in Heidelberg und Leimen gegründet. In unmittelbarer Nähe von Weimar entstanden 1885 das Zementwerk in Göschwitz und 1899 das Zementwerk in Bad Berka [131]. Beide Zementwerke bei Weimar waren bis nach dem zweiten Weltkrieg in Betrieb [94].

Mit der Entwicklung der deutschen Zementindustrie ging der englische Zementexport nach Deutschland stark zurück. Ein Grund dafür war auch die hohe Qualität des deutschen Zementes. Diese hohe Qualität war zum großen Teil auf das Wirken ausgebildeter Chemiker in den ersten Zementwerken zurückzuführen.

Neben *Hermann Bleibtreu* ist in erster Linie *Wilhelm Michaelis* zu nennen [202]. *Michaelis* studierte zunächst in Berlin an der Gewerbeakademie,

Bild 61: Wilhelm Michaelis

der späteren Technischen Hochschule, dann an der Universität Chemie und arbeitete danach in der Portland-Cement-Fabrik in Wildau bei Eberswalde, in der er praktische Erfahrungen und technische Kenntnisse sammelte. Bevor im Jahre 1869 sein Buch über „Die hydraulischen Mörtel" erschien, war man sich über das Wesen der hydraulischen Bindemittel noch nicht klar. Als erstes umfassendes Werk über den Portlandzement erregte das Buch in der Fachwelt Aufsehen. Michaelis hatte aus einer großen Anzahl von Analysen und Festigkeitsversuchen festgestellt, daß in einem guten Portlandzement der in Prozenten ausgedrückte Gehalt an Kalk etwa doppelt so groß sein muß wie die Summe von Kieselsäure, Tonerde und Eisenoxid. *Michaelis* nannte den Quotienten aus

$$\frac{CaO}{SiO_2 + Al_2O_3 + Fe_2O_3}$$

(Angaben in Prozent) den „Hydraulischen Modul". Die empirische Forderung, daß der hydraulische Modul etwa den Wert 2 haben sollte, galt so lange, bis man die nötigen Kenntnisse über die Konstitution des Portlandzementes gewonnen hatte und damit die Grundlagen für eine wissenschaftliche Behandlung des Problems der Sinterung geschaffen war (1933 Einführung des Kalkstandards durch *H. Kühl* und *E. Spohn*).

Als anerkannter Zementfachmann übte *Michaelis* auch einen großen Einfluß auf die

Entwicklung der Zementprüfung aus. Die ersten Prüfmethoden für Zement waren – für unsere heutigen Begriffe – noch recht primitiv. 1859 wurde die Qualität von Zementen wie folgt geprüft: um die in einer Art Achterform hergestellten Zementprüfkörper wurde an die untere Klaue ein Behälter angehängt und dieser allmählich mit Sand oder anderen Gewichten solange gefüllt, bis der Prüfkörper riß und „das Ganze mit Gepolter herabstürzte" [202].

Eine andere Methode zur Feststellung der Qualität eines Zementes bestand darin, einen Ziegelstein mit Mörtel zu bestreichen und an eine Mauer, nach allen Seiten freistehend, anzuheften. Nach gewissen Zeiträumen wurde an diesen Ziegel ein weiterer auf die gleiche Weise angemauert und so fort, so daß eine waagerechte Säule von Ziegelsteinen in den Raum ragte. Dies wurde so lange fortgesetzt, bis die Säule abknickte. Ein Zement, der acht Ziegel aushielt, war besser als der, dessen Säule schon bei vier Ziegeln brach [189].

Einen wesentlichen Fortschritt in der Prüfung der Zemente brachte die Einführung des Zugprüfers, damals „Zerreißungs-Waage" genannt, an deren Entwicklung *Michaelis* maßgeblich beteiligt war. Im Jahre 1875 hatte *Michaelis* 17 Thesen zur Beurteilung des Zementes veröffentlicht. Darin wurde gefordert, daß ein Zement, als Mörtel im Mischungsverhältnis 1:3 geprüft, nach 7 Tagen wenigstens 5 kg/m^2 Zugfestigkeit haben und nicht mehr als 25% Rückstand auf dem 900er Maschensieb (0,2-mm-Maschensieb) hinterlassen dürfe, daß jedoch für jede 5% weniger ein Preisaufschlag von 10 Pfennigen pro Tonne zu gewähren sei [202]. *Michaelis* maß bei der Beurteilung der Zementqualität der Festigkeit den größten Wert bei. Er schrieb in seinen Thesen, daß der Zement für den Konsumenten am besten und billigsten sei, der den höchsten Sandzusatz bei gleicher Festigkeit des resultierenden Mörtels vertragen würde. Die *Michaelis'schen* Thesen bildeten die Grundlage für eine Zementnorm. Diese war die erste Industrienorm für ein fabrikmäßig hergestelltes Erzeugnis überhaupt! Mit einem Erlaß vom 10. November 1878 wurde die Norm amtlich anerkannt und ihre Anwendung bei öffentlichen Bauten vorgeschrieben.

Schon damals war man sich bewußt, daß zur Einführung neuer Erkenntnisse in die Praxis deren Veröffentlichung und weite Verbreitung unerläßlich sei. Deshalb wurde die neue Norm einschließlich Einführungserlaß nicht nur in den damals führenden Fachzeitschriften des Bauwesens veröffentlicht, sondern es wurden vom Verein Deutscher Cement-Fabrikanten 21000 Exemplare dieser Norm an Architekten, Baumeister und Baubetriebe in Deutschland verschickt [62]. Diese Norm war – wie jede Norm – verbesserungsbedürftig, und es wurden in regelmäßigen Abständen bis zur heute gültigen Zementnorm DIN 1164, die auf der europäischen Norm EN 196 basiert, Präzisierungen vorgenommen [64].

Die Zementnorm von 1877 mit ihren Mindestanforderungen hatte allerdings eine nicht beabsichtigte, jedoch auch nicht bedachte Nebenwirkung. Infolge der ständigen Vervollkommnung der Zementherstellung wurden immer bessere Zemente produziert, welche die Mindestanforderung hinsichtlich der Festigkeit immer mehr übertrafen. So lag die Überlegung nahe, den Portlandzement mit anderen Stoffen zu verschneiden, z. B. mit ungebranntem Gesteinsmehl, ohne dabei die Mindestanforderung der Norm zu unterschreiten. Es stellte sich als Mangel heraus, daß die erste Norm keine Begriffsbestimmung enthielt, sondern sich nur auf bestimmte Prüfverfahren mit entsprechenden Anforderungen stützte.

Die Palette der für solche Zumahlungen in Betracht kommenden natürlichen oder künstlichen Stoffe war relativ groß und hat sich im Zuge der industriellen Entwicklung immer vergrößert. Dabei wurde schon vor mehr als hundert Jahren aufgrund von Überlegungen und Versuchen festgestellt, daß sich manche Stoffe praktisch inert verhielten, andere hingegen in den Erhärtungsmechanismus eingriffen, wie beispielsweise puzzolanische Stoffe, die mit dem bei der Hydratation des Portlandzementes sich abspaltendem Kalkhydrat hydraulisch reagieren. Auch *Michaelis* präsentierte damals fünf „Geheimmittel", mit denen man den Portlandzement verbessern könnte. Diese waren aber auch nur verschiedene inerte Stoffe – z. T. einfach getrockneter, feingemahlener Ton –, und sicher spielten rein kommerzielle Gründe bei der Propagierung für deren Verwendung die entscheidende Rolle [64].

Eine technisch-wissenschaftliche Klärung über Eignung und Beurteilung von potentiellen Zumahlstoffen war damals nicht möglich und ist auch heute noch oft Gegenstand wissenschaftlicher Forschung.

Als der Deutsche Zementverein schon wenige Jahre nach seiner Gründung im Jahre 1877 mit dem wirtschaftlich äußerst bedeutsamen Problem der Zumischfrage konfrontiert wurde, beschloß er auf einer wegen dieser Frage einberufenen, außerordentlichen Generalversammlung Mitte 1882 eine Art „Reinheitsgebot". Danach galt es als Verfälschung des Portlandzements, wenn dieser mehr als 2% Zusätze enthielt, ohne daß dies kenntlich gemacht wäre [202].

Die Zumischfrage fand 1885 ihren vorläufigen Abschluß, indem in die Norm eine Begriffsbestimmung für den Portlandzement eingeführt wurde: „Portland-Cement ist ein Produkt, entstanden durch innige Mischung von kalk- und thonhaltigen Mineralien, als wesentlichsten Bestandtheilen, darauf folgendem Brennen bis zur Sinterung, und Zerkleinern bis zur Mahlfeinheit".

Die Zumahlstoffe blieben aber fester Bestandteil der Zementherstellung. Ein wichtiger Zumahlstoff für die Zementindustrie wurde die Hochofenschlacke (Hüttensand). Als „Schlacken" bezeichnet man gewöhnlich Stoffe, die als Nebenprodukte bei chemischen Prozessen, insbesondere bei Verbrennungsvorgängen anfallen. Im Gegensatz hierzu hat man es bei den Hochofenschlacken, die als Nebenprodukt bei der Gewinnung des Eisens aus seinen Erzen anfallen, mit einem Produkt zu tun, das zwar anfänglich als wertlos auf Schlackenhalden gelagert wurde, heute aber als wertvoller Rohstoff in verschiedenen Industrien verwendet wird, unter denen die Zementindustrie eine bevorzugte Stellung einnimmt.

Die Hochofenschlacke entsteht im Hochofen dadurch, daß die silikatischen und karbonatischen Bestandteile der Eisenerze durch den Zusatz von Kalkstein in eine Schmelze überführt werden, die über dem flüssigen Eisen eine zweite Flüssigkeitsschicht bildet. Flüssiges Eisen und flüssige Schlacke werden von Zeit zu Zeit aus dem Hochofen abgelassen.

Das Verdienst, die hydraulischen Eigenschaften dieser Hochofenschlacken entdeckt zu haben, gebührt *Erich Langen*. In der Eisenhütte in Mühlheim an der Ruhr übernahm *Langen* im Jahre 1861 das bereits seit 1853 in England eingeführte Verfahren, die am Ofen abgehende glühendflüssige Schlacke in einer Rinne und unter Verwendung eines starken Wasserstrahls zu entfernen [61]. Dabei fällt ein granuliertes Haufwerk an, der sogenannte Hütten- oder Schlackensand. Diese Schlacken sind „latent hydraulisch", d. h., daß es der Einwirkung einer Erregersubstanz bedarf, um das in ihnen schlummernde Erhärtungsvermögen zu wecken. Als alkalischer Erreger der glasig erstarrten Hochofenschlacke eignet sich in der Praxis nur Kalkhydrat oder Portlandzementklinker, wobei letzterer bei seiner Hydratation Kalkhydrat freisetzt. 1879 wurde Hüttensand erstmalig als Zusatzstoff zum Portlandzement und 1880 zur Herstellung eines Kalk-Schlacken-Zementes verwendet. Damit begann ein jahrzehntelang andauernder Streit innerhalb der Zementwerke und unter den Wissenschaftlern darüber, ob die Hochofenschlacke tatsächlich zur Erhärtung beiträgt oder ob sie als ein unhydraulischer (inerter) Zusatz, wie z. B. ein Gesteinsmehl, anzusehen ist. Die Auseinandersetzung wurde teilweise mit großer Heftigkeit ausgetragen, wobei auch hier mit Sicherheit kommerzielle Gründe im Vordergrund standen. In Zeiten guten Absatzes flauten die Auseinandersetzungen ab, während sie in Zeiten mit Absatzschwierigkeiten zunahmen, da die sogenannten „Mischzemente" billiger angeboten werden konnten. Ein Beispiel macht das deutlich: Ein Waggon Portlandzement (etwa 10 Tonnen) kostete damals ohne Verpackung ab Werk etwa 500 Mark, ein Waggon Hüttenschlacke aber nur 12 bis 15 Mark. Jedes Prozent mehr an Zusatzstoffen wirkte sich auf den Gewinn also deutlich aus.

Godhard Prüssing (1828–1903) führte die Hochofenschlacke in die Zementindustrie ein [202]. Die von *Prüssing* gegründete Portland-Zement-Fabrik in Vorwohle bei Holzminden in Niedersachsen setzte 30% Hüttensand zu und glaubte, dem Deklarationszwang des Reinheitsgebotes dadurch zu entsprechen, daß sie diesen Zement als „Vorwohler Cement – einen durch Zuschlag von verbindungsfähiger Kieselsäure verbesserten Portland-Cement" bezeichnete. Die Aktivitäten *Prüssings* hinsichtlich der Zusatzes von Hüttensand zu Portlandzement führten zu turbulenten Auseinandersetzungen im Deutschen Zementverein, die 1885 ihren Abschluß in der o.g. Begriffsbestimmung für Portlandzement fanden. 1887 fand diese Begriffsbestimmung Eingang in die erste Überarbeitung der Zementnorm. Die Mitglieder des Zementvereins verpflichteten sich untereinander und gegenüber ihren Abnehmern, nur solche Ware unter der Bezeichnung Portlandzement zu verkaufen, die dieser Begriffsbestimmung entsprach. 1889 änderte auch der Verein seinen Namen in „Verein Deutscher Portland-Cement-Fabrikanten".

Diese Beschränkung auf Portlandzement und die sich später einstellenden wissenschaftlichen und wirtschaftlichen Kontroversen mit den Werken, die hüttensandhaltige Zemente herstellten, führten in Deutschland zwangsläufig zur Trennung des Zementvereins in einen Teil, der Portlandzement herstellte und zwei Teile, die Portlandzement mit Hüttensandzusätzen herstellten [62]. Die Bildung von zwei „Hüttenzementvereinen" ist darauf zurückzuführen, daß man sogenannte Eisenportlandzemente von den Hochofenzementen unterschied. Während Eisenportlandzemente nicht mehr als 30% Hochofenschlacke enthielten, lag der Klinkergehalt der Hochofenzemente in der Regel zwischen 30 und 50%. Nach der heutigen DIN 1164 liegen für Portlandhüttenzemente (CEM II) die Hüttensandanteile zwischen 6 und 35%, bei

Hochofenzementen (CEM III) zwischen 36 und 80 %. 1902 wurde offiziell der Verein Deutscher Eisenportland-Zementwerke gegründet, der in gleicher Weise wie der Verein Deutscher Portland-Cement-Fabrikanten dem Zweck dienen sollte, die Erzeugnisse seiner Mitglieder nach einheitlichen Bestimmungen zu kontrollieren und ihre Arbeitsweise mit allen Mitteln zu fördern. 1913 schlossen sich die Hochofenzementwerke zum Verein Deutscher Hochofenzementwerke zusammen. Erst im Jahre 1941 haben sich die drei Vereine zu einer Arbeitsgemeinschaft vereinigt, aus der der heutige Verein Deutscher Zementwerke VDZ mit dem Forschungsinstitut in Düsseldorf hervorging. Das VDZ-Forschungsinstitut in Düsseldorf hatte seinen Vorgänger im Laboratorium des Vereins in Berlin-Karlshorst, dessen Gründung im Jahre 1898 von *Friedrich Schott* (1850–1931; Vorsitzender des Vereins von 1899 bis 1908) vorgeschlagen und im darauffolgendem Jahr beschlossen worden war [98]. Das Laboratorium wurde 1901 in Betrieb genommen und war hauptsächlich mit der Güteüberwachung und der Bearbeitung von Fragen im Zusammenhang mit der Weiterentwicklung der Zementnorm und der Prüfverfahren beauftragt. Außerdem galten die Arbeiten des Laboratoriums den Vorgängen beim Brennen und Kühlen des Zementklinkers und deren Auswirkungen auf die Eigenschaften des Zements. Bis kurz vor Ende des zweiten Weltkrieges arbeitete das Laboratorium in Berlin-Karlshorst. Dann wurden die Ausrüstungen nach Steudnitz in Thüringen ausgelagert. Sie bildeten nach 1945 den Grundstock für ein Baustoffprüfamt in Weimar, dem späteren Institut für Baustoffe in Weimar, bzw. der heutigen Materialforschungs- und Prüfanstalt (MFPA) an der Bauhaus-Universität Weimar [159].

Verfahrenstechnik

Die Entwicklung der Einrichtungen und Verfahren zum Herstellen von Portlandzement war lange Zeit reine Empirie [152]. Für den Bau der ersten deutschen Zementfabriken Mitte des vergangenen Jahrhunderts gab es keine Vorbilder. Man übernahm zum großen Teil Methoden und Vorrichtungen, wie sie in Kalkbrennereien, Ziegeleien und im Müllereigewerbe anzutreffen waren.

Als sich um 1880 eine Reihe von Maschinenfabriken dem Bau spezieller Maschinen für die Zementherstellung zuwandten, erschienen bald zahlreiche neue, zum Teil aus dem Ausland stammende Mühlen, Öfen und Hilfseinrichtungen auf dem Markt, von denen man sich eine Steigerung der Zementqualität, eine Erhöhung der Durchsatzleistungen und natürlich auch eine Kosteneinsparung erhoffte. Die Vielfalt der Neuerungen war beträchtlich. *H. J. Müller,* Vorsitzender des Zementvereins von 1909 bis 1927, stellte in einem Rückblick anläßlich der Generalversammlung des Vereins 1920 fest, daß es kaum eine Industrie gäbe, in der so oft umgebaut und neu gebaut wird wie in der deutschen Zementindustrie. Es ist daher verständlich, daß der Austausch praktischer technologischer Erfahrungen und Erkenntnisse – der Technologietransfer – in der Gemeinschaftsarbeit der deutschen Zementindustrie von Anfang an einen breiten Raum beanspruchte. Nur durch ständige fachliche Diskussion konnten technische

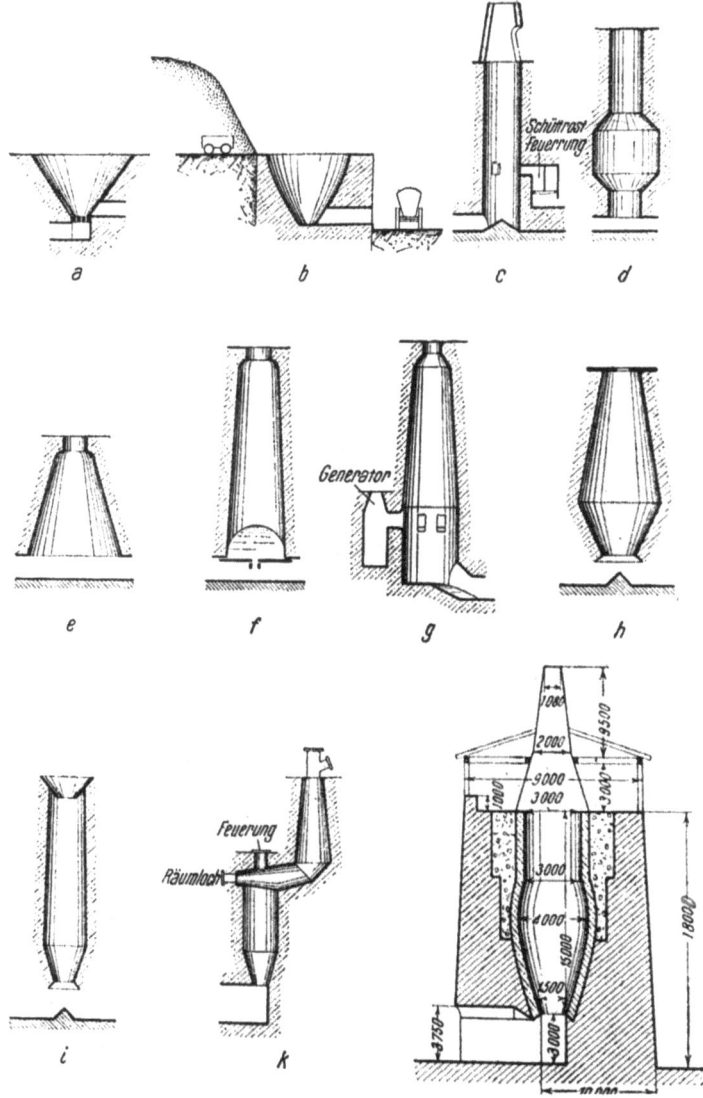

Bild 62: Schachtofenformen

Fortschritte verdeutlicht und Entwicklungsziele herausgearbeitet werden. Ein objektives Beurteilen neuer Maschinen und Apparate war allerdings schwierig, da es oft an vergleichbaren Maßstäben fehlte.

Bereits in den Anfängen der Zementherstellung hatte man erkannt, daß sowohl das Rohmaterial als auch der Zement fein zerkleinert werden müssen. Deshalb war die ständige Verbesserung der Brecher und Mühlen neben der Entwicklung von Brennaggregaten von Anfang an eine der wichtigsten Aufgaben in der Zementtechnik [152]. In den ersten Zementfabriken erfolgte in Abhängigkeit des Rohmaterials dessen Aufbereitung entweder naß oder trocken. Für weiche Kreide und Ton verwendete man das Naßverfahren wie beim ersten deutschen Portlandzementwerk in Züllchow bei Stettin. Bei hartem Kalkstein und vorgetrocknetem Ton wurde die Trockenaufbereitung angewendet. Dabei wurden zur Zerkleinerung des Klinkers die gleichen Maschinentypen wie bei der Trockenaufbereitung der Rohstoffe verwendet. Zur Vorzerkleinerung wurde der 1858 erfundene Backenbrecher verwendet, der auch heute noch nach dem gleichen Prinzip gebaut wird.

Für die Mittel- und Feinzerkleinerung benutzte man die aus dem Müllereigewerbe schon seit Jahrhunderten bekannten Walzwerke und Horizontalmahlgänge. Als die Nachfrage nach Zement ständig zunahm und dazu möglichst hohe Mahlfeinheiten verlangt wurden, entsprachen die Mahlgänge immer weniger den Anforderungen. Ein unerwünschter Nebeneffekt war die beim Mahlen entstehende hohe Temperatur des Zementes, denn durch die starke Reibungsbeanspruchung zwischen den Mahlsteinen wurde der Zement so heiß, daß er nicht gleich in die damals zum Transport üblichen Holzfässer abgepackt werden konnte, sondern zum Abkühlen erst in Eisenfässer gefüllt werden mußte. Neue Maschinen für die Mahlung wurden notwendig. Eingang in die Zementmahlung fanden u. a. Wälzmühlen (als älteste Bauart der Kollergang), Rohr- und Kugelmühlen (sowohl zur Naß- als auch zur Trockenmahlung). Nach 1920 hatte die Rohrmühle in ihren verschiedenen Ausführungen die anderen Mühlenbauarten sowohl bei der Rohstoff- als auch der Klinkermahlung weitgehend verdrängt. Zur Becherwerksumlaufmühle kam als wichtige Weiterentwicklung die Luftstrommühle, die bald auch als Mahltrocknungsanlage gebaut wurde.

Bei der Mahlung von Zementen der höheren Festigkeitsklassen brachten die seit etwa 1960 verwendeten Mahlhilfsmittel zum Teil bemerkenswerte Erfolge [152].

Zum Brennen wurden in Deutschland zu Beginn der Zementherstellung ab 1855 bis in die Mitte der 80er Jahre des 19. Jahrhunderts Schachtöfen verwendet, die im diskontinuierlichen Betrieb betrieben wurden. Die „Zementziegel" wurden ursprünglich in den Schachtofen lagenweise im Wechsel mit Kohle oder Koks eingestapelt. Während die Flammenfront im Verlaufe des Brennprozesses im Schacht emporstieg, ging die Füllung unter ihrem Eigengewicht nieder oder sie sinterte so zusammen, daß der Zementklinker mit Brechstangen herausgebrochen werden mußte. Mit einem Ofen konnte man in einer Woche einen Brand von etwa 10 bis 20 Faß Klinker zu je 170 kg, d. h. 1,7 bis 3,4 Tonnen erzeugen [152]. Wegen des periodischen Ofenbetriebs waren die Wärmeverluste sowie der Arbeits- und Zeitaufwand bei diesen ersten Öfen sehr groß.

Der erste Schritt vom periodischen zum kontinuierlichen Betrieb beim Klinkerbrennen erfolgte 1864 durch die Einführung des eigentlich für die Ziegelherstellung entwickelten *Hoffmann'schen* Ringofens. Der erste Ringofen für das Klinkerbrennen – auch „Zirkus" genannt – wurde bei der Firma *Dyckerhoff* in Amöneburg in Betrieb genommen. Der Brennstoffaufwand war schon wesentlich geringer als beim periodisch arbeitenden Schachtofen. Die Brennzeit richtete sich nach dem Zug des Ofens und betrug für eine Kammer 18 bis 20 Stunden. Die Jahresproduktion eines großen Ringofens lag bei 120000 bis 150000 Faß Zement, d. h. etwa 20000 bis 25000 Tonnen. Der Bedienungsaufwand war aber – ebenso wie beim Schachtofen – recht groß, und es war schwere körperliche Arbeit bei hohen Temperaturen erforderlich, um das Brenngut aus dem Ofen zu holen. Das ist auch ein Grund, warum sich der Ringofen in der Zementindustrie nicht in großem Umfang durchsetzen konnte.

Einen Fortschritt in der Brenntechnik der Zementindustrie stellte die Erfindung des kontinuierlichen Schachtofens durch *Dietsch* im Jahre 1883 dar. Die Durchsatzleistung dieses sogenannten Etagenofens betrug 120 bis 200 Faß am Tag, d. h. etwa 20 bis 35 Tonnen. Der Brennstoffaufwand lag unter dem des Ringofens.

Für Schacht- und Ringöfen mußte das Brenngut in Formen gepreßt und so in den Ofen eingebracht werden, daß die Verbrennungsluft noch genügend freien Durchgang hatte. Erst mit dem Einsatz des Drehrohrofens in der Zementindustrie entfiel das „Verziegeln" der Rohstoffe. Erfunden wurde der Drehrohrofen im Jahre 1853 durch die Engländer *Elliot* und *Russel*, die ihn zur Sodaproduktion in Newcastle einsetzten. Etwas später wurden in

Australien Drehrohröfen zum Rösten goldhaltiger Erze benutzt [94]. In die Zementindustrie wurde der Drehrohrofen, bei dem das Brenngut sowohl in Form von Mehl als auch Schlamm aufgegeben werden konnte, von *Frederik Ransome* eingeführt. *Ransome* ließ sich seine Idee zuerst in England patentieren (Englisches Patent Nr. 5442 vom 2. Mai 1885 unter dem Titel: Improvement in Manufacturing Cement etc.) und dann in den Vereinigten Staaten (U.S.-Patent Nr. 340357 vom 20. April 1886 unter dem Titel: Manufacturing Cement, etc.).

Der Rasome-Ofen bestand aus einer zylindrischen Brenntrommel, die mit Schamotte ausgekleidet war, an zwei Punkten auf Tragrollen gestützt und mittels Riemscheibe und Schneckengetriebe angetrieben wurde. Das pulverisierte Rohmaterial wurde mit Hilfe einer Speisevorrichtung einem Behälter entnommen und der geneigten Trommel gleichmäßig zugeführt. Das Brennen erfolgte mittels Gas. Der Klinker verließ die Brenntrommel an deren unterstem Ende. *Ransome* gilt allgemein als der Erfinder des Zementbrennens im Drehrohrofen. Seine ursprüngliche Idee war eigentlich eine ganz andere. *Ransome* hatte ursprünglich die Absicht, durch Verwendung eines pulverisierten Rohstoffs eine nochmalige Mahlung, die Klinkermahlung, zu umgehen. Selbstverständlich konnte er diese Absicht wegen der unvermeidlichen Verklinkerung der Rohmasse nicht verwirklichen. Der Ransome-Ofen wurde in England zwar mehrfach ausgeführt, sehr bald aber schon als wenig zweckmäßig befunden. Der Brennmaterialverbrauch war enorm und das Produkt ungleichmäßig.

Zu gleicher Zeit, als *Ransome* seinen ersten Ofen in England baute, wurde in Northampton im US-Staat Pennsylvanien die Atlas-Cement-Company gegründet. Dieses Unternehmen war sehr am Drehrohrofensystem interessiert, da es im Vergleich zum Schachtofenverfahren zwar zunächst einen höheren Brennstoffverbrauch hatte, aber bedeutend weniger arbeitskräfteintensiv war und damit den damaligen US-Verhältnissen mit billigen Brennstoffen, aber hohen Arbeitslöhnen sehr entgegenkam. Eine Vielzahl verschiedener Ofenkonstruktionen wurde erprobt, ehe ein leistungsfähiger Ofen für die amerikanische Zementindustrie zur Verfügung stand. Entscheidenden Anteil an der Entwicklung hatten dabei die amerikanischen Ingenieure *Eduard Henry Hurry* und *John Harry Seaman*. Bei der ersten zufriedenstellend arbeitenden Anlage in South Rondout im Jahre 1889 wurde eine Rohölfeuerung verwendet [51].

In Deutschland begannen in den Jahren 1896/1897 die ersten Brennversuche mit dem Drehrohrofen. Initiator war *Carl von Forell*

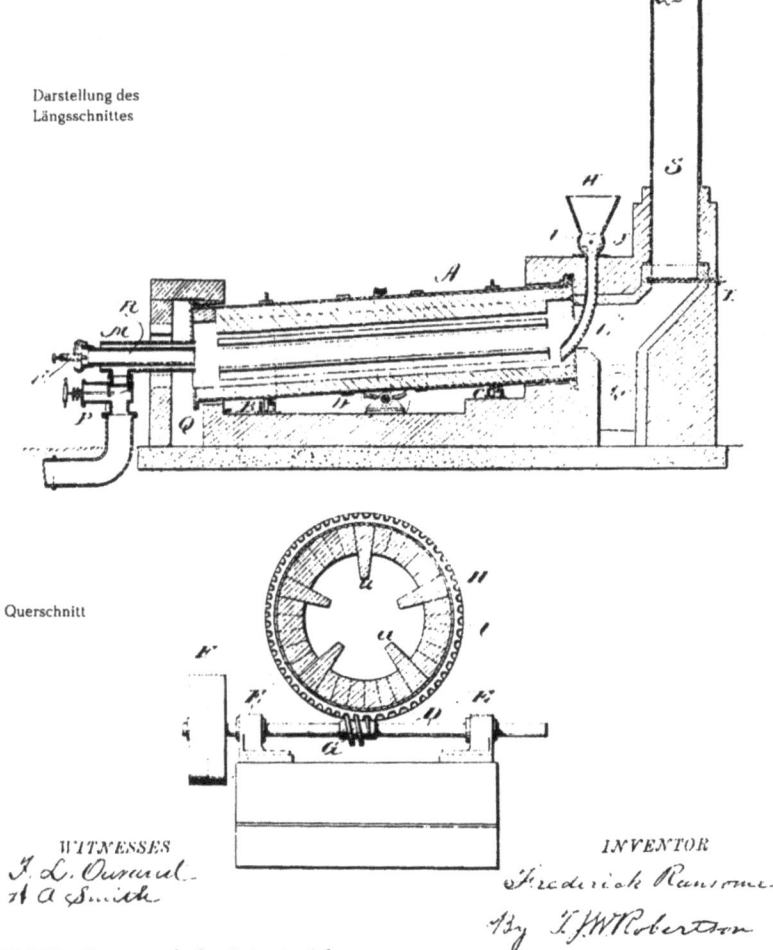

Bild 63: Ransome'sche Patentzeichnung des Zement-Drehrohrofens

(1853–1908), der diese Versuche in Lollar bei Gießen in Hessen durchführte [46]. Der erste deutsche Drehrohrofen, der zur kommerziellen Klinkerherstellung benutzt wurde, ging 1899 im Zementwerk „Stern" in Hemmoor bei Stade in Niedersachsen in Betrieb [123]. Der erste Ofen in Hemmoor hatte die Abmessungen von 2x18 m und wurde - anders als die amerikanischen ölgefeuerten Öfen - mit Kohlenstaub befeuert (die Feuerung mit Braunkohlenstaub wurde bereits ab 1913 angewendet). In der thüringischen Zementindustrie wurden die ersten Drehrohröfen im Jahre 1910 in der Zementfabrik Göschwitz bei Jena und in der Zementfabrik Bad Berka in Betrieb genommen [94].

Die Herstellung von Zementklinkern im Drehrohrofen bereitete zunächst erhebliche Probleme. Insbesondere gab es Probleme und Schwierigkeiten mit den Ofenlagerungen. Dazu kam, daß mangelnde Erfahrung und unzureichende Fabrikationseinrichtungen größere Abweichungen im Rundlaufen des Ofens mit sich brachten und die Praxis der Einstellung der Rollenlager zum

Festhalten des Ofens auf der 5 %igen Neigung noch unbekannt war. So waren die ersten Öfen mit einer komplizierten kardanischen Aufhängung ausgerüstet, deren Lager zu schwach dimensioniert waren und stets heiß liefen. Zuerst wurden sie mit Eis gekühlt, in der Hoffnung, sie würden sich allmählich einlaufen. In den Aufzeichnungen eines leitenden Ingenieurs aus dieser Zeit ist zu lesen [123]: „Der mechanische Teil war der tägliche Verdruß des Oberingenieurs, der Brennvorgang, die Qualität, die Mahlung, Zuteilung und Zusammensetzung der Rohstoffe und der Kohle war meine Sorge. Es lief im Anfang nichts, wie es sollte. Der Antrieb, die Rollenlagerung versagten täglich den Dienst, der Zement war mißfarben und erhärtete schlapp. Der aus allen Sieben herausschießende Kohlenstaub verdreckte die ganze Anlage. Der Schornstein trug gewaltige Massen Staub in die weite Umgebung. Ingenieure, Meister, Brenner und ich sahen stets nach kurzer Betriebsdauer infolge der Staubkohle aus wie Neger und waren oft nach langen Tagen und Nächten der Ofenüberwachung der Verzweiflung nahe. Erst nach vielen Enttäuschungen, immer wieder erneuerten Umbauten der Apparatur und Änderungen im Verfahren gelang es im Laufe der Monate, Erfahrungen zur erfolgreichen Nutzanwendung zu sammeln und damit die Voraussetzung für die Bestellung weiterer Einheiten nach neuen Vorschlägen zu schaffen."

Diese Verhältnisse können aus heutiger Sicht nicht verwundern, wenn man bedenkt, daß die Kenntnisse über die Grundlagen dieser Öfen äußerst gering waren.

Der insbesondere auf dem Gebiet der Elektrotechnik erfolgreiche amerikanische Erfinder *Thomas Alva Edison* (1847–1931) versuchte sich im Jahre 1902 auch auf dem Gebiet der Zementherstellung unter Verwendung eines Drehrohrofens. Er konstruierte einen für die damaligen Verhältnisse großen Ofen für eine Kapazität von 1700 Tonnen je Tag, der einen Durchmesser von 2,1 m hatte und 45 m lang war [35].

Nach Überwindung der Anfangsschwierigkeiten und -probleme erwies sich der Drehrohrofen durch die bequemere und sichere Betriebsweise, den geringeren Arbeitsaufwand sowie die gleichmäßigere und höhere Qualität des Klinkers schon bald dem Schachtofen überlegen. Ein besonderer Vorteil war, daß das Drehrohrofenverfahren für Rohstoffe anwendbar war, die sich nicht gut „verziegeln" ließen, wie z.B. harte Schiefertone oder sandige Tone. Allerdings waren für das Drehrohrofenverfahren höhere Anlagenkosten erforderlich, und auch der Energie- und Platzbedarf war größer als beim Schachtofen. Der Brennstoffaufwand lag zunächst mit etwa 10500–12100 kJ/kg Klinker (2500 bis 2900 kcal/kg) erheblich höher als beim Schachtofen.

In den Jahren zwischen 1905 und 1910 wurde der überwiegende Teil der neuen Zementwerke in Deutschland mit Drehrohröfen ausgerüstet, ohne daß die Schachtöfen an Bedeutung verloren. In den nachfolgenden Jahren galten die Anstrengungen zur Verbesserung des Drehrohrofenverfahrens vor allem der Verringerung des Wärme- und des Elektroenergieverbrauchs [152].

Zur Verringerung des Wärmeverbrauchs beim Betrieb im Naßverfahren wurden die Drehrohre verlängert und der Wärmeaustausch durch Einbauten wie Schaufeln und Ketten verbessert. Beim – heute üblichen – Trockenverfahren wurden die 600 bis 700 °C heißen Abgase zur Trocknung des Rohmaterials in Trockentrommeln ausgenutzt.

Einen wesentlichen Fortschritt im Ofenbau stellte die Entwicklung eines sogenannten Rostvorwärmers, auch Lepol-Ofen genannt, im Jahre 1928 dar [152]. „Lepol" bedeutet die Zusammenfügung der Anfangssilben des Namens des Erfinders, *Otto Lellep,* und der Firma **Polysius**, die das Patent erworben und die Entwicklung des Verfahrens betrieben hat. Bei dem Verfahren wird einem kurzen Drehrohrofen ein Wanderrost vorgeschaltet, auf dem eine 15–20 cm dicke Schicht von Rohmehlformlingen (Granalien) von den etwa 1000 °C heißen Drehrohrofenabgasen durchströmt wird. Die enorme Verringerung des Brennstoffaufwandes um mehr als 50 % führte bis zum 2. Weltkrieg zur Inbetriebnahme von etwa 120 Lepol-Anlagen mit Leistungen bis 600 Tonnen je Tag bei einem Wärmeverbrauch von etwa 4180 kJ/kg Klinker (1000 kcal/kg).

Einen entscheidenden Schub des Zementtrockenverfahrens in wärmewirtschaftlicher Beziehung brachte die Entwicklung des Wärmetausches zur Vorwärmung des Zementrohmehls im sogenannten „Schwebegasverfahren". Das erste Patent für einen solchen Rohmehlwärmetauscher wurde von dem Ingenieur *M. Vogel-Jörgensen* aus Kopenhagen im Patentamt der Tschechoslowakischen Republik in Prag am 1. Juni 1932 unter dem Titel „Art und Einrichtung zur Beschickung eines Drehofens mit fein verteiltem Material" angemeldet. Das Patent wurde am 25. Juli 1934 unter der Nummer 48169 erteilt [35]. In dem Bestreben, den Wärmeaustausch zwischen Rohmehl und Gas möglichst intensiv zu führen, wurden in den folgenden Jahren mehrere Apparateformen wie Zyklone, Wirbelschächte und Steigrohre entwickelt, die z.T. kombiniert und in mehreren Stufen angeordnet waren. In der DDR wurde 1965 der von

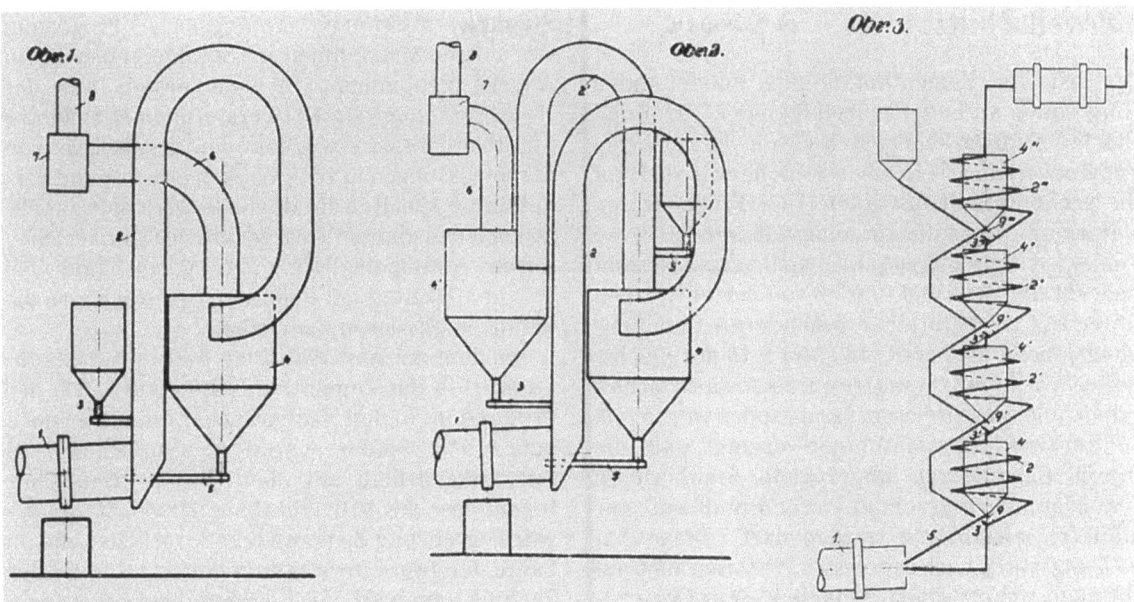

Bild 64: Patentzeichnung aus der tschechoslovakischen Patentschrift zum 4-stufigen Zyklonwärmetauscher

R. Vogel entwickelte Schachtvorwärmer des ehemaligen SKET/ZAB, Dessau eingeführt [157].

Um den stark steigenden Zementbedarf zu befriedigen und gleichzeitig die Zementherstellung weiter zu rationalisieren, wurden Neuanlagen etwa ab 1960 vornehmlich mit Schwebegaswärmetauscheröfen (Zyklonvorwärmeröfen) immer größerer Kapazität ausgerüstet. Durch die Entwicklung der Wärmetauscheröfen verloren der Schachtofen und der Naßdrehofen mehr und mehr an Bedeutung.

Die vergrößerten Abmessungen der Öfen brachten zunächst eine Reihe von Problemen mit sich. Insbesondere stieg die spezifische Belastung des Ofenfutters, was zu einer erhebliche Verkürzung der Futterstandszeiten und einer entsprechenden Abnahme der Ofenverfügbarkeit führte. Die Entwicklung der Vorcalciniertechnik hat wesentlich dazu beigetragen, diese Schwierigkeiten zu beherrschen [152]. 1966 wurde zum ersten Mal in einem deutschen Zementwerk eine Zyklonvorwärmer-Drehrohrofenanlage mit einer Zweitfeuerung zur Vorcalcinierung im Wärmetauscher ausgerüstet [127]. Seither wurden bei größeren Öfen mit Vorcalcinierung bessere Ansatzverhältnisse, ein gleichmäßigerer Ofengang und eine längere Standzeit der Ausmauerung festgestellt. Das Wesentliche an der Vorcalciniertechnik ist, daß ein Großteil der Calcinierung des Rohmehls gesondert in einer sogenannten „Calcinierkammer" – auch „Kalzinierreaktor" genannt – mit der geringsten Temperaturdifferenz zwischen Gas und Rohmehlteilchen durchgeführt wird, während der Sinterprozeß in einem relativ kleinen Drehrohrofen mit einer entsprechenden Verweilzeit stattfindet. Im konventionellen Wärmetauscher wird das Rohmehl nur unwesentlich calciniert (etwa 20 %), während etwa die Hälfte des nachgeschalteten Drehrohrofens für die Calcinierung verwendet wird, und in der anderen Hälfte des Ofens die Sinterung erfolgt. Die japanischen Entwickler der Vorcalciniertechnik gingen von dem Gedanken aus, daß der Drehrohrofen nur im Bereich der Sinterzone, d.h. dort, wo der Wärmeübergang hauptsächlich durch Strahlung erfolgt, ein wirtschaftlicher Wärmetauscher ist. Im kälteren Teil des Drehrohrofens, d.h. in der Calcinierzone, ist der Wärmeübergang nicht mehr rationell. Dieser Wärmeübergangsprozeß kann wirtschaftlicher gestaltet werden, indem man die Rohmehlteilchen in den heißen Gasen schweben läßt. Die Vorcalciniertechnik löste dieses Problem durch die Entwicklung des Vorcalcinierers, in dem das Rohmehl bis zu etwa 90 % calciniert und so dem Drehrohrofen aufgegeben wird. Auf diese Weise kann, im Vergleich zu einem konventionellen Wärmetauscherofen, die notwendige, dem Drehrohrofen zugeführte Wärmemenge rund auf die Hälfte herabgesetzt werden. Der Wärmeverbrauch der modernsten Anlagen dieser Art liegt bei etwa 2930 kJ/kg Klinker (700 kcal/kg). Zum Vergleich dazu betrug der Wärmeverbrauch des ersten Drehrohrofens aus dem Jahre 1899 etwa das Drei- bis Vierfache mit etwa 10500–12000 kJ/kg Klinker (2500–2900 kcal/kg).

Umweltschutz

Die bei der Zementherstellung entstehenden Emissionen an Luftverunreinigungen, Lärm und Erschütterungen können sich sowohl auf die in den Zementwerken arbeitenden Menschen als auch auf die Nachbarschaft auswirken [152]. Früher waren Natur und Ortschaften in unmittelbarer Nähe von Zementwerken stets von einer weißen Staubschicht bedeckt. Der Bau und Betrieb von Zementwerken unterliegt deshalb einer besonderen Genehmigungspflicht, die bereits 1871 im § 16 der Reichsgewerbeordnung verankert wurde. In einer technischen Anleitung zu diesem Paragraphen wurde z. B. für Zerkleinerungsmaschinen verlangt, daß „die durch Exhaustoren abgezogene Staubluft in Staubsammlern gereinigt werden muß und nur staubfrei abgeblasen werden darf". Diese Anweisung wurde nach dem ersten Weltkrieg auch auf Ofenanlagen erweitert. Anläßlich einer Generalversammlung des Vereins Deutscher Portland-Cement-Fabrikanten im Jahre 1908 wurde ausführlich über die Leistungsfähigkeit von Schlauchfiltern berichtet, die damals schon neben Staubkammern und Zyklonen zur Entstaubung von Mühlen und Trockentrommeln eingesetzt waren. Über den Einfluß des Staubes aus Zementwerken auf Pflanzenwuchs und Bodenverhältnisse wurden in den Jahren 1916 bis 1920 Untersuchungen durchgeführt. Der damals dem „Zementstaub" zugeschriebene günstige Einfluß auf Pflanzen und Böden beruhte auf der Aufkalkung saurer Böden und dem Verhindern von Pflanzenschädlingen. Nach 1936 wurde von einer sogenannten Staubkommisssion ein umfangreiches Programm von aktiven Maßnahmen zur Staubminimierung in Angriff genommen. In dem ersten auf der Hauptversammlung 1938 erstatteten Bericht der Staubkommission wurden die Ergebnisse von Staubmessungen in zehn Werken erörtert und daraufhin ein Appell an die Mitglieder gerichtet, zukünftig keinen Grund zur Verärgerung der Mitmenschen durch Staubbelästigung zu geben und bei Unstimmigkeiten mit Behörden und Nachbarn die Staubkommission einzuschalten.

Vor dem zweiten Weltkrieg betrug der Staubauswurf in der Zementindustrie etwa 6–8 % der Produktion. In den Nachkriegsjahren lag er noch bei 4–5 %. Später wurde in Deutschland in Zusammenarbeit mit dem Verein Deutscher Ingenieure die VDI-Richtlinie 2094 „Staubauswurfbegrenzung Zementwerke" erarbeitet, die im Laufe der Jahre jeweils dem neuesten Stand der Technik angepaßt wurde. Nach dieser Richtlinie betrugen die zulässigen Staubauswürfe neuer Ofenanlagen anfangs je nach Größe 0,1 bis 0,9 % der Produktion. Heute ist die Staubemission moderner Zementwerke vernachlässigbar klein.

Neben den Fragen der Entstaubung wurde auch zunehmend den Problemen der Lärmbelästigung und des Lärmschutzes Beachtung geschenkt. Beschwerden über Lärmbelästigungen hatten Ende der 50er Jahre zahlreiche Geräuschmessungen an Maschinen auf dem Gelände und in der Umgebung von Zementwerken notwendig gemacht und eine Reihe von Lärmminderungsmaßnahmen zur Folge. 1968 wurden die Anforderungen zum Lärmschutz in einer Technischen Anleitung festgelegt.

6. Beton

Beton ist – im weitesten Sinne gesehen – ein sehr alter Baustoff. Im erhärteten Zustand hat der Beton als Konglomerat sein Vorbild in der Natur. Insbesondere der Nagelfluh und die vielen unterschiedlichen Breccien sind eine Art „Naturbeton". Doch erst als künstliches Produkt nennt man dieses Konglomerat „Beton" [86]. Über den Ursprung des Wortes Beton besteht keine einheitliche Auffassung. Vermutlich haben die altfranzösischen Bezeichnungen aus der Zeit um 1400, nämlich *betun, bethyn* und *becton,* die sich alle auf Mauerwerk beziehen, bei der Bezeichnung Beton Pate gestanden. Möglicherweise geht die Bezeichnung auch auf das französische Wort *beter* zurück, d. h. gerinnen lassen oder erstarren [33].

Das Wort Beton in seiner heutigen Bedeutung wurde von dem Franzosen *Bernard Forest Belidor* (1697–1761) in seinem Buch „Architecture hydraulique" geprägt und im 19. Jahrhundert in die deutsche Sprache übernommen. Das englische Wort *concrete* geht auf das lateinische *concretum* zurück, das Zusammengewachsenes, Erhärtetes bedeutet [57] [86].

Heute ist der Baustoff Beton definiert nach DIN 1045 als Baustoff aus Zement, grob- und feinkörnigem Zuschlag und Wasser, der durch Erhärten des Zementleims (Zement und Wasser) entsteht. Neben den genannten Grundbestandteilen kann er auch noch Zusatzmittel und /oder Zusatzstoffe enthalten.

Beton – ganz allgemein gesehen als künstliches Produkt unterschiedlicher Konglomeratsbestandteile (Zuschläge) und eines Bindemittels zur Verfestigung – wurde bereits vor über 7000 Jahren als Baustoff angewendet, zu einer Zeit also, die mindestens etwa dreieinhalbtausend Jahre vor dem Turmbau zu Babel und dreitausend Jahre vor dem Bau der ersten Pyramiden in Ägypten lag. Die Entdeckung dieses Steinzeitbetons erfolgte zufällig.

Beim Bau eines Staudamms am rechten Donauufer des „Eisernen Tores", dem östlichen Ausgang des Donaudurchbruchs zwischen den Südkarpaten und dem Ostserbischen Gebirge (Grenze zwischen Rumänien und Jugoslawien) fand man die Überreste einer Zivilisation, die zwischen 5600 und 5000 v. Chr. auf einer für diese Zeit ungewöhnlich hohen Kulturstufe stand [153] [154]. Die Menschen dieser Zivilisation von Lepenski Vir (Name der heutigen Ortschaft in der Nähe der Fundstelle) waren steinzeitliche Fischer, Jäger und Sammler, die nach den Ausgrabungsfunden in einer festen Ansiedlung lebten. In der Ansiedlung gab es ausgerichtete Straßen, die in den späteren Kulturschichten sogar gepflastert waren und Holzhütten mit einem einheitlichen trapezförmigen Grundriß, der offensichtlich mathematisch festgelegt worden war. Aus baustoffkundlicher Sicht waren die in den Hütten gefundenen Fußböden von besonderem Interesse. Diese bestanden aus einer Art Estrich, der an den Rändern etwa 2 - 3 cm und in der Mitte etwa 25 cm dick war. Dieser Estrich war aus einem Grobmörtel

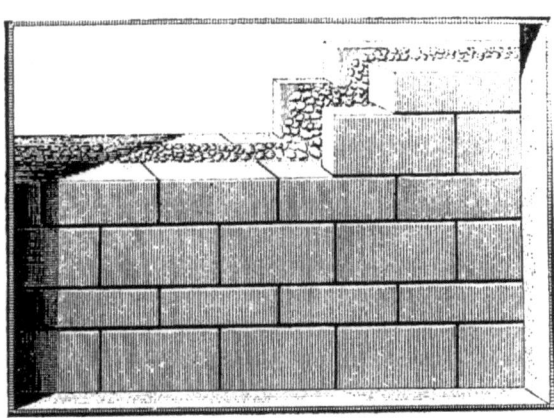

Bild 65: Griechisches Gußmauerwerk (Emplecton)

Bild 66: Griechische Mauerkonstruktion nach dem Emplecton-Verfahren (Apollo-Tempel in Didyma/Türkei)

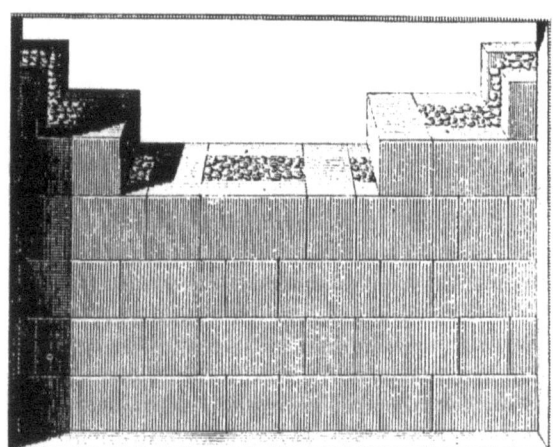

Bild 67: Griechisches Gußmauerwerk mit eingelegten „Spannsteinen"

Die Römer entwickelten das Emplekton weiter, indem sie die Wandschalen dünner und den Kern aus Bruchsteinen und Kalkmörtel dicker herstellten. Sie nannten diese Bautechnik „Opus Caementitium". Der aus dem Lateinischen stammende Begriff *opus caementitium* (eigentlich *opus caementicium*) setzt sich aus den Worten opus (Werk, Bauwerk, Bauteil, Bauverfahren u.a.) und caementitium (von caementum = der behauene Stein, auch Bruchstein, Mauerstein, Zuschlag) zusammen und bedeutet das Bauen mit Bruchsteinen. In der Literatur zur Baugeschichte werden dafür Bezeichnungen wie Gußmauerwerk, Gußbeton oder meist Römischer Beton bzw. Römerbeton verwendet [93].

Bei den Baukonstruktionen mit Römischem Beton übernimmt meist der Mauerkern die tragende Funktion. Die Wandschalen sind unterschiedlich ausgebildet (siehe auch Kap. 2). Nach den Schalen der Wandkonstruktion unterscheidet man verschiedene Bauweisen, die zu unterschiedlichen Zeiten entwickelt wurden und heute als ein gutes Hilfsmittel zur Einordnung einzelner Bauwerke dienen. So hatten die ersten Bauwerke mit Römischem Beton Wandschalen aus großen bis mittelgroßen, regelmäßig und glatt behauenen Natursteinquadern aus Kalk- oder Tuffstein. Später verwendete man auch kleinere und weniger bearbeitete Steine, die mit Mörtel aufgemauert wurden.

Bild 68: Ziegelmauer mit Opus Caementitium

hergestellt, der aus Kies, Sand, Wasser und gebrannten Kalksteinsplittern bestand [155].

Nach dem Ende der steinzeitlichen Zivilisation am „Eisernen Tor" vergingen rund 5000 Jahre, ehe nachweislich wieder ein dem Beton ähnliches künstliches Konglomerat als Baustoff verwendet wurde. In der Zeit um 300 v. Chr. wurde von den Griechen eine neue Mauertechnik entwickelt. Zwischen zwei gemauerten Wandschalen wurde ein Grobmörtel eingebracht und durch Stochern verdichtet. Der Grobmörtel bestand aus Gesteinsbrocken und Kalk. Dieses als „Emplekton" bezeichnete Gußmauerwerk war der grundlegende Schritt auf dem Wege zu unserem heutigen Beton (siehe auch Kap. 2 und 4).

Diese Methode stellte eine erhebliche Vereinfachung dar und fand in modifizierter Form eine große Verbreitung unter der Bezeichnung *opus incertum* (Römischer Beton mit einer Schale aus unregelmäßigem Natursteinmauerwerk). Für Kern und Schale verwendete man gleichermaßen unbearbeitete Steine, wählte aber für das Schalenmauerwerk diese besonders aus und vermauerte sie sorgfältig.

Ein anderes Verfahren tritt etwa ab 80 v. Chr. über einen Zeitraum von etwa 200 Jahren auf, das *opus reticulatum* (Römischer Beton mit einer Schale aus netzförmigem Natursteinmauerwerk). Die Natursteine wurden bei diesem Verfahren pyramidenförmig bearbeitet, wobei die quadratische Grundfläche etwa 35 bis 50 cm^2 betrug. Die Steine wurden so vermauert, daß die Pyramidenspitze ins Mauerinnere ragte und somit einer besseren Verankerung mit dem Römischen Beton im Schaleninneren diente.

Etwa um die Zeitenwende begann eine stärkere Verwendung des schon seit langem gut bekannten keramischen Mauerziegels in der Bauweise des *opus caementitium*. Wurden ausschließlich keramische Ziegel als Schalenbaustoff verwendet, sprach man von *opus testaceum*, kombinierte man den Ziegel mit einer der vorher beschriebenen Bauweisen mit Natursteinen, so sprach man von *opus mixtum*, einer Mischbauweise.

In der Literatur findet man verschiedentlich noch weitere Unterteilungen.

Eine wesentliche Rationalisierung der Bauweise mit Römischem Beton brachte die Verwendung von Schalungen aus Holzbrettern oder Balken anstelle der gemauerten Wandschalen. Bretter und Balken konnte man nach dem Erhärten des Betons entfernen und erneut benutzen, eine Methode, die heute allgemein üblich ist [93].

Die Römer verwendeten ihren Beton zunächst hauptsächlich beim Bau von Stadtmauern, Speicheranlagen, Hafenanlagen, Aquädukten u. a. Etwa ab Mitte des ersten Jahrhunderts n. Chr. wird der Römische Beton zum Baustoff für Gewölbe und Kuppeln.

Der Römische Beton ist dauerhaft. Das beruht zu einem Teil auf der Verwendung eines hydraulischen Bindemittels auf der Basis von Kalk und natürlichen oder künstlichen Puzzolanen (siehe Kapitel 4). Ein weiterer Garant für den dauerhaften Römischen Beton war die Verwendung geeigneter Zuschläge. *Vitruv* hat in seinen „10 Büchern über die Architektur" im Kapitel über die Betonherstellung auch die Anforderungen an einen guten Zuschlag beschrieben [170]: „...Beim Bruchsteinmauerwerk aber muß zuerst der Sand untersucht werden, daß

Bild 69:
Opus Caementitium in Holzschalung

er zur Mischung des Mörtels geeignet ist und keine Erde beigemischt hat... Von diesen (Sanden) sind die besten die, die in der Hand gerieben knirschen. Sand aber, der erdhaltig ist, wird keine Schärfe besitzen. Ebenso wird er geeignet sein, wenn er, verstreut über ein weißes Laken und dann herausgeschüttelt oder herausgeworfen, dies nicht beschmutzt und sich keine Erde darauf absetzt...". Als Zuschlag wurden auch Ziegelsplitt und Ziegelbrocken verwendet. Da saugfähige und wassergefüllte Zuschläge beim Erhärten ihre Feuchtigkeit langsam an den Beton abgeben, wurde durch diese Art der „inneren" Nachbehandlung die Dauerhaftigkeit des Betons positiv beeinflußt [93].

Die Bedeutung von Zusätzen auf die Dauerhaftigkeit des Betons war den Römern auch schon bekannt. So empfahl *Vitruv* bei frostgefährdeten Mörteln für Verfugungen und Estriche eine Mischung aus Kalkmörtel und Ölhefe. Durch das Öl entstehen kleine Poren im Mörtel, die ebenso wie die heutigen, gegen Frost- und Tausalzangriff eingesetzten Luftporenbildner wirkten.

Vom Forschungsinstitut der Zementindustrie in Düsseldorf und dem Institut für Bauforschung der RWTH Aachen wurden in Zusammenarbeit mit dem Römisch-Germanischen Museum in Köln vor einigen Jahren Untersuchungen an römischen Betonen durchgeführt. Dabei wurden die heute üblichen Prüfverfahren für Beton zugrundegelegt. Bestimmt wurden vor allem die Druckfestigkeit und die Rohdichte, aber auch die Wasserundurchlässigkeit und Wasseraufnahme [93].

Bild 70: Reste des Kuppelbaus der Therme in der Hadrians-Villa in Tivoli/Italien aus der Zeit um 200 n.Chr.

Die an den Proben ermittelten Druckfestigkeitswerte lagen zwischen 5 und 40 N/mm² und erreichten damit durchaus die Größenordnung von heutigen Betonen. Bei derartigen Vergleichen ist allerdings zu berücksichtigen, daß die heutigen Zemente einen völlig anderen Qualitätsstandard haben als die hydraulischen Kalke der Römer und wesentlich günstigere Voraussetzungen für Herstellung und Einbau des Beton vorhanden sind.

Die höchsten Druckfestigkeiten wurden an Proben aus Fundamenten, Estrichen und Wasserleitungen ermittelt. Das wird damit erklärt, daß diesen Konstruktionen eine wichtige Aufgabe im Bauwerk zukam und man deshalb bei der Bauausführung besonders sorgfältig vorging. Vergleichsweise gering waren die an Wasserbecken gemessenen Druckfestigkeitswerte.

Die Rohdichte des Römischen Betons weist eine ähnliche Größenordnung wie die des heutigen Betons auf (etwa 1,5 bis 2,4 kg/dm³). Als Zuschläge wurden in den untersuchten Proben Quarz, Grauwacke, Sandstein, Kalkstein, Basalt, Tuff, Ziegelsplitt und in Einzelfällen Holzkohle nachgewiesen. Als Zuschläge wurden Kies (abgerundetes Korn) und Splitt (gebrochenes Korn) festgestellt.

Für die Bauwerke wurde aus Kostengründen möglichst örtlich vorhandenes Material verwendet. Die Auswertung der Korngrößenzusammensetzung einiger der untersuchten Proben zeigte, daß die Zuschläge den heute gültigen DIN-Vorschriften entsprachen.

Aus den entnommenen Bauwerksproben wird ersichtlich, daß der Beton in einzelnen Schichten eingebaut wurde. Diese Schichten sind immer dann deutlich zu erkennen, wenn sich die Betonmischung konstruktionsbedingt änderte. Dieser schichtweise Einbau des Betons ist auch heute üblich. Zum Verdichten des Betons und zum Verbinden der einzelnen Schichten waren im Römischen Reich Stampfer aus Holz und Metall im Gebrauch. Die Regeln für eine sachgemäße Herstellung von Bauwerken aus Römischem Beton waren sicher damals überall bekannt. Trotzdem kam es auch vor, daß unsachgemäß gebaut wurde. *Frontinus* (40–103 n. Chr.), hochrangiger Senator und bedeutender Baumeister und Schriftsteller seiner Zeit, der insbesondere durch sein Buch über die Wasserversorgung der Stadt Rom bekannt wurde, beklagte das wie folgt [92]: „Kein anderer Bau erfordert größere Sorgfalt als eine Wasserleitung. Daher ist in allen Einzelheiten eine sorgfältige Arbeit notwendig – ganz im Sinne jener Regeln, die zwar alle kennen, aber nur wenige befolgen."

Kaum bekannt ist die Tatsache, daß die Römer auch bereits das Prinzip des heutigen Stahlbetons kannten [92] [207]. In der Nähe von Klagenfurt in Österreich liegt die antike „Stadt auf dem Magdalensberg". Dieses keltische Handelszentrum geriet im ersten Jahrhundert v. Chr. unter römische Herrschaft. Im sogenannten „Repäsentationshaus" befindet sich eine Hypokaustanlage, die durch Heizkanäle versorgt wurde. Bei diesen Hypokaustanlagen handelt es sich um eine Warmluftheizung. Dabei waren auf einen massiven Untergrund etwa 50 bis 100 cm hohe Pfeiler aufgemauert, die den eigentlichen Fußboden trugen. In einem Schürraum wurde ein Feuer entfacht, dessen heiße Abgase durch den Hohlraum unter dem Fußboden strömten und dabei ihre Wärme an den gesamten Fußboden abgaben, sozusagen die erste Fußbodenheizung. In der Decke eines dieser Kanäle wurden Eiseneinlagen als Verstärkung gefunden. Die 2 bis 3 cm breiten und 0,4 bis 0,6 cm dicken Bandeisen können als Bewehrung des Betons bezeichnet werden. Netzartig geflochtene Eiseneinlagen sind auch aus Decken in Herkunaleum und in den Thermen des *Trajan* in Rom bekannt. Im Jahr 1988 wurde in Köln ein römisches Wohngebäude freigelegt, das wahrscheinlich aus der Mitte des 1. Jahrhunderts n. Chr. stammt. Dazu gehört ein Wasserbecken von etwa 2,40 m x 1,20 m Grundfläche mit einem Boden aus Römischem Beton auf einer Packlage. Die Seitenwände dieses Beckens waren mit 13 fingerdicken Rundeisen im Boden verankert. Die bei gefülltem Becken auf die Seitenwände wirkenden Scherkräfte wurden also durch die eingelegten Eisen aufgenommen, damit an der Fuge kein Wasser austreten konnte. Hier handelte es sich vermutlich um die erste gemeinsame Verwendung von Römischem Beton und Eiseneinlagen nördlich der Alpen.

Nach dem Zerfall des Römischen Reiches ging auch die Kenntnis der Herstellung von Bauwerken mit Römischem Beton weitgehend verloren. Dennoch existieren nördlich der Alpen, wo im Mittelalter die Holzbauweise dominierte, eine Reihe von Beispielen, die zeigen, daß für Repräsentations- und Kirchenbauten auch Beton verwendet wurde. Burgen, Kirchen und Klöster wurden aus dicken Mauern von etwa 60 bis 80 cm Dicke gebaut. Dabei bediente man sich einer ähnlichen Gußbetontechnik wie sie die Römer anwendeten. Die Mörtel für diese Betone wurden zum Teil schon mit mechanischen Mörtelmischern hergestellt. Das bedeutet einen Fortschritt gegenüber den Römern,

Bild 71:
Aquädukt Pont du Gard/Frankreich mit einem Leitungsstrang aus Opus Cementitium, errichtet ab 19 v.Chr.

die nur die Handmischung kannten. Die ersten mechanischen Mörtelmischer stammen aus einer Zeit zwischen 800 und 1100. Aus dieser Zeit fand man sogenannte Mörtelscheiben mit Durchmessern zwischen 2 bis 4 Metern, deren Ränder zum Teil aus Flechtwerk bestanden. In der Mitte der Scheibe befand sich ein Loch, in der vermutlich eine Art Drehkreuz steckte, womit der sich auf der Scheibe befindliche Mörtel gemischt wurde. Bei Handmischung konnten 12 bis 15 Männer je Tag im Durchschnitt etwa 17 bis 18 m³ Beton herstellen. Mit der Mörtelscheibe waren jedoch mit 4 Männern oder auch einem Pferd bzw. Ochsen am Drehkreuz etwa 50 m³, d.h. dreimal mehr möglich als bei der Handmischung [145]. Derartige Mischer wurden im Bereich von Kirchenbauten unter anderem in Zürich, Augsburg, Mönchengladbach und Posen gefunden und wurden offenbar nur auf Baustellen der karolingisch-ottonischen Epoche benutzt, denn nach der Jahrtausendwende verliert sich ihre Spur.

Die Wende des 18. zum 19. Jahrhundert und die ihm nachfolgenden Jahrzehnte bringen eine Renaissance des opus caementitium und den eigentlichen Beginn der Entwicklung des heutigen

6. Beton

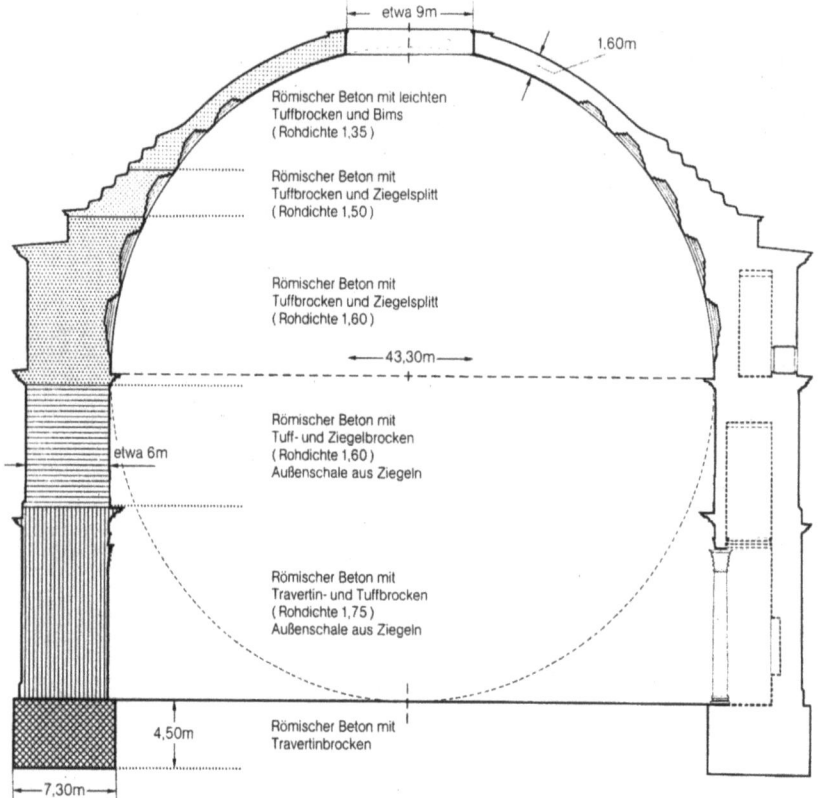

Bild 72: Pantheon in Rom mit einer Kuppel aus leichtem Opus Caementitium, errichtet ab 115 n.Chr.

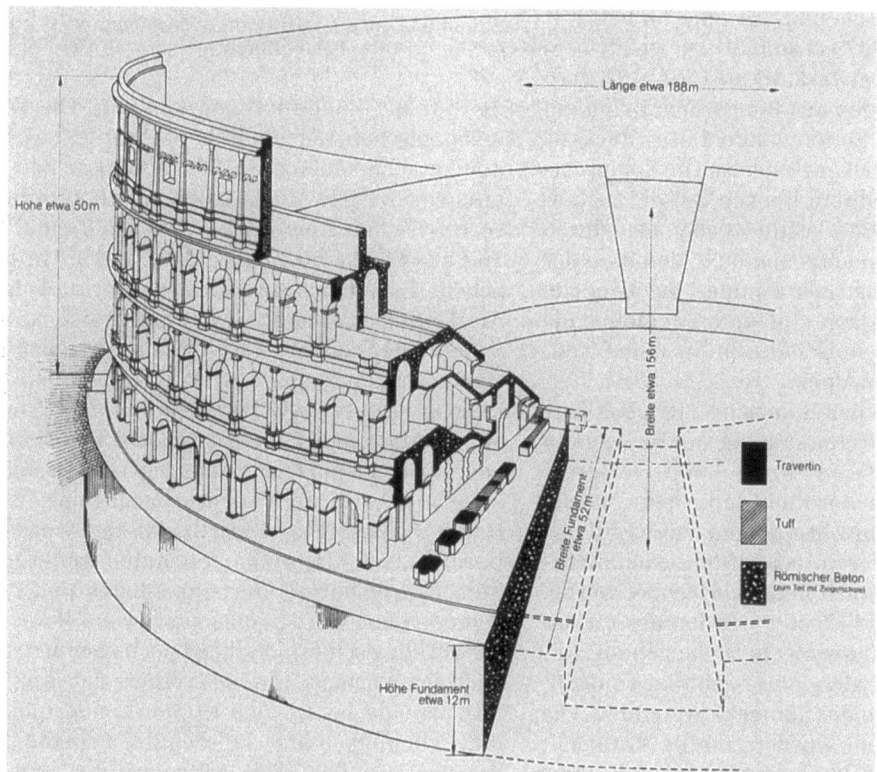

Bild 73: Kolosseum in Rom mit einem 10 m dicken Ringfundament aus Opus Caementitium, errichtet um 80 n.Chr.

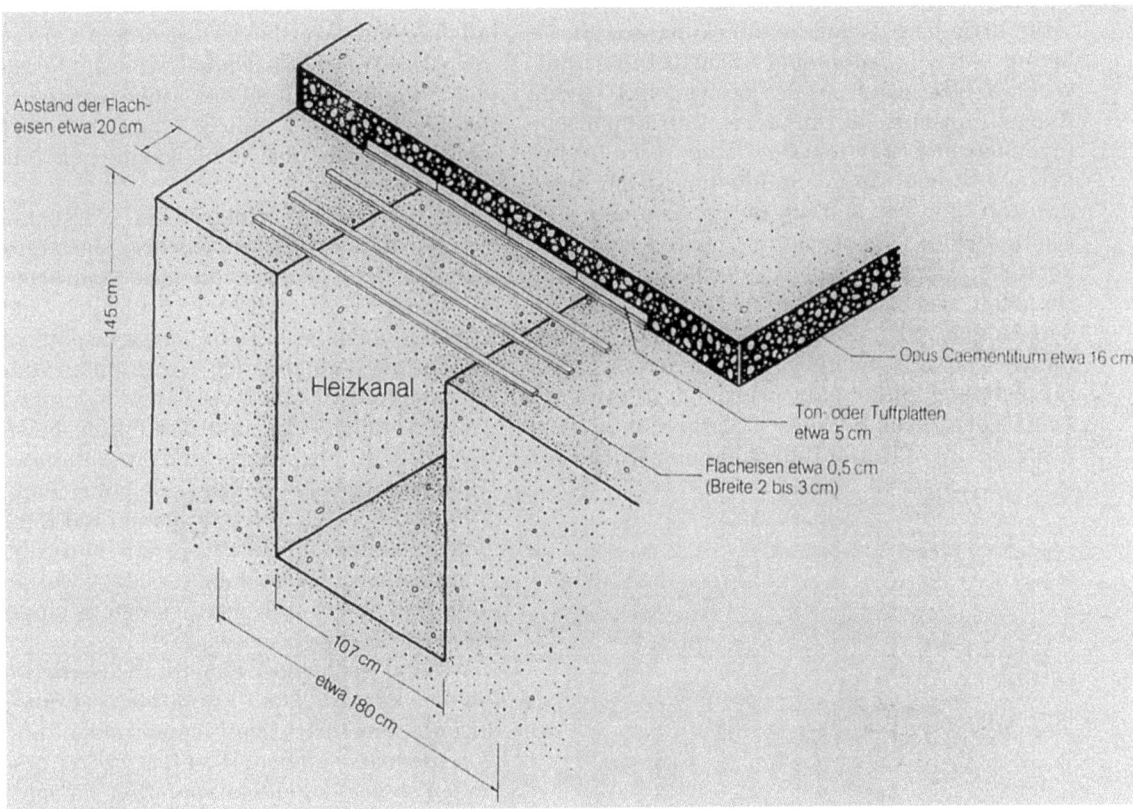

Bild 74: Heizkanaldecke aus bewehrtem Opus Caementitium über einer Hypokaustanlage

Betons. Gekennzeichnet ist diese Zeit durch die Suche nach einem hydraulischen, sowohl unter Wasser erhärtenden als auch wasserfestem Bindemittel [64]. Die Entwicklung dazu wurde wesentlich von Forschern aus England, Frankreich und Deutschland vorangetrieben (siehe auch Kap. 4 und 5). Am Ende der Entwicklung stand die Erfindung des Portlandzementes in der Mitte des 19. Jahrhunderts. Die ersten Portlandzementfabriken wurden kurz darauf in England und Deutschland gegründet. Die Basis für den Baustoff „Zementbeton" war gelegt. Bis zum Ende des 19. Jahrhunderts folgen eine Reihe für den heutigen Betonbau wichtige Erkenntnisse und Anwendungsgebiete. Nachstehend eine Auswahl:

- um 1850: erste Betondachsteine und andere Elemente im Gußverfahren [4] [15] [74]
- 1855: *Lambot* meldet ein Patent zur Herstellung eines eisenbewehrten Betons an [64]
- 1856 erster Betonstraßenbau (in Schottland) [64]
- 1867 *Monier* meldet sein berühmtes Patent über eisenbewehrte Blumenkübel an [64]
- 1869 erste Schleuderbetonrohre [104]
- 1875 erste Eisenbetonbrücke bei Chazelet in Frankreich [64]
- 1877 erste Stahlbetonbalken zur Überdeckung von Tür- und Fensteröffnungen [64]
- 1877 *Hyatt* legt die Grundsätze des Eisenbetons dar – das Eisen hat auf der Zugseite des Betonquerschnitts zu liegen [211]
- 1886 erste Stahlbetontheorie *(M. Koenen)* [84]
- 1886 Grundidee des Vorspannens von Beton [64]
- 1877 Bau eines Stahlbetonschiffes in Holland [23]
- 1885 erstes Patent zur Herstellung eines Porenbetons [91]
- 1888 erste Betonstraße in Deutschland in Breslau [64]
- 1889 erste Verfahren zur Herstellung poriger Zementmörtel unter Verwendung gasbildender Komponenten [64]
- 1892 Erfindung des Plattenbalkens [64]
- 1894 Herstellung von Stahlbetonhohlraumdielen (Steg-Zementdielen, Stolte-Dielen) [179]
- 1898 Gründung des Deutschen Beton-Vereins [71]

Die Erfindung (Wiederentdeckung) des Stahlbetons war ein bedeutender Schritt in der Entwicklungsgeschichte des Betons auf dem Weg zum Baustoff unseres Jahrhunderts. Der italienische Ingenieur und Architekt *Pier Luigi Nervi* formulierte es einmal so: „ ...Stahlbeton ist der beste Baustoff, den der Mensch bisher erfunden hat. Die Tatsache, daß man aus ihm praktisch jede Form herstellen kann und daß er jeder Beanspruchung standhält, grenzt ans Wunderbare. Durch ihn sind der schöpferischen Phantasie auf dem Gebiet des Bauwesens alle Grenzen genommen ...". Die Bezeichnung Stahlbeton wurde erst etwa ab 1940 gebräuchlich. Vorher sprach man vom Eisenbeton [182]. Die Umbenennung wurde vor allem aus Wettbewerbsgründen vorgenommen. Das Wort Stahl beinhaltete in der Vorstellung der Allgemeinheit etwas Höherwertigeres als das Eisen, und im Stahlbau hatte sich schon früher eine entsprechende Namensänderung vollzogen [86].

Zu den ersten erfolgreichen Versuchen des 19. Jahrhunderts, eisenbewehrte Mörtelprodukte herzustellen, gehören die des Maurermeisters *K. Rabitz*. 1822 stellte er in Berlin Wände mit Eiseneinlagen her, aus denen sich später die sogenannten Rabitzwände (Drahtputzwände und -decken) entwickelten [141]. In England wurden 1832 Versuche an mit Bandeisen bewehrten Mörteln durchgeführt und 1834 bewehrtes Ziegelmauerwerk hergestellt. Der Engländer *Wilkinson* erhielt 1854 ein Patent auf Konstruktionen („Betonfußböden"), „... die mit Drahtseilen und dünnen Eisenstäben verstärkt werden, die unterhalb der Mittelachse des Betons eingebettet werden" [211].

Wesentliche Impulse für den mit Eisen bewehrten Beton kamen aus Frankreich. Eine frühe Eisenbetonkonstruktion baute etwa um 1855 *Joseph Louis Lambot* (1814–1887). Er versuchte, das in seiner Gegend knappe Holz im Schiffsbau durch bewehrte Planken zu ersetzen, indem er ein Eisennetz mit einer Mörtelschicht umgab. Das Produkt bezeichnete er mit „Ferciment". Anläßlich der Weltausstellung 1854 in Paris wurde ein Betonboot *Lambot's* gezeigt. Die Idee für bewehrte Betonplanken im Bootsbau wurde ihm patentiert. *Lambot* stellte in Frankreich auch verschiedene Patenanträge für Betonträger mit Eiseneinlagen und für rundeisenbewehrte Säulen. Diese Anträge wurden damals jedoch als nicht patentwürdig abgelehnt.

Francois Coignet (1814–1888) verwendete 1856 erstmals das bei Trägern üblicherweise auf Biegung beanspruchte Eisen nur als Zugstange innerhalb des Beton und gab in seinem 1861 erschienenen Buch „Der Beton im Bauwesen" u. a. folgende Anleitung zur Herstellung eisenbewehrten Betons [211]: „... Unter dem Netz aus Eisenstangen bringt man einen Holzhilfsboden an; auf diesen wird der Beton in dünnen, aufeinanderfolgenden Lagen ausgebreitet und dann kräftig gestampft. Die Schicht wird immer stärker, bis sie die Eisenstangen erreicht, sie vollständig einhüllt und noch mit einer 5–6 cm starken Lage überdeckt. Zur Fertigstellung wird die oberste Lage noch geebnet und geglättet. ... Nach einigen Tagen hat der Beton die Härte von Stein erreicht, so daß man den Holzhilfsboden abbrechen kann. Es verbleibt eine Betonplatte, die nach unten Decke und nach oben den Estrich bildet.

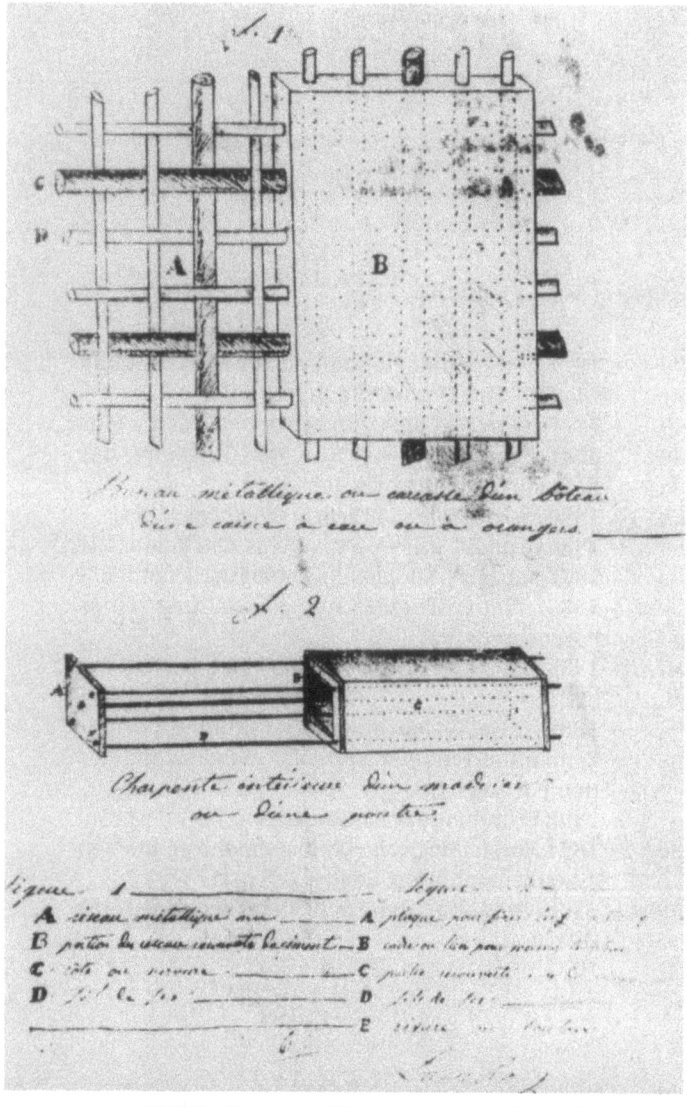

Bild 75: Patentschrift von Lambot aus dem Jahre 1855

... Bei dieser Art von Decken ist die Eiseneinlage vollständig in der harten Steinplatte eingeschlossen. Es ist daher klar, daß eine so im Stein festgelegte Eiseneinlage sich nicht biegen kann, ohne daß der Stein sich biegt...."

Als eigentlicher Erfinder des mit Eisen bewehrten Betons wird meist der Franzose *Josef Monier* (1823–1906) genannt. Der Gärtner *Monier* beschäftigte sich in den Jahren zwischen 1845 und 1850 mit Versuchen, Pflanzenkübel aus einem Drahtgeflecht anzufertigen, und dieses dann mit einem Zementmörtel zu umhüllen [22].

1867 erhält *Monier* sein erstes sogenanntes Stammpatent und beschreibt seine Erfindung wie folgt [64]:

„Die Kübel und Behälter können von jeder Größe und Art sein, viereckig, rund, oval etc., mit Öffnungen oder nicht; die Herstellungsweise ist stets die gleiche. Zu ihrer Herstellung bilde ich mittels runder oder eckiger Eisenstäbe und -drähte ein ihrer Form entsprechendes Gitterwerk ... und verstreiche es mit einem beliebigen Zement wie Portland ... in einer Dicke von 1–4 cm, je nach der Größe des betreffenden Gegenstandes."

Monier hatte zweifellos zunächst nur die Absicht, durch die Verwendung eines eisernen Drahtgerippes, das genau der Form eines herzustellenden Gefäßes entsprach, ein bequemes konstruktives Mittel zur Formgebung und Anfertigung seiner Kübel zu finden. Ob es *Monier* damals bewußt war, daß das Eisen noch eine andere Wirkung nach sich zog, ist unwahrscheinlich, zumindest nicht belegbar [64]. Bei seinen späteren Patentanmeldungen wird allerdings deutlich, daß er die Eigenschaft des Eisens, Biegebeanspruchungen aufzunehmen, ahnte und nutzte. So meldete er im Jahre 1869 ein Patent zur Herstellung ebener Platten an, also ein Bauelement, das auf Biegung beansprucht wird.

Im Jahre 1873 folgte ein weiteres Patent für den Bau von Brücken, Stegen und Gewölben. Zwei Jahre später wird die erste Eisenbetonbrücke der Welt aufgrund dieses Patentes gebaut. Auf einem Landsitz in Chazelet wird die 16,5 m lange und 4 m breite Brücke nach dem Prinzip des Brückenpatents von *Monier* errichtet. Bei dieser Brücke wird noch sehr viel Eisen verwendet und der Beton dient mehr der Verkleidung des Eisens. Der Verbundgedanke des späteren Stahlbetons tritt hier noch nicht deutlich zu Tage. Erfolgreich war *Monier* beim Bau von Wasserbehältern aus Eisenbeton, wobei die größten immerhin einen Durchmesser von 16 m und ein Fassungsvermögen von 1000 m³ hatten. *Monier's* Name war in der Folgezeit eng mit der Eisenbetonbauweise verknüpft. Man sprach von der „Monierbauweise", den „Monierkon-

Bild 76: Josef Monier

Bild 77:
Josef Monier mit bewehrten Pflanzkübeln im Jahre 1863

struktionen" und schließlich von den „Moniereisen" für die Bewehrungsstähle, eine Bezeichnung, die man vereinzelt auch noch heute antreffen kann [90].

Ein Zusatzpatent *Monier's* über die generelle Anwendung des Eisenbetons vom 14.8.1878 gelangte auch in andere europäische Länder, wie z.B. Deutschland, Österreich, Großbritannien und Belgien und wird im allgemeinen als die Grundlage des heutigen Stahlbetons angesehen. Um die anfängliche Entwicklung des Eisenbetons in Deutschland haben sich zahlreiche Personen – wenn auch teilweise nach anfänglichem Zögern – verdient gemacht, wie z.B. *Gustav Adolf Wayss* (1851-1917), *Conrad Freytag* (1846-1921), *Mathias Koenen* (1849-1924), *Hartwig Hüser* (1834-1924), der Initiator und erste Vorsitzende des Deutschen Beton-Vereins, *Gustav Dyckerhoff* (1833-1924), *Eugen Dyckerhoff* (1844-1924), *Eduard Züblin* (1850-1916), *Johann Bauschinger* (1834-1893), *Carl von Bach* (1847-1931), *Emil Mörsch* (1872-1950), um einige der wichtigsten zu nennen [22].

Mit der Erfindung des Stahlbetons begann eine neue Ära des Bauens. Obwohl der Stahlbeton aus den damals schon bekannten Baustoffen Beton und Stahl hergestellt wurde, erwies er sich als neuer Baustoff, dessen Eigenschaften sich von denen des Betons und des Stahls wesentlich unterschieden. Bei Kombination dieser Stoffe im Verbund übernimmt der Stahl die Zugspannungen und der Beton die Druckspannungen und schützt außerdem den ohne Schutz wenig widerstandsfähigen Stahl gegen äußere Einwirkungen, wie z.B. vor Korrosion und vor Feuereinwirkung. Für das Bauen ergaben sich mit der Anwendung des Stahlbetons ganz neue Möglichkeiten. Während mit unbewehrtem Beton vorwiegend nur auf Druck beanspruchte Bauteile herzustellen sind, kann Stahlbeton auch für zug- und biegebeanspruchte Bauteile, d.h. praktisch für Bauteile aller Art verwendet werden [22].

Als erster hat der Amerikaner *Thaddeus Hyatt* (1816-1901) die Grundsätze des Eisenbetons formuliert. Schon im Jahre 1877 traf er folgende Feststellungen [211]:

- Beton ist als ein feuersicherer Baustoff anzusehen.
- Das Eisen muß, um feuersicher zu sein, vollständig in Beton eingeschlossen werden.
- Der Verbund zwischen Beton und eisernen Bändern ist ein vollkommener und gibt eine wirtschaftlichere Lösung als I-Träger.
- Die Wärmedehnung ist bei beiden Stoffen hinreichend gleich.
- Das Verhältnis der beiden Elastizitätszahlen ist mit 20 anzusetzen.
- Beton mit Eisen auf der Zugseite eignet sich nicht nur für Tragwerke im Hochbau, sondern auch wegen seiner Wetterfestigkeit und geringen Unterhaltungskosten für Brücken.

Mit der Weiterentwicklung des Stahlbetons ergab sich auch der Wunsch, diesen Baustoff und die damit hergestellten Bauteile immer weiter auszunutzen. Diesem Bestreben waren jedoch bei der Biegebemessung durch die verhältnismäßig geringe Zugfestigkeit des Betons Grenzen gesetzt. Dadurch entstand schon frühzeitig der Gedanke, die Bewehrung im Zugquerschnitt des Betons so vorzuspannen, daß dadurch die Zugspannungen im Beton vermindert oder ganz abgebaut würden. Bereits 1886 meldete der Amerikaner *P. H. Jackson* ein Patent für Fußsteige, Decken, Dächer und dergleichen aus Beton mit Eisenstäben an, die an beiden Enden mit Gewinde und Muttern versehen sind. Der Zweck solcher Eisenstäbe sollte sein, die Zugspannungen und den Horizontalschub der gewölbten Bauteile aufzunehmen. Bemerkenswert ist, daß in dieser Patentschrift bereits u.a. vorgeschlagen wurde, die Enden der Stäbe zur Verhinderung der Haftung mit Beton und zur Ermöglichung des Nachspannens mit Hüllrohren, Papier oder Lehm zu versehen. Zwischen 1888 und 1917 folgten einige weitere Versuche sowie Patentanmeldungen. Diesen Versuchen blieb aber der praktische Erfolg versagt, weil die aufgebrachte Vorspannung zu gering war und abgebaut wurde. Erst nach der Entwicklung des hochfesten Stahls und mit

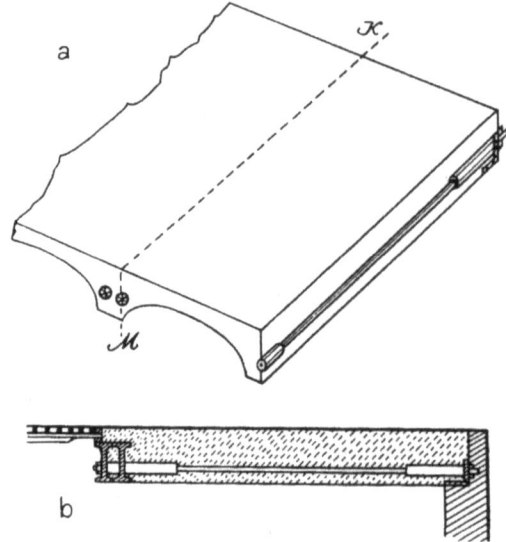

Bild 78: Patentschrift von Jackson aus dem Jahre 1886

der Kenntnis, daß die Vorspannung durch Schwinden und Kriechen abgebaut wird, gelangen praktische Erfolge. Die ersten dieser Erfolge hatte *Karl Wettstein* mit seinen elastischen Betonbrettern. *Wettsteins* Versuche gehen auf das Jahr 1919 zurück. Sein Ziel war es, für die in der Bauindustrie in großen Mengen für Schalungen, Dacheindeckungen usw. verwendeten Holzbretter und -dielen einen Ersatz aus Beton mit gleichen oder besseren Eigenschaften zu entwickeln. Als Bewehrung verwendete *Wettstein* 0,3 mm dicke Klaviersaitendrähte mit einer Festigkeit von 140 bis 200 kg/mm^2, die er zunächst schlaff und ohne jede Verankerung in den Beton einbettete. Er erkannte bald, daß es auch bei Verwendung besten Betons zwecklos ist, die Drähte ohne Spannung einzulegen. Daraufhin spannte er die Drähte bis nahe der Elastizitätsgrenze an. Die Drähte wurden dicht nebeneinander und dicht unter der Oberfläche des Betons angeordnet. *Wettstein* machte sich die Tatsache zunutze, daß bei Auflösung des Betonquerschnitts in viele dünne Drähte infolge der hierdurch erreichten größeren Oberfläche ein Vielfaches an Haftfläche gewonnen wird. Für den Beton verwendete er eine Mischung aus hochwertigem Portlandzement, Quarzsand und Basaltsplitt. Diese Spannbretter wurden in Dicken von 6 bis 50 mm, in Breiten von 500 mm und in Längen von 2 bis 6 m hergestellt. Sie zeigten auch bei großer Durchbiegung keine Risse. Zwei Meter lange Bretter ließen sich bis zu einem Viertelkreis biegen und schnellten nach der Entlastung wieder in ihre Ursprungslage zurück. Nach einer Verwendungsdauer von 17 Jahren zur Untersuchung ausgebaute Bretter hatten noch die volle Elastizität und zeigten auch sonst keinerlei Mängel [64].

Die Bezeichnung Spannbeton wurde etwa 1935 auf Vorschlag der Firma „Wayss & Freytag" eingeführt. Man unterschied schon damals wie auch heute im Prinzip zwischen Spannbeton ohne Verbund, Spannbeton mit sofortigem Verbund und Spannbeton mit nachträglichem Verbund.

Beim Spannbeton ohne Verbund werden die Spannkräfte allein durch die Endverankerung der Stähle auf den Beton übertragen, sie können außerhalb oder innerhalb des Betonquerschnitts liegen. Aus Spannbeton ohne Verbund wurde die erste Spannbetonbrücke Deutschlands 1936 in Aue gebaut.

Beim Spannbeton mit sofortigem Verbund werden die Stahleinlagen in einem Spannbett vorgespannt, dann einbetoniert und nach dem Erhärten des Betons aus der Spannverankerung gelöst.

Beim Spannbeton mit nachträglichem Verbund werden Hüllrohre mit einbetoniert, durch die die

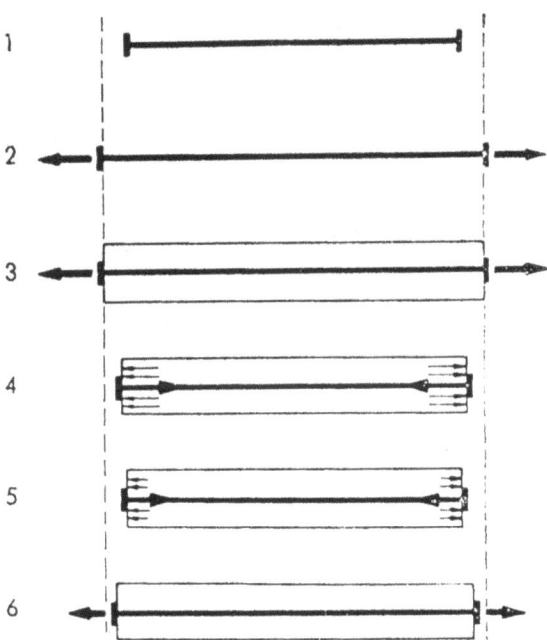

Bild 79: Schematische Darstellung von Vorgängen und Wirkungen beim Herstellen von Spannbeton

Spannstähle verlaufen. Nach ausreichendem Erhärten des Betons werden die Spannstähle vorgespannt und danach die Hüllrohre mit Einpreßmörtel verfüllt. Diese Bauweise bietet die größten Möglichkeiten der konstruktiven Gestaltung und wirtschaftlichen Anwendung insbesondere bei monolithischen Bauwerken und es ist immer wieder zu zahlreichen Vorschlägen und Lösungen hinsichtlich des zu verwendenden Stahls und der Art der Verankerung gekommen [22].

Ein Nachteil des Stahls im Beton ist seine Korrosionsanfälligkeit unter bestimmten Bedingungen. Noch im Jahre 1901 nahm der damalige Vorsitzende des Deutschen Betonvereins, *Eugen Dyckerhoff* (1844–1924) auf einer Versammlung des Deutschen Betonvereins eindeutig gegen die Einlage von Stahlstäben in den Beton Stellung: „Wenn Sie ruhig schlafen wollen, lassen Sie das Eisen aus dem Zement heraus..." [33]. Im Jahre 1916 wurde erkannt, daß bei „... der außerordentlichen Wichtigkeit, die schon aus Gründen der öffentlichen Sicherheit dem chemischen Verhalten der Eiseneinlagen im Eisenbeton zukommt, es höchst wünschenswert ist, daß der Frage des Rostens der Eiseneinlagen alle Aufmerksamkeit geschenkt werde ...". Diese Aufmerksamkeit ist dann bis heute diesem Problem auch zuteil geworden. Am vorläufigen Ende dieses Problems steht der Austausch des Stahls durch andere Stoffe. So wurden ab Anfang der 80er Jahre erste Großversuche zum Ersatz des Spannstahls durch Glasfaser- oder Kohlenstoffaser-Verbundstäbe gemacht. Diese bestehen aus einzelnen Glas- oder Kohlenstoffasern, die mit Polyesterharz gebunden sind [186] [187].

Ständig wurden durch gezielte Entwicklungen und zahlreiche Forschungsarbeiten sowie durch entsprechende Erprobungen und allgemeine Anwendungen die Eigenschaften des Betons und ihre Beeinflussungsmöglichkeiten sowie die Zusammenhänge zwischen Ausgangsstoffen und Betonzusammensetzung, Frisch- und Festbetoneigenschaften immer weitergehend untersucht und Betone mit verbesserten sowie neuen Eigenschaften entwickelt. In der Frühzeit des Bauens mit Beton wurde als wesentlichste Eigenschaft eine ausreichende Druckfestigkeit gefordert. Um 1900 findet man in der Literatur Hinweise, daß die Druckfestigkeit sehr verschieden ist und von den verwendeten Stoffen, dem Mischungsverhältnis und der Betonverarbeitung abhängt und daß aus diesem Grunde allgemeingültige Druckfestigkeitswerte nicht angegeben werden können [22]. Durch das Erkennen der Zusammenhänge zwischen Ausgangsstoffen, Betonzusammensetzung und Betoneigenschaften und ihre Systematisierung entstanden mit der Zeit die Grundlagen der Betontechnologie. Im Laufe der Zeit hat sich die Bedeutung einiger Einflußgrößen für die Betoneigenschaften aber verschiedentlich verändert. In den Anfangsjahren der Betonherstellung galten das Mischungsverhältnis zwischen Zement und Zuschlag und die Konsistenz bzw. Verarbeitbarkeit als wichtigste Kenngrößen. Schon bald erkannte man, daß das Mischungsverhältnis nicht zu zementreich sein sollte und daß für guten Beton ein guter Zuschlag mit guter Kornabstufung anzustreben sei. Die im Laufe der Zeit gewonnene Erkenntnis, daß andere Einflußgrößen, wie z.B. der Wasserzementwert für Festigkeit und Dichtigkeit des Zementsteins und des Betons wichtiger als das Mischungsverhältnis sind, ändert daran nichts, sondern liefert nur die Begründung, warum bei gleicher Konsistenz des Frischbetons die Erhöhung des Zementgehalts und die Verbesserung der Kornzusammensetzung im üblichen Bereich praktisch zu einer Verbesserung der wichtigsten Gebrauchseigenschaften führen.

Dem Franzosen *Rene Feret* (1861–1947) gebührt der Verdienst, die Grundlagen der wissenschaftlichen Betonforschung geschaffen zu haben [134]. Zwischen 1890 und 1900 veröffentlichte *Feret* umfangreiche Studien über den Zusammenhang zwischen Festigkeit und Zement-, Wasser- und Porenvolumen. Er definierte als erster den soge-

Bild 80: Renè Feret

nannten Wasseranspruch – die für ein Betongemisch erforderliche Wassermenge. *Feret* entwickelte weiter für die Berechnung der Druckfestigkeit von Betonen eine Beziehung zwischen dem Zementvolumen und dem Wasser- und Porenvolumen und behandelte bereits die Permeabilität als einen der Grundkennwerte des Betons [119].

Im Jahre 1907 machte der Amerikaner *Fuller* mit der sogenannten Fuller-Kurve auf die Bedeutung einer günstigen Zuschlag-Kornzusammensetzung aufmerksam, auf die zwar schon 1868 *Eugen Dyckerhoff* hingewiesen hatte, was aber wenig beachtet wurde [22].

Im Jahre 1918 wird von dem Amerikaner *Duff A. Abrams* (1880–1965) in den Jahresberichten der amerikanischen Portland Cement Association die für die gesamte weitere Betonforschung außerordentlich bedeutsame Arbeit mit dem Titel „Design of Concrete Mixtures" veröffentlicht [1]. Bei der Arbeit handelte es sich um die Auswertung von sehr umfangreichen Betonversuchen (etwa 50 000 Versuche), die *Abrahms* in 3-jähriger Arbeit am Structural Materials Research Laboratory des Lewis Institute in Chicago durchgeführt hatte. Die Arbeiten sollten im wesentlichen drei Sachverhalte näher klären [135]:

Bild 81: Duff A. Abrams

- Menge Anmachwasser und Betonkonsistenz,
- Einfluß der Korngröße und Korngrößenverteilung der Zuschläge,
- Einfluß der Mischungsverhältnisse.

Bei der Auswertung der umfangreichen Versuche prägte *Abrams* Begriffe, die bis heute praktisch unverändert in Gebrauch sind.

Als wichtigsten Kennwert definierte er das Wasser-Zement-Verhältnis, den w/z-Wert, der das Mengenverhältnis von Wasser und Zement charakterisiert und der überragende Bedeutung für die Betonqualität besitzt.

Weiter definierte *Abrams* den Feinheitsmodul, der die Kornzusammensetzung eines Betongemenges charakterisiert und das Setzmaß, das die Verarbeitbarkeit eines Betongemenges kennzeichnet. Abrams entwickelte ferner eine Festigkeitsformel, Formeln für die Berechnung des Wasserbedarfs sowie eine Methode zum Entwurf von Betonzusammensetzungen. Das von *Abrams* vorgeschlagene Entwurfsverfahren gliederte sich in folgende Schritte:

1 – Festlegung des Wasser-Zement-Verhältnisses aufgrund einer Festigkeitsforderung mit der Festigkeitsformel
2 – Durchführung einer Siebanalyse für die Zuschläge, Ermittlung der Siebrückstände
3 – Berechnung des Feinheitsmoduls
4 – Festlegung des Größtkorns des Zuschlags bezüglich eines maximal zulässigen Überkorns von 15 %
5 – Ermittlung der maximal zulässigen Größe des Feinheitsmoduls aus einer Tabelle, die folgende Einflußgrößen berücksichtigt: Mischungsverhältnis Zement zu Zuschlag, Größtkorn des Zuschlags, Kornform, Art des Sandanteils, Art der Verarbeitung des Betons
6 – Berechnung der feinen und groben Zuschlaganteile
7 – Überprüfung der Mischungsentwurfsergebnisse in einem Diagramm, in dem folgende Einflüsse Berücksichtigung finden: Mischungsverhältnis Zement zu Zuschlag, Feinheitsmodul, Konsistenz und Druckfestigkeit; falls die vorgegebene Festigkeitsanforderung nicht eingehalten wird, ist der Entwurf mit abgeänderten Annahmen zu wiederholen; die erforderliche Menge Anmachwasser ist nach bestimmten Formeln zu berechnen

Abrams hatte an der Universität in Illinois studiert, wo er 1905 den Bachelor-of Science-Grad erlangte. Anschließend arbeitete er am Materialprüfungs-Institut der gleichen Universität. Zur Charakterisierung der Persönlichkeit *Abrams* soll ein Auszug aus einem Bericht eines Mitarbeiters dieses Institutes dienen [135]:

„In jenen frühen Tagen gab es an der Abteilung für theoretische und angewandte Mechanik in Illinois einen Kollegen – er war nicht Kollege Professor - eben nur ein einfacher Kollege, dessen Tätigkeit vor allem darin bestand, alle Probekörper herzustellen, die wir anderen untersuchten. Er trug den eigenartigen Namen Duff nicht als erworbenen Spitznamen, sondern als den Namen, den ihm seine Eltern gegeben hatten. Jeder im Laboratorium liebte ihn. Von unserem ersten Zusammentreffen an nannte ich ihn gleich „Abe" und das vermittelte mir nie ein so inneres Erlebnis wie heute. Wenn er nicht gerade meine Probekörper herstellte oder eine Menge für andere, amüsierte sich dieser Kerl selbst mit dem Einbau kurzer Bewehrungsstäbe in kleine Betonzylinder, die er dann mit einer kleinen Maschine, die in einer Ecke des Laboratoriums stand, herauszog. Wie sollte ich wissen, daß, als er fertig war, niemand im Ernst denken würde, in den nächsten 20 Jahren mehr Verbundversuche zu machen. Das war Duff's Art, Dinge zu erledigen – nicht streng geheim, aber still – wie der Chinese den 4. Juli begeht. Nachdem sein berühmter Verbundbericht erschienen war, begannen die Leute im fernen Chicago von Duff Notiz zu nehmen und das helle Licht des Berühmtseins begann zu scheinen."

Dieser Bericht stammt von *Arthur R. Lord* aus dem Jahre 1931.

Nach der Veröffentlichung der ersten Arbeiten Abrams wurde er als Professor an das Lewis Institute in Chicago berufen. Dort führte er seine berühmten Betonversuche durch, über die *Arthur R. Lord* wie folgt berichtet:

„Und dann kam das unerwartete Ereignis! Alles kam in Bewegung und machte Platz für einen Ankömmling, der alle alten Regeln von der Betonzusammensetzung über Nacht altmodisch gemacht hatte. Weder das Mischen noch die vieldiskutierte Kornverteilung, sondern das Wasser-Zement-Verhältnis bestimmt die Festigkeit des verarbeitbaren Betons. Alte Theorien und Fakten mußten im Licht eines neu entdeckten Gesetzes neu interpretiert werden."

Abrams Untersuchungen und die daraus gewonnenen Erkenntnisse haben die Frischbetonforschung weit stärker beeinflußt als andere Arbeiten.

Aus deutscher Sicht haben sich um die wissenschaftliche Frischbetonforschung insbesondere *Otto Graf, Alfred Hummel* und *Kurt Walz* Verdienste erworben.

Graf beschäftigte sich u. a. mit dem Einfluß der Kornzusammensetzung des Sandes und Art und Menge der groben Zuschläge auf die Betonfestigkeit, was 1932 zur Einführung der bekannten und bis heute noch gültigen Sieblinienbereiche in DIN 1045 führte. Ein besonderes Anliegen *Grafs* war u.a die Herstellung von Beton mit großer Dauerhaftigkeit, hoher Wasserdichtheit sowie geringem Schwinden und Kriechen [128] [143]. *Hummel* befaßte sich mit dem Einfluß der Korngrößenzusammensetzung der Zuschläge auf die Betoneigenschaften. Die ersten deutschen Veröffentlichungen über das Kriechen von Beton stammen von *Hummel,* und er erforschte den Einfluß des Zementsteinporenraums auf die Betondruckfestigkeit [183]. *Walz* hat durch eine Vielzahl grundlegender wissenschaftlicher Arbeiten insbesondere über wichtige Fragen der Betonausgangsstoffe, der Betonzusammensetzung, der Eigenschaften und der Prüfung des Betons sowie seiner sachgerechten Anwendung das Geschehen und die Entwicklung auf dem Gebiet des Betons wesentlich beeinflußt und befruchtet.

Neben der wissenschaftlichen Durchdringung des Betons als Stoff wurden auch die Verfahren der Betonherstellung und des Betoneinbaus ständig weiterentwickelt [22].

In der Frühzeit des Bauens mit Beton wurden als Zuschlag zunächst Steine der Mauerwerksherstellung und danach der jeweils vorhandene Kiessand oder gebrochener Zuschlag unverändert verwendet. Die zunehmenden betontechnologischen Erkenntnisse erforderten im Laufe der Zeit aber eine Aufbereitung (z.B. Waschen, Korntrennung) des Zuschlags und die getrennte Anlieferung, Lagerung und Zugabe verschiedener Zuschlag-Korngruppen bei den Betonherstellern sowie die erforderlichen Einrichtungen und Geräte. Zement und Zuschlag wurden anfangs nach Raumteilen abgemessen, heute erfolgt die Dosierung nach Gewichtsteilen mit entsprechenden Einrichtungen. Das Mischen der Betonbestandteile erfolgte anfangs von Hand. Noch um 1900 erfolgte das Mischen derart, daß dabei zunächst Zement und Sand trocken vorgemischt wurden, bis kein reines Zementpulver mehr sichtbar war. Danach war unter gleichmäßiger Berieselung mit der erforderlichen Wassermenge zu mischen, bis ein gleichmäßiges Gemisch entstand. Anschließend waren die vorher mit Wasser benetzten und erforderlichenfalls vorher gewaschenen groben Zuschläge zuzumischen. Als Mischgeräte wurden bereits im Jahre 1860 eine Art Freifallmischer sowohl aus Holzbrettern als auch aus Eisenblech mit Wasserzuführung und um 1870 ein Trogmischer im Handbetrieb verwendet [24]. Auf der Ausstellung der Deutschen Portland-Zement- und Beton-

Bild 82: Otto Graf

6. Beton

Bild 83: Alfred Hummel

Die ersten Transportmischer bestanden aus auf Lastwagen montierten Baustellen-Mischern. Problematisch erwies sich dabei die Beschickung des Mischers und der Umstand, daß die Betonkomponenten zum Mischer transportiert werden mußten. Daraufhin wurden als nächster Entwicklungsschritt große feststehende Mischer auf einer erhöhten Plattform montiert. Der Beton wurde auf Kipplaster entleert, die ihn dann auf die Baustellen brachten. Von Nachteil bei dieser Verfahrensweise war, daß beim Transport über holprige Straßen und schlechte Wege sowie beim Transport über längere Strecken der Beton schnell entmischte und oft schon abgebunden hatte, bevor er auf der Einbaustelle entleert werden konnte. Im Jahre 1929 brachte die Entwicklung des Horizontalachsen-Mischers den entscheidenden Fortschritt. Der erste Transportmischer wurde über eine Zapfwelle am Getriebe des Lastwagens ange-

industrie in Düsseldorf im Jahre 1902 gab es bereits Freifall- und Durchlaufmischer mit einer Füllung bis zu etwa 750 Liter und einer Leistung bis zu 30 m³/h, aber auch bereits den ersten Tellerzwangsmischer. Die Weiterentwicklung auf diesem Gebiet führte zu den heutigen Mischtürmen mit stationären Mischern und unterschiedlichen Mischsystemen (Tellerzwangsmischer, Trogmischer, Trommel-Freifallmischer sowie Zwischenstufen zwischen Zwangs- und Freifallmischer) sowie zur werkmäßigen Herstellung des Frischbetons im Beton- und Transportbetonwerk [22].

Die Idee des Transportbetons schreibt man dem englischen Bauingenieur *Deacon* zu [110]. Er hatte bereits 1872 erkannt, welchen Vorteil es darstellt, einbaufertigen Beton zur Baustelle zu liefern. Um diese Zeit wurde auch das erste Transportbetonwerk der Welt in England errichtet. Zum Erfolg wurde die Erfindung des Transportbetons erst in den USA. Anlaß war eine gesetzliche Bestimmung, nach der ab 1917 in den USA für Bürgersteige kein Holz mehr verwendet werden durfte. An dessen Stelle mußte Beton eingesetzt werden. Aus dieser Verfügung entstand das Problem des rationellen Beton-Transport von den stationären Baustellen-Mischern zu der sich ständig ändernden Einbaufläche.

Bild 84: Freifallmischer aus Holzbrettern um 1860

Bild 85: Erster deutscher Transportbetonmischer (1903)

trieben. Durch eine Füllöffnung in der Mitte der Trommel wurde der fertiggemischte Beton geladen. Auf dem Transport zur Einbaustelle konnte nun der Beton seinen Zustand nicht mehr verändern, weil er ständig weitergemischt wurde.

In Deutschland war es 1903 *Jürgen Hinrich Magens,* der mit behördlicher Genehmigung den ersten Kubikmeter stationär gefertigten Frischbetons mit einem von Pferden gezogenen Spezialfahrzeug zu einer 11 Kilometer entfernten Baustelle transportieren ließ [21]. Seinem Produkt gab er den Namen „Transportbeton" und ließ sich sein Verfahren der Herstellung von beförderungsfähigem Beton vom Deutschen Patentamt patentieren. Der echte Erfolg des Transportbetons trat aber erst wesentlich später – in den USA – ein. In Deutschland erlangte der Transportbeton erst nach dem zweiten Weltkrieg die heute dominierende Rolle.

Mit der Weiterentwicklung des Bauens mit Beton haben sich auch die Verfahren für das Fördern und Einbringen des Betons verändert. Beide Verfahren standen stets in engem Zusammenhang mit der Verarbeitbarkeit bzw. der Konsistenz des Betons. Da das Betonieren aus der Herstellung des Gußmauerwerks entstanden ist, stellte man zunächst wasserreichen, flüssigen Beton her, der in Kübeln oder ähnlichen Behältern gefördert, beim Einbringen nur geschüttet und nicht wesentlich verdichtet wurde. Der Franzose *Coignet* wies jedoch schon 1855 darauf hin, daß die bisherige Methode, Beton mit einem so großen Wasserüberschuß herzustellen, falsch sei und daß Qualitätsbeton nicht nur in die Schalung geschüttet, sondern gestampft werden müsse, weil sich auf diese Weise ein besonders dichter, in sich fest verkitteter Beton ergeben würde. Der sogenannte Stampfbeton setzte sich für Bauteile aus unbewehrtem Beton in der Folgezeit nur zögernd, nach Herauskommen entsprechender Richtlinien aber rascher durch. Gestampft wurde von Hand oder mit Preßluft- oder Elektrostampfern. Der Eisen- bzw. Stahlbeton konnte wegen der Stahleinlagen in der Regel durch Stampfen nicht verdichtet werden. Für diesen Beton wurde zunächst Gußbeton bzw. flüssiger Beton verwendet, der eine nennenswerte Verdichtung nicht benötigte und später der sogenannte weiche Beton. Erst mit der Einführung von Rüttel-, Schock-, Preß- und Walzverdichtungsgeräten bzw. kombinierten Verdichtungsgeräten wurden auch für den bewehrten Beton erdfeuchte und schwach-plastische Betone verwendet, mit denen hohe Betonfestigkeiten und große Dichtigkeiten erreichbar sind [22].

Wesentliche Impulse ergaben sich für das Bauen mit Beton auch durch die Rohrförderung des Betons [168]. Die Idee, Beton durch Rohrleitungen zu fördern, wurde um 1910 geboren. In Rohren wird Frischbeton heute im freien Fall über große Strecken nach unten ohne nachteilige Veränderungen befördert, was z. B. für den Stollen- und Schachtausbau des Bergbaus von Interesse ist. Noch wichtiger ist aber das Pumpen des Betons zur Überwindung weiter Strecken oder großer Höhen. Dafür ist ein gut verformbarer Frischbeton mit ausreichendem Zusammenhaltevermögen erforderlich, z. B. entsprechend weicher Beton oder Fließbeton. Heute werden Höhen bis über 500 m mit Pumpbeton überwunden [208].

Ebenso wie die Zementindustrie bemühte sich auch die Betonindustrie von Anfang an ein qualitätsgerechtes Produkt zu liefern. Während aber für den Zement schon 1877 eine Norm mit Güteanforderungen und Prüfverfahren aufgestellt und 1878 bauaufsichtlich eingeführt wurde, gab es für den Beton so etwas zunächst nicht. Selbst in dem Bericht der Deutschen Portland-Zement- und Betonindustrie anläßlich der Düsseldorfer Ausstellung im Jahre 1902 wurde davon noch nicht gesprochen. Es wurde lediglich erwähnt, daß Festigkeits- und Elastizitätsmodul-Prüfungen bis zu diesem Zeitpunkt in Deutschland nur sehr spärlich durchgeführt worden sind. Das mag auch daran gelegen haben, daß etwa bis 1900 die Auftraggeber das Mischungsverhältnis vorschrieben und die Betoneigenschaften erst danach Vertragsbestandteil wurden [22].

Mathias Koenen veröffentlichte 1886 grundlegende theoretische Untersuchungen über den Eisenbeton, die 1887 in der sogenannten Monier-Broschüre von *G. A. Wayss* um Versuchsergebnisse u. a. über Probebelastungen und Durchbiegungsmessungen erweitert wurde [90] [141]. Wayss ließ die Monier-Broschüre 1887 in Berlin und Wien in einer Auflage von 10 000 Stück drucken und versandte sie an Baubehörden, „bekannte Privatarchitekten" und „Zivilingenieure". Die Monier-Broschüre gilt als „klassisches Werk" der Stahlbetonbauweise, da sie „.... als erste Bearbeitung die Anwendungsgebiete des Eisenbetonbaus in umfassender Weise behandelt und die mit dieser Bauweise bisher gemachten Erfahrungen und Versuche bespricht ..." (nach *M. Foerster*). In überarbeiteter Form wurde diese Broschüre 1902 vom Deutschen Beton-Verein als „Grundzüge für die statische Berechnung der Beton- und Betoneisenbauten" herausgegeben. Die Weiterentwicklung dieser Grundzüge und der übrigen inzwischen herausgekommenen Richtlinien und Leitsätze für die Betonherstellung und -prüfung führten im Jahre 1904 zu den ersten „Bestimmungen für die Ausführung von Konstruktionen aus Eisenbeton" des Preußischen Ministers für Öffentliche Arbeiten sowie schließlich zu den ersten Normen für das Bauen mit Beton und Stahlbeton in Deutschland.

Mit Ausgabedatum September 1925 kamen erstmals die Stahlbeton-Norm DIN 1045, die Norm für unbewehrten Beton DIN 1047 und die Beton-Prüfnorm DIN 1048 heraus. Neben anderen Normen folgten 1943 die Norm für Fertigteile aus Beton DIN 4225 und 1953 die Spannbetonnorm DIN 4227.

Mit zunehmender Anwendung von Beton wuchs auch die Zahl der betonherstellenden und -verarbeitenden Betriebe und damit verbunden auch die Gefahr des unlauteren Wettbewerbes. Das alleinige Festlegen von Güteanforderungen und Prüfverfahren wurde nicht mehr als ausreichend angesehen und es wurde zunehmend der regelmäßige Prüfnachweis hinsichtlich der Güteanforderungen an den Beton gefordert. Wie schon lange vorher in der Zementindustrie wurden nun auch in der Betonindustrie zunächst als Selbstschutz vor unlauterem Wettbewerb Güteschutzgemeinschaften gegründet, die später von der Bauaufsicht als Überwachungsgemeinschaften anerkannt wurden. Diese Gemeinschaften entstanden etwa ab 1937 zunächst für im Werk hergestellte Betonwaren. Nach nach dem zweiten Weltkrieg wurden auch für Betonfertigteile, für Transportbeton und für hochwertige Betone auf der Baustelle derartige Schutzgemeinschaften gegründet. Sie werden vom jeweiligen Industriebereich getragen und haben von der Bauaufsicht den Auftrag, sowohl die Fremdüberwachung durchzuführen als auch die Eigenüberwachung nachzuprüfen.

Um Normung und Forschung auf dem Gebiet des Beton-, Stahlbeton- und Spannbetonbaus haben sich seit 1907 insbesondere der Deutsche Ausschuß für Stahlbeton und seit 1968 das Deutsche Institut für Bautechnik in Berlin verdient gemacht [22].

7.
Bituminöse Baustoffe

Der Sammelbegriff „Bituminöse Stoffe" umfaßt vielfach alle Erzeugnisse, die vorwiegend auf der Basis von Bitumen oder Teer und Pech aufgebaut sind.

Bitumen sind bei der Aufarbeitung geeigneter Erdöle gewonnene schwerflüchtige dunkelfarbige Gemische verschiedener organischer Substanzen, deren elasto-viskoses Verhalten sich mit der Temperatur ändert. Zu den Bitumen sind auch die in geologischen Zeiträumen aus Erdölen gebildeten Bitumenanteile von Naturasphalt zu rechnen, die natürlich vorkommenden Bitumen.

Teere sind Produkte, die bei der Destillation von Kohle entstehen. Insbesondere bei der Destillation der Kohle (Erhitzung von Kohle ohne Luftzutritt) bei verhältnismäßig niedriger Temperatur (unterhalb 600 °C) – der Verschwelung – entsteht verhältnismäßig viel Teer, der sogenannte Tieftemperaturteer. Teere können auch aus der thermischen Zersetzung von Holz oder Torf gewonnen werden.

Peche sind schwarze, halbfeste bis feste amorphe Stoffe, die als Rückstand bei der Destillation von Teer entstehen.

Wenn insbesondere in der älteren Literatur von bituminösen Stoffen geschrieben wird (Bitumen lateinisch = Erdharz, Pech), dann wird nicht immer zwischen den Erdölprodukten und den Destillationsprodukten der Kohle unterschieden [150].

Natürlich vorkommende Bitumen:

1. Asphaltgesteine/Bituminöse Gesteine
An vielen Orten der Erde kommt Bitumen in Gesteinen, vor allem in Kalksteinen vor. Es gibt Lagerstätten mit weichen Kalksteinen, die zwischen 6 und 14% Bitumen enthalten sowie Lagerstätten kristalliner Kalksteine, die zwischen 2 und 20% Bitumen enthalten können. Im zweiten Fall ist die Sättigung des Kalksteins mit Bitumen oft sehr ungleichmäßig. Bituminöse Gesteine findet man in Europa u.a. in den aus dem Karbon stammenden Lagerstätten im Neuchatel-Tal in der Schweiz sowie denen in der Region Seyssel in Frankreich, den aus dem Oligozän stammenden Vorkommen des Gard-Departements in Frankreich und in den aus dem Tertiär stammenden Vorkommen auf Sizilien [34].

2. Asphaltseen
In natürlicher Form kommt Bitumen auch in sogenannten Asphaltseen vor. Der bekannteste dieser Seen ist der Trinidadsee auf Trinidad, einer Insel im Süden der kleinen Antillen, der Inselbrücke Mittelamerikas. Der Trinidadsee besteht aus etwa 50 bis 60% Bitumen sowie 40 bis 50% eines Gemischs aus sehr feinen silikatischen Sanden, Ton und unlöslichen organischen Substanzen [43]. Über die Existenz dieses Asphaltsees in Trinidad wurde zum ersten Male im Jahre 1595 durch *Walter Raleigh* berichtet. Lange Zeit wurden große Mengen dieses natürlich vorkommenden Bitumens in alle Welt exportiert. Weitere Asphaltseen gibt es noch auf den Bermudas, in Venezuela, Kuba und Texas.

3. Erdölsickerstellen
Die sogenannten „Sickerstellen" stellen eine weiteres natürliches Bitumenvorkommen dar. Sickerstellen sind Orte, an denen bituminöse bzw. erdölhaltige Schichten – meist als Folge tektonischer Verschiebungen, Grabenbrüche usw. – frei an die Erdoberfläche treten.

Heute dient als Ausgangsstoff für Bitumen und Asphalt fast ausschließlich Erdöl. Diese Möglichkeit besteht aber erst seit 1859, als durch den Amerikaner *Drake* in Pensylvanien (USA) die erste gezielte Tiefbohrung nach Erdöl durchgeführt wurde [43]. Bis dahin wurden die oben genannten natürlichen Vorkommen sowie die Erzeugnisse der Kohledestillation für die verschiedensten Anwendungszwecke genutzt.

Neueste Forschungsergebnisse erbrachten, daß bereits vor 40000 Jahren Bitumen als Werkstoff von den Menschen benutzt wurde. Dies ergab eine Untersuchung zweier Fundstücke der syrischen Ausgrabungsstätte Umm el Tiel. Auf einem etwa zehn Zentimeter langen Schaber und auf einem etwas kürzeren Splitter wurden Reste einer dunklen, stark verwitterten Substanz entdeckt. Mit Hilfe der Gaschromatographie und der Massenspektrometrie wurde diese als Bitumen identifiziert. Vermutlich wurde das Bitumen benutzt, um Griffe auf Werkzeuge zu kleben.

Als Bau- und Werkstoff fanden bituminöse Stoffe bereits in den frühen Hochkulturen der Menschheit Verbreitung und Anwendung. Voraussetzung waren entsprechende Rohstoffquellen [44]. In erster Linie waren das die bituminösen Sickerstellen im Gebiet zwischen Nil und Indus. Es ist das Gebiet, in dem sich heute einige der Hauptfundstätten und wichtigsten Orte der Gewinnung von Erdöl befinden. Das an den Sickerstellen zutage tretende natürliche Bitumen wurde in den frühen Zivilisationen im Bauwesen z. B. als Bindemittel für Mauerwerk aus luftgetrockneten oder gebrannten Ziegeln verwendet. Weiterhin wurden bituminöse Stoffe beim Bau für Abwasseranlagen, Wasserbecken und Bäder genutzt, und kamen auch für Fußböden und im Straßenbau zur Anwendung [42].

Die bisher älteste nachgewiesene Anwendung von Bitumen im Bauwesen datiert aus der Zeit um etwa 3500 v. Chr. In der Nähe der Ortschaft Al' Ubaid in Mesopotamien wurden bei Ausgrabungen einfache Behausungen gefunden, die aus einem Traggerüst aus Rohrbündeln bestanden und mit Bitumen verstrichene Schilfmatten als Wandverkleidungen hatten [34] [42].

Eine der bekanntesten Bitumenquellen des Altertums war das Tote Meer – oder wie es früher hieß, der „Lacus Asphaltites". Diese und weitere derartige Quellen am Toten Meer hängen mit einer bemerkenswerten geologischen Erscheinung, dem „Jordangraben" zusammen. Dieser Graben ist der nördlichste Teil des gewaltigen, vom Sambesi in Südafrika bis nach Syrien reichenden, fast 6000 km langen ostafrikanischen Grabens. Der Jordangraben bildete sich ganz allmählich im Tertiär. Die Bewegungen der Erdkruste sind auch heute noch nicht ganz abgeschlossen [26].

In der Bibel ist über das Gebiet am Toten Meer und die dortigen bituminösen Vorkommen im ersten Buch Mose, 14. Kapitel wie folgt zu lesen:

„Das Tal Siddim aber hatte viele Erdharzgruben: und die Könige von Sodom und Gomorra wurden in die Flucht geschlagen und fielen da hinein, und was übrig blieb, floh auf in das Gebirge".

Nach hebräischer Überlieferung war das Tal Siddim eine fruchtbare Ebene in Palästina mit den Städten Sodom und Gomorra, an deren Stelle dann das heutige Tote Meer mit seiner unfruchtbaren Umgebung trat.

Der in der Bibel beschriebene Untergang von Sodom und Gomorra im 1. Buch Mose, 19. Kapitel, Vers 24 „Da ließ der Herr Schwefel und Feuer regnen ... herab auf Sodom und Gomorra" könnte in Zusammenhang mit dem Jordangraben erklärt werden. Es ist durchaus möglich, daß sich etwa um 1700 v. Chr. in Fortsetzung der schon lange dauernden Senkungen des Geländes – der Wasserspiegel des Toten Meeres liegt heute fast 400 m unter dem Spiegel des Mittelmeeres – eine örtliche Senke zusätzlich und plötzlich während eines starken Erdbebens gebildet hat. Die Erdbeben konnten von Gasausbruch und Feuer begleitet sein, und so könnte auch die biblische Darstellung des Untergangs von Sodom und Gomorra erklärt werden.

Die bituminösen Quellen des Toten Meeres liegen in der Mitte des Sees, und von Zeit zu Zeit wurden halbflüssige oder schlammartige Stücke Bitumen ausgeschieden, die an die Oberfläche des Meeres aufstiegen. Die Ausscheidung der Bitumenstücke war immer mit der Freisetzung von Schwefelwasserstoff verbunden, der als unangenehm nach faulen Eiern riechendes Gas die ganze Gegend beeinträchtigte. Die Anwohner am Toten Meer – die Palästinenser und Juden – haben zwar das Bitumen (das „Bitumen Judaicum", das Judenpech, wie es auch manchmal genannt wurde) gesammelt, aber nicht selbst verwendet [42]. Sie führten es wahrscheinlich hauptsächlich nach Ägypten aus, wo es u.a. auch bei der Einbalsamierung von Leichen verwendet wurde. Zuerst wurde es nur zum Tränken der Leinwand- und Baumwollbinden benutzt, später dann auch für das Ausgießen der toten Körper.

Von asphalthaltige Seen in Syrien berichtete *Vitruv* [170]: „... Bei Joppe in Syrien und in Nomaden-Arabien sind Seen von ungeheurer Größe, die außerordentlich große Massen Erdpech absondern, das die Umwohnenden wegschleppen. Das ist nicht verwunderlich, denn dort sind zahlreiche Minen von hartem Erdpech. Wenn sich also die Gewalt des Wassers durch erdpechhaltige Erde hindurch einen Weg bahnt, dann zieht sie Erdpech heraus und führt es mit sich, und, wenn das Wasser an die Erdoberfläche tritt, dann sondert sich das Wasser ab und scheidet so das Erdpech aus...". In Palästina, Israel und Syrien existieren auch viele Vorkommen bituminöser Kalksteine. Es ist aber kaum wahrscheinlich, daß diese Kalksteine, die bis zu 25 % Bitumen enthalten, früher ausgebeutet wurden. Als sogenanntes Glanzpech wurde in Syrien Bitumen schon um 1600 v. Chr. bergmännisch gewonnen. Es wurden Schächte gefunden, die bis zu 60 m tief waren [42]. Bekannt waren auch stark bitumenhaltige Kalk- und Sandsteinschichten in den heutigen Gebieten um Kuwait und der Insel Bahrein.

In Mesopotamien waren Erdöl- und Bitumenquellen schon seit langem bekannt. Bei *Vitruv* ist zu lesen [170]: „... Bei Babylon hat ein See von ganz beträchtlicher Größe, der 'Asphalt-See' genannt wird, an seiner Oberfläche flüssiges Erdpech schwimmen..." In alter Literatur werden auch immer wieder die noch heute existierenden Fundstätten bei der Stadt Hit – auch in der Nähe von Babylon – erwähnt. Bei Hit soll Bitumen schon seit mehr als 4000 Jahren v. Chr. gewonnen worden sein. Die Vorkommen bei Hit enthielten 64 bis 79 % bituminöse Masse, der Rest war Wasser [45].

Über einen weiteren Asphaltsee in Mesopotamien bei der Stadt Samosata schrieb *Plinius* „... in der Stadt Samosata gibt es ein stillstehendes Wasser, auf dem brennender Schlamm treibt, den man „Maltha" nennt. Wenn dieser Schlamm mit etwas Festem in Berührung kommt, bleibt er daran haften und folgt demjenigen, der fortläuft. So haben die Einwohner die Mauer verteidigt, als Lucullus sie belagerte; die Soldaten brannten durch ihre eigenen Waffen, Experimente haben erwiesen, daß der brennende Schlamm nur mit Erde gelöscht werden kann ..." [42].

So wie hier von *Plinius* beschrieben, haftete dem Bitumen lange Zeit der Ruf des Geheimnisvollen an, da man die Herkunft der schwarzen, zähen Masse mit ihren besonderen Eigenschaften noch nicht kannte. Eine der vielen Besonderheiten des Bitumens lag bei seiner Anwendung in der Kriegstechnik. Eine als „griechisches Feuer" bekannte Waffe war ein besonders wirksames Kampfmittel, das lange Zeit von Geheimnissen umwittert war, da es auch im Wasser brannte und mit ihm nicht gelöscht werden konnte. Als Erfinder gilt der griechische Architekt *Kallinkos,* der um 650 n. Chr. lebte. Vermutlich ist es aber schon einige Jahrhunderte vorher in der vom Erfinder gebrauchten oder in einer ähnlichen Zusammensetzung verwendet worden. Es bestand aus leicht entzündlichen Mischungen von Schwefel, Harz, Erdöl und ähnlichen Stoffen und konnte mit Blasrohren oder in Wurfgeschossen auf den Gegner geschleudert werden [26].

Die Gewinnung des rohen Bitumens war zum Teil recht einfach. Im Toten Meer z. B. trieb das Bitumen durch den hohen Salzgehalt des Meeres an die Meeresoberfläche. Die Anwohner fuhren mit Flößen auf das Meer, zerhackten die bituminösen Klumpen und brachten sie an Land. Nachdem das Material getrocknet und hart geworden war, wurde es wie Holz oder Stein mit Hilfe von Keilen oder Beilen in handliche Stücke zerlegt und, wie schon erwähnt, größtenteils nach Ägypten ausgeführt [42].

Anders erfolgte die Gewinnung an den bituminösen Sickerstellen in Mesopotamien. Dort wurde zum Gewinnen der bituminösen Masse eine Stange mit an einem Ende angebundenen Zweigen in den See getaucht und wieder herausgezogen. Die bituminöse Masse ließ man dann von den Zweigen abtropfen und fing sie in Gefäßen auf. Dieser Vorgang wurde so lange wiederholt, bis man eine genügende Menge gesammelt hatte. Ähnlich erfolgte die Gewinnung auf Sizilien, wo man die bituminöse Masse von den Grannen von Rohrhalmen abtropfen ließ. Eine einfache, aber zeitaufwendige Möglichkeit der Gewinnung.

In Mesopotamien fand Bitumen hauptsächlich als Mörtel Anwendung.

Wie in der Bibel geschrieben, wurde auch beim Bau des Turmes von Babel um 2000 v.Chr. Bitumen zum Mauerbau verwendet [26]. Im 1. Buch Mose, 11. Kapitel, Vers 3 heißt es:

„Und sie sprachen untereinander: Wohlauf, laßt uns Ziegel streichen und brennen! Und nahmen Ziegel zu Stein und Erdharz zu Kalk."

Die Bezeichnung Erdharz ist eine von mehreren für den bituminösen Stoff. Der bituminöse Mörtel spielte lange Zeit eine wichtige Rolle als Baustoff für die mesopotamischen Bauwerke. Im natursteinarmen südlichen Teil Mesopotamiens wurden zum Bau fast ausschließlich luftgetrocknete oder später gebrannte Ziegel verwendet. Die gebrannten Ziegel konnten mit den vergleichsweise primitiven Öfen nur bei etwa 550 bis 600 °C gebrannt werden und hatten nicht die Festigkeit der heutigen. Zusammen mit dem bituminösen Mörtel erzielte man jedoch mit den porösen Ziegeln eine sehr feste Verbindung, wobei sich auch die Druckfestigkeit der Ziegel verbesserte, da eine beträchtliche Menge des Bitumens von den Ziegeln absorbiert wurde. Der römische Kaiser *Trajan* (Regierungszeit 98–117 n. Chr.) soll über das Mauerwerk in Babylon gesagt haben, daß der „...Asphalt, mit dem man die Mauer gebaut hat, denn zusammen mit Backsteinziegeln oder Kies ein so festes Material ergibt, daß man Mauern damit errichten kann, die stärker sind als Felsen und alle Arten Eisen ... „. Für die Dauerhaftigkeit der Bauwerke wirkte sich der Übergang vom bisher üblichen Lehmmörtel zum bituminösen Mörtel jedenfalls sehr positiv aus [42].

Dieser Übergang muß etwa um 3500 bis 3000 v. Chr. erfolgt sein. Bei Ausgrabungen bei Tell Asmar, etwa 50 Meilen nordöstlich von Bagdad wurden mehrere Beispiele der Verwendung von bituminösen Mörteln gefunden, die dieser Zeit zugeordnet werden. Anwendung fanden die bituminösen Mörtel dort zum Verbinden luftgetrockneter Ziegel, waren aber auch Bestandteil von Fußbodenkonstruktionen und Treppenstufen und wurden auch zum Abdichten von Bädern und Abflußleitungen verwendet [45]. Ein Tempel in Ur aus der Zeit des Königs von Lagash (etwa 2800 v. Chr.) hatte Fundamente aus plankonvexen Ziegeln, die mit einem bituminösen Mörtel vermauert waren, und bei Bauwerken der gleichen Periode bei Nippur – über 60 Meilen südlich von Bagdad – wurden Wände aus Natursteinen und Rinnsteine aus Ziegeln entdeckt, die ebenfalls in bituminösen Mörteln verlegt waren [42].

Diese frühen bituminösen Mörtel enthielten 25 bis 35 % Bitumen. Weitere Mörtelbestandteile waren Sand, Lehm und Stroh- oder Schilfhäcksel. Zur Herstellung von Mischungen aus Bitumen, Sand und Lehm mußte das Bitumens erhitzt werden. Einige bei Ausgrabungen gefundene Tongefäße, die im Inneren einen Bitumenstreifen zeigen, lassen vermuten, daß diese als Schmelzgefäße gedient hatten. Die Bitumenmastix muß in der Regel vergossen oder mit einer Kelle verstrichen worden sein. In Mesopotamien wurden verschiedentlich keramische Streichkellen gefunden, die meist die Form eines runden oder auch eines rechteckigen Streichbrettes hatten. Auf dem Streichbrett ist ein Handgriff gleichfalls aus gebranntem Ton angebracht. Daß auf diesen Streichwerkzeugen meistens keine bituminösen Rückstände gefunden wurden, dürfte darauf zurückzuführen sein, daß die alten Bauhandwerker diese Werkzeuge vor ihrem Gebrauch mit Talkum-Pulver oder dergleichen bestreut haben, wodurch ein Ankleben der bituminösen Massen vermieden wurde [42].

Etwa zur gleichen Zeit wie in Mesopotamien – also etwa um 3000 v. Chr. – wurde Bitumen als Baustoff auch bei Bauwerken einer frühen Hochkultur im Industal bei Mohenjo Daro – etwa 25 Meilen südlich von Larnaka im heutigen Pakistan - verwendet [114]. Unter den dort gefundenen Bauten befand sich auch ein Wasserbehälter mit den Abmessungen von etwa 11x7x2,50 m. Die Außenwände dieses Behälters bestehen aus zwei

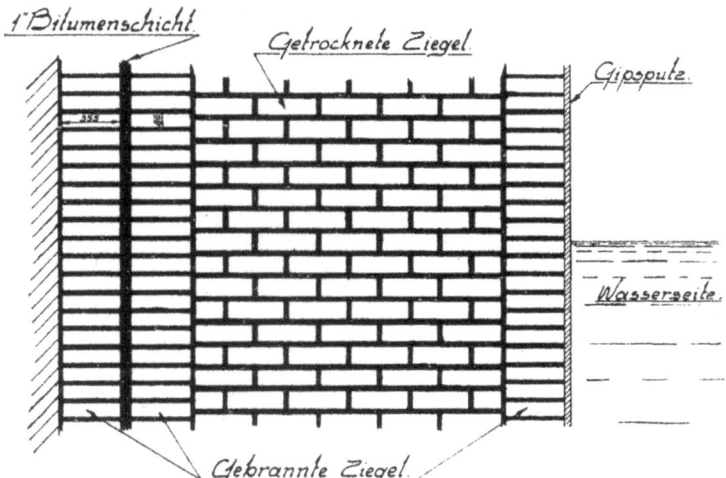

Bild 86: Schematischer Wandaufbau des Bades von Mohenjo Daro (um 3000 v.Chr.)

nebeneinanderliegenden Ziegelmauern von etwa 0,9 bis 1,2 m Dicke. Dazwischen befindet sich eine etwa 2,5 cm dicke bituminöse Schicht. Es folgt noch eine breite Mauer aus luftgetrockneten Ziegeln und schließlich noch eine Ziegelschicht mit einem Gipsputz. Auch der Unterbau dieses Behälters und zugehörige Versorgungs- und Drainage-Kanäle hatten einen ähnlichen Aufbau. Die Verwendung bituminöser Baustoffe in Mohenjo Daro gab zunächst insofern einige Rätsel auf, da es sich hier nicht um ein Gebiet mit natürlichen Bitumenquellen handelt. Die Annahme, daß die im Industal verwendeten Bitumen aus Mesopotamien stammen könnten - gerade, weil die Sumerer bekanntlich über sehr weite Strecken Handelsbeziehungen unterhielten – wurde durch chemische Analysen bestätigt. Eine Besonderheit der bei den Bauwerken in Mohenjo Daro verwendeten bituminösen Mörtel war, daß neben Lehm diesen auch Gips zugemischt war. Feuchter Lehm und Gips lassen sich ziemlich leicht mit geschmolzenem Bitumen vermischen. Es liegt hier wohl eine Mischung verschiedener Arten von Bindemitteln und Dichtungsmitteln vor. Rohes wasserhaltiges Bitumen wurde im Altertum auch als eine besondere Sorte Lehm oder Schlick angesehen. Dies ergibt sich aus verschiedenen Bibelübersetzungen, wo Asphalt oder Bitumen einfach durch Lehm ersetzt wurde [114]. *Luther* übersetzte z. B. an einer Stelle „... und sie hatten Thon statt Kalk ... " (als Mörtel). Der Ausdruck Ton ist erst in später revidierten Bibel-Übersetzungen durch „Erdharz" ersetzt worden [26].

Ton und Bitumen wurden häufig zusammen verwendet. Der deutsche Archäologe *Robert Koldeway* (1855–1925), der von 1898 bis 1917 in Babylon

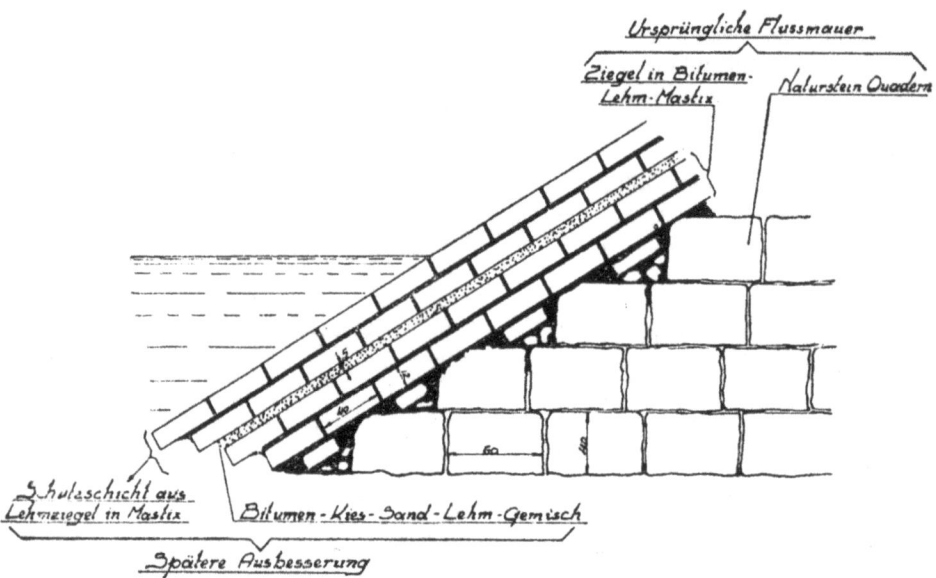

Bild 87: Flußufermauer am Tigris in Assur (um 1300 v.Chr.)

Ausgrabungen durchführte, beschrieb den Bau von Wänden in Babylon und Ninive. Danach wurde zuerst eine Ziegelreihe gesetzt, dann folgten eine bituminöse Schicht und eine Tonschicht. Diese Reihenfolge wiederholte sich. Folglich waren in jeder Mauerwerksschicht Bitumen und Ton anzutreffen. In jeder 5. Schicht wurde die Tonschicht durch Schilfmatten ersetzt [42]. Bei anderen Bauwerken, so z. B. beim Tempel in Borsippa, gab es beim Maueraufbau keine Tonschichten, und die Ziegel waren direkt mit dem bituminösen Mörtel verbunden. Für diese unterschiedliche Bauweise scheint folgende Erklärung wahrscheinlich. Bestand die Möglichkeit, einen bituminösen Mörtel heiß aufzutragen, so war ein ausgezeichneter Verbund zwischen den Ziegeln garantiert. War das nicht möglich und die bituminöse Masse konnte nur kalt und daher in geringer Plastizität verwendet werden, so war keine innige Verbindung mit den Ziegeln möglich. In diesem Fall könnte die Tonschicht dazu gedient haben, diesen Mangel auszugleichen und der Mauer sogar eine bessere Stabilität gegeben haben.

Die Anwendung bituminöser Mörtel konnte für das babylonische Reich kontinuierlich bis zu Beginn der christlichen Ära nachgewiesen werden, obgleich in der Stadt Babylon selbst, bis auf die Regierungszeit Königs *Hammurabi* (um 2000 v. Chr.), nur wenige Anwendungen bekannt sind. Später, im 6. und 7. Jahrhundert v. Chr., als die großartigen Bauwerke mit Bilderwänden aus glasierten Ziegeln entstanden, wurde teilweise bituminöser Fugenmörtel verwendet. Der griechische Geschichtsschreiber *Herodot* (490–425 v. Chr.)

berichtete, daß die Mauern von Babylon aus der Zeit *Nebukadnezars* (604–561 v. Chr.) mit gebrannten Ziegeln und mit heißem Bitumen aus den Lagerstätten aus Hit gebaut wurden, wobei Schichten aus geflochtenem Schilf zwischen den Ziegelschichten eingefügt wurden. Gegen Ende der Regierungszeit *Nebukadnezars* wurde die Verwendung bituminösen Mörtels in Babylon aufgegeben. Die Ursache dafür dürfte mit der Verbreitung des Kalkmörtels in Verbindung gestanden haben [42].

Bemerkenswert ist die Konstruktion einer Flußmauer entlang des Tigris in Assur aus der Zeit der Herrschaft von König *Adad Nirari I* aus dem Jahre 1300 v. Chr. Zunächst wurde bei diesem Bauwerk ein Fundament aus Kalksteinblöcken

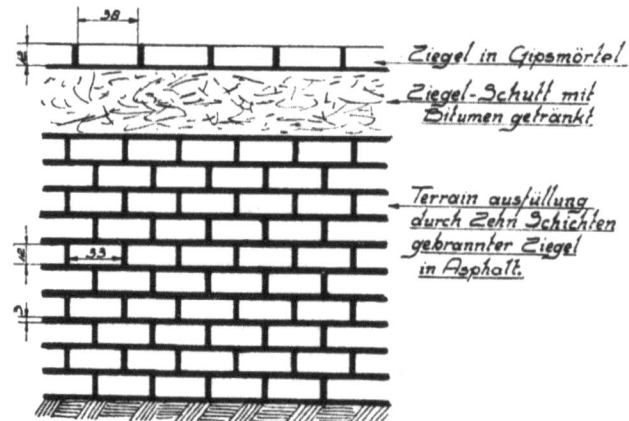

Bild 88: Fußbodenaufbau im Palast von Nobopalassar in Babylon (um 600 v.Chr.)

errichtet. Dieses wurde durch eine Mauer aus gebrannten Ziegeln geschützt, die in einem bituminösen Mörtel verlegt waren. Dieser Mörtel bestand aus einer Mischung von Bitumen und Lehm bzw. Bitumen, Sand und Kies.

Bituminöse Mörtel wurden auch bei Fußbodenkonstruktionen und beim Straßenbau im alten Babylon verwendet. Ein Beispiel dafür ist die wahrscheinlich in der Regierungszeit von *Nabopalassar* (625–605 v. Chr.) oder etwas früher erbaute große Prozessionsstraße „Aibur Schabuh" in Babylon, die später von *Nebukadnezar* umgebaut wurde. Das Terrain für die Straße wurde zunächst durch umfangreiche Anschüttungen in eine horizontale Lage gebracht und danach von etwa 7 m hohen Mauern eingefaßt und mit außerordentlich fein verarbeiteten Kalksteinplatten aus dem Libanon gepflastert. Bituminöse Mörtel wurden beim Unterbau der Straße verwendet, der aus mehreren Lagen gebrannter Ziegel bestand, die in dem Mörtel verlegt waren [78].

Bei der Prozessionsstraße zum Ischtartempel von Assur aus einer Zeit um etwa 720 v. Chr. bestand der Straßenunterbau aus mehreren Schichten gebrannter Ziegel, die in einem bituminösen Mörtel verlegt waren. Als Deckschicht dienten hier Gipsplatten, in die künstliche Radgleise von 70 cm Spurweite eingearbeitet waren. In diesen Gleisen liefen vermutlich die Räder der Tempelwagen. Das Rad – eine der größten Erfindungen des Menschen - ist nach Ansicht verschiedener Forscher vermutlich in Mesopotamien erfunden worden [156].

Im klassischen Griechenland und im römischen Reich trat die Bedeutung des Bitumens als Baustoff in den Hintergrund. Bitumen wurde im wesentlichen nur in der Medizin und der Magie – was damals fast das gleiche bedeutete – verwendet [199]. Die Griechen bezeichneten den aus der Erde kommenden Stoff mit Asphalt. Der Wortstamm *sphaleros* bedeutet trügerisch, verführerisch, unsicher, unzuverlässig. Der Buchstabe Alpha davor verändert den Sinn in das Gegenteil; Asphalt bedeutet also zuverlässig und dauerhaft. Die Römer nannten den Stoff *pix tumens,* was mit „schwellendes oder aufwallendes Pech" gleichzusetzen ist und woraus dann das Wort Bitumen entstand [26].

Im Römischen Reich wurde das von den Griechen übernommene Wissen über die vielfältigen Anwendungsmöglichkeiten von Bitumen in den Hintergrund gedrängt, was durch verschiedene Faktoren erklärbar ist. Einer der Hauptgründe war, daß sich die Römer in hohem Maße für Holzteer und Holzpech interessierten, die sie nicht nur als Nebenprodukte bei der Holzkohleproduktion gewannen, sondern auch in großem Maßstab auf technischer Basis herstellten. Die Römer wußten sehr gut, welche Holzsorten den meisten und den besten Teer lieferten [26] [43].

Im Mittelalter ging die Kenntnis von den vielfachen technischen Verwendungsmöglichkeiten des Bitumens verloren, wie überhaupt viel Wissen im Mittelalter mehr oder weniger verlorenging. Als Kuriosum blieb das Bitumen aber bekannt. Man schrieb ihm wegen seiner Merkwürdigkeiten heilende Wirkung auf mancherlei Krankheiten und Gebrechen des Menschen zu. So galt Bitumen u. a.

Bild 89: Rohölgewinnung und -destillation

Bild 90: Ausschmelzen von Bitumen aus bituminösen Gestein

als Allheilmittel gegen Augenkrankheiten, Lepra und Ekzeme [26] [43].

Oft wurden im Mittelalter die bituminösen Stoffe mit bösen Geistern in Verbindung gebracht. Sicherlich hat dazu auch die dunkle Farbe der Stoffe geführt, denn derartige Gedankenverbindungen spielen in der Magie eine große Rolle. Bituminöse Stoffe wurden nicht nur für viele Zaubermittel und Salben verwendet sondern auch für den sogenannten „Bildzauber" (defixo). Mit diesem Bildzauber versuchte man, einem Gegner zu schaden. Man fertigte hierzu ein Bildnis von ihm aus Wachs, Pech, Bitumen oder aus einem Gemisch von vielen anderen Stoffen und verbrannte oder durchstach dies und fügte dem Bildnis die Verwundungen zu, die man seinem Feinde wünschte. Dieser Brauch ist jedoch nicht nur auf das Mittelalter beschränkt. Er ist uralt und spielte schon im alten Babylonien eine Rolle [43].

Die dem Mittelalter folgende Zeit der Renaissance führte nur zu wenig neuen Anwendungsgebieten für Bitumen. Häufig wird der alte Brauch erwähnt, Schiffe mit Bitumen zu dichten. Auch erscheint Bitumen neben Pech, Harz und Schwefel in Rezepten für „Brandsätze für Holzwerk" oder „wetterfeste Fackeln". Eine besondere Rolle spielte das Bitumen in der Malkunst der Renaissance als sogenannte „Mumienfarbe". Echte Mumienfarbe sollte aus getrockneten, gemahlenen Mumien bestehen, und sei mit flüssigen Lösungsmitteln, wie z.B. Leinöl, zu mischen.

Ein bedeutendes Datum in der neueren Geschichte des Bitumens ist das Jahr 1712. In diesem Jahr wurde der Grieche *Eyrinius d'Eyrinius* im schweizerischen Kanton Neuenburg in Val de Travers auf brennbare Gesteine aufmerksam gemacht. Bei näheren Untersuchungen fand *Eyrinius* das Naturasphaltlager bei Bois le Croix, das im darauffolgendem Jahrhundert beinahe das einzige Lager dieser Gegend war, das ausgebeutet wurde. Der gefundene Asphaltkalkstein wurde zu „Kitt" verarbeitete, wozu man heute Mastix (gießfähige Mischung aus Bitumen, Füller und Sand) sagen würde.

Nachdem es *Eyrinius* gelungen war, Mastix herzustellen, begann er, diesen auch als Baustoff zu verwenden, zunächst als Isolierschicht für Flachdächer und Treppen. Über die Versuche, die von 1714 bis 1716 dauerten, ließ er sich am 17. August 1716 ein offizielles Attest ausstellen. Danach führte er das neue Material einflußreichen Persönlichkeiten vor. Um diese von den besonderen Eigenschaften des bituminösen Kittes zu überzeugen, ließ er zwei mit dem Kitt aneinandergeklebte Steine aus dem ersten Stockwerk eines Hauses auf die Straße werfen. Der Verbund der Steine soll nach dem Aufprall nicht beschädigt gewesen sein. In einem anderen Fall ließ er eine in der Mitte durchgebrochene Steinsäule zusammenkitten, um diese auf ähnliche Weise zu prüfen. Eine recht ungewöhnliche, aber anschauliche Qualitätsprüfung eines Baustoffs [43].

Schon bald nach der Entdeckung der Naturasphaltlager in der Schweiz wurden weitere natürliche Vorkommen bituminöser Stoffe in Europa, z.B. in Deutschland in der Nähe von Hannover bei Wietz, sowie in Schweden bei Osmundsberg, in Ungarn und Rumänien festgestellt [37]. Die vielleicht bedeutendste Entdeckung großer Vorkommen bituminöser Stoffe wurde in Frankreich Ende des 18. Jahrhunderts (1797) in der Nähe von Seyssel gemacht.

Eine Entwicklung der Bitumenindustrie wurde aber erst nach der napoleonischen Zeit möglich, als der Straßenbau als neuer Partner der Bitumenindustrie in der Technik festen Fuß gefaßt hatte.

Nach bedeutenden Leistungen im Straßenbau im römischen Reich, wobei die Römer ihre Straßen ohne Bitumen bauten, war für den Straßenbau eine lange Zeit vollkommenen Stillstandes gekommen. Die Römer hatten es in der Zeit zwischen etwa 100 bis 200 n. Chr. immerhin auf ein Straßennetz mit einer Ausdehnung von etwa 100 000 Kilometern gebracht [156]. Kreuzzüge und große Pilgerfahrten im Mittelalter brachten zwar einigen internationalen Verkehr, ohne jedoch einen wirksamen Einfluß auf den Straßenbau hinterlassen zu haben. Man begnügte sich mit den Überresten der alten römischen Straßen sowie mit Sand- und Kieswegen. Unter *Karl dem Großen* wurden zwar noch einige Straßen gebaut, aber nach seinem Tode hörte in Europa der Bau befestigter Straßen überhaupt auf [78]. In den Städten, die nach 1200 entstanden, wurde der Bepflasterung der Straßen nicht viel Aufmerksamkeit geschenkt. In London wurden z. B. erst 1280 einige Straßen mit Pflaster versehen, und das alte „Kopfsteinpflaster" – oder auch Katzenkopfpflaster genannt – trifft man in den meisten Städten erst ab dem 15. Jahrhundert an [43].

Ab den ersten Jahrzehnten des 19. Jahrhunderts wurde dem Straßenbau wieder mehr Aufmerksamkeit geschenkt und viele Versuche zur Verbesserung der Straßenbefestigungen durchgeführt. Für den Baustoff Bitumen war damit ein Verwendungszweck gekommen, bei dem seine Eigenschaften voll genutzt werden konnten.

Zunächst wurden die aus Naturasphaltvorkommen gewonnenen Straßenbaustoffe auf Fußwegen und Brücken verlegt. Im Laufe der 20er Jahre des 19. Jahrhunderts wurde der Anwendungsbereich auf Fußböden in Schlachthäusern, Fugenvergußmasse bei gefliesten Fußböden, Anstrichfarbe und Schutzanstrich bei Holzkonstruktionen (z. B. in Bergwerken) und Dachdeckmaterial erweitert. Um 1820 sollen in Paris mindestens 500 Dächer mit einer bituminösen Mastix gedeckt gewesen sein [43].

Erste Versuche mit Asphaltstraßendecken wurden ab 1835 in Paris durchgeführt. Am 3. Dezember 1837 wurde dann der erste Großversuch mit gegossenen Asphaltblöcken auf dem Place de la Concorde in Paris gemacht. Insgesamt wurden etwa 20 000 m² Verkehrsfläche auf diese Weise befestigt. Die gegossenen Blöcke wurden dabei in verschiedenen Farben mosaikartig verlegt. Die Blöcke wurden in Stahlformen gegossen, deren Boden je nach Bedarf mit gefärbtem Splitt bedeckt war. Nach dem Abkühlen wurden sie aus den Formen herausgenommen und umgedreht, so daß jetzt der fest anhaftende Splitt als Sichtfläche oben lag [37]. Das gleiche Fertigungsprinzip wurde später in abgewandelter Form bei der Herstellung von Betonfertigteilen angewendet.

Die Bauweise mit Asphaltblöcken wurde eine Zeit lang beibehalten. So wurde 1869 in San Francisco ein ähnliches Asphaltblockpflaster verlegt, und 1873 wurde die Main-Street in St. Louis in den USA in gleicher Weise „gepflastert". Bemerkenswert ist, daß die Asphaltblöcke vor dem Verlegen nochmals mit 50 t Druck abgepreßt wurden, da man glaubte, damit besonders feste und gute Blöcke zu erhalten [34].

Gußasphalt in der heute üblichen Form wurde zuerst 1829 auf den Gehwegen des Pont Morand in Lyon verlegt. Ein nächster Versuch wurde 1835 auf dem Pont Royal in Paris ausgeführt. Weitere Befestigungen von Gehwegen in Gußasphalt wurden 1838 in Lyon und Philadelphia, etwa 1846 in Wien und 1858 in Magdeburg hergestellt.

Für die Fahrbahnen war der damals hergestellte Gußasphalt vielfach zu weich. Alle Bemühungen, einen härteren Gußasphalt herzustellen, scheiterten zunächst, da man den Charakter der Masse, insbesondere die Bedeutung der Korngrößenzusammensetzung der mineralischen Anteile noch nicht genau kannte. Der synthetische Gußasphalt besitzt heute als Bindemittel nicht Naturasphalt, sondern Erdölbitumen mit verhältnismäßig viel Splitt und wurde seit etwa 1925 in größerem Umfang angewendet. Gußasphalt wurde neben Beton auch auf den im „Dritten Reich" gebauten Autobahnen in Deutschland verwendet.

In England wurden erste Versuche mit bituminösen Straßenbelägen ab 1837 in London durchgeführt und hier trat das Bitumen als Konkurrent für das bisher verwendete Holzpflaster als Straßenbelag auf. Bis 1869 galt in London das Holzpflaster als das billigere Produkt und wurde vor allem als wesentlich gesünder angesehen [43].

1849 wurde der Grundstein zur Stampfasphaltkonstruktion gelegt [37]. Stampfasphalt decken bestanden aus Asphaltmehl, das auf einem speziellen Straßenbaugerät – der Asphalt-Darre – auf etwa 120 bis 130 °C an der Einbaustelle erhitzt wurde [6]. Dann wurden 7 bis 9 cm dieser Masse auf den Untergrund aufgebracht, abgezogen und mit rechteckigen oder runden Stampfern von Hand gestampft. Vom Ursprung dieser Bauweise wird berichtet, daß ein gewisser *Merian* beobachtet hätte, daß durch die Karren, mit denen der Asphalt transportiert wurde, verschütteter Asphalt zu einer gleichmäßigen staubfreien Schicht auf dem Transportweg verdichtet wurde. *Merian* ließ jedenfalls 1849 auf einem Straßenstück Naturasphalt in eine Makadamschicht walzen [43].

Die Bauweise Makadam verdankt ihren Namen dem englischen Straßenbauer *Mac Adam* (1756–1836) [209]. *Mac Adam* stellte eine Reihe von Regeln für den Straßenbau aus Gesteinsschotter auf, die zu einer allgemeinen Verbesserung des Straßenzustands und der Transportverhältnisse in Großbritannien und anderen Ländern führte. Allerdings ist das, was man heute als Makadam bezeichnet – nämlich eine Packlage als Unterbau und eine von unten nach oben abnehmende Korngröße von Schotter und Splitt – ausgerechnet nicht auf *Mac Adam* zurückzuführen. *Mac Adam* war nämlich der Überzeugung, daß jeder trockene Naturboden jede Belastung tragen kann, die auf ihn durch eine sorgfältig verlegte etwa 25 cm hohe Schotterschicht von gleicher Korngröße übertragen wird [156].

Den ersten Straßendecken aus Stampfasphalt war kein Erfolg beschieden. Erst 1854 gelang es, in Paris eine Straßendecke von etwa 800 m² mit Stampfasphalt zu verlegen, die danach über 60 Jahre in Betrieb blieb. Von diesem Zeitpunkt an begann eine stetige Ausweitung des Asphaltstraßennetzes. Von den etwa 800 m² im Jahre 1854 wuchs das Straßennetz 1856 auf über 8000 m², 1866 auf über 100 000 m² und 1869 auf über 280 000 m² an [43]. Zu Beginn des 20. Jahrhunderts war fast die Hälfte aller Großstadtstraßen Europas mit Stampfasphalt belegt [37].

Walzasphalt ist eine Sammelbezeichnung für verschiedene Bauweisen, denen gemeinsam ein sorgfältig abgestimmter Kornaufbau ihres Mineralgemisches von der feinsten Korngröße bis zum der jeweiligen Bauweise entsprechendem Größtkorn ist. Walzasphaltgemische besitzen einen verhältnismäßig geringen, genau definierten Bindemittelgehalt und werden im warmen Zustand sowohl gemischt und eingebaut als auch fertig gewalzt. Der erste Walzasphalt wurde 1868 in Santa Cruz eingebaut, um altes Holzpflaster zu überdecken. Der Mangel an eigenem Vorkommen von Asphaltkalkstein veranlaßte die USA, sich dieser Bauweise anzunehmen, und zwar anfangs in Nachahmung des Stampfasphaltes [204]. 1870/71 unternahm der in den USA lebende Belgier *De Smedt* Versuche mit einer Mischung aus Sand, Kalksteinpulver und einem amerikanischen Naturasphalt aus West-Virginia. Damit belegte er die William-Street in Newark (New Yersey) [58]. 1876 erprobte er eine ähnliche Mischung, diesmal jedoch unter Verwendung von Bitumen aus Erdöl als Bindemittel. In Fortführung dieses Grundgedankens wurde dann in den USA der Sandasphalt entwickelt, den man als Sonderbauweise des Walzasphaltes bezeichnen kann. In den US-amerikanischen Großstädten erreichte dieser Sandasphalt in etwa dieselbe dominierende Rolle wie der Stampfasphalt in Europa [37].

In Europa wurde Walzasphalt nach einem 1873 mißglückten Versuch erstmals 1895 in London eingebaut.

Voraussetzung für die Herstellung eines warm zu verarbeitenden Walzasphaltes sind große und teilweise sehr schwere Maschinen, deren Aufstellung sich nur bei Großbaustellen lohnte. Um auch auf kleineren Baustellen mit Walzasphalt arbeiten zu können, versuchte man Massen herzustellen, die nach dem Walzasphaltprinzip zusammengesetzt waren, aber in kaltem Zustand verarbeitet werden konnten.

Erstmals entwickelte der Amerikaner *Amies* eine solche Zusammensetzung, das Amiesite. Die ersten Patentansprüche dafür gehen auf das Jahr 1908 zurück. Das Verfahren beruhte im wesentlichen darauf, das Gestein zunächst mit Erdöl vorzunetzen. Danach wurde bis auf etwa 135 °C erwärmtes Bitumen zugegeben und intensiv gemischt. Abschließend wurde noch Kalkhydrat zugegeben. Diese Beläge wurden meist in zwei Schichten eingebaut und durch Walzen verdichtet. Ab 1928 wurde ein ähnliches Verfahren unter dem Namen Carpave in England angewendet. Ab 1930 kam als weiteres kalteinbaufähiges Gemisch der Deutag-Beton auf dem Markt [37]. Dadurch war man in der Lage, Aufbereitung und Einbau zu trennen und voneinander unabhängig zu machen. Die kalteinbaufähigen Gemische wurden damit zu einem vielseitig anwendbaren Straßenbaumaterial.

Mit der Verwendung als Dachdeckmaterial kam für bituminöse Stoffe ein weiteres wichtiges Anwendungsgebiet hinzu. Über den Ursprung der bituminösen Dachpappe ist nichts Näheres bekannt. Der Schwede *A. Faxe* veröffentlichte 1787 eine Schrift, in der die Herstellung einer Art Dachpappe beschrieben wurde. Diese Pappe wurde 1787 auch in Deutschland nach den Patenten von *Faxe* hergestellt, und unter dem Namen „Steinpappe" in den Handel gebracht. Diese Dachpappe bestand aus mit Eisen- und Kupfervitriol getränktem Filz, der mit einem Anstrich von Ölfarbe, Harz oder Leinöl versehen und vermutlich mit Roggenmehl bestreut war. Verschiedentlich war die auf Dächer genagelte Pappe mit Holzteer getränkt. Diese getränkte Pappe zog damals stark die Aufmerksamkeit auf sich, und schon 1791 soll ein gewisser *Michael Kog von Mühldorf* Dachpappe mit Bitumen getränkt und mit Steinmehl bestreut haben. Anfang des 19. Jahrhunderts ging das Interesse für Dachpappen etwas zurück, bis etwa um 1830 die Herstellung dieses Produktes wieder aufgenommen wurde. Dabei wurde das ursprüngliche Verfahren, bei dem die Pappe zum Tränken in ein Bad getaucht wurde, durch eine kontinuierliche Imprägnierung ersetzt. Dazu wurde eine Rolle Papier oder Filz durch ein Bad geführt und dann zwischen Walzen ausgepreßt. Dies erfolgte wegen der zerbrechlichen Konstruktion der Walzen lange per Hand [43]. Die Teerdachpappe wurde 1828 durch *Lampadius* in Freiberg in Sachsen erfunden [103].

1855 kamen Asphaltisolierplatten in den Handel, die aus Schichten getränkten Papiers bestanden, die mit Asphalt aufeinandergeklebt waren. Eine sogenannte „doppelte Kiesplatte" wurde in der gleichen Art und Weise hergestellt. In Sachsen und in Nordbayern wurden Brücken mit Dichtungsbahnen abgedeckt, die aus Teerdachpappe bestanden und beiderseitig einen Auftrag von Bitumen hatten. Bituminöse Dichtungsbahnen wurden in großem Umfang bei Bauwerken der Deutschen Reichsbahn eingesetzt. Etwa 1 500 000 m² Gewölbeflächen wurden allein in den Jahren 1932 bis 1937 mit solchen Dichtungsbahnen versehen [103].

Asphaltmastix für Dachdeckzwecke wurde in Gegenden verwendet, wo man die Flachdachform bevorzugte. Jedoch noch etwa Mitte des vergangenen Jahrhunderts wurde empfohlen, Dächer mit einer größeren Neigung als 5° nicht mit Asphaltmastix zu decken, da bei diesen die Gefahr bestehe, daß bei höheren Temperaturen der Asphalt wegfließt [43].

Das Aufbringen des Asphaltes auf die Dächer erfolgte nach verschiedenen Verfahren. So kannte man sowohl die aus reinem Mastix hergestellte Dachdeckung, die in rechteckige Felder gegossen wurde und bei der die Fugen später mit einer Vergußmasse ausgefüllt wurden, als auch eine Konstruktion, bei der auf das Dach zuerst eine Unterschicht aus Beton aufgebracht wurde, auf die dann die heiße Asphaltmastix mit der Kelle aufgetragen wurde.

Eine interessante und heute längst vergessene Anwendung, der Form nach heute als bituminöse Platte bezeichnet, war der sogenannte Asphaltziegel. Asphaltziegel wurden aus heißem Asphaltmehl gepreßt und vor dem Verlegen in heißem Wasser oder auf andere Weise erwärmt. Nach dem Verlegen der Asphaltziegel wurde mit einem heißen Eisen über die Verbindungsfugen gestrichen, wodurch eine feste Verbindung erreicht wurde. Die Platten hatten Abmessungen von etwa 500x500 mm und waren 15 mm dick [43].

Ebenfalls aus dieser Zeit – um 1860–1870 – stammen Blocksteine, die aus Kalksteinen oder Eisenschlacken mit Asphalt als Bindemittel hergestellt wurden.

Bitumen wurde auch als Anstrichmittel für Holz- und Stahlkonstruktionen verwendet. Jedoch beobachtete man bereits 1820, daß bituminöse Mastix nur schwer in Holz eindringt und daß deshalb das Holz mit einem Teeranstrich grundiert werden sollte.

Ein spezielles Einsatzgebiet für bituminöse Stoffe war deren Verwendung bei Maschinenfundamenten. Für die Errichtung eines erschütterungsfreien Untergrundes für Maschinen wurde eine Art Asphaltbeton verwendet, den man wie folgt herstellte: In eine Schalung wurde eine Schicht heißer Asphaltmastix geschüttet, darüber je eine Schicht Schotter und Kies, darüber wieder eine Schicht Mastix usw. Jede Schicht wurde gut verdichtet. Nach einer Wartezeit von einigen Tagen konnte die Maschine auf das Fundament gestellt werden. Bei der Herstellung kam es darauf an, den Hohlraum der Schotter- und Kiesschicht so gering wie möglich zu halten [43].

Heute werden bituminöse Stoffe überwiegend im Straßenbau eingesetzt. Anwendung finden sie auch als Dichtungs- und Klebstoff, Holzschutz- und Anstrichstoff sowie bei Dachpappen und Dichtungsbahnen.

8. Metalle

Die Kenntnis der Metalle ragt als uraltes Kulturgut der Menschheit – wenn auch nicht als Baustoff – weit in die vorgeschichtliche Zeit hinein. Gold, Silber und Kupfer dürften die ersten Metalle gewesen sein, die in irgendeiner Form genutzt wurden. Irgenwann wird der Mensch entdeckt haben, daß sich der vielleicht in einem Bach gefundene Goldklumpen im Gegensatz zu den Natursteinen durch Hämmern leicht verformen ließ. Etwa vor 7000 Jahren dürften andere Metalle in den Gesichtskreis des Menschen getreten sein, etwa Silber und Kupfer. In den Gesetzbüchern des *Menes* – nach der Überlieferung der erste Königs Ägyptens (etwa 2850 v. Chr.), der Ober- und Unterägypten vereinigt und die Stadt Memphis gegründet haben soll – wird bereits das Wertverhältnis zwischen Silber und Gold erwähnt. Wie Funde beweisen, wurden in dieser frühen Zeit schon Schmuckstücke, wie Armbänder, Ringe und Nadeln, sowie Nägel und Werkzeuge sowie Gefäße und Becher aus Gold, Silber und Kupfer hergestellt [99]. Zum Schmelzen von Kupfer benutzte man im alten Ägypten Blasrohre, um dem Feuer zum Erreichen hoher Temperaturen den notwendigen Sauerstoff zuzuführen. Neben diesem Verfahren wurde außerdem der erheblich leistungsfähigere Tretblasebalg eingesetzt, der auf Grabmalereien dieser Zeit abgebildet ist.

Sehr früh wurde bereits ein mit Nickel legierter Stahl verwendet. Dabei handelte es sich um Meteoreisenstücke, die als heilige Steine in Tempeln aufgestellt wurden oder zur Herstellung von Schmuckstücken aber auch von Waffen gedient haben. Ein in Ur in Mesopotamien gefundenes Stück eines Dolches stammt aus der Zeit um 3100 v. Chr. und ist bis jetzt der älteste Fund. Er besteht aus Eisen mit 10,8 % Nickel. Auch ein Dolch mit goldbelegtem Griff und einige andere Geräte aus dem Grabschatz *Tut-ench-Amuns* aus der Zeit um 1350 v. Chr. sind aus Meteoreisen gefertigt und enthalten etwa 9 % Nickel. In Grönland gefundene Messerspitzen aus Meteoreisen stammen auch etwa aus dieser Zeit [144].

Eine erste gewaltige Umwälzung und Erweiterung erfuhr die Kenntnis der Metalle durch die Entdeckung der Möglichkeit ihrer Erschmelzung aus Erzen. Wie bei vielen anderen Dingen hat man sicher auch das Ausschmelzen von Kupfer zufällig an Lagerfeuern beobachtet, die in einem Herd aus kupfererzhaltigen Steinen entzündet worden waren. Nach dieser Entdeckung ging man dazu über, diesen Vorgang zur Gewinnung von Kupfer auszunutzen und ihn auch auf andere Metallerze zu übertragen. Durch Verwendung des mit einem Silberanteil bis zu einem Prozent in der Natur in großen Mengen als Bleiglanz vorkommenden Bleisulfids (PbS) wurde das Blei entdeckt, wobei man offensichtlich zunächst mit diesem Metall nicht viel anzufangen wußte.

Unter den alten Kulturvölkern Ostasiens waren es hauptsächlich die Chinesen, die der Metallerschmelzung zu hoher Blüte verhalfen. Den Chinesen gelang es zuerst, das Zinn von seinen Erzen zu trennen, und sie nutzten dieses auch sofort. Verschiedene gefundene Zinngerätschaften zeugen davon. Durch das Zusammenschmelzen von Zinn und Kupfer wurde Bronze hergestellt. Die Erfindung der Bronze dürfte etwa 3000 Jahre v. Chr. sowohl in China als auch im Vorderen Orient gemacht worden sein. Bronzelegierungen bestehen zu etwa 90 % aus Kupfer und 10 % aus Zinn. Selbst die Verzinnung von Haushaltsgegenständen soll damals den Chinesen nicht unbekannt gewesen sein, eine Kunst, die Jahrhunderte später in Europa neu entdeckt wurde [99].

Die Bronze setzte sich gegenüber dem Stein dort durch, wo sie für die Herstellung bestimmter Haushaltsgegenstände, Arbeitsgeräte, Schmuck

8. Metalle

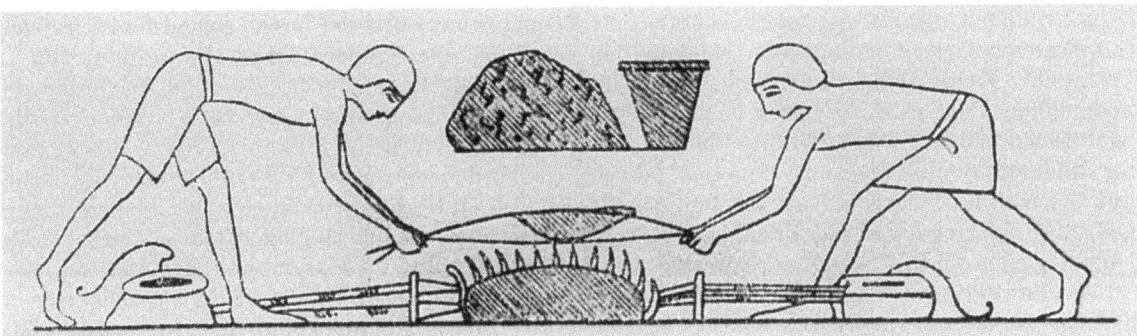

Bild 91: Metallgewinnung im alten Ägypten. Ein Gemisch von Erz und Holzkohle wurde in eine Grube geschichtet und mit einem durchlöcherten Tonmantel überdeckt und danach entzündet

und Waffen höhere Gebrauchseigenschaften als die bisherigen Rohmaterialien hatte. Zugleich dürften die bronzenen Werkzeuge eine höhere Arbeitsproduktivität ermöglicht haben, wobei schon die Herstellung von Bronze Ausdruck einer höheren Arbeitsproduktivität war. Der Vorteil der Bronze gegenüber dem Stein bestand trotz komplizierter Produktionstechnik vor allem darin, viele Gefäße, Werkzeuge und Waffen leichter und schneller herstellen zu können. Ein weiterer Vorteil bestand darin, daß Bronze besser und vielfältiger formbar war als der Stein. So ermöglichte die Bronze zugleich die Herstellung neuer Produkte, wie z. B. Zangen, Nadeln, Lampen, Schwerter, Helme usw. Schließlich war Bronze reproduzierbar; eine Axt aus Feuerstein, einmal zerbrochen, mußte weggeworfen werden, eine aus Bronze hingegen konnte neu geschmiedet und geschliffen werden.

Ab dem 3. Jahrtausend v. Chr. tauchten einzelne Kupfer- bzw. Bronzegegenstände als „Importe" in jungsteinzeitlichen Fundverbänden Mitteleuropas auf. Im 2. Jahrtausend v. Chr. faßte die Metallurgie auch im Thüringer Raum Fuß. Kupfererze und Zinnseifen (SnO_2 in sehr kleinen Körnchen vermengt mit Sand auf sekundären Lagerstätten) bzw. Bergzinn (SnO_2 in primären Lagerstätten, vor allem eingesprengt und in Gängen von Graniten) baute man vermutlich am Harz, in der Saalfelder Gegend und am Südhang des Thüringer Waldes ab. Die Kupfererze wurden in Schmelzöfen bei etwa 1100 °C verhüttet. Gefundene Tondüsen bezeugen die Verwendung von Gebläsen. Die Bronzehandwerker Thüringens beherrschen spätestens in der mittleren Bronzezeit (um etwa 1300 v. Chr.) alle Methoden der Bronzeverarbeitung: Gießen, Schmieden, Treiben, Punzen (spezielle Form des

Bild 92: Metallgewinnung im alten Ägypten. In die Schmelzgruben wird Luft mit Hilfe von Blasebälgen geblasen

Metalltreibens), Gravieren, Nieten, Löten. Alte Gußformen belegen den einfachen Tiegelguß (ein Formteil, z. B. für Sicheln), den Schalenguß (in mehrteiliger Form, z. B. für Äxte), den Stückguß (vielteilige Keilform für komplizierte Objekte, z.B. für Ringketten), das Wachsausschmelzverfahren (mit sogenannter verlorener Form aus Ton, z. B. für gedrehte Halsringe) und den Überfangguß (z. B. beim Angießen des Griffes an eine Schwertklinge).

Bis vor nicht langer Zeit bestand die Auffassung, daß die Bronzezeit abgeschlossen war, als die Eisenzeit – etwa die Zeit für das erste Jahrtausend v. Chr. – begann. Neuere Funde beweisen aber, daß die ältere Kulturperiode der Bronze nur sehr allmählich in die jüngere des Eisens überging. Bei manchen Völkern, wie den Indern, die im Besitz leichtverhüttbarer Eisenerze waren, scheinen sogar von Anfang an beide Kulturen nebeneinander bestanden zu haben [99].

In der sogenannten Hallstattzeit (benannt nach dem Fundort Hallstatt in Oberösterreich) etwa 750 bis 450 v. Chr. beginnt die mitteleuropäische Eisenzeit. Die größte technische Leistung der Hallstatt-Kultur war die Einführung des Eisens als Nutzmetall [144]. Die Vorteile des Eisens lagen gegenüber der Bronze vor allem in der einfacheren Technologie, da man nur einen Rohstoff benötigte. Dieser war vorwiegend Raseneisenerz (Eisenhydroxid), das fast überall leicht zugänglich war.

Thüringen lag am Rande der hallstattzeitlichen Entwicklung. Nur im südlichen Vorgelände des Thüringer Waldes um das Gleichberggebiet und das obere Werragebiet zeigen sich in den Formen noch starke Anklänge an die zentrale Hallstattkultur. Als eiserne Gegenstände wurden bei Ausgrabungen hauptsächlich Schmuck und Arbeitsgegenstände gefunden.

Die einfachste Form des Eisenschmelzens durch „Rennen" bestand darin, daß Gruben oder niedrige Schachtöfen aus Lehm oder Stein mit zerkleinertem Erz und Holzkohle angefüllt und dann in Brand gesetzt wurden [99]. Nach der Art ihrer Belüftung waren die Öfen entweder Wind- oder Gebläseöfen. Die Windöfen wurden freistehend auf Anhöhen und Bergrücken errichtet, wobei die in einen Windkanal geleiteten Aufwinde die Flammen anfachten. Die Gebläseöfen wurden mittels Blasebälgen durch tönerne „Düsenziegel" belüftet. Die künstliche Belüftung gestattete es, die Schächte niedriger und gedrungener zu halten und gestaltete den Verhüttungsprozeß witterungsunabhängiger. Windöfen mußten hingegen einen möglichst hohen und schmalen Schacht haben, um als Esse den gewünschten Effekt zu erzeugen. Zur Verhüttung wurde der Ofen vorgeheizt, der Schacht lagenweise mit Erz und Holzkohle beschickt und der Ofen angeblasen. In Temperaturbereichen über 700 °C begann die Reduktion des Eisens aus den Erzen auf direktem Weg. Dabei „zerrann" das Erz, die Schlacke wurde ab 1050 bis 1100 °C flüssig und floß in den teilweise mit Holzkohleresten und Asche gefüllten Herd, während sich das ausgetriebene Eisen in schwammig luppigen (Luppe – mit Schlacke durchsetzter Eisenklumpen) Zustand an der Gebläseöffnung absetzte. Im Frühmittelalter waren die Öfen mit Schlackenabstich weit verbreitet. Ofentypen, deren Herd nicht eingetieft war, erforderten einen Abstich, damit die Schlacke den Windkanal nicht verstopfte und den Verhüttungsprozeß zum Erliegen brachte. Nach diesem Vorgang erhielt das ganze Verfahren den Namen „Rennverhüttung". „Rennöfen" wurde zum Sammelbegriff für alle Herd- und Ofenkonstruktionen, die schwammig-luppiges Roheisen ausbringen konnten.

Das erste so gewonnene Eisen war nicht so beschaffen, daß es die Bronze hätte verdrängen können, denn es war ziemlich weich. Die Temperatur von 1528 °C, bei der Eisen schmilzt, konnte mit den einfachen Blasebälgen nicht erreicht werden, und das Metall trennte sich in den Rennöfen nur unvollkommen von der Schlacke. Um etwa 1000 v. Chr. wurde in verschiedenen Ländern, wie Indien, Armenien, Mesopotamien und Ägypten ein Verfahren angewendet, das die Technik im Umgang mit Metallen revolutionierte. Es beruhte auf der Erkenntnis, daß das Eisen durch wiederholtes Ausglühen im Holzkohlefeuer gehärtet und durch Schmiedearbeiten in Stahl verwandelt werden konnte. Dieses metallurgische Verfahren blieb

Bild 93: Schmiedeofen in Griechenland (Schwarzfiguriges Vasenbild um 500 v.Chr.)

bis zur Entwicklung des Puddelverfahrens Ende des 18. Jahrhunderts im Gebrauch [144] [167]. Die Terminologie „Stahl" ist allerdings irreführend, weil sie von der modernen Stahlerzeugung ausgeht, die auf einem völlig anderen Verfahren beruht. Bei der industriellen Verhüttung von Eisenerzen im Hochofen wird ein Roheisen mit einem Kohlenstoffgehalt bis zu 4 % erzeugt, und es ist notwendig, diesen Kohlenstoff durch die Anwendung eines weiteren Verfahrens, des Frischens, erheblich zu reduzieren. In der Antike erhielt der Schmied ein Roheisen, das meistens keinen Kohlenstoffgehalt aufwies. Erst, indem man beim Schmieden das Eisen im Holzkohlefeuer mehrmals zum Glühen brachte, kam es an der Oberfläche des Werkstückes zu einer Kohlenstoffanreicherung. Der Härtungseffekt wurde zusätzlich durch die Technik des Löschens, eines schnellen Abkühlens des glühenden Eisens durch Eintauchen in kaltes Wasser, verstärkt. Das durch das Löschen entstandene martensitische Materialgefüge verlieh dem Eisen die für die Herstellung von Waffen und Werkzeugen notwendigen Eigenschaften, nämlich Schmiedbarkeit und Härte. Die Handwerker der Antike beherrschen diese Prozesse aufgrund von Erfahrungswissen, ohne eine genaue Kenntnis von den Ursachen der jeweils erzielten Effekte zu haben.

Große Berühmtheit erlangte vor etwa 3000 Jahren das Eisengewerbe im indischen Haidarabad. Dort gelang die Herstellung eines härtbaren Stahles durch Zementieren (der Vorgang, bei dem kohlenstoffarmes Eisen durch Erhitzen in Kohlepulver oberflächlich oder vollkommen in Stahl verwandelt wird) und Umschmelzen in Tiegeln. Bekannt wurden insbesondere die sogenannten „Damaszener Klingen", die bis ins Mittelalter als hochgeschätzte Waffen eingesetzt wurden [99]. Der Begriff „Damaszieren" ist von der Stadt Damaskus hergeleitet, wo dieses Verfahren der Stahlverarbeitung vervollkommnet wurde. Bei diesem Verfahren werden dünne Vierkantstäbe verschiedener Dicke und Drähte aus weichem und hartem Stahl mehrfach übereinandergelegt, verschweißt, schraubenförmig verwunden und durch Hämmern zu neuen Stäben gestreckt. Dieser Vorgang wird öfter wiederholt. Die Berührungslinien der Stahlschichten ergeben dann das Muster [144].

Im Römischen Reich wurde Eisen hauptsächlich zur Herstellung von Waffen und Arbeitsgegenständen genutzt. Auch aus dem Bauwesen sind Anwendungsbeispiele bekannt. 1960 wurden im Flußbett der Mosel bei Trier bei den Pfeilerfundamenten einer römischen Brücke aus der Zeit um etwa 100 n. Chr. gut erhaltene Reste von eiser-

Zunächst werden Eisen- und Stahlstreifen in »Sandwichart« aufeinandergelegt und in glühendem Zustand zu einem vierkantigen Strang geschmiedet (Schweißdamast).

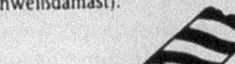
Dieser Strang wird glühend um die Längsachse verwunden, wodurch ein Rundstab ähnlich einem Seil entsteht.

Der Rundstab wird wieder kantig geschmiedet.

Zwei solcher Stäbe, einer mit Linksdrall, einer mit Rechtsdrall, werden zusammengeschweißt.

Die Stäbe werden flach geschmiedet.

Die Stahlkanten werden angeschweißt.

Die Stahlkanten werden angeschliffen. Bei dieser einfacheren Art des Damastes geht das Muster ganz durch die Stärke der Klinge.

Bei der Deckschichttechnik wird unter die Damastschicht eine Stahlschicht geschweißt und auf diese nochmals eine Damastschicht. Bei dieser Technik ist es auch möglich, daß beide Seiten der Klinge völlig verschiedene Muster zeigen. Die Deckschichttechnik wurde wohl deshalb zum weitaus überwiegenden Teil verwendet, weil sie es ermöglicht, die Schneide fast unbegrenzt zu schleifen.

Bild 94: Technik des Damaszierens

nen Pfahlschuhen gefunden. Die Pfahlschuhe dienten zur Aufnahme von Eichenstämmen, die gespitzt und an den Laschen genutet waren. Die Pfahlschuhe hatten verschiedenartige Ausbildungen, es kommen runde und dreikantige, dreilaschige und vierkantige, vierlaschige Pfahlschuhe vor. Bei der Brücke in Trier sollen etwa 1400 solcher Pfahlschuhe eingesetzt worden sein, die aus verschiedenen Schmieden bezogen sein mußten. Die massiven Spitzen bestehen aus weichem, nahezu rein ferritischen Eisen mit kleinen kohlenstoffreicheren, perlitischen Bereichen. Auch die Laschen wurden aus kleinen Luppen mit unterschiedlichen Kohlenstoffgehalten zusammengeschweißt. Hohe Nickel- und Kobaltgehalte an einzelnen Laschen weisen aus, daß Material sehr unterschiedlicher Herkunft in einem Pfahlschuh verarbeitet sein muß. Fremdschrott aus weit entfernten Gebieten wurde also damals schon für die Herstellung von Neuteilen eingesetzt. Der gute Erhaltungszustand der gefundenen Pfahlschuhe ist darauf zurückzuführen, daß die Eisenspitzen fest in den Boden gerammt waren und somit Sauerstoff kaum Zutritt hatte [144].

Eiserne Klammern zum Verbinden von Natursteinblöcken im Mauerbau wurden sowohl von den Römern als auch schon von den Griechen verwendet.

Die Verwendung von Metall als Baumaterial im Mittelalter ist bislang nicht hinreichend geklärt. Eisennägel waren schon im 6. Jahrhundert so begehrt, daß sie „gelegentlich von Plünderen in Säcken davongetragen wurden", wie *Gregor von Tours* berichtete. Metall brauchte man im frühmittelalterlichen Bauwesen hauptsächlich bei der Verglasung von Fensteröffnungen. Die Kirche Saint-Martin in Tours wurde auf Befehl *Chlotars I* (511–561) mit Zinn gedeckt. Die Kirche Saint-Vincent in Paris trug als Dach Platten aus vergoldetem Kupfer. Ein Kupferdach hatte auch im 11. Jahrhundert die Stiftskirche St. Simon und Juda in der Goslaer Pfalz. Blei war das im Mittelalter am häufigsten zur Dachdeckung benutzte Metall, das nach den Vorschriften der karolingerzeitlichen Krongüterordnung in eigenen Gruben gewonnen werden sollte. Bleideckungen waren auch in England und Irland gebräuchlich.

Im Mittelalter wurde die Metallkunde von der Alchemie (teilweise auch Alchimie geschrieben) beherrscht. Der Begriff Alchemie bedeutet nur ein anderes Wort für die Chemie, gebildet aus dem arabischen *al* und dem griechischen *chyma* und kann mit Metallguß übersetzt werden [167]. Von dem arabischen Arzt und Gelehrten *Geber* war um 1300 die Annahme ausgesprochen worden, daß jedes Metall aus einem anderen hervorgehen könne. Dies

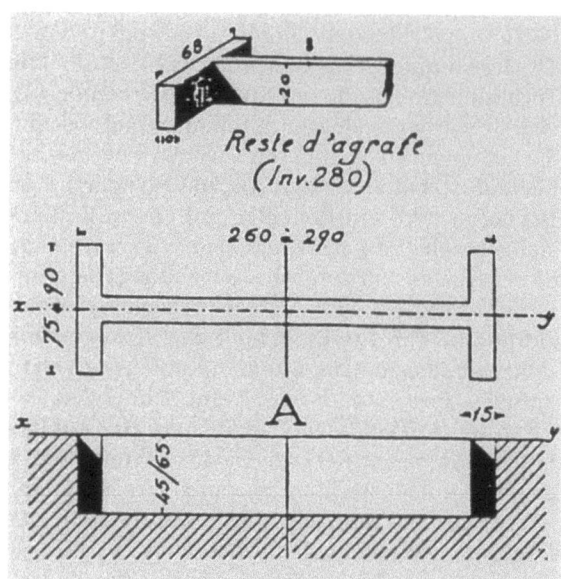

Bild 95: T-förmige Eisenklammer (verwendet beim Bau des Apollon-Tempels auf Delos)

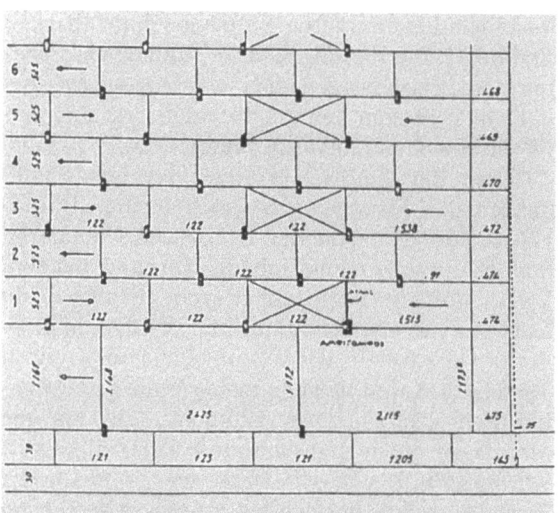

Bild 96: Mauerwerksverdübelung durch Eisenkrampen (Nordostecke des Parthenon-Tempels in Athen)

war der Ausgangspunkt einer jahrhundertelangen ständigen Suche nach einem Mittel, das man den unedlen Metallen zusetzen müsse, um das Unedle zum Verschwinden zu bringen und vor allem Gold daraus zu gewinnen, die Suche nach dem „Stein der Weisen" [99]. Aus naturwissenschaftlicher Sicht muß aber hinzugefügt werden, daß die Alchemisten einen bedeutenden Beitrag insbesondere zur modernen Chemie geleistet haben. Kein Geringerer als *Justus von Liebig* (1803–1873) wies darauf hin, daß die Alchemisten die Erfinder von wichtigen Werkzeugen und Verfahren waren und daß die moderne Chemie zahlreiche Substanzen verwendet, wie Schwefelsäure, Salzsäure, Salpetersäure, Ammoniak, Alkalien und zahlreiche Metallverbindungen, Alkohol, Ether, Phosphor, Berliner Blau, die von Alchemisten erfunden waren. Wörtlich schrieb *Liebig:* „Die Alchemie ist niemals etwas anderes als die Chemie gewesen; ihre beständige Verwechslung mit der Goldmacherei des 16. und 17. Jahrhunderts ist die größte Ungerechtigkeit. Unter den Alchemisten befand sich stets ein Kern echter Naturforscher, die sich in ihren theoretischen Ansichten häufig selbst täuschten, während die fahrenden Goldköche sich und andere betrogen. Die Alchemie war die Wissenschaft, sie schloß alle technisch-chemischen Gewerbezweige in sich ein. Was *Johann Rudolf Glauber* (1604–1668; Chemiker und Apotheker, der besonders über Salze, Mineralsäuren und Holzdestillation forschte – Glaubersalz ist das nach ihm benannte Dekahydrat des Natriumsulfats), *Johann Friedrich Böttger* (1682–1719; in Zusammenarbeit mit dem Physiker *E. von Tschirnhaus* der Erfinder des europäischen Porzellans) und Johann Kunkel (1638–1703; ein aus einer Glasmacherfamilie stammender Chemiker, der u. a. durch die Erfindung des Rubinglases sowie einer Methode zur Gewinnung von Phosphor bekannt wurde) in dieser Richtung leisteten, kann kühn den größten Entdeckungen unseres Jahrhunderts an die Seite gestellt werden" [167].

In der langen Zeit des alchemistischen Strebens lernte man aber auch verschiedene neue Eigenschaften der bekannten Metalle auszunutzen. Neue Metalle allerdings vermochte man aus den zur Verfügung stehenden Erzen in nur sehr beschränktem Umfang zu gewinnen. Nachfolgend sollen nur einige Neuerungen genannt werden:

Im 13. Jahrhundert stellte *Albertus Magnus* zum ersten Male metallisches Arsen her. Im 13. und 14. Jahrhundert wurde in der Kupfermetallurgie die Zementation (Gewinnung von Rohkupfer aus kupferarmen Erzen, indem man die Ausgangsmaterialien mit verdünnter Schwefelsäure auslaugt und aus der so erhaltenen Kupfersulfatlösung das Kupfer durch Eisenschrott ausfällt) angewendet und bei der Silberproduktion der Seigerprozeß, der in Venedig schon seit dem 12. Jahrhundert bekannt war („seigern" ist das Entmischen einer abkühlenden /erstarrenden/ Metallschmelze aufgrund temperaturabhängiger Löslichkeit ihrer Bestandteile). Im 15. Jahrhundert entdeckte *Blasius Valentinus* das Antimon und Wismut. Im 16. Jahrhundert hatte man den Patioprozeß eingeführt, ein Amalgierungsverfahren, das besonders für sulfidische Erze geeignet war. Zinn wurde insbesondere in England gewonnen, aber auch der

Bild 97: Zinnschmelzen und Zinngießen

Bergbau im Erzgebirge lieferte seit dem 12. Jahrhundert dieses für die Herstellung von Gefäßen sehr beliebte Gebrauchsmetall. *Paracelsius* (1493–1541) erkannte im Ofenbruch das Vorhandensein eines neuen Metalls, das er nach dem zackigen Aussehen Zinken nannte, woraus der Name Zink entstand. Die Reindarstellung des Zinks gelang jedoch erst um die Mitte des 18. Jahrhunderts [99] [167].

Ab Mitte des 18. Jahrhunderts gelang es in schneller Folge, in Verbindung mit der sich rasch entwickelnden chemischen Wissenschaft, eine Reihe von neuen metallischen Elementen aus ihren Verbindungen zu gewinnen. Als Ergebnis der verbesserten analytischen Verfahren wurden Wolfram, Molybdän, Mangan sowie die Metalloxide von Chrom, Uran, Yttrium, Titan, Zirkon, Kobalt, Nickel gefunden, die bis auf die letzten beiden erst im 19. Jahrhundert industrielle Verwendung fanden.

Bild 98: Hochofenwerk zu Beginn des 18. Jahrhunderts

Ebenfalls ab Mitte des 18. Jahrhunderts setzte ein neuer Abschnitt in der Eisen- und Stahlerzeugung ein, das Schmelzen größerer Mengen von Eisen mit Koks im Hochofen, das zum ersten Male 1735 in England gelang [96]. Bis dahin wurde fast ausschließlich Holzkohle als Brennstoff verwendet. Schon Ende des 17. Jahrhunderts waren große Waldbestände der Metallurgie geopfert worden. Der Verbrauch an Holz für die Metallgewinnung bedrohte weite Gebiete mit Verwüstung. Neuere Versuchshüttungen haben ergeben, daß für 1 kg verwertbares Eisen etwa 10 bis 30 kg Holzkohle benötigt wurden, was 50 bis 200 kg Frischholz entspricht. Am Holz hingen die Bauwirtschaft, der Berg-, Brücken-, Maschinen- (Wind- und Wassermühlen, Web- und Spinnmaschinen) und Wagenbau, die Möbelanfertigung, das Heizen der Wohnungen und alle mit Feuer betriebenen Produktionen (Glas, Soda, Zucker, Farben, Keramik, Porzellan u. a.). In England war die Situation besonders kritisch. Bereits um 1619 hatte *Dudley* versucht, Eisen mit Hilfe von Steinkohle zu gewinnen. Aber erst, als es im 18. Jahrhundert gelang, Steinkohle zu verkoken, kam man allmählich auf die Verfahren, die den Ersatz der Holzkohle durch Steinkohlenkoks im Hochofen ermöglichten. *Abraham Darby* begann seine Versuche um 1713, und 1735 wurde zum ersten Male Eisen mit Koks im Hochofen geschmolzen. Im Jahre 1788 wurden in England bereits zwei Drittel aller Hochöfen mit Koks betrieben. In Deutschland wurde der erste mit

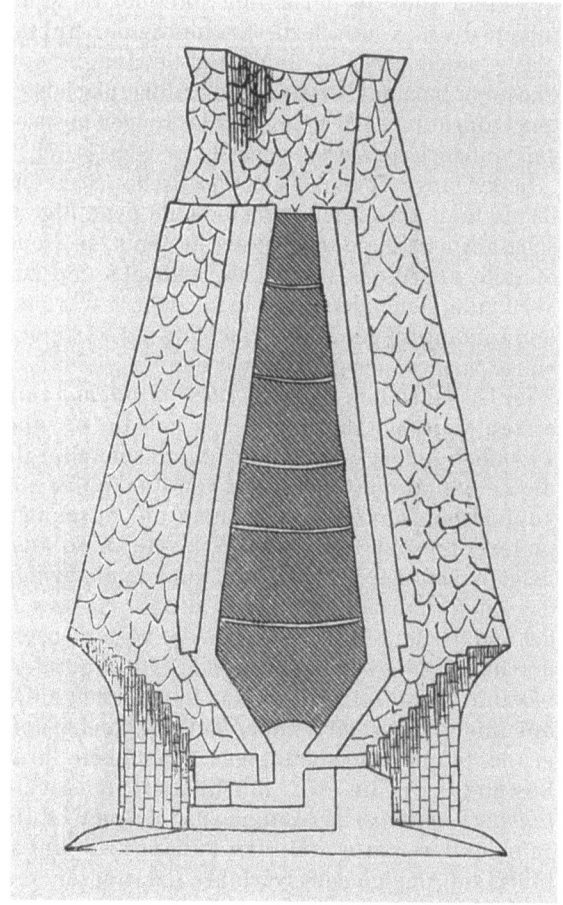

Bild 99: Erster deutscher Kokshochofen

Koks betriebene Hochofen 1796 in Gleiwitz angeblasen [85].

Geht man davon aus, daß das Gegenstromprinzip das wesentliche Merkmal des schachtförmigen Reduktionsofens ist, so sind die Renn-, Wind- oder Stücköfen, die ab etwa 3000 v. Chr. zur Eisengewinnung verwendet wurden, die Vorgänger der heutigen Hochöfen. Ihre Leistung wurde bestimmt durch das begrenzte Windangebot. Die erreichbaren Temperaturen ließen höchstens einen teigigen Zustand des Produktes zu. Eine Trennung von Gangart (die Beimengungen des Erzes) und Eisen war nur schlecht möglich. Die Luppe mußte, da die Öfen satzweise, d. h. diskontinuierlich betrieben wurden, ausgebrochen und möglichst in Hitze weiterverarbeitet werden. Diese Stücköfen sind aber bei einer historischen Betrachtung der Entwicklung der Eisenindustrie von besonderem Interesse, da sie das Bindeglied zwischen den heutigen Hochöfen und den alten Luppenfeuern, also zwischen der indirekten und der direkten Methode der Eisengewinnung bilden [85].

Erst mit dem Einsatz wasserkraftgetriebener Gebläse konnte die Windmenge und damit die Temperatur angehoben, der Stückofen höher als zuvor gebaut und die Roheisenerzeugung gesteigert werden. Man bezeichnete diese Öfen im 13. Jahrhundert auch als Blaseöfen. Die erhöhten Temperaturen führten zu einem flüssigen Produkt und zu einer Trennung zwischen Schlacke und Eisen. In Gebieten größeren Gußeisenbedarfs verengte man das Gestell der Öfen (der zylindrische Teil am Boden des Ofens) und stach Schlacke und Eisen zusammen kontinuierlich ab (Floßofen). Um

die Leistungen zu steigern, waren größere Windmengen und insbesondere noch höhere Öfen notwendig. Die höheren Öfen führten zu einer besseren Gasausnutzung, der spezifische Brennstoffverbrauch ging zurück und die Leistung stieg bei gleichbleibender absoluter Windmenge. Die Erhöhung der Öfen auf 5 bis 6 m führte dann zu der Bezeichnung „hohe Öfen" und zu dem heutigen Namen „Hochöfen". Um 1770 hatte sich diese Hochofenbauweise durchgesetzt [85]. Um diese Zeit wurden auch schon beachtliche Betriebsgrößen in der Eisenmetallurgie erreicht wobei einige Werke schon 200 und mehr Arbeiter beschäftigten. In England gab es im Jahre 1740 bereits 59 und in Frankreich im Jahre 1789 202 Hochöfen [167].

Das älteste Verfahren zur Herstellung von flüssigem Stahl ist das Tiegelstahlverfahren. Es wurde Mitte des 18. Jahrhunderts von *B. Huntsman* in England entwickelt. Dabei wird der Stahl in Tiegeln aus feuerfester Keramik erschmolzen [99]. Dieses

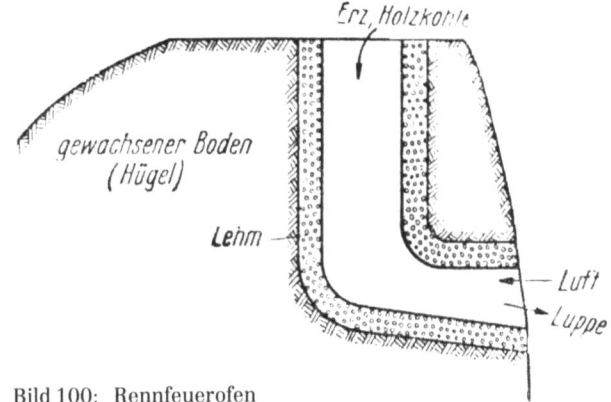

Bild 100: Rennfeuerofen

Bild 101: Blasebalg mit Handbetrieb zum Erzeugen von künstlichem Zug

Verfahren wurde später in Deutschland durch *Alfred Krupp* vervollkommnet. Die um die Jahrhundertwende entwickelten Elektrostahlverfahren verdrängten infolge ihrer größeren Wirtschaftlichkeit das Tiegelstahlverfahren aus der Erzeugung hochwertiger Stähle fast völlig.

Etwa 1873 entwickelte *Henry Cort* – ebenfalls in England – zur Umwandlung von Roheisen aus dem Kohlehochofen in Stahl das Puddelstahlverfahren [144]. Das Ziel des Verfahrens besteht darin, das Roheisen von seinem Überschuß an Kohlenstoff zu befreien. Beim Puddelverfahren wird das Roheisen in mit Eisenoxid gefütterten Öfen bis nahe an seinen Schmelzpunkt erhitzt und durch Umrühren (engl.: puddling) mit Stangen der Einwirkung des Sauerstoffs der Verbrennungsgase und des Ofenfutters ausgesetzt [167]. Das in dieser Weise im halbfesten Zustand entkohlte Eisen wurde „Schweißstahl" genannt, zum Unterschied von dem im flüssigen Zustand entkohlten Eisen, dem „Flußstahl".

Bild 102: Metallverhüttung in Öfen, die mit Hilfe großer Blasebälge betrieben werden

Insbesondere für England hatte die Erfindung des Puddelverfahrens eine herausragende Bedeutung, denn bis zu *Corts* Erfindung war das englische Schmiedeeisen so minderwertig, daß es in der englischen Marine nicht benutzt werden durfte. Bis dahin bezog England sein Eisen aus Schweden und Rußland.

Die entscheidenden Entwicklungen für die Erzeugung von Massenstahl und damit auch für eine sich beschleunigende Entwicklung des Werkstoffes Stahl waren jedoch die Erfindung des Windfrischverfahrens oder Bessemer-Verfahrens 1855, seine wesentliche Ergänzung durch das Thomas-Verfahren 1878 und die Entwicklung des Herdfrischverfahrens oder Siemens-Martin-Verfahrens 1864 [99].

Beim Windfrischverfahren wird der Kohlenstoff des Eisens zusammen mit den übrigen Verunreinigungen (Silicium, Phosphor, Mangan) durch Einpressen von Luft oxidiert, wobei man eine Oxidschlacke und reines Eisen erhält. Man verwendet hierbei große, um eine Mittelachse kippbare, feuerfest ausgemauerte Gefäße, die man" Konverter" oder auch „Birnen" nennt. Bei phosphorsäurehaltigen Eisensorten muß die feuerfeste Auskleidung aus basischen Stoffen wie Calcium- und Magnesiumoxid bestehen („basisches Futter") und mit dem Roheisen Kalkzuschlag zugegeben werden, um das beim Frischen gebildete Phosphorpentoxid in Calciumphosphat zu verwandeln und so vor der Rückreduktion durch Eisen zu Phosphor zu bewahren (Thomas-Verfahren). Die bei diesem Prozeß anfallende „Thomas-Schlacke", die wegen ihres hohen Phosphorsäuregehaltes (10–25%) ein wichtiges Düngemittel darstellt, wurde in feingemahlenem Zustand („Thomas-Mehl") in den Handel gebracht [69].

Beim Herdfrischverfahren erfolgt die Oxidation des Kohlenstoffs im Roheisen wesentlich langsamer als beim Windfrischverfahren, so daß man durch Unterbrechung des Prozesses zu gegebener Zeit bereits während des Frischens auf einen gewünschten Kohlenstoffgehalt des Stahls hinarbeiten kann. Die Oxidation wird in diesem Fall durch lufthaltige, über das 1500 °C heiße flüssige Roheisen streichende Flammengase bewirkt und durch den Sauerstoffgehalt von gleichzeitig zugegebenem Schrott oder oxidischem Eisenerz unterstützt.

Neben dem Stahl hatte auch das flüssige Roheisen in der Form von Gußeisen Bedeutung. In der Anfangszeit des Gußeisens wurden vor allem Geschütze, Kanonenkugeln aber auch Kaminplatten, Töpfe und Glocken hergestellt [167]. Die Festigkeit war allerdings nur gering. Im 19. Jahrhundert wurde Gußeisen in großem Maßstab

Bild 103: Englischer Hochofen zur Erzeugung von Roheisen mittels Steinkohlenkoks um 1800

vor allem im aufkommenden Maschinenbau verwendet. Nicht nur Rahmen und Gestelle wurden aus Gußeisen hergestellt sondern auch Kurbelwellen und Zahnräder. Im Bauwesen des 18. und 19. Jahrhnderts wurde Gußeisen zunächst vor allem im Brückenbau eingesetzt.

Um 1870 erhielt das Gußeisen Konkurrenz durch den 1851 durch *Jakob Mayer* erfundenen Stahlguß (ein im Gußzustand graphitfreier Gußwerkstoff mit einem Kohlenstoffgehalt $\leq 2\%$). Dem Gußeisen selbst blieb aber durch Erhöhung der Zugfestigkeit von 100 auf 200 N/mm² ein großer Teil seines bisherigen Anwendungsgebietes erhalten. Ein weiterer Konkurrent entstand dem Gußeisen ab etwa 1920 durch das Schweißen. Erneute Verbesserungen führten dann zum Perlitguß, der eine Zugfestigkeit von mindestens 300 N/mm² garantierte und dabei eine beachtliche Zähigkeit aufweist. Der etwa 1950 entwickelte Kugelgraphitguß (duktiles Gußeisen, das sich durch kugelige Graphiteinlagerungen auszeichnet) erreichte schließlich Festigkeiten von mindestens 550 N/mm² [99].

Im Bauwesen fand Eisen bis ins 18. Jahrhundert eigentlich fast ausschließlich als Verbindungsmittel Verwendung, d.h. für Ketten, Beschläge, Zuganker, Zugbänder, Nägel und Klammern. Ende des 18. Jahrhunderts wurde Eisen erstmals auch für leichtere Dachkonstruktionen verwendet. Die Nutzbarmachung des Baustoffs Eisen für das Bauwesen hing eng von der Entwicklung der Eisen- und Stahlindustrie ab. Die Massenerzeugung von Formeisen bildete schließlich die Grundlage, auf der die Eisenbauweise, das Bauen mit Eisen und Stahl entstehen konnte. Der Begriff Formeisen ist kein einheitlicher, fest umrissener Begriff. Im weitesten Sinn sind darunter alle Eisen zu verstehen, die mittels Walzen geformt wurden - also Rund-, Quadrat-, T-, L-, I- Eisen. In baukonstruktiver Hinsicht wird der Begriff Formeisen für Profileisen verwendet, die unter sich oder mit Blech statisch wirksame Querschnitte zu bilden vermögen.

Die geschichtliche Entwicklung der Formeisen läßt sich wie folgt einordnen [109] [210]:

1817 – wird das erste gewalzte Stabeisen in den Handel gebracht (durch die Rybniker Eisenwerke)

1820 – Patent für eine gewalzte schmiedeeiserne Schiene

1830 – Aufnahme der Herstellung von Fenstereisen und Leisteneisen (diese Formen waren damals die einzigen, die für Konstruktionszwecke im Bauwesen Verwendung fanden)

1830 – Entwicklung des ⊥-Profils

1831 – Walzen des ersten Winkeleisens (im Eisenwerk in Rasselstein bei Neuwied)

1835 – Walzen des ersten T-Eisens (im Warsten-Walzwerk in Westfalen)

Bild 104: Herstellung von Gußeisen durch Umschmelzen

1835 – Walzen der Schienen für die Nürnberg-Fürther Eisenbahn

1849 – Herstellung von U- und Doppel-T-Trägern in Paris (die Träger waren 14 cm hoch und wurden bei einer Stützweite von 5,40 m zu Deckenträgern für ein Wohnhaus in Paris verwendet)

1856 – Herstellung der ersten deutschen Doppel-T-Profile (Firma Phönix in Eschweiler)

1872 – Herstellung von Profilen bis zu einer Höhe von 55 cm (Burbacher Hütte)

1880 – Herausgabe des „Deutschen Normalprofilbuches" im Auftrag des Verbandes der deutschen Architekten- und Ingenieurvereine und des Verbandes Deutscher Ingenieure

1896 – Herstellung von Breitflanschprofilen in den USA

Konstruktionen aus Gußeisen [109]

Die ersten größeren eisernen Brückenkonstruktionen wurden als Bogenbrücken in Gußeisen ausgeführt. Vorbild für diese Brücken waren Holzkonstruktionen. Für die ersten gußeisernen Bogenbrücken waren anfangs sehr lange Gußstücke erforderlich. Da das Gießen großer Bogenstücke Schwierigkeiten bereitete, entstanden oftmals Mischkonstruktionen aus Schmiede- und Gußeisen. Die erste gußeiserne Brücke wurde in Coalbrookdale bei Broseley in der Grafschaft Shropshire in England über den Severn im Jahre 1779 gebaut. Sie ist auch heute noch begehbar. Zu dieser Konstruktionsgruppe gehören auch die Striegauer Brücke in Niederschlesien und der heute noch bestehende Pont des Arts in Paris, der in den Jahren 1801–1803 von *Cessart* und *Dillon* als Fußgängerbrücke mit neun Öffnungen von je 17,34 m Spannweite und acht gemauerten Pfeilern gebaut wurde.

Die nach dem Vorbild von Steinkonstruktionen entstandenen Brückenbogen aus kleineren gußeisernen Rahmen oder aus hohlen Wölbstücken, die durch schmiedeeiserne Flachschienen zusammengehalten waren, wie z. B. die Wearbrücke, die Stainebrücke oder die Austerlitzbrücke, setzten sich nicht lange als praktikable Lösung durch. So stürzte zum Beispiel die 1802 bei Staines errichtete Themsebrücke, bei der die keilförmigen Wölbstücke durch Nuten und Federn verbunden waren, nach vielen erfolglosen Reparaturarbeiten, nach weniger als zwei Jahrzehnten ihres Bestehens ein.

Auch die Zwickelausfüllung mit Ringen, wie z. B. bei der Coakbrookdale-Brücke angewendet, war später nicht mehr in Gebrauch, da als Folge der starken Kantenpressungen einige gußeiserne Radialstäbe des Bogenzwickels brachen. An ihrer Stelle wurden die gegliederten Bogenträger mit Strebenfachwerk aus Diagonalen verwendet, die von dem Brückenbauer und Baumeister *Thomas Telford* (1757–1834) bei der Buildwas-Brücke über den Severn 1796 und bei der Craigellachie-Brücke 1812 realisiert wurden.

Ein bedeutender Fortschritt beim Bau von Brücken aus Eisen zeichnete sich gegen Ende des 18. Jahrhunderts bei den konstruktiven Details ab. Die Wölbstücke wurden nicht mehr mit Schienen verbunden, sondern durch Flansche und Bolzen miteinander befestigt. Es entstand die Idee, statt der Wölbstücke zylindrische Röhrenstücke für den Bau von gußeisernen Brücken zu verwenden. *C. F. Wiebeking* veröffentlichte 1807 drei Vorschläge für eiserne Röhrenbrücken und 1811 erschien von *Reichenbach* eine Schrift über die Theorie der Brückenbögen. Eine Verbesserung dieser Bauart stellt das Polonceau-System dar. Dabei werden die Röhren untereinander durch Flansche und Schraubbolzen befestigt. Die erste Brücke dieser Bauart war die 1834 über die Seine gebaute Carousel-Brücke. Das Ziel dieser Entwürfe war die Schaffung eines Systems, das eine billige und rasche Aufstellung der Brückenglieder ermöglichte. Die Entwürfe lassen die Merkmale einer Fertigbauweise mit Montagecharakter erkennen.

Eiserne Dachstühle und Decken nach dem Vorbild hölzerner Brückenbogenträger wurden in Frankreich zum ersten Mal um 1785 ausgeführt. Eine Deckenkonstruktion des Architekten *Ango* aus einem Sprengwerk mit sieben vertikalen Flacheisen, bekannt unter dem Namen „Pariser Rost", wurde bis um 1835 ausgeführt.

Um mit Gußeisen größere Weiten überbrücken zu können, kombinierte man es in den Jahren zwischen 1835 und 1850 mit schmiedeeisernen Hänge- oder Sprengwerken. Dabei sollte das Gußeisen die Druck- und das Schmiedeeisen die Zugkräfte aufnehmen. Wesentlicher Anstoß zur Anwendung dieser Konstruktionen war die Einführung der Eisenbahn, für deren Streckenführung der Bau von Brücken unerläßlich war. Allein in den Jahren 1825–1830 wurden für die Liverpool-Manchester-Eisenbahn 63 eiserne Brücken gebaut. In Deutschland wurden die ersten eisernen Brücken 1840 für die badischen Eisenbahnlinien errichtet.

Bild 105: Coalbrookdale-Brücke aus Gußeisen über den Severen in England (1779)

Konstruktionen aus Schmiedeeisen [109]

Schmiedeeisen (Bezeichnung für nichthärtbaren Stahl, der einen Kohlenstoffgehalt von kleiner 0,5 % hat) besitzt gegenüber dem Gußeisen eine größere Zähigkeit und eine weit überlegene Zugfestigkeit, so daß es das Gußeisen als Konstruktionsmaterial für den Brückenbau allmählich verdrängte. Es war zwar zunächst doppelt so teuer wie das Gußeisen, hatte aber nur ein Drittel der Masse eines gußeisernen Trägers von der gleichen Tragfähigkeit. Bis zur Verwendung gewalzter Profile kamen gewalzte Eisenbahnschienen für Hochbau- und Brückenträger zum Einsatz. Die Eisenbahnschienenträger bestanden aus einem geraden Obergurt und einer unteren gekrümmten Schiene; dazwischen lagen Gußeisenklötze. Der Doppel-T-Eisenträger wurde erst seit den Versuchen von *Hodgkinson, Fairbain* und *Stephenson* bei der Planung der Britannia-Brücke eingeführt. Sie ist das früheste wichtige Beispiel einer eisernen Balkenbrücke. Die in den Jahren 1846–1850 gebaute Britannia-Brücke überbrückt neben der 1819–1826 gebauten Bangor-Hängebrücke den Menaikanal zwischen der Insel Anglesy und Wales. Die kastenförmigen, aus schmiedeeisernen Blechen und Winkeleisen zusammengesetzten vollwandigen Hohlträger dieser Brücke überbrücken die Meerenge mit vier Brückenöffnungen, zwei von je 141 und zwei von je 72 m Spannweite. Die gemauerten, polygonhaften Stützpfeiler sind ein beträchtliches Stück über die Kastenträger hinausgeführt, so daß das ganze Bauwerk mit seinen starren senkrechten und waagerechten Linien in seiner formalen Erscheinung einen imposanten Eindruck hinterläßt. Die Brücke galt in der zeitgenössischen Kritik als ein Weltwunder.

Aus Schmiedeeisen wurden auch die ersten Hängebrücken gebaut. In China waren Kettenbrücken seit alten Zeiten gebräuchlich und in Europa entwickelte 1617 der venezianische Ingenieur *Faustus Verantius* erstmals einen Entwurf für ein derartiges Bauwerk. Die erste „neuzeitliche" Hängebrücke wurde 1796 in Nordamerika durch *J. Finley* errichtet. Um 1810 existierten in den Vereinigten Staaten bereits zahlreiche „nach der Theorie der Kettenlinie" erbaute Hängebrücken, von denen die 1809 über den Merrimac (Massachusetts) erbaute, mit 73 m weit gespannter Hauptöffnung, noch heute dem Verkehr dient, nachdem 1909 die Ketten durch Parallelkabel ersetzt worden waren. In England entstanden hauptsächlich durch *Samuel Brown* zu Beginn des 19. Jahrhunderts bedeutende Bauwerke dieser Art, bei denen die geschmiedeten Kettenglieder durch hochkant gestellte und durch Bolzen verbundene Flacheisen ersetzt waren. Zu diesen Bauwerken zählt die 1819–1820 gebaute Union-Brücke, die den Tweed bei Berwick mit einer Hauptöffnung von rund 135 Meter überspannt. Berühmt geworden sind später vor allem die Bangorbrücke über den Menaikanal mit 175 m und die Conway-Castle-Brücke in Wales mit 127 m Spannweite, die beide zwischen 1819 und 1826 von *Telford* gebaut wurden.

Im Hochbau wurde das erste Eisenskelett 1871 beim Bau einer Schokoladenfabrik angewendet. Zur Unterstützung der Säulenreihen wurden dabei 72 cm hohe schmiedeeiserne Kastenträger als Sockelträger in Längsrichtung angeordnet. Für die Zwischendecken wurden gleichdimensionierte, quer zur Gebäuderichtung verlaufende Kastenträger verwendet.

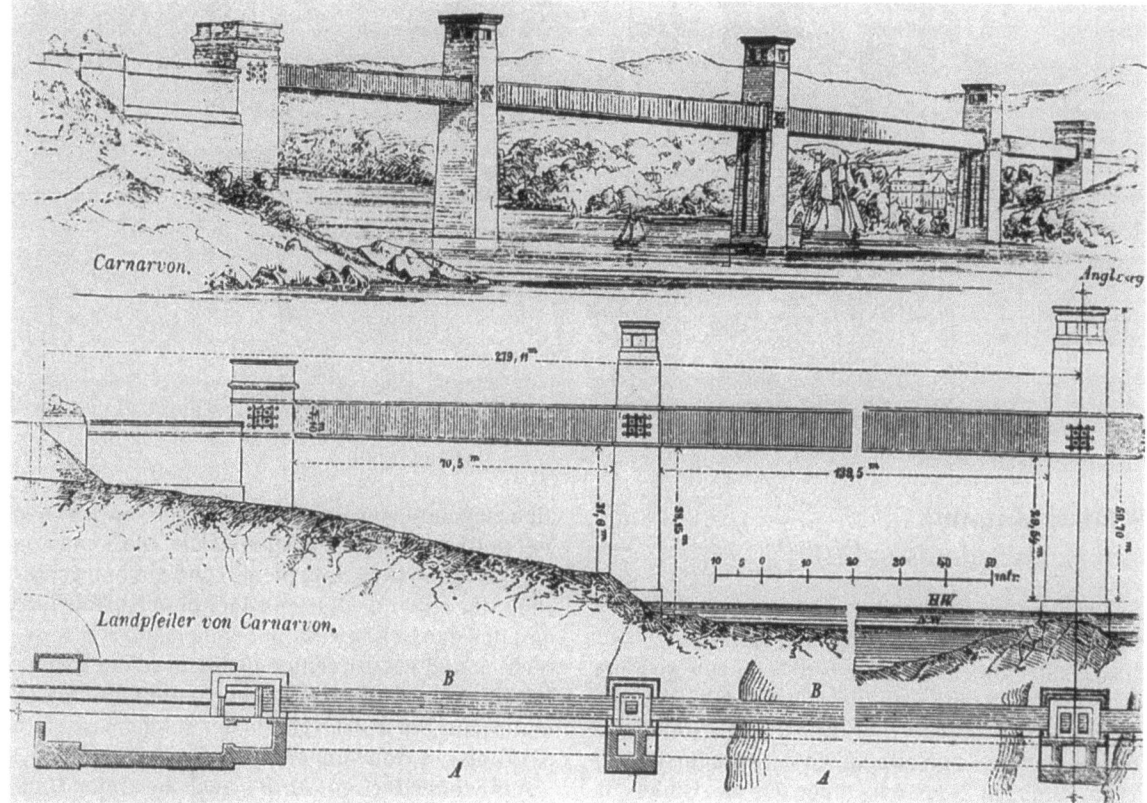

Bild 106: Britanniabrücke (1848)

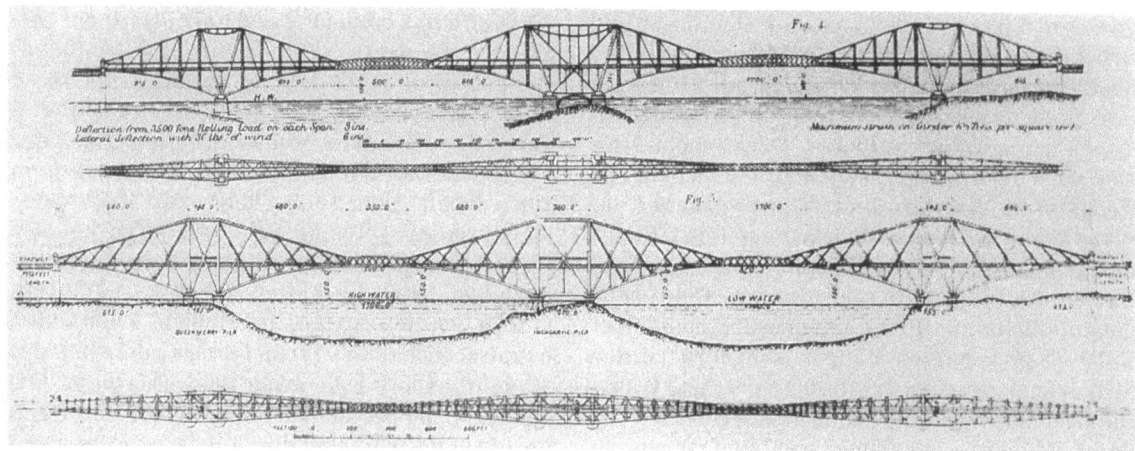

Bild 107: Firth-of-Forth-Bridge (1889)

Das heute geläufige Merkmal des Montagebaus zeigten bereits die Fachwerkbrücken nach dem System Rider von 1847, deren Diagonalzugstäbe durch Ösen und Bolzen scharnierartig am Untergurt befestigt waren und das System Bollman von 1851, eine Art Kombination von Gitter-Fachwerk-Trägern und unterspannten Balken.

Der Bauingenieur *Heinrich Gerber* (1832–1912), der 1866 für den später nach ihm benannten Gerberträger (ein Gelenkträger; ein über mehrere Stützen durchlaufender Träger, der zur Aufhebung der statischen Unbestimmtheit Gelenke hat) ein Patent erhielt, baute 1867 zwei Auslegerbrücken mit Gelenken. Eine der bedeutendsten Auslegerbrücken ist die Firth-of-Forth-Bridge in England aus den Jahren 1883–1890 mit einer Spannweite von 560 m, die von *Fowler* und *Baker* entworfen wurde. Die Kragarmlänge der ersten Öffnung betrug 207,26 m, der Schwebeträger 106,58 m.

Die ersten Kämpfergelenke bei schmiedeeisernen Bogenbrücken wurden 1858 bei einer Eisenbahnbrücke nahe St. Denis ausgeführt. Um der Wärmeausdehnung des Eisens zu begegnen, schlugen *C. Köpcke* und *J. W. Schwedler* für die Bogenbrücke ein Scharnier im Scheitel und dazu zwei an den Bogenanfängen vor.

Das erste Dreigelenktragwerk im Hochbau wurde 1865 von *Schwedler* für einen Schuppen zur Aufstellung des 25 Tonnen schweren Dampfhammers des Bochumer Vereins für Bergbau eingeführt. Seine Spannweite betrug 38 m, der Binderabstand 4,80 m. Im Hallenbau wurde die bedeutendste Ausführung einer Dreigelenkbogenkonstruktion 1889 von den Architekten *Dutert* und *Cantamin* für die Maschinenhalle der Weltausstellung in Paris realisiert, wobei die Spannweite 110,60 m betrug.

Eisen wurde auch zum Bau- und Konstruktionsstoff für Bahnhofshallen. Zunächst wurden Bahnsteige auf Bahnhöfen durch Holzkonstruktionen überdeckt. Die ersten eisernen Bahnsteighallen wurden 1838 bei der London-Birmingham-Bahn als Hängewerke gebaut. Die Hallenkonstruktionen der Bahnhöfe Lime-Street-Station in Liverpool (1850) und St. Pancras in London (1863–1868) entstanden fast gleichzeitig mit den Pariser Markthallen. Der Sichelträger, der schon bei dem amerikanischen Brückenträger von *Whipple* 1844–1850 angewendet worden war, kam im Hochbau erst 1853–1855 beim Umbau des Zentralbahnhofes für Birmingham für die Central-Station mit einer bemerkenswerten Spannweite von 64,6 m zur Ausführung. Sichelträger wurden auch für den Cannon-Street-Bahnhof in London für die Binder angewandt. Bei der St.-Pancras-Bahn-

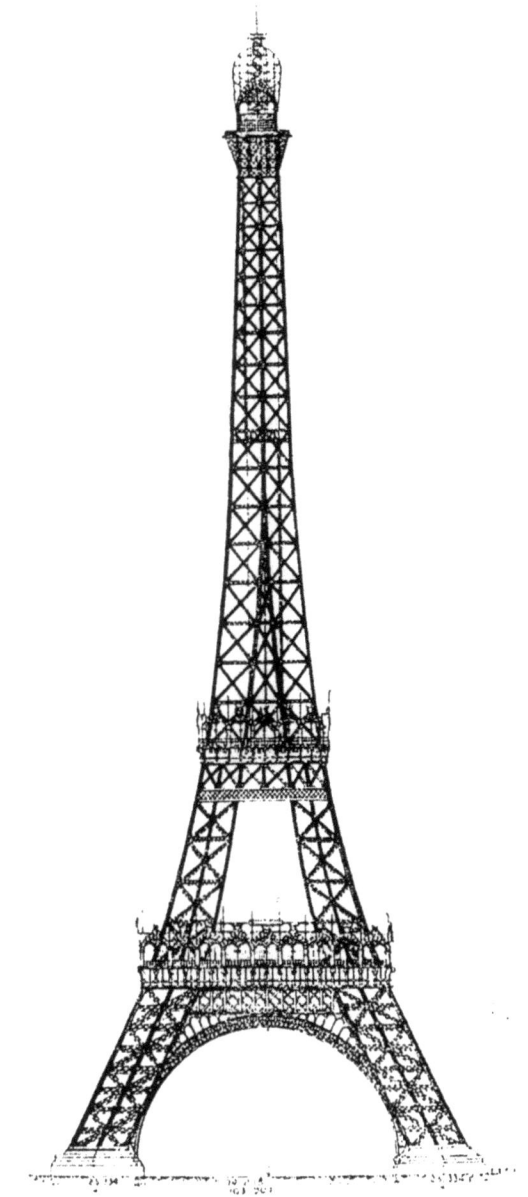

Bild 108: Eiffelturm in Paris (1889)

halle in London erreichte *W. H. Barlow* mit einem fest eingespannten Fachwerkbogen sowie einem eingemauerten Zugband eine Binderspannweite von 73,44 m. Größere Spannweiten wurden nach 1870 fast ausschließlich mit dem auf das Fundament gesetzten Zwei- oder Dreigelenkbogen erzielt.

In Deutschland wurden bis zum Ende der 70er Jahre Bahnhofshallen mit massiven Seitenwänden und aufgesetzten Polonceau-Bindern, Sichelträgern oder Bögen mit Zugband gebaut. Diese Konstruktionen waren einfacher in der Berechnung, Herstellung und Montage als Bögen. Bis zum ersten

Weltkrieg bildete der Dreigelenkbogen das dominierende Tragsystem für Bahnhofshallen. Die großen Bahnhofshallen erwiesen sich infolge hoher Baukosten und bedeutender Aufwendungen für die Unterhaltung auf die Dauer als ungünstig. Nach der Jahrhundertwende bildeten sich deshalb im wesentlichen zwei Hallentypen für Bahnsteigüberdachungen heraus. Zum einen waren es kleinere Hallen, die einen Bahnsteig und zwei Gleise überspannten (Spannweiten von etwa 20 m) und zum anderen mittelgroße Hallen, die zwei Bahnsteige und vier Gleise überspannten (Spannweiten von etwa 40 m).

Eiserne Tragkonstruktionen fanden zu Beginn des 19. Jahrhunderts, insbesondere in Verbindung mit Glas, auch beim Bau von Ausstellungshallen, Markthallen und Gewächshäusern Anwendung. Eine besonders markante Konstruktion bildete der anläßlich der Weltausstellung im Jahre 1851 in London fertiggestellte Kristallpalast, der eindrucksvoll die Leistungsfähigkeit der Eisenbauweise demonstrierte. In weniger als neun Monaten Bauzeit, davon sechs Monate Montage, wurde eine Hallenfläche von 7,4 ha überdacht und dabei 3500 t Gußeisen, 550 t Schmiedeeisen und 84 000 m² Glas verarbeitet.

Das gelungenste Beispiel einer Eisenkonstruktion, die nicht lediglich als Nutz- und Zweckbau, sondern um ihrer architektonischen Erscheinung willen geschaffen wurde, ist vielleicht der anläßlich der Pariser Weltausstellung von 1889 errichtete Eiffelturm. Der Projektverfasser und Konstrukteur, der damals im Dienst der Firma Eiffel stehende Schweizer Ingenieur *M. Koechlin* (1856–1946), hat es meisterhaft verstanden, sowohl für die Einzelheiten als für den Bau als Ganzes die dem Baustoff Eisen angemessenen Formen zu finden. In Zusammenarbeit mit *Alexandre Gustave Eiffel* (1832–1923) wurde ein Bauwerk geschaffen, das weithin als das Symbol des Eisenbaus im 19. Jahrhundert überhaupt gilt. Über einer Grundfläche von 100x100 m erhebt sich ein 330 m hohes Tragwerk, dessen Kontur einer optimalen Querschnittsgestaltung in Bezug auf die Beanspruchungen entspricht. Beim Bau des Turmes wurden etwa 2,5 Millionen Nieten geschlagen. Der Korrosionsschutzanstrich wird im Abstand von sieben Jahren unter Verwendung von 45 t Farbe erneuert.

Wenn vom Eifelturm gesagt wird, er sei schön, weil er aus der Ordnung des Notwendigen hervorgegangen sei, so trifft das sicher auf alle ingenieurmäßig richtig gestalteten Eisen- und Stahlbauwerke zu. Das homogene Material Stahl mit seiner gleichmäßigen und hohen Festigkeit, seiner guten Formbarkeit und seiner Beständigkeit, stellt einen wertvollen Baustoff dar, der auf vielen Gebieten bis heute nicht oder nur sehr schwer zu ersetzen ist [210].

9. Holz

Holz ist der älteste für das Bauen in großem Umfang benutzte Baustoff. Seine Verwendung beruht auf der territorial – durch klimatische Bedingungen und Bodenverhältnisse bedingten – zwar unterschiedlichen, aber insgesamt über Jahrtausende vorhandenen Verfügbarkeit sowie der spezifischen Eigenschaft des Holzes, mit relativ einfachen Werkzeugen leicht bearbeitbar zu sein [136].

In mesolithischen und zum Teil vorneolithischen Zeiten wurden vom Menschen dachflächen- und schirmartige Gebilde sowie rundliche Reisigzelte als Behausungen und Schutz gegen Wind, Wetter und Feinde geflochten. Das geflochtene Haus ist seit dem späten Mesolithikum grundsätzlich der Repräsentant urgeschichtlichen Bauwesens in Nordeuropa. Diese Behausungen waren nicht „gezimmert", eine Holzbearbeitung hatte noch nicht stattgefunden. Die Stützen der Häuser waren in die Erde eingelassen und oben abgebrochen. Alles andere war Flechtwerk. Wann zuerst die geflochtenen Teile der Wand mit Lehm beworfen oder verschmiert wurden, ist nicht mehr festzustellen. Fundstätten, wo sich solcher Lehm mit Flechtwandabdrücken, durch Feuer erhärtet, erhalten hat, müssen nicht die ältesten Vorkommen sein [180].

Der Einsatz von mehr oder weniger bearbeiteten Holzstämmen beginnt mit der Anlage von sogenannten Grubenwohnungen um 20000 v. Chr., die im Grundprizip als Behausung oder Wohnung über Jahrtausende bis ins Mittelalter angewendet wurden. Über die Grubenwohnungen der alten Germanen berichtete am Ende des 1. Jahrhunderts der Römer *Tacitus* (etwa 55–120 n. Chr.) in seiner „Germania" wie folgt [145]: „Ihre Dörfer legten sie nicht in unserer Weise an, daß die Gebäude verbunden sind und aneinanderstoßen: jeder umgibt sein Haus mit freiem Raum, sei es zum Schutz gegen Feuersgefahr, sei es aus Unkenntnis im Bauen.

Nicht einmal Bruchsteine oder Ziegel sind bei ihnen im Gebrauch; zu allem verwenden sie unbehauenes Holz, ohne auf ein gefälliges oder freundliches Aussehen zu achten. Einige Flächen bestreichen sie recht sorgfältig mit einer so blendend weißen Erde, daß es wie Bemalung und farbiges Linienwerk aussieht. Sie schachten auch oft im Erdboden Gruben aus, bedecken sie mit reichlich Dung, als Zuflucht für den Winter und als Fruchtspeicher. Derartige Räume schwächen nämlich die Wirkung der strengen Kälte ...".

Dieser Beschreibung ist zu entnehmen, daß die Germanen mit Holz und Lehm bauten und daß sie „unterirdische" Gruben anlegten, die zugänglich waren und die mit einer dicken Dungschicht bedeckt waren. Neben vielen anderen Dingen über das Leben der Germanen sind diese kurzen Angaben praktisch alles, was in antiken Quellen zum Hausbau der Germanen überliefert ist. Das Holz war nördlich der Alpen in vor- und frühgeschichtlicher Zeit über Jahrhunderte hinweg der Baustoff schlechthin. Auch der teilweise enge Kontakt der Germanen mit den Römern führte nur vereinzelt zur Übernahme der von den Römern praktizierten Methoden des Bauens mit Römischem Beton oder Ziegeln [145].

Bei den Konstruktionen der Grubenhäuser im frühen Mittelalter unterschied man zwischen verschiedenen Typen, von denen das sogenannte Zweipfostenhaus und das sogenannte Sechspfostenhaus die charakteristischsten sind. Die bei verschiedenen Ausgrabungen gefundenen Zweipfostenhütten waren in der Regel über etwa 2 m breiten und etwa 4 m langen Gruben errichtet. An den beiden Schmalseiten wurden Firstsäulen bis zu 30 cm in den Boden eingegraben. An den Seiten der Grubenwände befand sich oftmals mit Lehm verputztes Flechtwerk. Derartige Bauten besaßen in der Regel ein bis zum Erdboden reichendes

Sparrendach. Die Flechtwände reichten entweder bis unter die Dachhaut, zumindest aber bis zur Oberkante der ausgeschachteten Grube. Ein Nachweis dieser Bauform aus dem Frühmittelalter wurde bei Basel gefunden [145].

Beim sogenannten Blockbau – der auch heute noch in verschiedensten Formen anzutreffen ist – wurden grob behauene Stämme zu Wänden geschichtet und die Fugen mit Moos, Laub oder Ton und Lehm abgedichtet. Dieser Blockbau datiert etwa aus dem 9. Jahrtausend v. Chr. und ist in den frühen Entwicklungsperioden der Menschheit für alle waldreichen Gebiete charakteristisch [136]. Einige frühe Beweise dieser Bauwerksform in Europa stammen vom Federsee bei Aichbühl in Württemberg, wo in einem jungsteinzeitlichen Moordorf 22 in Wirtschafts- und Schlafräume geteilte Rechteckhäuser des Blockhaustyps gefunden wurden [34].

Etwa aus dem 4. Jahrtausend v. Chr. stammen die in den und nördlich der Alpen entdeckten sogenannten Pfahlbauten in der Schweiz und am Bodensee in Deutschland. Aus den Fundstellen an den Seeufern läßt sich ein recht genaues Bild dieser Siedlungen rekonstruieren. Die erhaltenen Pfahlstümpfe werden als Konstruktionsteile ebenerdiger

Bild 110: Rekonstruktionsvorschlag für ein Holzhaus der Bronzezeit

Pfostenhäuser gedeutet. Bereits damals wurde eine Vielzahl unterschiedlicher Hölzer verwendet. Durch Kombination von Holzarten unterschiedlichster Eigenschaften glich man fehlende Werkzeugtechniken und Verbindungsmittel aus. Bei mikroskopischen Untersuchungen von Holzpfählen aus Siedlungsresten der Stein- und Bronzezeit wurde festgestellt, daß die Hölzer meist von jungen Eichen, Weißtannen, Pappeln, Eschen, Erlen und Weiden stammten. Diese Bäume wurden oft im Winter gefällt und im noch feuchten Zustand bearbeitet. Mit den damals zur Verfügung stehenden Werkzeugen konnte das Holz nur in frischem Zustand genügend tief eingeschnitten und gut verarbeitet werden [145].

Die Materialeigenschaften des Holzes sind im Prinzip konstante Größen. Natürlich gibt es deutliche Unterschiede von Baumart zu Baumart. Grundlegende Unterschiede bestehen z.B. zwischen Nadel- und Laubgehölzen. Die durch den Wuchs der Bäume gegebenen Eigenschaften des Materials sind aber grundsätzlich gleich. Das Holz wird in seinen durch die Natur geprägten Eigenschaften hauptsächlich als stabförmiges Material verarbeitet und eingesetzt. Die günstige Relation „Festigkeit zu Masse" ist beim Holz ein besonderer Vorteil. Dieser Vorteil erklärt sich aus der anatomisch gegebenen Anordnung der Strukturelemente, die trotz geringer Materialdichte eine hohe Steifigkeit und Festigkeit in Faserrichtung gewährleisten. Für die bautechnische Beurteilung des Holzes ergeben sich aus dieser anatomischen Orientierung des Holzes aber auch beträchtliche Schwierigkeiten. Dies gilt insbesondere für den Fall, daß die statische Beanspruchung von der bevorzugten Hauptachse, der Faserrichtung, abweicht.

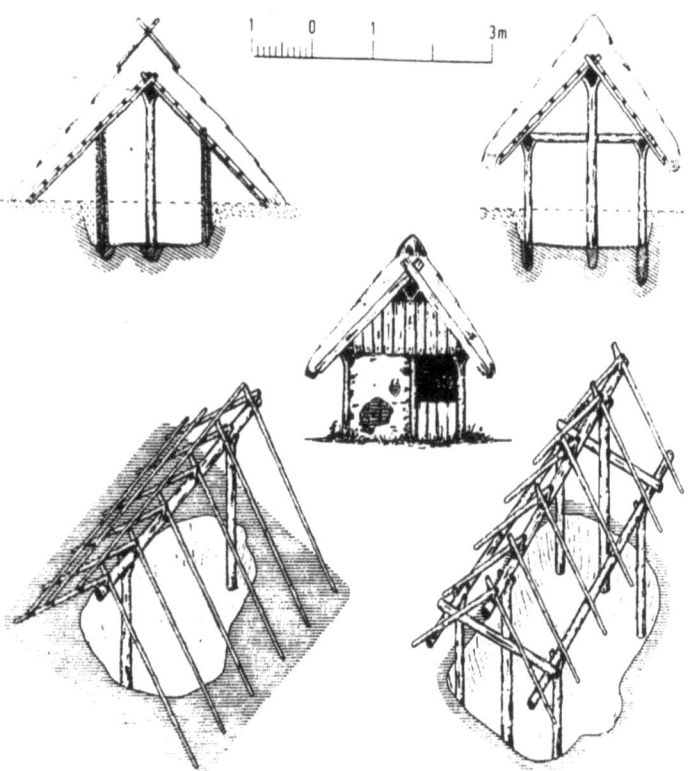

Bild 109: Rekonstruktionsvorschläge für Grubenbauten (links: Zweipfostenhütte, rechts: Sechspfostenhütte)

Die Mehrzahl der Hölzer ist mehr oder weniger dem Schwinden und Quellen unterworfen - eine Eigenheit, die sich entweder konstruktionstechnisch ausnutzen läßt oder die trockene Hölzer für die Konstruktionsteile voraussetzt. Trotz der zahlreichen bautechnischen Vorzüge müssen beim Bau mit Holz alle seine Eigenschaften berücksichtigt werden. Bei *Vitruv* ist zu lesen, wie genau diese Eigenheiten bekannt waren [170]: „... Das Bauholz muß vom Beginn des Herbstes an bis zu der Zeit, wo der Westwind zu wehen beginnt, geschlagen werden. Im Frühjahr nämlich werden alle Bäume schwanger, und alle geben die ihnen eigentümlichen guten Eigenschaften an das Laub und die jährlich wiederkehrenden Früchte ab. Da sie also durch die unabänderliche Folge dieser Jahreszeit leer werden und feucht sind, werden sie hohl und wegen ihrer Porosität weich. Z. B. werden auch die Frauen, wenn sie empfangen haben, bis zur Niederkunft nicht als gesund angesehen und beim Sklavenkauf, wenn sie schwanger sind, nicht als gesund verbürgt, weil die in ihrem Körper wachsende Leibesfrucht zur Geburtsreife hin wird, stark ist. Nach der Entbindung nimmt daher der Körper das, was vorher für einen anderen wachsenden Körper entzogen wurde, wenn er durch die Entbindung von der Leibesfrucht befreit ist, durch die leeren und offenen Poren wieder auf, wird, Saft sugend, wieder stramm und kehrt zu seiner früheren natürlichen Festigkeit zurück. In der gleichen Weise erholen sich die Bäume im Herbst, wenn die Früchte reifen und das Laub welkt, dadurch, daß die Wurzeln aus der Erde wieder Saft in sich aufnehmen und werden in ihre frühere Festigkeit zurückversetzt ..."

Auch in der ältesten religiösen Literatur der Inder sowie in alten chinesischen Schriften (wie denen des Konfuzius) findet sich das Gebot, Holz zur richtigen Zeit zu fällen [213].

Gut bekannt waren die unterschiedlichen Eigenschaften der einzelnen Baumarten und deren Einsatz für bestimmte Bauwerke und Bauwerksteile. *Vitruv* schrieb dazu [170]: „... Diese (Bäume) haben aber untereinander abweichende und unähnliche Eigenschaften wie die Eiche, die Ulme, die Pappel, die Zypresse, die Tanne und die übrigen, die ganz besonders bei Gebäuden geeignet sind. Denn die Eiche kann nicht das leisten, was die Tanne, die Zypresse nicht das, was die Ulme leistet, und auch die übrigen haben nicht von der Natur aus untereinander dieselben ähnlichen Eigenschaften, sondern die einzelnen Baumarten verbürgen, da jede Art durch eine ihr eigentümliche Mischung der Grundstoffe entstanden ist, bei den Bauwerken die einen diesen, die anderen jenen Erfolg...".

Die 1570 in Venedig erschienenen „Vier Büchern zur Architektur" des italienischen Baumeisters *Andrea Palladio* (1508–1580) beruhten auf Vitruvs Werk. In einem dem Bauholz gewidmetem Abschnitt schreibt *Palladio* folgendes:[118] „... Das Holz muß man ... im Herbst und während des ganzen Winters schlagen, da zu dieser Zeit die Stämme aus den Wurzeln jene Kraft und Festigkeit erhalten, die im Frühjahr und im Sommer im Laub und in den Früchten verteilt waren. Auch soll das Fällen bei abnehmendem Mond geschehen, denn die Feuchtigkeit, die das Holz stark schädigt, ist zu dieser Zeit verbraucht, so daß Motten und Holzwürmer keinen Schaden anrichten können. Es darf nur bis zur Hälfte des Marks geschnitten werden. Anschließend läßt man das Holz stehen, bis es ausgetrocknet ist, damit durch das Austrocknen jene Feuchtigkeit entweicht, die es sonst verfaulen läßt. Wenn es ganz geschlagen ist, bringe es man an einen Ort, wo weder die Hitze der Sonne noch starke Winde und Regen hingelangen. Man bedecke vor allem jene Hölzer, die wild gewachsen sind, mit Rindermist, damit diese nicht reißen, sondern ebenfalls austrocknen. Man befördere das Holz nicht im Morgentau, sondern nach dem Mittag, auch soll man es nicht bearbeiten, wenn es vom Tau noch feucht oder aber allzu trocken ist, denn in dem einen Zustand verdirbt es leicht, in dem anderen verursacht es erschwerte Arbeit. Das für Gerüste, Türen und Fenster bestimmte Holz wird nicht vor drei Jahren trocken. Es ist notwendig, daß die Bauherren sich von denen, die damit Umgang haben, über die Natur des Holzes informieren lassen und auch darüber, welches wozu nützlich ist und welches nicht."

Im Mittelalter war Holz der dominierende Baustoff, so daß auch verschiedentlich von einem „hölzernen Zeitalter" gesprochen wurde. Holz wurde nicht nur bei einfachen bäuerlichen Behausungen, sondern auch für Sakralbauten und repräsentative Bauwerke verwendet. Das Fachwerk war dabei die am häufigsten anzutreffende Bauweise.

In Großbritannien sind aus der Zeit der ersten Jahrhunderte nach der Jahrtausendwende zahlreiche Beispiele von Holzkonstruktionen in Fachwerkkonstruktion noch im Orginal erhalten. In Deutschland gibt es dagegen aus der Zeit vor 1300 nur wenige dieser Holzkonstruktionen. Erhaltene Fachwerksbauten aus dem 13. Jahrhundert sind in Deutschland u.a. in den Städten Esslingen, Göttingen, Limburg, Frankfurt und Quedlinburg zu sehen [52].

Für die Wandteile zwischen den tragenden Hölzern von Fachwerkbauten wurden die unter-

Bild 111: Fachwerkbau

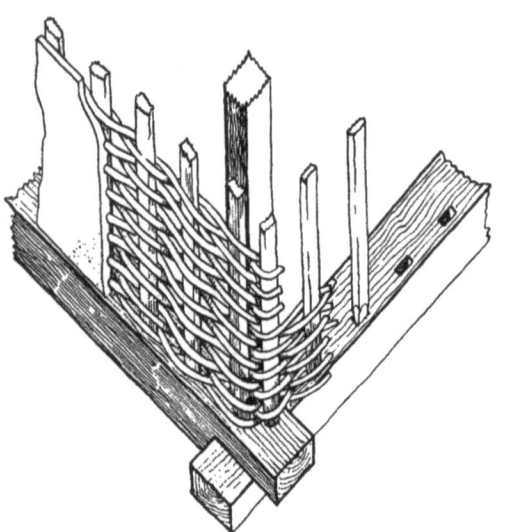

Bild 112: Ausfachung

schiedlichsten Baustoffe unter Nutzung regionstypischer Besonderheiten verwendet. Es kann davon ausgegangen werden, daß in der Regel zunächst leicht zu beschaffende, kostengünstige Baustoffe, die auch einfach zu verarbeiten waren, bevorzugt wurden. Der Raum zwischen den tragenden Holzkonstruktionen wurde dabei wie in ältesten Zeiten durch mit Lehm verputztem Flechtwerk ausgefüllt (Ursprung des Wortes „Wand", das sich von „winden" ableitet, d.h. von gewundenem Geflecht aus Zweigen, Gräsern o. ä.) oder „ausgefacht", wie es in der Fachsprache heißt [120]. Dem Lehm wurden vielfach auch Stroh, Gras und andere pflanzliche Stoffe zugesetzt, um Schwindrisse zu verhindern oder zu verteilen. Bis auf Norddeutschland, wo häufig Ziegelausfachungen anzutreffen sind, waren in Deutschland Ausfachungen mit Lehm bis zum Ende des Barock durchaus üblich. Bei Gebäuden mit untergeordneter Bedeutung wurden sie sogar bis gegen Ende des 19. Jahrhunderts beibehalten. Die Technik der Herstellung von Lehmausfachungen war offensichtlich bei Handwerkern und auch Laien so bekannt, daß in der Literatur außer mehr allgemeinen Hinweisen kaum nähere Anleitungen zu finden sind. Gegen Ende des 19. Jahrhunderts wurde darüber wie folgt geschrieben (nach Lit.-Angabe [52]): „Der Gefachschluß ist nach der üblichen, alten deutschen Art in Zaunwerk mit Lehm geschlossen, und zwar folgendermaßen: Es werden gespaltene (nicht gesägte) Stäbe senkrecht in Nuten des Fachwerks eingefügt und mit Weidenruten in waagerechter Richtung durchflochten. Gegen diese Hürde wird von innen und außen Strohlehm geklebt. Diese Füllung bleibt um die Putzstärke (etwa 15 mm) gegen die Fläche der Konstruktionshölzer zurück, so daß der Putz nachher mit dem Holzwerk bündig liegt."

In einem anderen Werk ist etwas später folgendes zu lesen (nach Lit.-Angabe [52]): „Nach dem Richten des Hauses (Husrichten) beginnt das Ausfüllen des Fachwerks. ... An den Wohnteilen füllte man in ältester Zeit das Fachwerk mit ‚Lehmstaken'. Das waren gespaltene Holzscheite aus weichem Holze, die zwischen zwei an den oberen und unteren Seiten der Riegel des Faches ausgearbeitete Falze geschoben und dann quer hindurch geflochtene Heister oder auch Reisig verbunden werden. Auf dieses Holzgeflecht wird an beiden Seiten ein Putz von Strohlehm aufgetragen, der zuletzt einen weißen, gelben oder roten Kalkanstrich erhält...". Die Zusammensetzung des verwendeten Lehmmaterials war im Hinblick auf die zur Bewehrung verwendeten Zuschlagstoffe, insbesondere bei den Putzen recht unterschiedlich. Sie reichten von gehäckseltem Stroh verschiedener Getreidearten über Flachshäcksel, Heu und Fichtennadeln bis hin zu Tierhaaren. Häufig waren auch Verbesserungen der dünnen Lehmputzschicht mit Kalk anzutreffen [120].

Im waldreichen Skandinavien waren die Kenntnisse über den Holzbau schon sehr früh weit fortgeschritten. Beispiele dafür sind die sakralen Bauwerke in Norwegen. Von den ehemals etwa 700 trägern mittels waagerechten Klemmbalken und Andreaskreuzen in jeder Richtung vollkommen verstrebt und verkeilt. Alle Verbindungen der einzelnen Holzbauteile und Konstruktionshölzer untereinander wurden über Löcher und Zapfen gelöst - mit reinen Holzverbindungen also, ohne Zuhilfenahme anderer Baustoffe. Diese dauerhaften und statisch gut belastbaren Verbindungen bildeten in vieler Hinsicht eine vorbildliche und wichtige bauliche Verbesserung der Holzbauten [145]. Der Stabbau war jedoch nicht auf Skandinavien beschränkt. Er läßt sich in ganz Europa nachweisen, unter anderem im Rheinland.

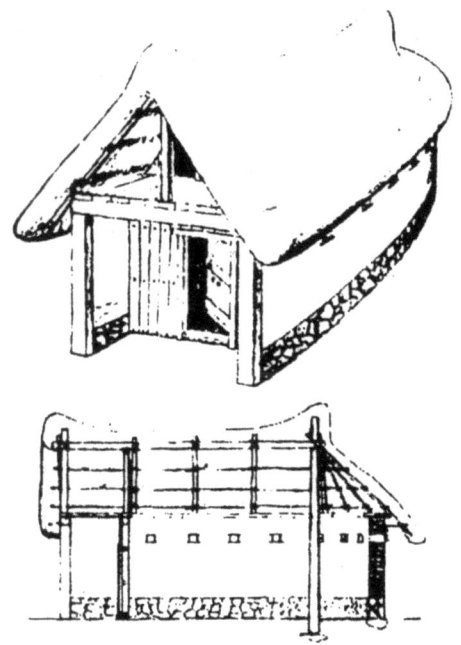

Bild 113: Rekonstruktionsvorschlag für ein strohgedecktes Strohhaus in Griechenland um 1000 v.Chr.

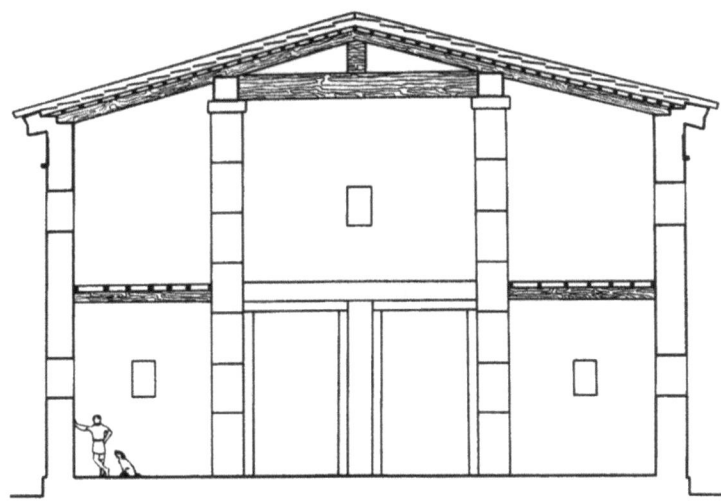

Bild 115: Dachkonstruktion nach dem Prinzip des Pfettendaches in Griechenland um 50 v.Chr.

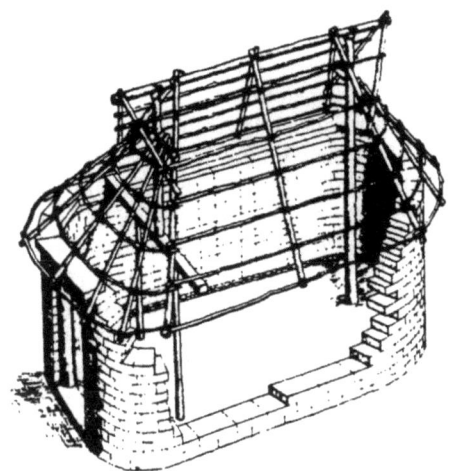

Bild 114: Firstsäulengerüst eines Ovalhauses in Alt-Smyrna/Anatolien

norwegischen sogenannten Stabkirchen aus dem 11.-13. Jahrhundert sind heute noch etwa zwei Dutzend erhalten. Ihre Bauweise zeugt von einer schon zu dieser Zeit beachtlich entwickelten Holzbautechnik. Die einzelnen Bauelemente wurden am Boden liegend mit Zapfen und Zapflöchern zusammengefügt, anschließend in ihre vertikale Lage aufgerichtet und untereinander verbunden. Die vertikalen Stäbe (daher Stabkirchen!) waren stark dimensionierte hohe Holzständer. Diese waren auf ein rechtwinklig geordnetes System aus Holzschwellen gestellt. Das ganze Tragsystem wird über die Verbindung von Ständern und Dach-

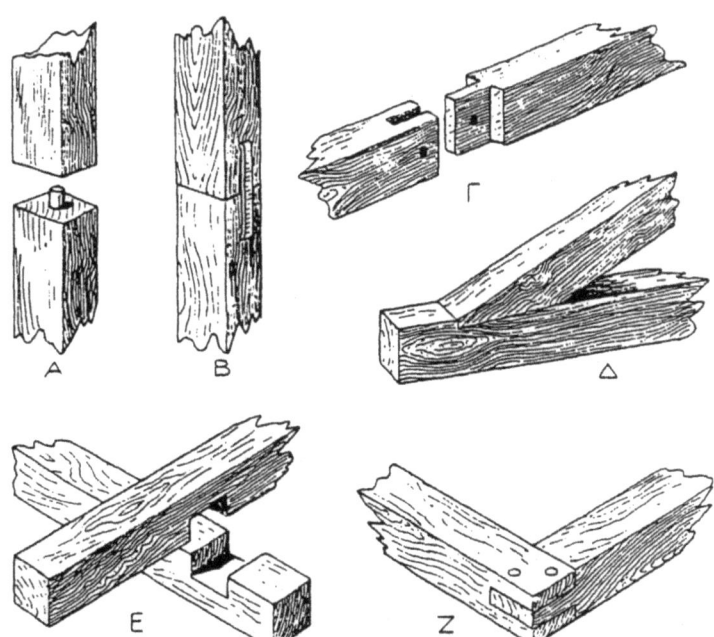

Bild 116: Holzverbindungen der alten Griechen

Bild 117:
Behauen eines Balkens mit dem Breitbeil (um 1500)

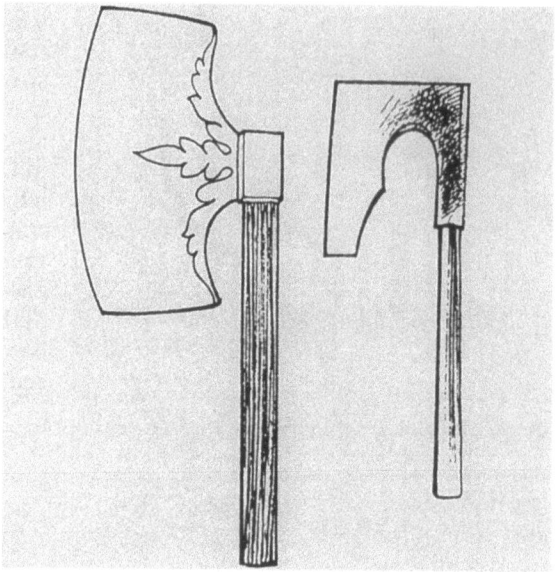

Bild 118: Zimmermanns-Werkzeuge aus dem 15. Jahrhundert

Die Tradition des Bauens mit Holz läßt sich heute fast überall auf der Welt nachweisen.

Im Bauwesen der frühen Hochkulturen spielt Holz als Baustoff der bekannten und erhaltenen Bauwerke keine überragende Rolle. In Ägypten wurde bei den Monumentalbauten kein Holz verwendet. Die einfachen Häuser im Ägypten der neolithischen Periode waren sehr einfache und leichte Konstruktionen. Eine bei Ausgrabungen gefundene zeitgenössische Skizze, die auf Elfenbein graviert ist und aus der Zeit der frühen ersten Dynastie (etwa 3000 v. Chr.) stammt, zeigt eine Schilfhütte mit hölzernen Pfosten [34].

Im holzarmen Mesopotamien spielte das Holz ebenfalls kaum eine Rolle. Es wurde aber bei Deckenkonstruktionen in Verbindung mit Schilf und Lehm nachgewiesen, und Trümmer von Rundhölzern, die in massiven Bauten aus dem Anfang des 3. Jahrhunderts v. Chr. in Ur gefunden wurden, deutete man als Torsäulen [180].

In Griechenland wurden Überreste von Holzhütten aus der Frühzeit gefunden, die zeigten, daß Wände und Dach aus geflochtenen Rohr- und Schilfmatten bestanden und diese an hölzernen Gerüsten befestigt waren. Die Verwendung von Holz in der Gesamtkonstruktion des griechischen Hauses wird von den steinernen Abbildungen der Grabfassaden und Sarkophage in Lykien (Lykien – Landschaft an der Südwestküste des antiken Kleinasien) und Phrygien (antike Landschaft in Innerkleinasien) bezeugt.

Für den kleinasiatischen Raum und für Kreta sind auch Holzkonstruktionssysteme mit eingelassenen Wandpfosten an der Außenseite des Bauwerks durch archäologische Funde belegt. Die senkrechten Pfosten dienten als statisch tragende Konstruktionselemente, die in der Lage waren, das Gewicht der Decken und Dächer zu tragen [109].

In der mykenisch-minoischen Architektur waren die nach unten verjüngten Säulen charakteristisch. Die Säulenschäfte bestanden aus Holz. Oben, wo das Gebälk aufliegt, erweitert sich die Säule und drückt nach unten fast keilartig gegen den Boden. Der allseitig frei überstehende Abakus (die Deckplatte des Kapitells) bestand ebenfalls aus Holz und wurde als ein vom Kapitell getrenntes Werkstück angefertigt. *Vitruv* leitete die Konstruktionselemente des griechischen Tempelbaus mit Natursteinen aus dem Holzbau ab und verstand diese Konstruktion als Stilisierung der ursprünglichen Formen [109].

Im Römischen Reich wurde Holz als Baustoff u. a. bei den Profanbauten in Pompeji verwendet. Über einem Mauersockel lagen die Schwellen der fachwerkähnlichen Holzrahmenkonstruktionen. Die tragende Konstruktion setzte sich aus den senkrechten Pfosten und den waagerechten Rahmenhölzern zusammen, die Ausfachung wurde durch Natursteine und Lehm hergestellt. Der Baumeister *Apollodorus* baute auf Anordnung des Kaisers *Trajan* in den Jahren 103–105 n. Chr. eine Brücke aus steinernen Pfeilern und Sprengwerken aus Holz bei Turnu Severin über die Donau. *Vitruv* hielt aus verschiedenen Gründen nicht viel vom Fachwerkbau. Er schrieb [170] „… Fachwerk, wünschte ich, wäre nie erfunden. Soviel Vorteil es nämlich durch die Schnelligkeit (seiner Ausführung) und durch die Erweiterung des Raumes bringt, um so größer und allgemeiner ist der Nachteil, den es bringt, weil es bereit ist zu brennen wie Fackeln. Es scheint daher besser zu sein, die höheren Kosten des Backsteinbaus zu tragen, als durch die Ersparnis beim Fachwerkbau in Gefahr zu schweben. Auch macht das unter Verputz liegende Fachwerk durch die senkrechten und querliegenden Balken am Verputz Risse. Verputzt man sie nämlich, so schwellen sie durch die Aufnahme der Feuchtigkeit an; dann ziehen sie sich beim Trocknen wieder zusammen und so, dünner geworden, zerreißen sie die feste Schicht des Verputzes...".

Aus Erfahrung wußte man schon seit der ersten Verwendung von Holz, daß dieser Baustoff unter bestimmten Umständen leicht zerstört werden kann. So entwickelten sich vielfältige Methoden des Holzschutzes, und vielfach gefundene Hölzer, die Jahrhunderte und Jahrtausende überdauerten, liefern ein beredtes Zeugnis damaliger Holzschutzkunst [213]. Das Tauchen bzw. Einlagern in Meerwasser oder in Salzsole zum Einbringen von konservierenden Salzen ins Holz war ebenso bekannt wie das Beflammen oder Ankohlen zur Bildung natürlicher Holzteere, die schädlingswidrig wirken. Angekohlte Rammpfähle fand man schon an vorgeschichtlichen Pfahlbauten, und angekohltes Tamariskenholz im Wadi Quena und im Gebiet der Fayum-Wüste in Ägypten aus einer Zeit um 5000 v. Chr. bestätigten diese Technik. In Mesopotamien und Babylon wurde angekohltes Holz für den Schiffsbau verwendet, und später wurden die Beplankung der Kriegsschiffe der Portugiesen und Engländer auf diese Weise geschützt.

Lange bekannt war auch der Holzschutz mit bituminösen Stoffen, und neben der Arche Noah wurden auch die Schiffe der alten Griechen und Römer sowie die Flotten der Engländer, Spanier und Portugiesen mit Teer und Pech behandelt. Auch die Behandlung mit wasserabweisenden und vermutlich insektenwidrigen, toxischen Ölen war ein weit verbreitetes Mittel, um Holzschäden vorzubeugen. *Alexander der Große* (356–323 v. Chr.) ließ mit solchen Ölen das Holz für Brücken behandeln. Bekannt war auch die mit der Feuchtigkeit verbundene Gefahr durch Holzschädlinge. Vor allem die Römer hatten gute Kenntnis von den Zusammenhängen zwischen Feuchtigkeit und Pilzbefall. Allerdings sahen sie die Holzfäulnis als Holzkrankheit an, die unvermeidlich war und kannten noch nicht die wirklichen Ursachen von Holzschäden.

Im allgemeinen stützte man sich beim Holzschutz bis in das späte Mittelalter hinein auf die Kenntnisse und praktischen Erfahrungen des Altertums, d. h. man beschränkte sich neben der Konstruktion des Holzbauwerks im wesentlichen auf die Wahl dauerhafter Holzarten. Hinsichtlich der Ursachen und Verhütung von Holzschäden gab es keine neuen Erkenntnisse. Wie anderswo gingen im Mittelalter auch beim Holzschutz allmählich umfangreiche Kenntnisse verloren. Der den Römern noch bekannte Zusammenhang zwischen Feuchtigkeit und Holzfäule geriet in Vergessenheit. Das zeigte sich besonders verhängnisvoll beim Schiffsbau für die englische Flotte zu Zeiten *Elisabeth* I (1533–1604), als Schiffe bereits in der Bauphase verfaulten. Man war der Ansicht, daß die Holzfäule eine Art Krankheit, Alterserscheinung und Verwesung sei. Bis ins 19. Jahrhundert hinein hielt sich auch die weitverbreitete Meinung, daß sich Würmer aus faulendem Holz entwickeln können. Daher ist es nicht verwunderlich, daß zeitgenössische Vorschläge für Holzschutzmittel oft aus Alchemistenkreisen stammten und Mittel vorge-

Bild 119: Verwendung von Holzschindeln zum Dachdecken in Skandinavien

schlagen wurden, die schon gegen Pest und Verwesung eingesetzt wurden und antiseptische Wirkungen zeigten. Es waren dies u. a. Sublimat (Quecksilberchlorid), Kupferverbindungen (Vitriol) und Arsensalze [213].

Erst ab Beginn des 19. Jahrhunderts wurde die Holzschutzforschung systematisiert. Einen kräftigen Schub erhielt die Entwicklung auf dem Gebiet des Holzschutzes, als man vor der Notwendigkeit stand, große Mengen hölzerner Eisenbahnschwellen zu schützen. 1838 erhielt *Breant* ein Patent für die Kesseldruckimprägnierung, ein neuartiges Verfahren, um Flüssigkeiten ins Holz zu bringen. Im gleichen Jahr wurde die industrielle Anwendung von Steinkohlenteeröl und Zinkchlorid patentiert. Nachdem 1862 *Pasteurs* grundlegende Untersuchungen über die Mikroorganismen bekannt wurden, setzten auch gezielte Forschungen zur „Verwesung" des Holzes ein. In den folgenden Jahrzehnten erkannte man nach und nach die wirklichen Ursachen der Holzzerstörung und die Lebens- und Wachstumsbedingungen der holzzerstörenden Mikroorganismen. Danach entwickelten sich in rascher Folge neue Möglichkeiten des Holzschutzes. 1903/1904 wurden Fluorsalze für

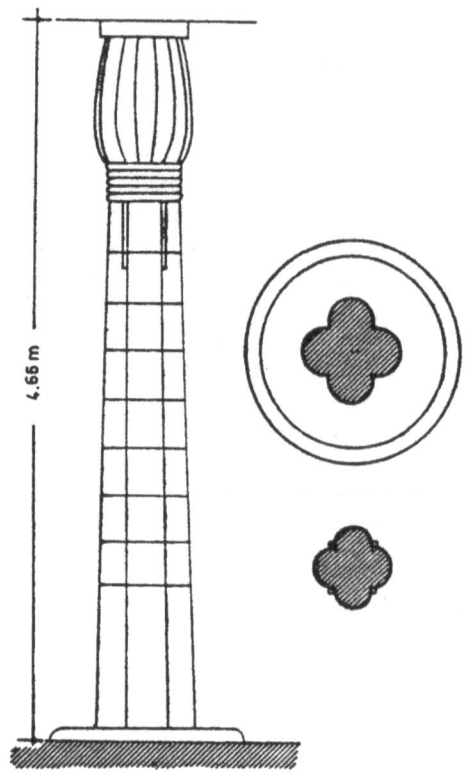

Bild 121: Ägyptische Lotussäule mit geschlossenem Kapitell um 2000 v.Chr.

den Holzschutz vorgeschlagen und bald darauf in die Praxis eingeführt. Wurden bis zu dieser Zeit Holzschutzmittel hauptsächlich zur industriellen Imprägnierung von Grubenhölzern, Eisenbahnschwellen und Masten verwendet, so begann nun auch die Behandlung von Bauhölzern, wie Dachsparren oder Deckenbalken. Ein Überschuß an Chlor und der in beliebiger Menge zur Verfügung stehende Abfallstoff Roh-Naphtalin führten in den 20er Jahren zur Entwicklung von chlorierten Naphtalinen. Diese zeigten eine hervorragende Wirkung gegenüber Holzschädlingen. Die gute holzschützende Wirkung der Chlornaphtaline machte den damaligen Produktnamen „Xylamon" zum Inbegriff chemischen Holzschutzes [213].

In Verbindung mit Holz und auch anderen Baustoffen wurden immer schon Schilf, Stroh und andere pflanzliche Faserstoffe im Bauwesen verwendet. Schilf war an vielen Seen, Flüssen, Bächen, Sümpfen und Mooren in aller Welt zu finden. Seegras und Strandhafer wuchsen entlang der Sandküsten von Europa und Nordafrika. Diese Faserstoffe wurden in verschiedener Art als Baustoff verwendet. Eine der ältesten Anwendungen ist die zu Matten und Schirmen oder auch zu Seilen und Tauen geflochtene Verbindung dieser Stoffe. In Form von Matten wurden Faserstoffe hauptsächlich

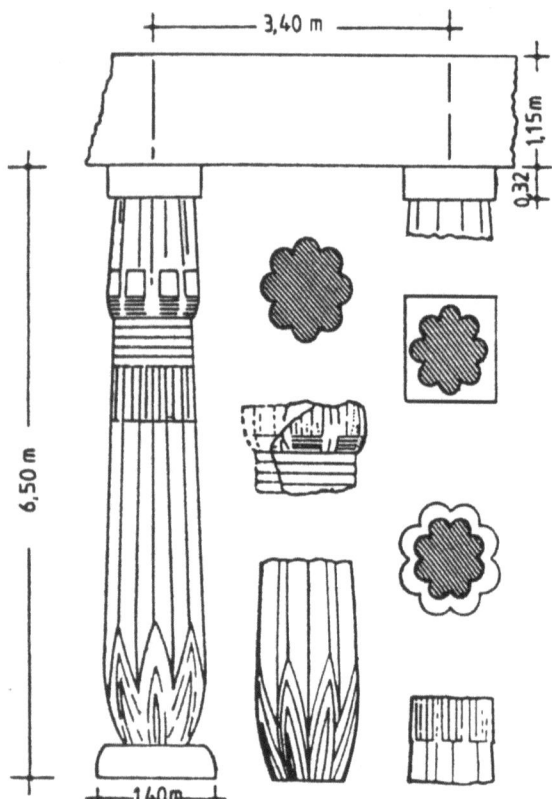

Bild 120: Ägyptische Papyrus-Bündelsäule mit geschlossenem Doldenkapitell um 2000 v.Chr.

zum Bau von Wänden und zum Dachdecken verwendet. In holzarmen Gegenden wurden aus Schilf und Rohr auch feste Rippen und Pfeiler geformt, die statische Aufgaben an Stelle von Holz übernehmen mußten. Pflanzliche Faserstoffe wurden aber auch zur Bewehrung von Baustoffen aus Lehm und Ton oder Bitumen und Gips verwendet.

Im alten Ägypten waren vor der Einführung des Bauens mit Natursteinen außer dem alluvialen Nilschlamm, Schilf und Binsen sowie Palmenstengeln und Akazienzweigen kaum geeignete Baumaterialien zum Hausbau vorhanden. Mit diesen Materialien wurden einfache Siedlungsstätten errichtet. Bei Ausgrabungen wurden aus dieser Zeit mit Lehm verputze Rohrmatten gefunden, die als Wandverkleidung einfacher Siedlungshütten gedient hatten [34].

Als dann in Ägypten der Bau mit Natursteinen einsetzte, war man bemüht, die alten Traditionen der Holzbauweise zu übernehmen. Im wesentlichen verkörpern die Bauwerke das einfache Stützen- und Balken-Prinzip, wobei die Stützen an natürliche Pflanzen erinnern sollen. Es ist der sogenannte „vegetabile Stützentyp". Dieser war lange Zeit ein typisches Merkmal ägyptischer Baukunst. Einige dieser Säulen waren am Säulenfuß nach innen gebogen und erschienen so wie ein Bündel sprossenden Schilfs oder blühender Stengel [109].

In Mesopotamien wurde Schilf in der sogenannten Al'Ubaid-Periode (etwa 4000 v.Chr.) zum Häuserbau verwendet. Dabei wurden zusammengebundene und gebogene Schilfbündel als tragendes Gerüst und geflochtene Schilfmatten als Wandbaumaterial verwendet. Diese Methode des Hausbaus überdauerte mehr als 6000 Jahre, und noch heute ist im Irak in abgelegenen ländlichen Gegenden diese Bauweise anzutreffen. Die bis zu 5 m hohen Schilfrohre werden dabei zu festen Bündeln verschnürt und in zwei Reihen parallel aufgestellt. Die Spitzen der sich gegenüber stehenden Schilfbündel werden dann zusammengezogen und zu Bögen verbunden, die eine große Stabilität besitzen. Die Bögen werden längs ebenfalls mit Schilfbündeln verbunden und das fertige Tragwerk mit Schilfmatten verkleidet [34].

Pflanzenfasern unterschiedlichster Form und Herkunft wurden als einfachste Form des Abdeckens einer Behausung schon seit langem verwendet, oft mit Steinen, Stangen und Stricken befestigt. Mitunter wurden derartige Abdeckungen noch mit einer Schicht Erde oder Ton abgeschlossen. Der Nachteil derartiger Dachdeckungen bestand darin, daß sie selbst bei Verwendung besten Pflanzenmaterials nicht über einen langen Zeitraum hinweg dauerhaft sein konnten und es daher heute nur wenig Wissen über die ältesten Anwendungsbeispiele dieser Art der Dachdeckung gibt. Die Methode des Deckens von Dächern mit Schilf oder Stroh ist aber noch heute insbesondere in den Entwicklungsländern bei gegebenen Voraussetzungen weit verbreitet. In Deutschland ist die Tradition der Verwendung von Stroh oder Schilf für die Dachdeckung vor allem an den Küsten von Nord- und Ostsee sowie in ländlichen Gegenden wasserreicher Gebiete des Binnenlandes zu finden.

Mit Draht verflochten, wurden Schilfrohr und Stroh bis ins 20. Jahrhundert als Putzträger für Ton, Gips- und Kalkmörtel verwendet.

10. Glas

Glas kannten die Menschen bereits in der Altsteinzeit, in der sie lernten, natürliches Gesteinsglas zu verwenden, das sie an bestimmten Stellen vorfanden. Dabei nutzten sie zwei Typen dieses Glases [89].

Zum einen war es Obsidian, ein vulkanisches Glas, das aus rasch erstarrter, saurer Lava entstanden war, und zum anderen waren es sogenannte Tektite, flaschengrüne bis schwärzliche Glasmeteorite, die vor etwa 250 bis 300 Jahrtausenden in großem Streubereich auf die Erde niedergingen. Obsidian (ist der Sammelbegriff für natürliche Gesteinsgläser) ist reich an Kieselsäure, einem Grundbestandteil des Glases, vorwiegend von schwarzer, manchmal aber auch grauer oder rotbrauner Farbe. Tektite sind Aluminiumsilicatgläser mit einem hohen Anteil an Calcium, Magnesium und Eisen.

Beim Bruch dieser Gesteinsgläser entstehen rasierklingenscharfe Scheibchen, die, wie älteste Funde aus vielen Gegenden der Welt beweisen, in der Altsteinzeit von den Menschen u. a. als Pfeilspitzen für Jagd- und Kriegsgeräte verwendet wurden. Interessant ist der Fund zahlreicher Obsidianmesser der Ureinwohner Mittelamerikas, der Azteken. Elektronenmikroskopische Untersuchungen ergaben, daß diese Obsidianklingen wesentlich schärfer als jede beliebige Rasierklinge und auch besser als die Stahlskalpelle sind, die heute allgemein von den Chirurgen verwendet werden.

In der Zeit des Übergangs vom nomadisierenden zum seßhaften Menschen machte die Bearbeitung der Gesteinsgläser deutliche Fortschritte. Neben Werkzeugen wurden auch Gefäße aus Obsidian hergestellt. Fragmentfunde solcher Stücke vom Beginn des 3. Jahrtausend v. Chr. lassen eine feine Profilierung und unglaublich dünne Wandungen erkennen.

Unter einem Glas im weiteren Sinne versteht man heute ganz allgemein eine amorphe d. h. ohne Kristallisation erstarrte (metastabile) Schmelze. Die Eigenschaft, aus dem Schmelzfluß glasigamorph zu erstarren, zeigen besonders Gemische von Metalloxiden (z. B. Natrium- Calcium- oder auch Bleioxid) mit Siliciumdioxid, Bortrioxid, Aluminiumoxid oder Phosphorpentoxid.

Derartige Schmelzprodukte nennt man daher Glas im engeren Sinne. Der Hauptbestandteil eines solchen Glases ist stets Siliciumdioxid.

Ein sogenanntes „Normalglas" (Alkali-Silicat-Glas) setzt sich wie folgt zusammen:

$$75{,}5\% \text{ } SiO_2 + 12{,}9\% \text{ } Na_2O + 11{,}6\% CaO$$

Als Rohstoffe dienen
für das Siliciumdioxid SiO_2 – Quarzsand,
für das Natriumoxid Na_2O – Soda (Na_2CO_3) und
für das Calciumoxid CaO – Kalkstein, Kreide ($CaCO_3$).

Das Wort Glas wird in der deutschen Sprache in drei verschiedenen Bedeutungen gebraucht: als Behälter, als Werkstoff und als Zustand [77].

Als Behälter ist es gleichbedeutend mit Becher aus Glas, z. B. ein Wasserglas, ein Bierglas usw.

Als Werkstoff ist es ein Stoff mit ganz bestimmten Eigenschaften, der in der Regel, was am auffälligsten ist, durchsichtig ist, und weder von Flüssigkeiten – sieht man von der Flußsäure ab – angegriffen wird, noch den Flüssigkeiten irgendwelche Eigenschaften mitgibt, z. B. beeinflußt Glas nicht den Geschmack von Flüssigkeiten wie Wein oder Bier. Eine weitere Eigenschaft des Glases ist, daß es durch Zusammenschmelzen der Rohstoffe in feuerflüssigem Zustand erhalten wird, in diesem Zustand beliebig formbar ist und sich auch nach dem Erstarren durch Erhitzen wieder soweit plastisch machen läßt, daß es sich wieder verformen läßt. Durch diese Eigenschaften – die kein anderer anorganischer Werkstoff hat – ist das Glas von großer wirtschaftlicher und kultureller Bedeutung geworden.

Mit Glas wird schließlich ein Zustand bezeichnet, durch den sich das Glas von den Kristallen einerseits und von den Schmelzen andererseits unterscheidet.

Über die Erfindung des Glases wird von dem römischen Geschichtsschreiber *Plinius* (23–79 n.Chr.) in seiner 37 Bücher umfassenden „Naturalis historia", der Naturgeschichte, berichtet. Danach soll ein mit Salpeter (Kaliumnitrat – KNO$_3$) beladenes Schiff an einer sandigen Küste gestrandet sein, und die Schiffbrüchigen hätten die Salpeterblöcke benutzt, um am Strand einen primitiven Herd aufzubauen. Beim Kochen auf diesem Herd soll der Salpeter mit dem Sand des Untergrundes dann zu einem Glas verschmolzen sein.

Wann sich diese Episode ereignet hat, ist von *Plinius* nicht berichtet worden. Möglicherweise hat er sie einer der Quellen entnommen, auf denen seine Naturalis historia aufbaut, und die reichen mitunter tausend Jahre zurück, ohne auch nur grobe Zeitangaben zu erhalten.

Diese Geschichte ist aber nicht sehr glaubhaft. Erstens kommt Salpeter in Blöcken nur in Südamerika vor, und es ist sehr unwahrscheinlich, daß die alten Seefahrer Salpeter in Blöcken aus Südamerika an das Mittelmeer gebracht hätten. Zweitens ist Salpeter in Wasser so leicht löslich, daß sich beim Auflaufen des Schiffes auf eine Untiefe mit großer Wahrscheinlichkeit der ganze Salpeter im Meerwasser aufgelöst hätte. Etwas mehr Realität hätte die Erzählung, wenn statt des Salpeters Natriumsulfat in Blöcken – wie es in Südrußland vorkommt – mit dem Schiff transportiert worden wäre. Die Temperaturen eines einfachen Herdfeuers hätten aber in keinem Fall ausgereicht, um Soda, Sulfat oder Salpeter schmelzen zu können.

Wahrscheinlich wurde die Kunst des „Glasmachens" vor rund 6000 Jahren entdeckt. Alle Glasfunde in Ägypten und Mesopotamien deuten darauf hin, daß in diesen Ländern schon 4000 v. Chr. das Schmelzen von Glas und die Glasmasseverarbeitung begonnen hat [73].

Das „Glasmachen" ist eine echte Erfindung, bei der vom Menschen bewußt und künstlich ein Stoff hergestellt wurde. In der Natur kommt keine Mischung vor, die zum Glas führt (anders z. B. beim Zement, wo es Rohstofflagerstätten gibt, die der Zusammensetzung eines Portlandzement-Rohmehles entsprechen → Naturzement).

In Ägypten hat man in Gräbern aus der zweiten Dynastie (3050–2840 v. Chr.) Gläser gefunden, die darauf hinweisen, daß man mit der Verarbeitung und Bearbeitung des Glases schon große Erfahrungen besaß. Vermutlich basierten diese Erfahrungen auf der bereits bekannten Kenntnis der Herstellung von Keramik.

Eine Glasperle von 9x5,5 mm, gefunden in einem Grabe bei Theben, ist das älteste erhaltene Stück aus der Zeit um 3500 v. Chr.

Nicht immer lassen sich Herstellungsverfahren und Rezepte in so ferne Zeiten zurückverfolgen, wie es beim Glas der Fall ist. Zu den interessantesten und wohl auch ältesten schriftlichen Aufzeichnungen aus der Geschichte der angewandten Chemie zählt eine assyrische Keilschrifttafel aus gebranntem Ton, die bei Tell Uma gefunden wurde und deren Alter auf etwa 1700 v. Chr. datiert wurde [89]. Diese Tontafel enthält Aufzeichnungen über Zusammensetzungen und die Technik der Herstellung von Glasuren mit Kupfer und Blei zum Glasieren von Gefäßen und Ziegelsteinen.

Keilschrifttexte mit Rezepten für die Herstellung von Gläsern, mit Beschreibungen der Schmelzöfen und weiterer technischer Einzelheiten, wie sie für die Glaserzeugung erforderlich sind, wurden auch in der umfangreichen Tontafelbibliothek des *Ashurbanipal* (7. Jahrhundert v. Chr.) in Ninive gefunden. Diese Texte offenbaren ein reiches Wissen um das Glas und die zu seiner Herstellung erforderlichen Rohstoffe. Im Text werden sowohl konstruktive Einzelheiten der Schmelz- und Brennöfen als auch Rezepte einfacher farbiger Gläser, u. a. eine Vorschrift zur Herstellung eines roten, durch Gold gefärbten Glases beschrieben.

Im Dictionary of Assyrian Chemistry and Geology schreibt *Thompson* über die Berichte auf den Tontafeln z.B. zu den Glasöfen wie folgt [89]:

„So wie ich es verstanden habe, gibt es im Prinzip zwei Arten von Öfen, der eine mit Löchern (Augen) im Boden und der andere mit einem Gewölbe als wesentliches Konstruktionsmaterial. Ich nehme an, daß der Ofen mit Löchern im Boden wahrscheinlich ein Hochtemperaturofen gewesen ist und zum Schmelzen der Gläser und Glasuren Anwendung fand. Ich nehme weiterhin an, daß der Ofen einen konischen Oberteil besessen hat mit einer Öffnung im oberen Dom und die Löcher im Boden den Flammen Eintritt in den Schmelzraum ermöglicht haben."

Der Verbrennungsraum des Holzes lag unterhalb eines Bodens mit Öffnungen (Augen). Als Brennstoff wurde Gummibaumholz verwendet, das in der trockenen Jahreszeit geschlagen sein mußte. Mit einem solchen Ofen wird man Temperaturen von etwa 1000 bis 1100 °C gerade erreicht haben, und das Geheimnis dieses Erfolges wird darin bestanden haben, daß die Schmelzgefäße, die über den Öffnungen (Augen) standen, von den scharfen Flammen eingehüllt wurden.

Der andere Ofen, der mit einer gewölbten Decke beschrieben wurde, ist niedriger als der erstgenannte. Der Austrittspunkt der Flammen lag vermutlich auf der Seite der Wölbung. Es kann angenommen werden, daß dieser Ofen nicht so hoch erwärmbar war, wahrscheinlich für einen Nachfolgeprozeß der Glasherstellung benötigt wurde und vielleicht zum Wiedererwärmen des Glases, zum Sintern und Kühlen Verwendung fand.

Im weiteren Text wird der Schmelzprozeß des Glases beschrieben. Zum Schmelzen wird die Mischung der Glaskomponenten in besonderen Schmelzgefäßen erhitzt. Zur Läuterung des Glases, dem Heraustreiben der Blasen aus der Schmelze, werden die Schmelztiegel über die Öffnungen im Boden des Ofens gestellt.

Hinsichtlich der Glaszusammensetzungen werden bestimmte Grundgläser genannt, die bei der Herstellung farbiger Gläser Verwendung fanden. Aus dem Text für die Herstellung eines Farbglases lassen sich technologische Einzelheiten des Schmelzprozesses erkennen [89]:

„Uknu, ein einfaches blaues Glas, enthält 10 Teile Tersutu (eine Zusammensetzung von schwarzem Kupferoxid und Zukuglas, wobei letzteres wahrscheinlich eine Art Grundglas bezeichnet), 10 Teile Sirsuglas, etwas Alkali, $^2/_3$ Teile Kalk aus der See (Muschelschalen) und etwas geröstetes Litharge (Bleiverbindung). Zerkleinere die Bestandteile getrennt, mische und setze sie in einem sauberen Schmelztiegel in einen Ofen mit Löchern (Augen) im Boden zwischen die Löcher, so daß der Boden des Tiegels den Ofen nicht berührt, drücke die Blasen mit einem guten, klaren Feuer heraus, und wenn die Mischung klar geschmolzen ist, ziehe das Feuer und lasse abkühlen. Danach bringe das Glas wieder in einen sauberen Schmelztiegel und stelle diesen in den kalten gewölbten Ofen, entfache ein gutes, klares Feuer bei geöffneter Feuertür, bis die Schmelze rot, gelb und weiß wird. Setze dann alles in ein geschlossenes Schmelzgefäß, und wenn der Ofen kalt ist, ist alles fertig."

Der letzte Teil des Textes ist nicht klar verständlich, wie überhaupt die Übersetzung der Keilschrift in vielen Fällen mit erheblichen Schwierigkeiten verbunden ist, da Begriffe oder Begriffskombinationen oft nur aus dem Gesamtinhalt ableitbar sind.

Deutlich werden aber hier schon die drei Phasen der Glasherstellung, die auch heute in modernen Schmelzöfen Bedeutung haben:

1. Schmelzen – Umwandlung der Ausgangsstoffe durch einen Hochtemperaturprozeß in eine Schmelze (Rauhschmelze)
2. Läutern – Entfernung der Blasen aus der Rauhschmelze (Blankschmelze, „blank" = blasenfrei)
3. Abstehen – Absenken der Glastemperatur nach dem Läutern auf die Verarbeitungstemperatur

Die Glasherstellung stützte sich bereits in diesen fernen Zeiten auf eine recht ansehnliche Auswahl von Glasrohstoffen. So fanden Verwendung:

- Siliciumdioxid in Form von Bergkristall, erhitztem Flint, weißem und gewöhnlichem Sand,
- Kaliumcarbonat in Form der gereinigten Pottasche oder aber auch sicherlich als Rohholzasche (das Kalium kommt aus dem Erdboden in Pflanzen und bei deren Veraschung geht es in Kaliumcarbonat über) gemeinsam mit vielen anderen darin enthaltenen Komponenten,
- Natriumcarbonat in Form des natürlichen Soda (findet sich in der Natur vor allem in Nordamerika und Ostafrika in gewaltigen Seen, aber auch vielfach in der Natur im Erdboden und in der Asche vieler Pflanzen),
- Kalk als Kalkspat, Marmor, Kreide oder Kalkstein,
- Blei als rotes Blei (entsteht als leuchtend rotes Pulver beim Erhitzen von feinverteiltem Bleioxid an der Luft auf etwa 500 °C : $3PbO + {}^1/_2 O_2 \rightarrow Pb_3O_4$ /Mennige/) und
- weißem Blei (wahrscheinlich Bleicarbonat oder -sulfat).

Eine Schwierigkeit der Glaserzeugung im Altertum ergab sich allerdings aus der ständig wechselnden Zusammensetzung der Glasrohstoffe, die meist natürliche Stoffe, also Mineralien oder Aschen waren. Deren Zusammensetzung schwankte stark, und der Einfluß von Verunreinigungen konnte unter Umständen so stark sein, daß das daraus erzeugte Schmelzprodukt unbrauchbar war. Eine Reproduzierbarkeit der Gläser in Farbe und Qualität war somit außerordentlich schwierig. Eine weitere Schwierigkeit muß in der mit den damaligen Methoden zu erreichenden relativ geringen Brenntemperatur gesehen werden [89].

Im Altertum war man bereits in der Lage, mit Hilfe bestimmter Zusätze bewußt Farbeffekte zu erzielen. Zur Herstellung farbiger Gläser bediente man sich schon in der Antike verschiedener Metalloxide. *Plinius* erwähnt in seiner Naturgeschichte bereits einige solcher Zusätze:

Kobaltoxid	– Blaufärbung
Kupferoxid	– Grün- und Rotfärbung
Chromoxid	– Gelbfärbung
Zinnoxid	– Weißfärbung (undurchsichtig)
Goldzusatz	– Rubinglas (tiefrote Farbe)

Funde beweisen, daß man sich in Phönizien, Mesopotamien und Ägypten frühzeitig darauf verstand, Glas (und auch Keramik) zu färben.

Auch der entgegengesetzte Prozeß des Glasfärbens, das Entfärben, war bereits in der Antike bekannt. Man wußte, daß sich durch Beimischung von zerkleinerten Glasscherben der hohe Schmelzpunkt des Gemenges herabsetzen und die Glasmasse veredeln läßt. Ebenso bekannt sind aus dieser Zeit Versuche, die zufälligen Verfärbungen des Glases durch Verunreinigungen des Sandes mit Eisen- und anderen Bestandteilen auszuschalten. Man fand heraus, daß sich bestimmte Zusätze als Entfärbungsmittel eignen. Solche „Reinigungsmittel" erhielten später den Namen „Glasmacherseifen". Als Glasmacherseifen wurden überwiegend Braunstein (Sammelbegriff für oxidische Manganerze) und Arsenik (As_2O_3) verwendet.

Die ersten Glaserzeugnisse in Ägypten und Mesopotamien dienten überwiegend als Schmuckgegenstände. Die Herstellung von Gebrauchsgegenständen aus Glas – ähnlich der aus Keramik – folgte später. Das einfachste Verfahren zur Herstellung von Hohlgläsern bestand wahrscheinlich darin, einen Kern für die künftige Innenform des Glaskörpers zu bilden und auf ihn die heiße Glasmasse aufzubringen. Dieses als Sandkerntechnolgie benannte Verfahren muß um 1500 v. Chr. entstanden sein [112]. Der Kern bestand aus einer Mischung von Ton und Sand. An einem ausreichend langen Stab wurde in sicherem Abstand vom heißen Schmelzofen dieser Kern wiederholt in die heißflüssige Glasschmelze getaucht und dabei um seine Achse gedreht, bis die Form von einer genügend dicken Glasschicht umgeben war. Auf diese wurden dann zum Teil noch verzierende Glasfäden aufgebracht. Nach dem Erkalten des Glases wurde der Sandkern mit einem Werkzeug aus dem Glas herausgeschabt, was mit großer Sorgfalt geschehen mußte. Dieses Verfahren war mühsam und zeitaufwendig, speziell die Herstellung der Sandformen. Später ersetzte ein mit feinkörnigem Sand gefülltes Ledersäckchen mit der späteren Innenform des Glasgefäßes den ursprünglichen, mit Ton verfestigten Sandkern. Auf diesen Sandbeutel trug man zunächst eine Schicht heißer, weicher Glasmasse wie Spachtel auf und tauchte das Stück ebenfalls mehrmals kurz in die Schmelze. Damit war die mühsame Herstellung der Sandform überflüssig geworden. Auch ließ sich nach dem Erkalten des Hohlkörpers der Sand einfach ausschütten, denn das Säckchen war verbrannt. Die Folge war eine verhältnismäßig glatte Innenfläche des Gefäßes, und das langwierige Herausschaben des verfestigten Sandkerns entfiel.

Als schwierigster Arbeitsgang, von dem aber das Aussehen des Glases abhing, stellte sich mehr und mehr die Behandlung der Oberflächen heraus. Das bisher angewandte manuelle Rollen des erstarrenden, durch wiederholtes Erwärmen plastisch formbar gehaltenen Glases ließ nur in begrenztem Maße die Herstellung auch ästhetisch ansprechender Erzeugnisse zu und war außerdem anstrengend und aufwendig. Enge Rundungen, Vertiefungen u.s.w. waren mit diesem Verfahren kaum ordentlich zu glätten. Vermutlich wurde aus den Erfahrungen der Edelsteinschleiferei heraus mit dem Schleifen der Grundstein für eine noch heute angewandte End- und Oberflächenbearbeitung des Glases gelegt. Seit etwa 800 Jahre v. Chr. wird diese Art der mechanischen Glasbearbeitung angewendet. Vermutlich rund 500 Jahre später ist sie zum Feinschleifen (mit Sandsteinscheiben und mit Wasser als Fluß- und Kühlmittel) sowie zu ebenem Schleifen und Polieren erweitert und vervollkommnet worden. Dabei verwendete man Holz- oder vielleicht auch schon Korkscheiben und als Schleif- und Poliermittel Bimssteinmehl. Zunächst wurden die Kanten der Glastücke durch Schleifen abgeschrägt und geglättet. Dieser Schleiftechnik ist das Schleifen von ebenen Flächen nahe verwandt (heute als Planschliff bekannt). Nach gefundenen Gläsern zu urteilen, wurde es vermutlich im Altertum fast zeitgleich mit dem Facettenschliff (facette → anschrägen, anschleifen) ausgeübt. Zwischen dem 2. und 1. Jahrhundert v. Chr. entstand eine neue Schleiftechnik, um auch gekrümmte Flächen herausarbeiten zu können. Bei diesem Verfahren ist die Schleifscheibe im Gegensatz zur ursprünglichen Arbeitsweise senkrecht auf einer horizontalen Welle angebracht. Mit Schleifscheiben unterschiedlichsten Durchmessers und Profils konnten damit vorgegebene Muster plan, rund oder spitz in das Glas geschliffen werden.

Während man beim Schleifen immer Flächen bearbeitet, werden beim Schneiden Glasschichten in der Linie abgetragen. Deshalb wird in der Glasmachersprache dafür oft das Wort „Gravieren" benutzt. Im Altertum bestand das dafür notwendige Schneidwerkzeug aus rotierenden Kupferscheiben, die in Dicke und Durchmesser dem beabsichtigten Dekor entsprechen. Dazu wurde Schmirgel benutzt, der einen sauberen Schnitt bewirkt.

Beide Techniken, das Schleifen und das Schneiden, sind miteinander verwandt und dürften auch ziemlich gleichzeitig in die Glasbearbeitung eingeführt worden sein. Im British Museum in London bewahrt man eine Vase aus dem 8. Jahrhundert v. Chr. auf, die sowohl geschliffen worden ist als auch eine Gravur enthält. Es ist ein gedrungenes grünliches Gefäß mit dicker Glaswand, an die zwei stummelartige Griffe links und rechts angesetzt sind. Vermutlich stammt dieses Gefäß aus dem assyrischen Raum.

In Ägypten beherrschten die Glasgestalter bereits Jahrhunderte v. Chr. den sogenannten „Hochschnitt", wo man durch Abtragen von Schichten des umgebenden Grundes Flächenstrukturen aus dem Glas schnitt und damit ein erhabenes Relief erhielt und den sogenannten „Tiefschnitt", mit dem man Sprüche, Motive aus Flora und Fauna usw. in das Glas einarbeitete.

Den Fortschritten in der mechanischen Glasbearbeitung ist wahrscheinlich auch die erste größere technische Arbeitsteilung in der Glaserzeugung zu verdanken, deren Ursprung vermutlich in Mesopotamien liegt. Die Arbeitsgänge des Glasschleifens und -schneidens verlangten großes handwerkliches Können, das sich deutlich von den schweren Arbeiten am Ofen unterschied. Es trennten sich die Hersteller, die Glasschmelzer von den Bearbeitern, den Glasschleifern und Glasschneidern.

Einen ganz wesentlichen Fortschritt der technischen Entwicklung auf dem Gebiet der Glashohlkörperherstellung brachte die Erfindung des Glasblasens mit der „Glasmacherpfeife". Bei der zeitlichen Zuordnung der Erfindung der Glasmacherpfeife variieren die Angaben vom 3. bis 1. Jahrhundert v. Chr., beim Ursprungsort dominiert die Stadt Sidon in Syrien (Phönizien – im Altertum der schmale Landstrich am Mittelteil der syrischen Mittelmeerküste und des südlich anschließenden Libanon). Es gibt aber auch Forschungsergebnisse, die besagen, daß diese Erfindung noch früher erfolgte und in Mesopotamien anzusiedeln sei [73].

Aufgrund irgendwelcher Beobachtungen war es gelungen, mit Hilfe eines Rohres in einen durch Eintauchen aus der Schmelze entnommenen Glasposten Luft zu blasen und auf diese Weise Hohlkörper herzustellen. Aus dem dickflüssigen Glasball am Ende des Rohres entstand eine Glasblase, die durch weiteres Blasen bei geschicktem ständigem Drehen – durch wiederholtes Erwärmen plastisch gehalten – die gewünschte Form erhält und nach Abkühlung ein Gefäß ergab [112].

Unbekannt ist, woher der Name „Glasmacherpfeife", der sich aus „Glasbläserpfeife" entwickelte, eigentlich stammt. Es wird angenommen, daß man das Metallrohr zum Glasblasen mit einem

Bild 122: Glasbläserei (Darstellung aus einer französischen Enzyklopädie des 19. Jahrhunderts)

Bild 123: Glasbläserei (Stahlstich aus dem Orbis Pictus von Lauckard, Leipzig 1858)

Flötenrohr verglich, mit dem Pfeiftöne erzeugt werden können [73].

Die Glasmacherpfeife ist mit entsprechenden Zusatzwerkzeugen bis in die heutige Zeit prinzipiell zur Herstellung von Hohlgläsern unverändert geblieben. Sie besteht heute aus einem etwa 1,50 m langen Metallrohr mit einem Mundstück aus Messing. Um den Glasbläser vor der Hitze des Metalls zu schützen, die es durch das heiße Glas annimmt, ist das Rohr am oberen Teil mit Holz verkleidet. Sein unterer Teil, der sogenannte Nabel, besteht heute aus hitzebeständigem Stahl.

Die Herstellung einer Flasche durch Mundblasen geschieht wie folgt [112]:

Mit der Glasmacherpfeife entnimmt der Glasbläser aus der Schmelze *den Posten*, eine der Flaschengröße entsprechende Glasmenge und rundet ihn in den Hohlräumen der *Motze* (auch Motzholz → hölzernes Gerät in schüsselartiger Form) zum Vorformen des *Külbels* (durch Einblasen von Luft in einen Glasposten entstehender zähflüssiger Hohlkörper, der der Form des Endproduktes mehr oder weniger angepaßt ist).

Den so entstandenen Külbel wärmt der Glasbläser erneut an, bläst ihn unter Schwenken zu einer birnenförmigen Hohlkugel auf und formt diese in einer zylindrischen Form aus Eisen oder Holz unter ständigem Blasen oder Drehen zum Flaschenkörper aus. Jetzt wird der Flaschenboden erwärmt und eingedrückt, *das Hefteisen* (Nabeleisen oder auch Eisenstab, neben der Glasmacherpfeife zweites Werkzeug zum Handhaben des Glaspostens) angebracht und die auf einer Art „Gabel" befindliche Flasche durch Auftropfen von Wasser von der Glasmacherpfeife abgesprengt. Mittels verschiedener Werkzeuge, z. B. der Schere, bringt der Glasmacher die Öffnung der Flasche in die gewünschte Form. Nach erneutem Anwärmen und Verschmelzen der Oberfläche sprengt er dann die Flasche durch Anfeuchten auch vom Hefteisen ab.

Die Technologie des Mundblasens entwickelte sich um die Zeitenwende im Vorderen Orient weiter. Die wirtschaftlichen Vorteile des mundgeblasenen Hohlglases gegenüber dem formgeschmolzenen traten immer deutlicher zutage, da

- es sich mit weniger Arbeitsaufwand herstellen ließ, weil man keine - nicht einfach und teuer herzustellende - Sandformen mehr brauchte,
- sich dünnere Wandungen als beim handgeformten Volumenglas herstellen ließen und
- aus einer Glasschmelze sich mehr Erzeugnisse als früher herstellen ließen, die außerdem leichter waren und vielfältigere Möglichkeiten für die Formgestaltung boten [112].

Die Formgebung von Hohlglas mit der Glasmacherpfeife hat ihre natürlichen Grenzen in der physischen Leistungskraft des Menschen.

Neben der schweren körperlichen Arbeit beim Transport der an der Glasmacherpfeife hängenden Glaskörper ist es vor allem das Leistungsvolumen der Lunge. Kluge Glasmacher haben schon sehr früh darüber nachgedacht, wie sie ihre Lungen schonen und deren Blaskraft vermehren können. Man fand heraus, daß sich die Luft im Hohlkörper stark ausdehnt, wenn man mit dem Atem gleichzeitig Alkohol einbläst, und man machte sich das für das Ausblasen großer Glaskörper zunutze. So kam es, daß man den Glasmachern teilweise kostenlos Alkohol als „Blashilfe" zur Verfügung stellte.

Das Wort „Glasmacher" bezeichnet im eigentliche Sinn des Wortes eine Person, die das Glas „macht". Eine Person also, die die zur Glasherstellung nötigen Kenntnisse hat, aber nicht die, die das Glas verarbeitet. Seit den Anfängen der Glasherstellung bis ins späte Mittelalter hinein war es jedoch so, daß derjenige, der die Geheimnisse der Glasschmelzkunst kannte, gleichzeitig die Verarbeitung der Glasmasse beherrschte. Dadurch, daß in damaliger Zeit die Kunst des Glasschmelzens und die Verarbeitung desselben meist in einer Hand lag, hat sich der Name Glasmacher bis in unsere Zeit erhalten. Aus dieser alten Überlieferung heraus haben sich die Glasmacher immer dagegen ver-

Bild 124: „Der Glaser"
(aus dem Ständebuch von Jost Amman, 1568)

wahrt, als Glasarbeiter bezeichnet zu werden. Bis in die 70er und 80er Jahre des vorigen Jahrhunderts war es keine Seltenheit, daß verbriefte Glasmachertitel vergeben wurden. In früherer Zeit wurden sogar einzelne Glasmacher auf Grund ihres gleichzeitigen Könnens von Glasschmelzkunst und Glasverarbeitung geadelt und mit besonderen Privilegien ausgestattet, wozu das Tragen eines Schwertes gehörte [73].

Kaum eine andere Technologie für die Herstellung eines Erzeugnisses ist über so lange Zeit unverändert geblieben wie die Fertigung von Glasgefäßen mit der Glasmacherpfeife. Alles Glas, ganz gleich, welcher Art wurde in früheren Jahrhunderten ausschließlich mit der Glasmacherpfeife verarbeitet, also mit der Pfeife aus den Schmelztiegeln herausgeholt, vorgeformt, aufgeblasen, freihändig geformt oder in eine Form geblasen. Dabei gab es immer wieder Versuche, das Blasen durch maschinelle Produktionsverfahren zu ersetzen [73]. Die erste industriell eingesetzte Glasblasmaschine erfand der Amerikaner *Atterbury*, der im Jahre 1873 ein Patent dafür erteilt bekam [112]. Bei der Herstellung von Hohlglas auf

Bild 125: „Der Glaser"
(aus den Landauerschen Stiftungsbüchern aus den Jahren 1511–1708)

Glasblasmaschinen kommen immer Verfahren mit mindestens zwei grundlegenden Arbeitsstufen zur Anwendung. Zunächst wird aus dem Tropfen - ähnlich wie beim Mundglasblasen - ein Külbel geformt (Vorformen), anschließend entsteht aus dem Külbel durch Einblasen in eine Form der gewünschte Hohlglasartikel. Die erste Flaschenblasmaschine wurde 1858 konstruiert.

Auch für die Flachglasherstellung wurde in den vergangenen Jahrhunderten meist die Blastechnologie angewendet. Die bekanntesten dieser Flachgläser sind die sogenannten Butzenscheiben, die ab dem 14. Jahrhundert zur Verglasung von Fenstern verwendet wurden. Als Butzenscheiben – auch Nabelscheiben oder Ochsenaugen genannt werden runde Glasscheiben bezeichnet, die in der Mitte eine Erhöhung haben – den Butzen. Die Butzenscheibe entsteht aus einer mit der Glasmacherpfeife geblasenen Kugel, die an dem Hefteisen befestigt und danach von der Pfeife gesprengt wird. Durch rasches Drehen wird sie zu einer flachen Scheibe ausgeschleudert, deren Rand umgebogen wird. Auf diese Weise entstanden die meist in Blei gefaßten runden, oft farbigen Butzenscheiben [112].

In dem 1568 veröffentlichtem „Ständebuch" von *Jost Amman* ist die Herstellung dieser Butzenscheiben ausführlich beschrieben. Auf dem in diesem Buch abgebildeten Hozschnitt „Der Glasser" sind auf dem Arbeitstisch des Glasers die Butzenscheiben gut zu erkennen.

So, wie die Glasmacherpfeife über zwei Jahrtausende mehr oder weniger unverändert die Formgebung von Hohlgläsern bestimmte, war auch die Herstellung von Flachglas fast über denselben Zeitraum hinweg praktisch unverändert geblieben. Bereits aus römischer Zeit sind Versuche bekannt, durch Gießen ein durchscheinendes Flachglas herzustellen. Die Glasschmelze wurde hierzu auf eine mit feinem Sand bestreute Unterlage gegossen, die an den Rändern eine wulstförmige Erhöhung hatte, um ein Herabfließen des Glases zu verhindern. Da die Glasmasse nicht so dünnflüssig war, daß sie sich über die ganze Formunterlage ausbreitete, wurde sie mit geeigneten Instrumenten durch Ziehen und Drücken so weit gestreckt, daß sie überall gleichmäßig die Ränder der Unterlage berührte. Da aber die Schmelz- und Gießprozesse nur unvollkommen beherrscht wurden, war das so hergestellte Glas ziemlich dick und ungleichmäßig. Meist waren die Gläser gefärbt und dadurch undurchsichtig – aber lichtdurchlässig, so daß sie in Fensteröffnungen eingesetzt werden konnten. Die ersten Glasscheiben für Fenster wurden in Pompejj aus einer Zeit etwa 100 n. Chr. und in Aquincum, einer alten römischen Grenzgarnision am rechten Donauufer bei Budapest, gefunden. Die Glasfenster hatten die Abmessungen von etwa 2x2 m.

Die Idee der römischen Glasmeister, Flachglas durch Gießen von Platten herzustellen, wurde Ende des 17. Jahrhunderts in Frankreich noch einmal aufgegriffen. Dabei wurde die Glasmasse zunächst auf einen mit Leisten abgegrenzten Metalltisch gegossen und anschließend mit einer schweren Walze ausgerollt. Das Verfahren erbrachte aber kaum bessere Gläser als rund 1500 Jahre vorher. Beim Walzen entstanden rauhe und wellige Oberflächen, die das Glas zwar durchscheinend, aber nicht durchsichtig werden ließen. Erst durch einen komplizierten und aufwendigen Schleif- und Polierprozeß konnte das angestrebte durchsichtige und planparallele Glas bereitgestellt werden, das insbesondere zur Herstellung von Spiegeln verwendet wurde [112].

1832 wurde durch den Engländer *Lucas Chance* eine Methode zur Verbesserung der Herstellung von Fensterglas erfunden. *Chance* stellte Glaszylinder her, die aufgetrennt und nach einem erneuten Aufheizen in einem Streckofen, abgeflacht wurden [94]. Man muß hier allerdings von einer Wiederentdeckung sprechen, denn schon die venezianischen Glasmacher kannten dieses Verfahren der Flachglasherstellung.

1921 verbesserte der Franzose *Bicheroux* das Walzverfahren zur Herstellung von Flachgläsern, indem er den Tisch durch eine zweite Walze ersetzte und die Glasschmelze sehr schnell durch beide Walzen laufen ließ. Dadurch verkürzten sich die Berührungszeiten zwischen dem Glas und der Walze beträchtlich, wodurch eine ausgeglichenere, glattere Oberfläche entstand.

Noch heute werden die vor allem im Bauwesen verwendeten Ornament-, Profil- und Dickgläser, aber auch das bekannte Drahtglas mit der Methode des Glaswalzens hergestellt.

1902 wurde durch den Belgier *Fourcault* eine völlig neuartige Technologie der Flachglasherstellung erfunden - das Ziehverfahren [94]. Anstatt das Glas aus der Schmelzwanne herausfließen zu lassen, zog er es senkrecht mittels mehrerer asbestbeschichteter Walzenpaare über eine breitschlitzige Düse aus einem abgetrennten Teil der Schmelzwanne nach oben.

Verbessert wurde das Fourcault-Verfahren durch den Engländer *Colburn,* der ein vertikales Glasziehverfahren ohne Einsatz einer Düse und mit Umlenkung des Glasbandes in die Horizontale entwickelte. Diese Technologie gestattete wesentlich höhere Geschwindigkeiten des Ziehens und daher auch die Herstellung dünneren Flachglases.

Bild 126: Flachglasherstellung im 18. Jahrhundert – Abschöpfen von Verunreinigungen vor dem Ausgießen der flüssigen Glasmasse

Nachteilig wirkte sich aber die mehr oder weniger wellige Oberfläche der so hergestellten Flachgläser aus. Um klare, verzerrungsfreie Gläser, die sogenannten Spiegelgläser herzustellen, mußten als kostspielige und aufwendige Nachbearbeitung die Glasplatten noch geschliffen und poliert werden.

Erst ab 1960 konnten mit dem Float-Verfahren auch diese Nachteile abgestellt werden [112]. Das Floatglas-Verfahren wurde in den Jahren 1952 bis 1958 durch die englische Firma Pilkington entwickelt. Das Besondere an dem Verfahren ist, daß das aus der Schmelzwanne kommende Glas über ein Metallbad geleitet wird und dabei die absolute Ebenheit des flüssigen Metallspiegels annimmt. Die bis dahin üblichen Unterscheidungen wie Tafelglas (Fensterglas) und Spiegelglas entfielen damit.

Seit der Mechanisierung der Flachglaserzeugung zu Beginn des 20. Jahrhunderts entwickelte sich eine zunehmend komplexere Glastechnologie.

An die einfache Glasscheibe von einst, die Tageslicht einließ und Aussicht gewährte, aber auch in den Glashäusern des 19. Jahrhunderts die Nutzung der Sonneneinstrahlung erlaubte, wurden zunehmend höhere Anforderungen gestellt. Mit der Entwicklung der Automobile ergab sich die Notwendigkeit, die Verletzungsgefahr durch Glassplitter auszuschließen. Schon bei leichten Zusammenstößen, bei denen noch keine Blechschäden vorhanden waren, gingen die Glasscheiben in Trümmer. Der französische Chemiker *Edouard Benedictus* entdeckte das Verbundsicherheitsglas 1903 durch einen Zufall. Im Labor fiel eine Flasche herunter, zerbrach aber nicht. In der Flasche befand sich Nitrocellulose, die nach dem Verdunsten einen an der Glaswandung haftenden Film erzeugt hatte, der die Scherben zusammenhielt. Bereits 1905 wurde dem Engländer *Wood* das erste Patent für ein Sicherheitsglas erteilt. 1910 verbesserte *Benedictus* das Herstellungsverfahren.

Bereits vor dem ersten Weltkrieg wurde in Frankreich und in England mit der Herstellung von Verbund-Sicherheitsglas begonnen. Celluloid wurde mit einer dünnen Gelatinelösung überzogen, die nach dem Trocknen auf den beiden zu verbindenden Glasscheiben haftete. In den zwanziger Jahren konnte die Technik soweit verbessert werden, daß eine völlige Splitterfreiheit verbürgt werden konnte. Seit 1924 boten Autohersteller als Extraausstattung Verbund-Sicherheitsglas an. Zwingend vorgeschrieben wurde es 1932 in England für die Windschutzscheibe.

In den Jahren 1928 und 1929 wurde in Frankreich die Härtung von Glas durch thermisches Vorspannen erfunden. Dieses Einscheiben-Sicherheitsglas zerfällt beim Brechen in kleine, nicht scharfkantige Stücke. Es ist etwa fünfmal biegebruchfester als normales Glas. Das fertig geformte, gegebenenfalls gebohrte Glas wird wieder über 600 °C (den Transmissionsbereich) erhitzt und dann mit einer Luftdusche schnell abgekühlt. Die Oberfläche wird dadurch fest, während sich im Inneren noch heißes Glas befindet. Das im Inneren befindliche Glas würde sich beim weiteren Abkühlen noch mehr zusammenziehen, wenn es durch die äußere, schon harte Glasschicht nicht daran gehindert würde. Das innere Glas kommt daher unter Zugspannung, während die äußere Glasschicht unter Druckspannung steht. Die Biegefestigkeit des Glases kann damit wesentlich erhöht werden. Bedingung ist die Bearbeitung im voraus. Vorgespanntes Glas kann nicht bearbeitet weden, weil es dabei zerfällt. Deshalb müssen die Scheiben vor dem Vorspannen zugeschnitten, gebohrt, geschliffen oder gebogen werden. Ein weiterer Vorteil der Vorspannung ist die Erhöhung der Temperaturwiderstandsfähigkeit.

Mehrscheiben-Isoliergläser wurden ursprünglich zur Wärmedämmung entwickelt. Um die Wärmeverluste durch Konvektion und Wärmeleitung zu vermindern, wurden Doppelglasscheiben mit Randverbund entwickelt, die den k-Wert von 5,4–5,8 W/m²K auf 2,8–3,0 W/m²K verbesserten. In Deutschland wurde 1934 von der Sicherheitsglas GmbH Kunzendorf ein Patent einer Doppelglasscheibe mit eingeklebten Randleisten angemeldet. Diese Scheiben wurden erstmals bei der Reichsbahn eingesetzt.

Die weiteren Schritte waren die Dreifachverglasung und schließlich die Beschichtung der inneren Scheibe mit einer hauchdünnen Metall-

Bild 127: Flachglasherstellung im 18. Jahrhundert – Ausgießen auf den Walzwagen und Walzen der Tafeln

oxidschicht zur Reflexion der langwelligen Wärmestrahlung in den Raum. Weitere Verbesserungen brachte die Füllung des Scheibenzwischenraumes mit Gasen wie Argon oder Krypton.

Seit Jahrtausenden ist bekannt, daß sich aus einer zähflüssigen Glasschmelze dünne Glasfäden ausziehen lassen. Bereits um 1500 v. Chr. wickelten altägyptische Glasmacher Glasfäden um einen Sandkern. Im 16. Jahrhundert erfanden die Venezianer den Fadendekor als Zier für edles Glas. Mitte des 19. Jahrhunderts verwandte man Textilglasfasern bei Kleidungsstücken. Seit Ende der dreißiger Jahre unseres Jahrhundert sind sie in der Industrie im Einsatz. Man unterscheidet Textilglasfasern und Isolierglasfasern.

/ Seit 1904 wird Glaswolle zur Wärmedämmung verwendet. Zur ersten industriellen Anwendung kam es während des ersten Weltkrieges.

1933 wurde durch die Owens Illinois Glass Corporation, Toledo in den USA das Düsenblasverfahren patentiert, bei dem in einer Kleinwanne erschmolzenes Glas im stetigen Fluß durch elektrisch beheizte Düsen austritt und durch hochgespannten, überhitzten Dampf zerfasert und ausgezogen wird. Das Düsenblasverfahren fand auch Anwendung zur Herstellung von Mineralwolle aus Basalt.

Eine der wichtigsten Voraussetzungen für die Herstellung eines Glases ist die Beherrschung relativ hoher Temperaturen über längere Zeit sowie die Möglichkeit der Nutzung geeigneter Feuerfestmaterialien, die der Temperatur-Zeit-Einwirkung in Verbindung mit dem Angriff der Glasschmelze widerstehen. Die daraus ableitbaren technologischen Bedingungen waren in der Frühgeschichte der Glaserzeugung keinesfalls einfach zu realisieren. Um zu den erforderlichen Temperaturen zu gelangen, kamen ausschließlich feste Brennstoffe, vornehmlich Holz oder Holzkohle, zur Anwendung. Im Gegensatz zur Metallgewinnung war ein direkter Kontakt des Heizstoffes mit dem Schmelzprodukt nicht möglich. Die Schaffung geeigneter Schmelzgefäße, in denen das Schmelzprodukt indirekt erwärmt wurde, war demzufolge eine Notwendigkeit. Zur Erzielung der zum Glasschmelzen hohen Temperaturen waren bestimmte Ofenkonstruktionen notwendig, mit denen es möglich war, zum einen die notwendige Luftmenge mit der entsprechenden Geschwindigkeit dem Brennmaterial zuzuführen, so daß die Brennstoffe mit optimaler Temperatur verbrennen konnten, und zum anderen aber die entstehenden Flammen auf bestimmte Bereiche des Ofens zu konzentrieren. Je wirksamer die Konstruktion des Ofens hinsichtlich der Erfüllung der genannten Forderungen war, um so höher lagen die jeweils mit dem gleichen

Bild 128: Glasschmelzofen des Mittelalters (nach Agricola, aus „De metallica"

Brennmaterial erreichbaren Temperaturen und um so wirkungsvoller konnten die zur Verarbeitung des Schmelzflusses eingesetzten Methoden zur Anwendung kommen, was sich nicht zuletzt auch auf die Qualität der Erzeugnisse auswirkte. Die Glasfunde aus frühester Zeit weisen zumeist ein mehr oder weniger opakes Aussehen auf, hervorgerufen u. a. durch unvollständiges Aufschmelzen der Glaskomponenten und vor allem durch Einschluß feinster Gasblasen. In vielen Fällen mag die Zugabe von Trübungsmitteln (Knochen- oder Zinnasche) mit der Absicht erfolgt sein, die den Glaserzeugnissen anhaftenden Fehler, wie Gaseinschlüsse und vor allem Inhomogenitäten (Schlieren), mehr oder weniger zu verdecken.

Ägypter und Assyrer schmolzen das Glas in Tiegeln aus gebranntem Ton über der offenen Flamme. Diese Tiegel blieben dann über drei Jahrtausende hinweg das typische Glasschmelzgefäß und erhielten irgendwann einmal unter deutschen Glasmachern, nach dem alten deutschen Namen „Häfele" für ein Tongefäß, die Bezeichnung Hafen [112]. Die Häfen waren in einem Hafenofen untergebracht, der von außen mit Holz gefeuert wurde. Die Hafenöfen erhielten im 16. Jahrhundert eine kuppelförmige Form und einen kreisrunden Querschnitt. In diesen mehretagigen Hafenöfen herrschte eine gleichmäßige Flammenverteilung. Außerdem konnte die oberste Etage als Kühlofen benutzt werden. Im Laufe der Entwicklung wurden diese Hafenöfen immer größer gebaut, damit mehr Häfen aufgenommen werden konnten. Auch die energetische Situation verbesserte sich dadurch geringfügig. Hafenöfen wurden vor der Einführung der Gasheizung bis zu einem Herdraumvolumen von 50 m^3 gebaut, so daß sie 6–14 Häfen aufnehmen konnten. Der Inhalt der einzelnen Häfen schwankte zwischen 0,15 –1,0 m^3, die größten Hafenöfen konnten maximal 20 Häfen aufnehmen. In dieser Form fanden die Hafenöfen in allen deutschen Glashütten Anwendung. Bis in die zweite Hälfte des 19. Jahrhunderts wurde das Glas fast ausschließlich in solchen Hafenöfen hergestellt.

Erst im 19. Jahrhundert brachte die Nutzung gasförmiger oder flüssiger Brennstoffe einen grundsätzlichen Wandel der Schmelztechnik, bei gleichzeitiger Verbesserung der Wirtschaftlichkeit der Glasherstellung. Bei einem ständig steigenden Bedarf an Glas und Glaserzeugnissen wurde es erforderlich, von dem diskontinuierlichen Schmelzprozeß abzugehen und neue kontinuierliche Schmelzverfahren zu entwickeln, bei denen die Teilprozesse der Glasherstellung - Schmelzen, Läutern, Abstehen – im Gegensatz zur Hafenschmelze nicht nacheinander, sondern gleichzeitig und räumlich nebeneinander in einer (meist länglichen) Wanne stattfinden.

Die ersten Versuche zum Schmelzen von Glas in einer Wanne wurden um 1840 von Donzel in Lyon durchgeführt.

Einen Qualitäts- und Produktivitätsschub erhielt das Glasschmelzen im Jahre 1856, als von *Friedrich Siemens* die Regenerativheizung für Glasschmelzöfen entwickelt wurde (*Friedrich Siemens* war der Bruder des berühmteren *Werner von Siemens,* dem Begründer der Elektrotechnik und Erfinder der Dynamomaschine 1866). Ursprünglich war eine Anwendung bei der Stahlschmelze konzipiert, aber dort stieß das neue Beheizungssystem vorerst auf Schwierigkeiten, und deshalb entschloß sich Friedrich Siemens, das Regenerativsystem bei der Glasschmelze zu erproben, denn dort kam man mit geringeren Schmelztemperaturen als bei der Stahlschmelze aus [94].

Im direkten Vergleich zwischen den neuen Feuerungssystemen erwies sich die Gasregenerativfeuerung als überlegen, weil mit ihr gegenüber der Holz- oder Generatorgasfeuerung ohne Regenerativsystem rund 35 % des Brennmaterials eingespart werden konnten.

1867 wurde dann die erste kontinuierlich arbeitende Glasschmelzwanne in der Siemens'schen Glashütte in Dresden in Betrieb genommen. Die Massenglaserzeugung erhielt damit ein Schmelzaggregat, auf dem die weitere Industrialisierung der Glaserzeugung aufbauen konnte.

11. Kunststoffe

Heute sind „Kunststoffe" – die einst der „Kunst der Chemiker" entstammenden organischen Bau- und Werkstoffe – ein nicht mehr wegzudenkender Bestandteil des modernen Bauwesens.

Der Begriff „Kunststoff" wird in der Literatur nicht immer klar definiert. Man versteht darunter (gemäß einem Definitionsvorschlag des Normenausschusses Kunststoff im DIN) „Materialien, deren wesentliche Bestandteile aus solchen makromolekularen organischen Verbindungen bestehen, die synthetisch oder durch Abwandeln von Naturprodukten entstehen. Sie sind in vielen Fällen unter bestimmten Bedingungen (Wärme und Druck) schmelz- oder formbar". Kunststoffe sind also prinzipiell organische Polymere.

Viele der einfachen Verbindungen aus der Kohlenstoffchemie, die heute zur Herstellung von Kunstharzen und Kunststoffen benutzt werden, sind erst seit etwa 150 Jahren bekannt. Ebenso lange zurück liegen die ersten Anfänge der technischen Umwandlung von Naturstoffen (Stoffe aus dem Pflanzenreich) in Kunststoffe. Die wissenschaftlichen, technischen und wirtschaftlichen Grundlagen der umfassenden Anwendung von Kunststoffen wurden im 20. Jahrhundert geschaffen.

Im Jahre 1839 erfand der amerikanische Chemiker *Charles Goodyear* (1800–1860) die „Vulkanisation" von Naturkautschuk und legte damit den Grundstein für die Gummiindustrie. Auf *Goodyear* geht die 1889 in den USA gegründete Firma „Goodyear Tire" zurück, die inzwischen zu einem Weltkonzern der Fahrzeugreifenhersteller wurde [139].

Naturkautschuk ist ein hochmolekularer Kohlenwasserstoff der Summenformel $(C_6H_8)n$, der aus dem Latex (Milchsaft) einiger tropischer und nichttropischer Gewächse gewonnen wird. Am bekanntesten ist der Kautschukbaum, der in mehr als 20 verschiedenen Arten im Urwaldgebiet Brasiliens beheimatet ist und zur Familie der Wolfsmilchgewächse gehört. Als die spanischen Conquisitadoren (spanisch = Führer und Teilnehmer der Expeditionen zur Kolonisierung Amerikas) Südamerika eroberten, fiel es zwar nebenbei auf, daß die Urbevölkerung eigenartige elastische Bälle, Gefäße und grob geformte Schläuche aus einem den Spaniern unbekannten Stoff, einer dehnbaren, schwarzen Masse, benutzte, aber es wurde diesen Dingen wenig Beachtung geschenkt. Erst um die Mitte des 16. Jahrhunderts gelangten kleinere Mengen dieses klebrigen Stoffes als Kuriosum nach Europa. Die Stoffe wurden für tierische Ausscheidungen gehalten und verkamen ungenutzt in einigen Alchimistenküchen. 200 Jahre später wurde überhaupt erst entdeckt, daß es ein Baum war, der diese Masse aus den ihm geschlagenen Wunden „ausweinte" und den die südamerikanischen Indianer „Kauutcha", den „weinenden Baum" nannten. In Europa beschäftigten sich mehrere Forscher mit dem Saft des Kautschukbaumes, der an der Luft härter und zugleich schwärzer wurde. Aber erst, nachdem in den USA eine brauchbare Vulkanisierung erfunden war, setzte schlagartig die Verwendung des Kautschuks in großem Maßstab ein [163]. Der „Wildkautschuk" wurde später von dem Plantagen- und Pflanzungskautschuk verdrängt und 1936 durch den synthetischen Kautschuk - hergestellt durch Polymerisation von Butadien mit Natrium als Katalysator (BUNA = BUtadien + NAtrium) - ersetzt. Die Darstellung des synthetischen Kautschuks geht auf das Jahr 1910 zurück, als *Lebedew*, *Harries* und *Matthews* die Polymerisation dieses Kohlenwasserstoffes durch Wärme bzw. Alkalimetalle beobachteten. Einen neuen Abschnitt in dieser Entwicklung bildet die Erfindung der Emulsionspolymerisation durch *Fritz Hofmann* (1866–1956), *Gottlob* und Mitarbeiter und die Einführung der Mischpolymerisate mit Styrol 1929 durch *Bock* und *Tschunkar* [70].

Wenn auch die Entwicklungslinien der Gummiindustrie und der Kunststoffindustrie erst etwa 70 Jahre nach der Erfindung der Vulkanisation durch *Goodyear* zusammentrafen, so ist dieses Datum doch auch für die Kunststoffgeschichte von grundlegender Bedeutung. Beim Umgang mit den plastischen Gummimassen wurden technologische Erfahrungen gewonnen und Einrichtungen entwickelt, die zum Teil in wenig veränderter Form für den Aufbau der Kunststoff-Verarbeitung ausgewertet und verwendet werden konnten [139].

Die ältesten Kunststoffe im engeren Sinne sind die Umwandlungsprodukte der Cellulose. Cellulose ist das in der Natur am häufigsten auftretende Kohlehydrat der allgemeinen Formel $(C_6H_{10}O_5)n$ und die eigentliche Gerüstsubstanz in der Pflanzenwelt. Vorwiegend wurde Baumwolle – meist in Form ihres nicht mehr spinnbaren Anteils (Linters) – als Rohstoff für die Kunststofferzeugung verwendet. 1859 erhielt der Brite *Thomas Taylor* ein Patent für die Herstellung eines lederartig zähen Werkstoffes. Dieser Werkstoff war dadurch gekennzeichnet, daß Papierbahnen aus Cellulosefasern vorübergehend chemisch aufgequollen und die Fasern in diesem Zustand unter Druck miteinander verschweißt wurden. Zum Quellen benutzte man eine etwa 70%ige warme Zinkchloridlösung oder starke Schwefelsäure. Die mit starker Wasseraufnahme verbundene Behandlung mit Zinkchloridlösung wird auch als Pergamentierung bezeichnet. Seit 1861 wurde ein sogenanntes „vegetabilisches Pergament" von *Warren de la Rue* in England und seit 1873 oder 1878 als „vulcanized fiber" in Plattenform in den USA hergestellt. In Deutschland wurde Vulkanfiber seit 1914 produziert. Vulkanfiber wurde vor allem in der Koffer-, Textil- und Elektroindustrie in Form von Folien, Platten oder Schaumstoffen verwendet. Als schlechter Leiter für Wärme und elektrischen Strom wurde Vulkanfiber auch als Dämm- bzw. Isoliermaterial eingesetzt.

Das älteste technisch verwertbare chemische Umwandlungsprodukt der Cellulose ist das durch die Behandlung mit Salpeter-Schwefelsäure-Gemischen gewonnene Cellulose-Nitrat (Nitratcellulose, fälschlich auch Nitrocellulose genannt) [139]. Die Salpeter-Schwefelsäure-Behandlung wird auch als „Nitrieren" bezeichnet. Dabei werden die Wasserstoffatome der Hydroxilgruppen der Zellulose durch NO_2-Gruppen ersetzt. Die erhaltenen Zellulosenitrate werden durch Angabe ihres Stickstoffgehaltes charakterisiert. Cellulose mit einem Stickstoffgehalt von 12,5–13,5% heißt Schießbaumwolle (chemisch hochnitrierte Cellulose, die bei Berühren mit einem Funken oder einer Flamme sehr schnell abbrennt und früher zum Füllen von Torpedoköpfen und Seeminen benutzt wurde).

Bereits 1845 hatte der Chemiker *Christian Friedrich Schönbein* (1799–1868) in Basel Nitratcellulose hergestellt. 10 Jahre später – 1855 – begann sich *Parkes* in England mit plastischen Massen aus Nitratcellulose zu beschäftigen und stellte 1862 in London das Parkesin, den Vorläufer des Celluloids, her [148].

1867 wurde das erste Celluloid hergestellt und 1872 eröffnete *J. W. Hyatt* in den USA die erste Celluloidfabrik. 1890 stellte man Celluloid-Gießfolien für fotografische Zwecke her [129]. Durch die große Feuergefährlichkeit von Cellulosenitrat nahm allerdings seine Bedeutung für die Filmindustrie bald ab. Versuche, den unbrennbaren Essigsäureester der Cellulose, das Celluloseacetat, für ähnliche Zwecke zu verwenden, schlugen lange fehl, da es an geeigneten Lösungsmitteln fehlte. Erst nachdem von *G. W. Miles* das besser zu verarbeitende „Sekundäracetat" erfunden war, konnte Acetylcellulose in den Jahren 1905 bis 1914 für die Erzeugung von Unterlagen für Filme oder auch für Lacke praktisch eingeführt werden.

Sowohl Celluloid als auch das schwer entflammbare Acetylcelluloid haben später für die Herstellung von Gebrauchsgegenständen durch das Aufkommen thermoplastischer Spritzgußmassen an Bedeutung verloren [138].

Das Verfahren, aus Viskoselösungen (Lösung des Cellulosexanthogenats) dünne Cellglasfolien herzustellen, wurde 1910 von *E. Brandenburger* erfunden, und ab 1911 wurde daraus das Cellophan. Das Cellophan hat seit etwa 1930 als Verpackungsfolie enorme Bedeutung gewonnen, als es gelang, das Erzeugnis beidseitig mit einem Cellulosenitratlacküberzug zu versehen und es dadurch wetterfest zu machen [70].

Im Jahre 1897 entdeckten *Spitteler* und *Krische* (Deutsches Reichspatent 127942), daß sich das Casein der Milch (Casein = chemisch ein Phosphoprotein; ist zu 3 bis 3,5% als lösliches Calciumsalz in der Kuhmilch enthalten und bildet mit 83% den Hauptbestandteil des Milcheiweißes) mit Formaldehyd zu einem Kunsthorn härten ließ [139]. Casein flockt aus entrahmter Milch durch Zugabe von Labferment aus; nach dem Trocknen wird es pulverisiert und mit Wasser und gegebenenfalls Pigmenten zu einem Teig gemischt; durch Pressen wird es in eine entsprechende Form gebracht und anschließend in einer 4–10%igen Formaldehydlösung gehärtet. Dabei handelt es sich um einen dem Naturhorn ähnlichen, wasserunlöslichen Kunststoff, der unter dem Markennamen „Galatith" bekannt wurde. Die Verwendungsmöglichkeiten entsprachen denen des Naturhorns, des Schildpatts und des Elfenbeins. Am bekanntesten waren sicher die sogenannten „Kunsthornknöpfe".

Die Herstellung von Kunststoffen durch Umwandlung von natürlichen Rohstoffen hat insofern den Vorteil, daß die Ausgangsprodukte laufend neu erzeugt werden – „nachwachsen" – können. Das gilt besonders für Cellulose, die in den verschiedenen Formen (Holz, Gräser) in der Natur vorkommt. Der Nachteil dieser Produkte liegt u. a. in der schwankenden Zusammensetzung, die je nach der Herkunft der Produkte verschieden ist. Es lag daher nahe, Kunststoffe auf rein synthetischer Basis, und zwar aus ihren einfachsten Bausteinen durch chemische Synthese zu erzeugen, d. h. von kleinen Molekülen auszugehen, die durch geeignete Methoden in Riesenmoleküle (Makromoleküle) überführt werden. Die Methoden, die hierfür in Frage kommen, sind die Polykondensation (Polyreaktion, bei der Kondensation zwischen bi- oder höherfunktionellen Monomeren stattfindet), die Polymerisation (Reaktionen, bei denen aus Monomeren, die reaktive Mehrfachverbindungen oder Ringe enthalten, Polymere stufenlos gebildet werden) und die Polyaddition (Addition von bi- oder polyfunktionellen Monomeren ohne Abspaltung von Nebenprodukten, häufig unter Verschiebung von Wasserstoffatomen) [70].

Der erste „richtige Kunststoff" – ein Polykondensat –, dessen wesentliche Eigenschaften nicht im Ausgangsmaterial vorgebildet sind, sondern „vollsynthetisch" aufgebaut werden, wurde ab etwa 1898 durch den damals in den USA lebenden Belgier *Leo Hendrik Baekeland* entwickelt. In den Jahren 1907 bis 1909 wurden von *Baekeland* verschiedene Patente zur Herstellung und Verarbeitung von Harzen aus Phenolen und Formaldehyd angemeldet. Das wichtigste dieser Patente ist das sogenannte „Druck- und Hitze-Patent", das die praktischen Grundlagen der Preßtechnik zum Inhalt hat. In den *Baekeland'schen* Arbeiten sind so viele der erst später technisch ausgewerteten Möglichkeiten der Verwendung von Phenolharzen beschrieben, daß das warenzeichenrechtlich geschützte Wort „Bakelite" im Volksmund zeitweise die Bezeichnung für Kunststoffe schlechthin geworden war [139].

Der Ausgangspunkt der Herstellung der Phenoplaste waren Forschungsarbeiten von *Adolf von Bayer* aus dem Jahre 1872, bei denen er beobachtete, daß sich das Phenol des Steinkohlenteers in Gegenwart von Säuren mit Formaldehyd zu einem festen Harz kondensiert. Es war damals allerdings nicht abzusehen, daß diese rein wissenschaftliche Beobachtung den Grundstein zur Entwicklung einer großen Industrie bilden würde.

Baekeland gelang es, die Herstellung des Kunstharzes aus Phenol und Formaldehyd so zu steuern, daß zunächst ein schmelzbares und lösliches Harz (Resol) entsteht, das bei der Verarbeitung unter gleichzeitiger Einwirkung von Hitze und Druck über eine unlösliche Zwischenstufe (Resitol) in die unlösliche und unschmelzbare Endstufe (Resit) übergeht. Auf diese Weise konnte man zum ersten Mal elektrische Isolierteile aus einer leicht formbaren Masse herstellen, die in der Hitze nicht erweicht. Der Elektrotechnik standen damit wärmefeste, leicht formbare und gut isolierende Werkstoffe zur Verfügung, und damit war der Weg zur umfassenden Anwendung und Verbreitung der Elektrotechnik gegeben. Die Bakelite – also Phenol-Formaldehyd-Kunststoffe – wurden meist zusammen mit Füllstoffen, wie Holzmehl, Asbest, Baumwolle usw., verarbeitet und hatten eine dunkle Farbe.

Im Jahre 1909 gelang es, Phenoplaste auch in glasklarer, durchsichtiger und hochelastischer Form zu entwickeln – reines Phenolgießharz –, die unter dem Namen „Edelkunstharze" große Verbreitung fanden. Diese Entwicklung ging vor allem auf die Arbeiten von *F. Raschig* in Ludwigshafen zurück. Diese Edelkunstharze dienten als Ersatz für Bernstein, Elfenbein oder Schildpatt und wurden besonders für Stockgriffe, Billardbälle und ähnliche Formartikel verwendet.

Im Bauwesen werden Phenoplaste (PF) heute in Verbindung mit Füllstoffen für Isolatoren, Schalter, Steckdosen, Beschläge, Schichtpreßstoffe, Preßschichtholz, Holzfaserplatten, Holzspanplatten und Mineralwolleplatten verwendet.

Ähnlich wie die Phenole lassen sich auch Amine mit Formaldehyd zu Kunststoffen kondensieren. 1909 wurde durch *John* entdeckt, daß Harnstoff mit Formaldehydharz zu Harzen kondensiert werden kann. Der Nachteil des Harnstoffharzes ist seine geringe Wasserbeständigkeit. Dieser Nachteil wurde aufgehoben, als es gelang, durch Kondensation von Melamin mit Formaldehyd ein ähnliches Produkt zu entwickeln, das sogar kochendem Wasser widerstand. Durch Kondensation von Harnstoff oder Melamin mit Formaldehyd in Gegenwart von schaumerzeugenden Mitteln erhält man nach der Härtung Kunstharzschäume [70].

Harnstoff-Formaldehydharze (UF) werden heute als Bindemittel von Preßmassen, z. B. für sanitäre Anlagen oder Teile der Elektroinstallation, als

Bindmittel für Holzwerkstoffe, als feucht- bis wasserfeste Holzleime und als Lackharze verwendet. Als Schaumstoff werden sie zur Wärmedämmung eingesetzt. Melaminharze (MF) werden angewendet zur Herstellung von Leimen und Klebstoffen, sie dienen als Lackrohstoff sowie als Bindemittel und Beschichtungsstoff für Preßmassen, Dekorationsplatten, Deckfurniere und Holzwerkstoffe.

Bei Anwendung der mit Phenoplasten und Aminoplasten hergestellten Holzspan- und Faserplatten in bewohnten Innenräumen (Möbel, Wandverkleidungen) kann es allerdings durch das den Platten entweichende Formaldehyd zu Gesundheitsbeeinträchtigungen des Menschen kommen [184].

Die bisher genannten Kunststoffe sind auch als Duroplaste bekannt. Duroplaste ist der Oberbegriff für härtende oder härtbare Kunststoffe, die während oder nach der Formgebung zu nicht mehr erweichbaren Stoffen erstarren. Diese härtbaren Kunststoffe sind hauptsächlich durch Empirie entstanden und durch unternehmerische Bestrebungen gefördert worden. Grundsätzlich anders verlief die Entwicklung der Polymerisationsharze oder Thermoplaste. Thermoplaste ist der Oberbegriff für die nicht härtbaren, durch Wärmeeinwirkung beliebig oft wieder verformbaren Kunststoffe. Die Polymerisationsharze bestimmen ab 1913 entscheidend das Bild der modernen Kunststoffwirtschaft. Sie sind das Ergebnis systematischer Forschung.

Vorprodukte dieser Kunststoffe sind vorwiegend einfache Grundstoffe der organischen Chemie, insbesondere die Kohlenwasserstoffe Acetylen und Äthylen. Diese waren zwar schon lange bekannt (Acetylen wurde 1836 von *Davy* entdeckt und 1862 von *Wöhler* aus Karbid hergestellt), aber es war nicht einfach, mit ihnen technisch umzugehen. Es handelt sich um brennbare und im Gemisch mit Luft explosive Gase. Diese einfachen gasförmigen Grundstoffe und ihre Umsetzungsprodukte großtechnisch zugängig zu machen, war eine hervorragende Leistung der Zusammenarbeit physikalisch-chemischer Forschung und betriebstechnischer Entwicklung, die in diesem Jahrhundert – zum erheblichen Teil in Deutschland – vollbracht wurde. Wichtige Schritte auf diesem Weg waren folgende [139]:

1913 wurde in Oppau die erste Fabrik zur Erzeugung von Ammoniak aus Luftstickstoff und Wasserstoff eröffnet – Ammoniaksynthese nach *Haber* und *Bosch*. Die wissenschaftlichen Grundlagen der Ammoniaksynthese beruhen auf Arbeiten des Physikers *Walter Hermann Nernst* (1864–1941) und des Chemikers *Fritz Haber* (1868–1934). Die Lösung der technischen Probleme ist auf den Chemiker *Carl Bosch* (1874–1940) zurückzuführen. Das Haber-Bosch-Verfahren wurde vor allem im Leuna-Werk zur parallel laufenden Herstellung von Ammoniak und organischen Grundstoffen praktiziert.

Ab 1913 wurde das Hochdruckhydrierverfahren (die Umwandlung chemischer Stoffe durch Anlagern von Wasserstoff bei erhöhten Temperaturen und Drücken; Kohlehydrierung = Umwandlung von Stein- und Braunkohlen mit Wasserstoff, wobei aus den festen Stoffen flüssige Kohlenwasserstoffe entstehen) von dem Chemiker *Friedrich Bergius* (1884–1949) technisch bearbeitet, was vor allem auch zu als Treibstoff verwendbarem Kohlenwasserstoff führte.

1925 wurde von den Chemikern *Franz Fischer* (1877–1948) und *Hans Tropsch* (1889–1935) ein Verfahren zur großtechnischen katalytischen Hydrierung von Kohlenmonoxid CO – das Kogasinverfahren (Abkürzung für **Koks - Gas - Benzin**) – entwickelt.

Ab 1906 wurde durch *Fritz Hofmann* (1868–1956) mit Versuchen zur technischen Synthese künstlichen Kautschuks durch thermische Aneinanderreihung (Polymerisation) einfacher Kohlenwasserstoff-Bausteine begonnen. Von 1917 bis 1918 wurden dann die ersten 2000 Tonnen eines Polymerisat-Kunststoffes, des „Methyl"-Kautschuks, technisch hergestellt. Die Arbeiten am synthetischen Kautschuk wurden 1926 wieder aufgenommen und führten schließlich zur großtechnischen Erzeugung der verschiedenen Bunatypen [139].

Die Arbeiten zur Kunstkautschuk-Polymerisation führten auch zu den Grundlagen für die Polymerisation nichtvulkanisierbarer thermoplastischer Kunststoffe. Schon 1912 stellte *F. Klatte* durch katalytische Anlagerung von Essigsäure und Salzsäure an Acetylen die polymerisierbaren Grundstoffe Vinylacetat und Vinylchlorid her. Ausgangsstoffe für Buna und andere Polymerisate, vor allem Acrylderivate, wurden über Acetaldehyd aus Acetylen hergestellt.

Die intensiven Forschungs- und Entwicklungsarbeiten der ersten Jahrzehnte des 20. Jahrhunderts führten dazu, daß ab 1930 die neuen thermoplastischen Polymerisat-Kunststoffe in großem Umfang auf den Mark gebracht wurden.

In den USA hat *W. H. Carothers* durch seine Forschungsarbeiten nicht nur wesentlich zur Entwicklung von Vinyl-Polymerisaten beigetragen, sondern vor allem die Grundlagen für die neuen Stoffklassen mit anderen Aufbauverfahren geschaffen, insbesondere für die aus etwas größeren

Bausteinen durch Polykondensation hergestellten Superpolyamide, deren erster Vertreter, das 1938 auf den Markt gebrachte Nylon, als Textilfaser Weltberühmtheit erreicht hat. Fast gleichzeitig (1939) kamen die deutschen Perlonfasern auf den Markt, die später vielfältig weiterentwickelt wurden (Dederon, ehemalige DDR; Kapron, ehemalige UdSSR; Reton, Rumänien; Silon, ehemalige CSSR; Steelon, Polen; Danulon, Ungarn; Grilon, Schweiz; u. a.) [139]. Die Anregung, synthetische Fasern herzustellen, die in ihren Eigenschaften und ihrer äußeren Beschaffenheit der Naturseide ähnlich sind, wurde erstmals 1665 von dem Engländer *Robert Hooke* (1635–1703; Hooke'sches Gesetz = Definition der Elastizität) und 70 Jahre später von dem französischen Physiker *Rene-Antone Reaumir* (1683–1756; eigentlich Biologe, der wertvolle Beiträge zur Insektenkunde, insbesondere zur Kenntnis des Bienenstaates lieferte und die später nach ihm benannte Reaumir-Temperaturskala entwickelte) gegeben.

Heute werden Polyamide (PA) neben der bekannten Verwendung für Fäden und Gewebe für Folien, Platten, Profile, Schrauben, Dübel, Beschläge u. a. verwendet.

Mit den Polyamidfasern verwandt sind die von *O. Bayer, Rinke* und *Orthner* entwickelten Polyurethane (PU), die sich durch besonders gute Wasserbeständigkeit auszeichnen. Sie entstehen durch Polyaddition der Diisocyanate an die Polyalkohole [70]. Im Bauwesen werden sie als Schäume zur Wärmedämmung, als Gießharze, Streich- und Spachtelmassen, Klebstoffe, Beschichtungsmassen für Estriche sowie als Fugenvergußmassen eingesetzt.

Die Geschichte der Entwicklung der Epoxidharze geht auf das Jahr 1934 zurück. Damals wurden in einer Züricher Firma systematische Forschungsarbeiten auf dem Gebiet der härtbaren Kunststoffe aufgenommen. Das Ziel der Arbeiten bestand ursprünglich darin, für die Herstellung von Zahnprothesen ein gießbares Material zu finden, das bei Raumtemperatur oder durch leichtes Erwärmen erhärtet. Der neue Kunststoff sollte bei der chemischen Härtungsreaktion kein gasförmiges Produkt abspalten, ohne Schwindung hart werden sowie mechanisch hochwertig und chemisch widerstandsfähig sein. Im Verlauf dieser Forschungsarbeiten wurde durch *Pierre Castan* aus Diphenylopropan und Epichlorhydrin ein Harz hergestellt, das, mit Phtalsäureanhydrid vermischt und auf 100 bis 150 °C erwärmt, in einen harten, nicht wieder schmelzbaren, praktisch unlösbaren Zustand überführt werden konnte. Diesem 1938 durch die Schweizer Patentschrift 211116 geschützen Verfahren wurde zunächst wenig Beachtung geschenkt, obwohl die guten Klebeeigenschaften, u. a. für Porzellan und Metalle, bekannt waren [82].

Erst einige Jahre später wurden die Forschungsarbeiten zu den härtbaren Epoxidharzen sowohl in der Schweiz als auch in den USA wieder aufgenommen. 1946 erschien dann das erste Epoxidgießharz – damals als Aethoxylinharz Araldit B bezeichnet – auf dem Markt.

Der Öffentlichkeit und der Fachwelt wurde auf der ersten Nachkriegsmustermesse im Mai 1946 in Basel vorgestellt, wie mittels eines Epoxidharzes die verschiedensten Werkstoffe, ganz besonders aber Metalle und Glas, zu einem hochwertigen Verbund gebracht werden konnten. Anhand eines Musters einer Kombination aus Leichtmetallblech, Glasgewebe und Epoxidharz in Sandwichbauweise wurden bereits zu jenem Zeitpunkt Möglichkeiten erörtert, die das besonders günstige Verhältnis von Gewicht zu mechanischer Festigkeit, insbesondere Steifigkeit, bieten konnte [122]. Die neue Verbund-Methode konnte die bisherigen Verfahren, wie Nieten, Löten, Schweißen, Kitten usw., ergänzen oder ersetzen. In erster Linie schuf sie die völlig neue Erkenntnis, daß ein Epoxidharz zwischen zwei Werkstoffoberflächen – gleich welcher Gestalt und Distanz voneinander – nach der Härtung eine kraftschlüssige Verbindung hervorragender Güte herzustellen vermochte. Das war zu jener Zeit besonders bedeutungsvoll, da etwa zur gleichen Zeit die ersten Glasfasern und Glasgewebe auf dem Markt erschienen und eine Kombination beider Stoffe zu heute nicht mehr wegzudenkenden Bau- und Werkstoffen führte (Glasfaserverstärkte Kunststoffe, Laminate).

Weltweit wurden die hervorragenden Eigenschaften von Epoxidharzen zum ersten Male vor einer breiten Öffentlichkeit bei der Aktion zur Rettung der beiden ägyptischen Felstempel von Abu Simbel demonstriert. Anfang 1960 hatte sich die UNESCO mit einem Aufruf zur Rettung der vom Rückstau des Assuan-Staudammes bedrohten Altertümer Nubiens an die Weltöffentlichkeit gewandt. Unter diesen Monumenten nahmen die beiden weit im Süden Ägyptens gelegenen Tempel von Abu Simbel als Kunstwerke höchsten Ranges eine besondere Stellung ein. Vor rund 3200 Jahren ist diese Kultstätte für Pharao Ramses II in das aus Sandstein bestehende Steilufer des Nils eingehauen worden.

Das unter mehreren eingereichten Arbeiten zur Rettung der Tempel schließlich ausgewählte Projekt einer Stockholmer Ingenieurfirma sah vor, beide Tempel aus dem Sandsteinfels herauszulösen, sie in 1050 transportable Elemente von maximal 30 Tonnen Gewicht zu zerlegen und den gesamten Komplex an einer 65 Meter höher gelegenen Stelle wieder orginalgetreu aufzubauen.

Mit Epoxidharz wurden sowohl vor dem Zersägen der Figuren des Tempels die Schwachstellen des nubischen Sandsteins verfestigt als auch nach dem Trennen die Sägeflächen und die Kanten der Sichtflächen stabilisiert um bei der schlechten Beschaffenheit des Sandsteins jegliches Herausbröckeln von Material zu verhindern. Mit Epoxidharzmörtel wurden auch die Stahlanker für den Transport der einzelnen Sandsteinblöcke befestigt [149].

Eine breite Anwendung im Bauwesen fanden die Epoxidharze insbesondere als Bindemittel allein oder in Kombination mit verschiedenen Zuschlägen (Korngemischen) als Reaktionsharzmörtel und Reaktionsharzbeton (auch Plast- oder Polymerbeton).

Auf dem Gebiet der Straßenbeläge datieren die frühesten Versuche der Anwendung von Polymerbeton aus den Jahren 1953 und 1954, doch war im Anfangsstadium der Entwicklungsfortschritt vergleichsweise langsam. Nicht nur, daß Probleme der Mischungszusammensetzung zwischen Harz und Härter zu lösen und zweckmäßige Methoden der Oberflächenvorbehandlung und der Applikation auszuarbeiten waren, es mußten auch, und das teilweise mit erheblichem Aufwand, die für den Bau und die Unterhaltung von Straßen verantwortlichen Instanzen davon überzeugt werden, daß diese neuen Materialien überhaupt einer näheren Betrachtung wert waren [203].

Parallel zu den Bemühungen der Anwendung von Epoxidharzen im Straßenbau verlief die Entwicklung von Bodenbelagsmassen für Industrie und Gewerbe, deren Palette von den mit der Maurerkelle aufgebrachten Mörtelbelägen mit hohem Fülleranteil bis zu den selbstverlaufenden, spachtelbaren Systemen und Terrazzoböden reicht, bei denen der gewöhnliche Zement durch ein Bindemittel auf Epoxidharzbasis ersetzt wurde.

Die hervorragende Haftfestigkeit von Epoxidharzkombinationen auf verschiedenartigen Unterlagen wurde schon bald ausgenutzt beim Verkleben von Beton mit Beton oder Beton mit Stahl sowie beim Reparieren von gerissenem Beton sowie beim kraftschlüssigen Verbinden von Altbeton mit Frischbeton. Heute werden sogenannte ECC-Systeme (Epoxid-Cement-Concrete) für Sanierungsarbeiten an geschädigten Betonkonstruktionen eingesetzt. ECC wird auch als Verbundestrich und für Spritzbeton verwendet. Weitere Beispiele, bei denen sich die Funktion des Epoxidharzes als die eines Bindemittels für mineralische Stoffe oder Zuschläge betrachten läßt, reichen von dekorativen Steinsplittplatten (z. B. Agglomeratmarmor, Rekomarmor, Reaktionsharzerzeugnisse anstelle von Sanitärkeramikerzeugnissen u. a.) bis zur Konsolidierung brüchiger Gesteinspartien in Kohlegruben oder von Sand in erdölhaltigen Formationen [203].

Eine herausragende Bedeutung unter den synthetischen Kunststoffen haben die Polymerisate, die aus einer großen Zahl von ungesättigten kleinen Molekülen durch Aneinanderlagerung unter Aufhebung des ungesättigten Zustandes entstehen. Als Ausgangsstoffe für die Polymerisation stehen eine ganze Reihe von Verbindungsklassen zur Verfügung, durch deren Polymerisation Produkte verschiedener Eigenschaften herstellbar sind. Unter den polymerisationsfähigen Verbindungen sind insbesondere Äthylen, Isobutylen, Styrol, die Vinylester, Vinylamine, Vinyläther, Acryl- und Methacrylester, Butadien und Isopren zu nennen.

Ein großes Gebiet der Polymerisationsprodukte stellen die Vinylverbindungen dar, die auf der Basis von Acetylen hergestellt werden. Unter den Vinylverbindungen ist das aus Acetylen und Chlorwasserstoff hergestellte Vinylchlorid am bedeutendsten. Das Vinylchlorid wurde schon 1835 von *Regnault* aus Aethylenchlorid durch Abspaltung von Chlorwasserstoff hergestellt. Seine Synthese wurde 1911 von *F. Klatte* und *A. Rollet* durch Anlagerung von Acetylen an Karbonsäuren durchgeführt und damit außer dem Vinylchlorid eine ganze Klasse der Vinylester der technischen Entwicklung erschlossen. Es waren vor allem US-amerikanische Firmen, die mit dem Polyvinylchlorid (PVC) bahnbrechende Arbeiten durchführten. 1930 fand *Nieuwland,* daß Acetylen mit wäßrigen Kupferlösungen zu Vinylacetylen polymerisiert werden kann und schuf damit den Typus der „Kohlenstoffvinylierung", die 1937 von *Rappe* unter Verwendung von Kupferacetylid auf die Kondensation von Acetylen mit Aldehyden ausgedehnt wurde [70]. Von diesem Zeitpunkt an nahm die Herstellung neuer Acetylenderivate auf dieser Basis einen sehr raschen Aufschwung.

Aus Hart-PVC werden heute Rohre und Formstücke für Wasserversorgung, Entwässerung und Gasversorgung hergestellt. Weiter finden sie Verwendung als Dränrohre, Fliesen, Profile, Fassadenverkleidungen, Folien, Dachrinnen u. a. Durch Weichmacher weich eingestelltes PVC (Weich-PVC) wird zur Herstellung von Folien, Abdichtungsbahnen, Dachbelagsbahnen, Profilen für Handläufe oder Treppenkanten, Fußbodenbelägen u. a. verwendet.

Eine ähnlich große Bedeutung wie das PVC hat auch das Polystyrol. Das Ausgangsprodukt Monostyrol wurde schon 1839 von *Simon* durch Destillation von Pflanzengummi (Styrax) gewonnen. *Simon* beobachtete auch schon, daß das Produkt bei längerem Stehen in eine feste, glasartige Masse übergeht. 1845 wiesen *Blyth* und *Hofmann* nach, daß dieser Vorgang ohne Addition oder Verlust anderer Elemente vor sich geht, also eine Polymerisation darstellt. Es vergingen über 80 Jahre, bis man erkannte, daß Polystyrol einen Kunststoff von überragenden Einsatzmöglichkeiten darstellt, wobei die grundlegenden Untersuchungen von *Staudinger* über den Bau des Polystyrolmoleküls der Technik wertvolle Hinweise für die weitere Entwicklung geliefert haben. Als Hartschaum wird Polystyrol vor allem als Dämmstoff für die Wärme- und Trittschalldämmung bei schwimmenden Estrichen und für Dränplatten verwendet.

Ähnlich wie beim Styrol ist die Entwicklung bei den Acrylaten und Methacrylaten, die um 1873 zum ersten Mal dargestellt wurden, verlaufen. *Otto Röhm* hat schließlich die technische Herstellung dieser Kunststoffe in die Wege geleitet. Ein Sondergebiet der Polyvinyle sind die Acrylsäure- und Methacrylsäure-Polymerisate, die um 1873 zum ersten Mal dargestellt wurden. Ab 1901 haben *O. Röhm* und *W. Bauer* an der technischen Herstellung gearbeitet. 1927 wurde von *Röhm* und *Haas* das Methacrylsäure-Polymerisat Plexiglas eingeführt [138]. Aus Acrylharzen (PMMA) werden für das Bauwesen heute lichtdurchlässige und auch farbige Platten hergestellt, außerdem Blöcke, Stäbe, Profile und Wellplatten sowie Lichtkuppeln, Badewannen und Waschbecken. PMMA wird auch zur Herstellung von Reaktionsharzbetonen und -mörteln verwendet. Polyacrylester werden in Verbindung mit mineralischen Füllstoffen für Estrichbeschichtungen und Reparaturmörtel eingesetzt.

Eine Besonderheit unter den Kunststoffen stellen die Silicone dar. Ganz allgemein sind Silicone polymere organische Siliciumverbindungen der Formel $(R_2SiO)_n$. Organische Siliciumverbindungen wurden erstmals um 1870 hergestellt [76]. Ihren Namen verdanken sie nicht etwa der naheliegenden Kombination von Silizium und Kohle, sondern vielmehr der ursprünglich vermuteten Analogie mit den Ketonen (Kohlenwasserstoffderivate). Der Name „Silicone" wurde von dem englischen Forscher *F. S. Kipping* geprägt, der sich seit 1901 an der Universität Nottingham mit den organischen Siliciumverbindungen befaßte.

Die Silicone unterscheiden sich von allen anderen Kunststoffen dadurch, daß ihr durchgehendes Gerüst stofflich dem des Glases verwandt, also mehr anorganischer Natur ist. Seit 1930 haben in den USA zwei bedeutende Firmen von der Glas- und Kunststoffseite her systematisch die Entwicklung der Silicone betrieben, die 1943 zur Gründung der Dow Corning Corporation für die Herstellung dieser Stoffe führte. Ähnlich langfristig war die General Electric auf diesem Gebiete tätig. Aufbauend auf den Versuchen *Kippings* führten die Untersuchungen zur Entwicklung von Kunststoffen mit ganz erstaunlichen Eigenschaften. Nach den Siliconharzen wurden die Siliconöle und schließlich die Siliconkautschuke entdeckt. Auch gelang es den genannten Firmen, technische Methoden zur Siliconherstellung zu entwickeln, die zu einer neuen Industrie in den USA und zahlreichen europäischen Ländern führte.

Siliconharze werden heute für Imprägniermittel, Schutzanstriche und Schichtstoffe verwendet. Als Silicon-Bautenschutzmittel für wasserabweisende Imprägnierungen (Hydrophobierungsmittel) von Außenbauteilen stehen neben Dispersionen hauptsächlich in organischen Lösemitteln gelöste Produkte zur Verfügung. Siliconkautschuk findet für Dichtungen und Fugenmassen Anwendung.

12.
Baustoffprüfung

Die Prüfung von Baustoffen ist insofern uralt, da man sich vorstellen kann, daß sich der Mensch schon seit alters her bei der Herstellung irgendeiner ganz einfachen Konstruktion ein Bild über die Zweckmäßigkeit und Dauerhaftigkeit des dabei verwendeten Materials gemacht haben wird.

Naturgemäß waren es zunächst Erfahrungen, die aus der Beschäftigung mit den zur Verfügung stehenden natürlichen Materialien, wie Naturstein, Erdstoffe, Holz oder Metalle gewonnen worden waren und die der Mensch nun nutzte. Man kann daher zunächst von einer handwerklichen Stufe sprechen, in der eine gefühlsmäßige Vertrautheit mit den Stoffen bestand, der eine beschreibenden Stufe folgte, in der das Wissen um die Eigenschaften der Stoffe schriftlich zusammengefaßt, die Ergebnisse verglichen und schließlich in einer messenden Stufe bestimmt wurden [138].

Ohne fundiertes Wissen über Baustoffeigenschaften waren verschiedene Bauschäden, die oft bis zum Einsturz von Bauwerken führten, nicht erklärbar. In frühen Zeiten wurden Bauwerksschäden oder Einstürze oft als Zeichen des Zornes eines Gottes gedeutet. Die gesetzlich verankerte Sorge um die Sicherheit von Bauwerken und die Qualität der dabei verwendeten Baustoffe geht nachweislich zurück auf die Zeit, als König *Hammurabi* von Babylonien (1728–1686 v. Chr.; bedeutender altorientalischer Herrscher, mit dessen Namen die umfangreichste Kodifikation babylonischen Rechts verknüpft ist) seine Gesetze in eine über 2 m hohe Dioritsäule meißeln ließ, die 1902 in der alten persischen Hauptstadt Susa gefunden wurde und heute im Louvre in Paris zu besichtigen ist. Damals - und das hielt bis ins Mittelalter an - wurde die Qualität der Bauausführung, die auch die Qualität der verwendeten Baustoffe einschloß, ausschließlich über die Androhung drastischer Strafen gesteuert. So reichte der Maßnahmenkatalog von der Erschlagung des Baumeisters bei schlechter Bauqualität im Kodex Hammurabi bis zu der mittelalterlichen, um das Jahr 1300 in München geltenden Bestimmung, daß derjenige, der nicht mit brauchbaren Baustoffen baut, zunächst geteert und gefedert, dann an den Pranger gestellt und schließlich aus der Stadt verwiesen werden sollte [75].

Allein der Zuwachs an technisch-wissenschaftlichen Erkenntnissen führte im Verlaufe der Zeit zur Abwendung von derartigen Maßnahmen. Diese Entwicklung wurde von verschiedenen Personenkreisen getragen. Da waren zunächst die Baumeister, die die frühen Sakralbauten errichtet hatten. Denen war ein ingenieurmäßiges Denken noch fremd. Sie benötigten keine mathematischen Kenntnisse zur Berechnung und Bemessung von Tragwerken, sondern führten diese nach überlieferten Regeln aus. Auf der anderen Seite standen die Physiker, die Überlegungen und Experimente über Festigkeitseigenschaften von Bau- und Werkstoffen anstellten und dabei nicht an eine praktische Verwertung ihrer Ergebnisse dachten. Wie in anderen Bereichen, fanden auch im Bauwesen Erfahrungen der Praxis lange Zeit keine Beachtung durch die Wissenschaft, und auch experimentell gewonnene Erkenntnisse wirkten nicht in die Praxis zurück. Erst etwa seit Mitte des 18. Jahrhunderts – und dann stark gefördert durch die Gründung der Pariser Ecole Polytechnique im Jahre 1794 – fanden Theorie und Praxis zueinander [138].

Im Mittelpunkt des Interesses von Baumeistern und Ingenieuren stand schon immer das Problem der Festigkeit von Bau- und Werkstoffen. Es waren dann die sogenannten „Künstler-Ingenieure" der Renaissance, die intensiv dem Wirken der Kräfte im Bauwerk nachgingen. Ihre Arbeiten hatten das Ziel, die Technik auf eine wissenschaftliche Basis zu stellen. Zu nennen sind an dieser Stelle vor allem der italienische Universalist *Leonardo da Vinci* (1452–1519), der italienische Humanist, Mathematiker und Festungsinspektor *Guibaldo des Monte* (1545–1607), *Nicolo Tartaglia* (1500–1587) und *Hieronymus Cardanus* (1501–1576) [27] [165].

Um die Wende des 16. zum 17. Jahrhundert erfolgte nach den ersten Schritten in Richtung einer experimentellen Lösung dieser Probleme der Ausbau der Mechanik als einer mathematisch formulierbaren Wissenschaft. Am Beginn dieser Entwicklung steht *Galileo Galilei* (1564–1642). *Galilei* gehörte zu den Gelehrten, die die Wissenschaft des Barock nachhaltig geprägt haben. Bekannt wurde er insbesondere durch die Entdeckung der Jupitermonde, die ihn zum Verteidiger des kopernikanischen, heliozentrischen Weltsystems werden ließ. Sein 1638 in Leyden verlegtes Alterswerk, die „Discorsi e Dimostrazioni matematiche", enthält neben Darstellungen zum freien Fall und der Pendelbewegung auch Probleme der Festigkeitslehre [145]. *Galileis* Arbeiten waren „...praktisch die ersten Versuche der modernen Wissenschaft... von den Versuchen der Scholastiker unterschieden sie sich einmal dadurch, daß sie mehr untersuchend als illustrativ waren, vor allem aber durch ihren quantitativen Charakter, wodurch sie einer mathematischen Behandlung zugänglich wurden..." [13].

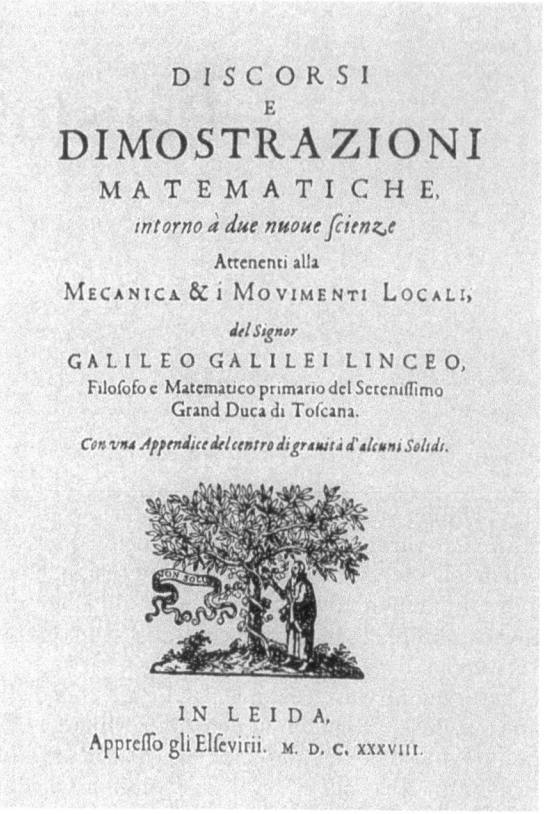

Bild 130: Titelblatt der „Discorsi" aus dem Jahre 1638

Bild 129: Galileo Galilei

Ein Ausgangspunkt für die Arbeiten *Galileis* war die Erfahrungstatsache, daß die Festigkeit von mechanischen Maschinen, die nach gleichen Proportionen, aber in verschiedenen Größen ausgeführt worden waren, der Dimensionierung nicht proportional war. *Galilei* suchte daher nach einer Erklärung der Abhängigkeit der Festigkeit von den Abmessungen der Körper, im einfachsten Fall am Beispiel der Biegefestigkeit eines Balkens. Bei einem mit seinem einen Ende in einer Wand befestigten rechtwinkligen Stab wirkt sein eigenes bzw. ein angehängtes Gewicht wie ein Hebel. *Gallilei* fand, daß der Biegungswiderstand in diesem Fall proportional der Breite des Balkens ist, jedoch mit dem Quadrat seiner Höhe wächst. Die Festigkeit steigt so in einem geringeren Verhältnis an als die Größe des Körpers und erreicht schließlich bei einer bestimmten Dimensionierung einen Grenzwert. Hier würde das eigene Gewicht des Körpers den der Biegung entgegengesetzten Widerstand überschreiten und zum Bruch führen. Dies war eine vereinfachte Betrachtungsweise, und da *Galilei* nicht den Begriff der Elastizität einführte, mußte er bei der Bewertung der Biegefestigkeit im Verhältnis zur Zugfestigkeit zu falschen Resultaten gelangen. Seine Versuche und die mit ihnen aufgeworfenen

Probleme bildeten jedoch den Ausgangspunkt der modernen Festigkeitslehre [138].

Zu den frühesten Festigkeitsversuchen gehören die von *Marin Mersenne* (1588–1648; französischer Gelehrter, der Mittelpunkt eines wissenschaftlichen Zirkels in Paris war und mit den bedeutendsten Wissenschaftlern seiner Zeit – unter ihnen *Galilei* – einen lebhaften Gedankenaustausch führte) und *Edme Mariotte* (1620–1684; französischer Physiker; war beteiligt an der Entdeckung des nach ihm und Boyle benannten Boyle-Mariotteschen Gesetzes - also der Beziehung zwischen Druck und Volumen eines idealen Gases bei konstanter Temperatur) aus den 70er Jahren des 17. Jahrhunderts mit auf Zug und Biegung beanspruchten Holz-, Metall- und Glasstäben [138]. Um dieselbe Zeit untersuchte der englische Physiker *Robert Hooke* (1635–1703) das Verhalten elastischer Körper, insbesondere von Spiralfedern und fand dabei das nach ihm benannte Gesetz über die Proportionalität zwischen Dehnungen und Spannungen, das die Grundlage für die klassische Festigkeits- und Elastizitätslehre bildet. *Hooke* dehnte seine Beobachtungen auch auf Metalle, Steine, Glas usw. aus [145].

Im 18. Jahrhundert wurden dann die unterschiedlichsten Materialien in ausgedehnten Versuchsreihen hinsichtlich ihrer Elastizität und Festigkeit untersucht und miteinander verglichen.

Bild 131: Illustration Galileis zum Problem der Biegung eines Balken

1707 und 1708 wurden von *Antoine Parent* (1666–1716) erstmals tabellarische Zusammenstellungen über Biegeversuche mit Balken aus Eichen- und Tannenholz veröffentlicht, und er kam 1710 zu dem richtigen Verhältnis zwischen der Biege- und Zugfestigkeit [138].

Vollständigere und genauere Tabellen über die Bruchfestigkeit verschiedener Hölzer und Metalle, Glas usw. wurden 1729 von dem niederländischen Physiker *Pieter van Musschenbroek* veröffentlicht.

Die Kenntnis der Festigkeitszahlen der wichtigsten Baustoffe bildete die Voraussetzung für jede praktische Anwendung der Sätze der Statik und der Festigkeitslehre auf praktische Bauaufgaben.

Die Dauerhaftigkeit von Baustoffen wurde zu dieser Zeit allein nach praktischen Erfahrungswerten beurteilt. So ist in der „Encyclopädie der bürgerlichen Baukunst" von 1798 über die Dauerhaftigkeitsprüfung von Ziegeln z. B. folgendes zu lesen [164]: „Für Mauerziegel, die im Feuer dauern sollen, oder für Dachziegel, die man untersuchen will, ob sie wohl ein Flugfeuer von des Nachbars Hause aushalten, ist die Feuerprobe am sichersten. Man läßt den Ziegel bey starkem Feuer erhitzen, und so bald sie durch und durch glühend sind, begießt man sie mit kaltem Wasser. Bleiben sie, wie sie vorher waren, und bekommen keine Risse oder Sprünge, und werden die Dachziegel nicht gebogen oder krumm, so kann man von ihrer Güte versichert seyn. Eine Probe in Ansehung der Witterung und die Wirkung derselben auf die Dachziegel zu erfahren, ist die, daß man sie den ganzen Winter über im Regen, Schnee und Frost liegen läßt, und auf ihre Veränderung merkt. Sind sie gut, so bleiben sie unverändert; sind sie aber schlecht, so zersplittern sie und springen...". Über die Beurteilung der Frostbeständigkeit von Ziegeln ist im „Handbuch der Land-Bau-Kunst" aus dem Jahre 1778 wie folgt zu lesen [54]: „Die vorzügliche Probe (zur Bestimmung der Ziegelgüte) ist aber, wenn sie der nassen Witterung lange, und einen Winter durch dem Froste ausgesetzt worden, und sich dennoch gut erhalten haben, d.i. ohne zu zerfallen oder zu erweichen..."

Die Einbeziehung wissenschaftlicher Methoden machte mit der Zeit auch im Bauwesen spezielle, auf das Ingenieurwesen zugeschnittene Nachschlagewerke notwendig. Eines eines der ersten dieser Kompendien war die 1729 in Paris erschienene „Science des Ingenieurs" von *Bernard Forest de Belidor* (1697–1761; im Bauwesen insbesondere durch sein 1753 erschienenes Buch „Architecture hydraulique" bekannt geworden; verwendete erstmals für hydraulische Grobmörtel den Begriff „Beton"). In diesem Werk sind u. a.

tabellarische Zusammenstellungen der Rohdichten der wichtigsten Baustoffe und anderer Materialien sowie Ergebnisse von Biegeversuchen mit hölzernen Balken enthalten [165].

Ein bedeutsames Datum in der Geschichte der deutschen Baustoffprüfung ist der 30. Januar 1875. An diesem Tag wurde in der Versammlung des „Deutschen Vereins für Fabrication von Ziegeln, Thonwaaren, Kalk und Cement" (auch „Langnamverein" genannt) die Frage behandelt, ob „ ... neue Apparate zur Prüfung der Festigkeit von Baumaterialien vorhanden (sind) ..., welche sich für den Gebrauch auf Ziegeleien und Cementfabriken eignen." Der Zementwissenschaftler *Wilhelm Michaelis* (1840-1911), der sich als erster zu dieser Frage äußerte, wurde schließlich beauftragt, für die Festigkeitsprüfung der Zemente ein geeignetes Verfahren auszuwählen. Zur Auswahl standen alternativ folgende Methoden [64]:

- der einseitig eingespannte Balken, der am freien Ende belastet wurde (nach *Galilei*),
- das Biegeprisma nach dem Schweden *Bengt Quist,*
- der Druckversuch, wie er zuerst bei der Kirche St. Genevieve (Pantheon) in Paris von *Sufflot* im Jahre 1775 angewandt worden war,
- der Zugfestigkeitsversuch am eingeschnürten Körper nach *Panzer,* München 1836,
- der Haftfestigkeitsversuch von Mörtel am Ziegelstein nach *Pasley* und
- die Zug- und Druckversuche nach dem Muster der Weltausstellung in London 1851.

Michaelis stützte sich im Ergebnis seiner Arbeiten, dem noch 1875 erschienenen Beitrag „Zur Beurtheilung des Cementes", auf eigene Untersuchungen, auf die Diskussionen in der Versammlung des Zement-Vereins und auf die bisher veröffentlichte Literatur. Insbesondere hat er dabei auf die von dem Engländer *J. Grant* 1859 aufgestellten Prüfvorschriften für die zum Bau der Londoner Kanalisation verwendeten Bindemittel zurückgegriffen. *Grant* war in der Zeit zwischen 1860 und 1878 die herausragende Persönlichkeit auf dem Gebiet der Zementprüfung [49]. Der Beitrag von *Michaelis* schloß mit 17 Schlußfolgerungen, die auch die „17 Thesen von Michaelis" genannt wurden. Die erste These lautete [189]:

„Der Cement soll nach Gewicht gekauft und nach seiner Festigkeit in Verbindung mit der Feinheit der Mahlung verkauft werden, wie es durch die Festigkeitsprüfung von reinem Cementmörtel und eines Mörtels von 1 Gwth. Cement und 3 Gwth. Sand geschehen kann."

Diese 17 Thesen – vor allem die Bedingungen für das Prüfverfahren für die Festigkeit – lösten zunächst umfangreiche Diskussionen aus, ehe am 23. Januar 1877 ein Normenentwurf sowohl für eine einheitliche Lieferung als auch einheitliche Prüfung von Zement vorlag. Mit Erlaß vom 10. November 1878 wurde die Norm amtlich anerkannt und ihre Anwendung bei öffentlichen Bauten vorgeschrieben. Diese Norm war zugleich die erste Industrienorm für ein fabrikmäßig hergestelltes Erzeugnis [202].

Bereits vor der Ausarbeitung der ersten Zementnorm gab es verschiedene mehr oder weniger zweckmäßige Prüfverfahren zur Beurteilung des Zementes. Bevorzugt wurden damals Zemente mit einer dunklen Farbe (nur wenig Schwachbrand) und einer hohen Mahlfeinheit, bei deren Beurteilung man sich jedoch häufig auf ein Zerreiben des Zementes zwischen den Fingern begnügte. Über die Bedeutung der Festigkeit als entscheidendes Qualitätsmerkmal des Zementes war man sich damals zwar schon voll bewußt, jedoch bestanden gerade hinsichtlich deren Bestimmung erhebliche Schwierigkeiten und zum Teil sehr unterschiedliche Vorstellungen. Relativ weit verbreitet war beispielsweise folgendes Prüfverfahren. An eine Wand wurde ein Kragarm aus Ziegeln mit Zementmörteln gemauert und die Anzahl der Ziegel (Länge des Kragarms und damit Zunahme des Kragmomentes) als Maß für die Festigkeit des Mörtels verwendet [189].

Obwohl man sich bei der Ausarbeitung der ersten Zementnorm bewußt war, daß die Druckfestigkeit für die Qualitätsbeurteilung des Zementes am aussagekräftigsten sei, entschied man sich für die Zugfestigkeit als Vergleichskriterium. Die Zugfestigkeitsprüfung wurde an eingeschnürten Prüfkörpern, den sogenannten Achterformen durchgeführt. Ausschlaggebend für diese Entscheidung war, daß damals bereits mehrere Zementfabriken den Zugversuch zur Qualitätsprüfung eingeführt hatten und daß die Geräte zur Zugprüfung einfach und billig waren [64].

Unterschiedlich waren damals die Auffassungen, ob man den Zement als Purzementpaste oder als mit Sand gemagerten Mörtel auf Festigkeit prüfen sollte. *Michaelis* setzte sich in Anlehnung an den Engländer *Grant* für die Variante mit dem Purzement ein. Die eine Entscheidung treffende Kommission wurde jedoch von *Rudolf Dyckerhoff* davon überzeugt, daß die bessere Reproduzierbarkeit und die größere Aussagekraft durch eine Prüfung des Zementes in einem Normmörtel (Zement : Sand wie 1 : 3 nach Gewicht und 10 Gewichts-% Wasserzusatz, entsprechend einem

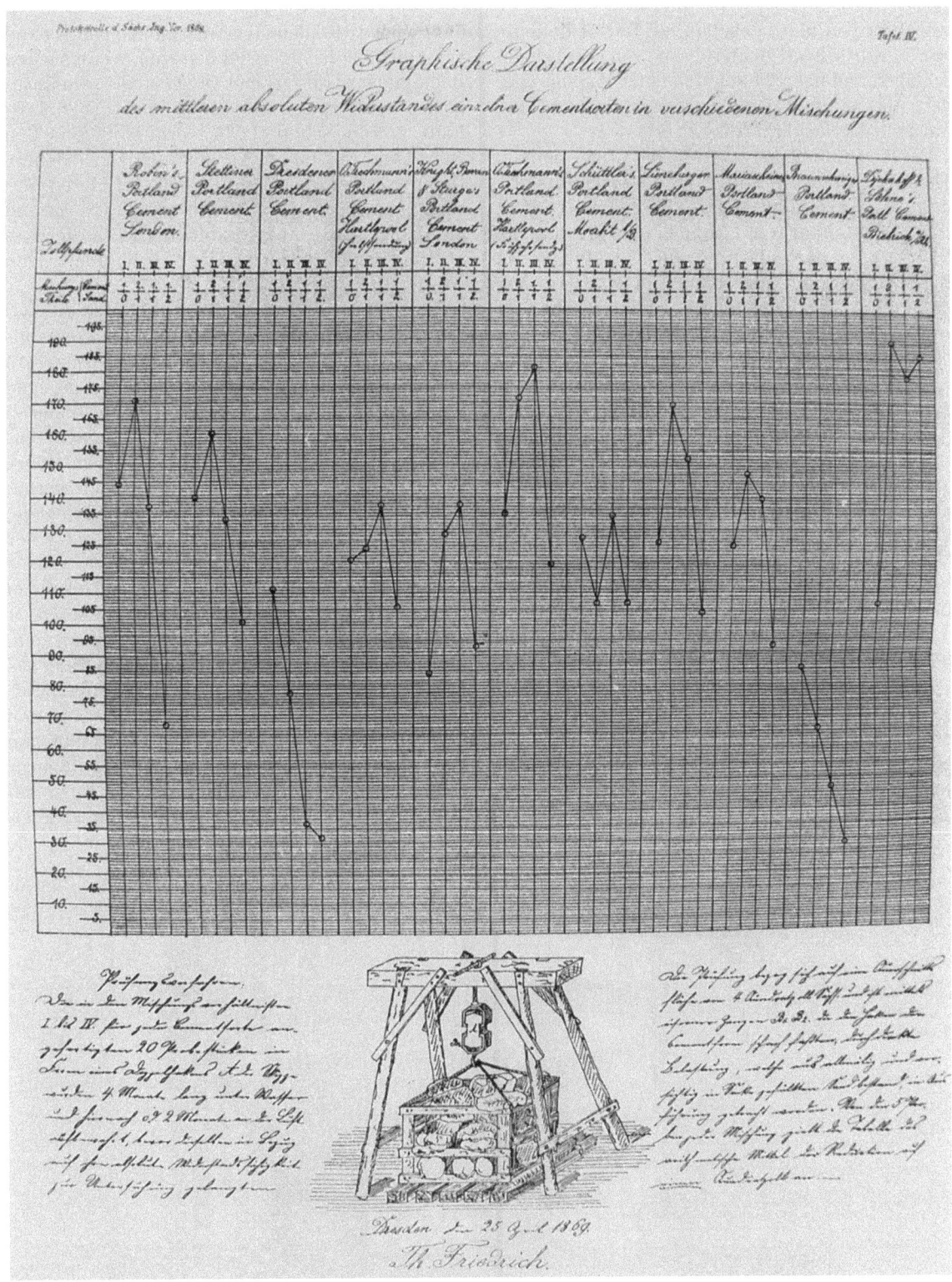

Bild 132: Prüfprotokoll zur Zementfestigkeitsprüfung aus dem Jahre 1869

w/z-Wert von 0,40) gegeben ist. Der erdfeuchte Mörtel wurde in die Achterformen von Hand eingeschlagen und nach 24 Stunden unter Wasser gelagert. Als Lagerungsdauer wurden 28 Tage gewählt, um auch die Nacherhärtung zu erfassen.

Für die Prüfung der Zugfestigkeit wurde der von *Michaelis* und *Frühling* 1876 entwickelte sogenannte „Zerreißungsapparat" verwendet [113]. Dieser Prüfapparat mit Doppelhebel für 50fache Übersetzung der Belastung wurde später für die Biegezugprüfung umgerüstet und existiert noch heute [50]. Bald wurden aber auch einfache und weniger kostspielige Pressen für die Druckprüfung entwickelt und damit die Voraussetzungen geschaffen, bereits 1887 eine überarbeitete Fassung der Zementnorm herauszugeben, als deren wichtigste Änderung die Einführung der Druckfestigkeitsprüfung an Würfeln von 7,1 cm Kantenlänge (entsprechend etwa 50 cm² Prüffläche) zu erwähnen ist. Auch wurde erstmals ein maschinelles Verdichten der Probekörper aus erdfeuchtem Mörtel durch den sogenannten Hammerapparat nach *Böhme* vorgeschrieben, um eine gleichmäßige Dichtigkeit des Prüfkörpers zu erreichen [25].

Die erste Zementnorm von 1877 sah vor, daß jeder, der Zementprüfungen durchführte, den „Normalsand" – wie er damals bezeichnet wurde – selbst herstellte. Gefordert wurde, daß ein möglichst reiner „einkörniger" oder auch „gleichkörniger" Quarzsand verwendet werden sollte, der zwischen den Sieben mit 60 und danach 120 Maschen je cm² anfällt. Schon bald wurde aber erkannt, daß Sande aus verschiedenen Vorkommen selbst dann verschiedene Festigkeiten lieferten, wenn sie den Bedingungen – also reiner Quarzsand sowie Kornzusammensetzung – vollständig entsprachen. Deshalb wurde schon 1881 vorgeschlagen, den Normsand aus einem Vorkommen zu beziehen. Dazu wurde dann zunächst eine Art „Referenzsand" – nach dem der selbst hergestellte Normsand zu eichen war – ausgewählt, bis 1897 die Herstellung des Normsandes einer Firma übertragen wurde.

In der ersten Zementnorm von 1877 wird zwischen „langsam und rasch bindendem Portland-Cement" unterschieden. Dabei wurde dem langsam abbindenden Zement wegen seiner zuverlässigen Verarbeitbarkeit und wegen seiner höheren Bindekraft der Vorzug gegeben. Als langsam bindend wurden solche Zemente bezeichnet, die frühestens in einer halben Stunde abgebunden waren. Dabei bezog sich die Prüfung auf das Abbindeende, das dann als erreicht galt, wenn ein auf einer Glasplatte ausgebreiteter, etwa 1,5 cm dicker Kuchen aus einem steifen Purzementmörtel einem leichten Druck mit dem Fingernagel widerstand.

Neben dem einfachen Prüfverfahren mit dem Fingernagel wurde für eine genaue Ermittlung das von *Louis Joseph Vicat* (1786–1861; französischer Wissenschaftler, der sich u. a. mit den Problemen der Herstellung eines künstlichen Wasserkalkes beschäftigte) schon Jahrzehnte zuvor entwickelte Nadel-Prüfverfahren in der Norm beschrieben. Das Verfahren der Vicat'schen Nadel-

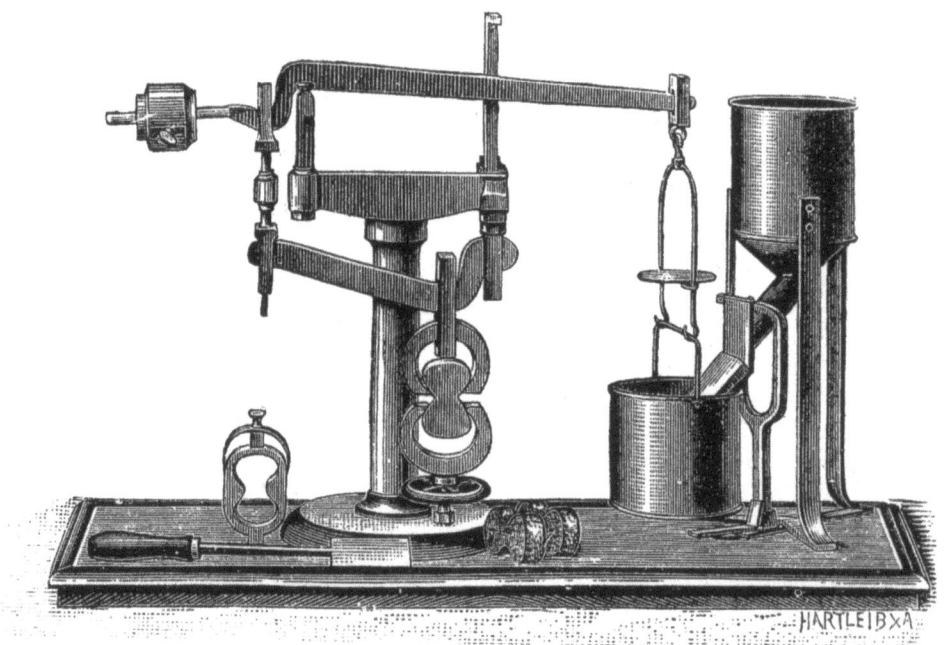

Bild 133: „Zerreißungsapparat" zur Prüfung der Zugfestigkeit aus dem Jahre 1876

prüfung bestand darin, daß auf die Mörtelprobe eine genormte Stahlnadel gesetzt wurde. Dann ließ man auf den Nadelkopf aus bestimmter Höhe ein Gewicht fallen und wiederholte diesen Vorgang so oft, bis die Nadel bis zu einer bestimmten Tiefe eingedrungen war. Aus der Anzahl der notwendigen Schläge wurden Schlüsse auf die relative Festigkeit des geprüften Mörtels gezogen. Dieses Verfahren führte *Vicat* bereits 1812 bei Versuchen mit hydraulischem Kalk durch und veröffentlichte 1818 darüber einen zusammenfassenden Bericht. Ein Verfahren, das heute als Vicat-Prüfung in der ganzen Welt angewendet wird. Bei einem zweiten Verfahren, das sich im Gegensatz zur Nadelprüfng nicht durchsetzen konnte, bohrte *Vicat* den Mörtel an, und schloß aus der Zahl der Umdrehungen, die der Bohrer machen mußte, um bis zu einer bestimmten Tiefe einzudringen, auf dessen relative Festigkeit [64].

In die Zeit der ersten deutschen Industrienorm fällt auch die Gründung der ersten Materialprüfungsinstitute. Die wohl erste Prüfanstalt wurde 1858 in London von dem Ingenieur *David Kirkaldy* gegründet, der auf kommerzieller Basis Festigkeitsprüfungen durchführte. Es wird angenommen, daß der Schiffbau in diesem Falle die Anregung dazu gegeben hatte [138]. *Kirkaldy* führte neben Festigkeitsprüfungen an eisernen Ketten für Schiffe viele weitere Untersuchungen durch, die für die Entwicklung der modernen Materialprüfung bedeutsam wurden und deren Ergebnisse er 1862 unter dem Titel „Results of an Experimental Inquiry

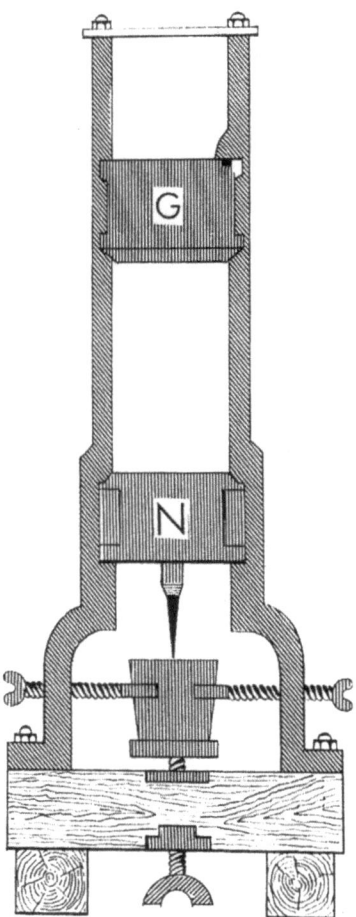

Bild 135: Vicat-Nadelgerät

into the Tensile Strength ... of Wrought Iron and Steel" (Ergebnisse experimenteller Untersuchungen über die Biegefestigkeit von geschmiedetem Eisen und Stahl) publizierte. *Kirkaldy* hat in dieser Veröffentlichung über die Bedeutung der Streuung der Eigenschaftswerte für die Güte der Werkstoffe, über die Abhängigkeit der Festigkeitseigenschaften von der Lage der Probe zur Bearbeitungsrichtung sowie über die Festigkeit von Schweißverbindungen berichtet und darauf hingewiesen, daß bei demgleichen Werkstoff der Bruch je nach der Art der Beanspruchung faserig oder körnig ausfallen kann.

Im allgemeinen wird das Jahr 1870 als Gründungsjahr deutscher – hochschulbezogener – Materialprüfinstitute genannt. In diesem Jahr nahm unter *Johann Bauschinger* (1834–1893), der als Professor für Technische Mechanik und graphische Statik an das Münchener Polytechnikum berufen worden war, das „Mechanisch-Technische Laboratorium" die Arbeit auf. Mit diesem Laboratorium war ein Institut entstanden, das damals in

Bild 134: Louis Joseph Vicat

Bild 136: Johann Bauschinger

Deutschland einzigartig war. Es ist das Verdienst *Bauschingers,* frühzeitig die Bedeutung der Materialprüfung für die Entwicklung der Technik erkannt zu haben. Nach der Errichtung des Mechanisch-Technischen Laboratoriums in München entstanden bald auch an anderen Technischen Hochschulen Materialprüfungsinstitute. In Zürich lassen sich die Bemühungen um das Zustandekommen einer Materialprüfungsanstalt bis in die 60er Jahre des letzten Jahrhunderts zurückverfolgen, aber erst eine 1866 in Olten ins Leben gerufene permanente Musterausstellung für Baumaterialien war Anlaß für den Erwerb einer sogenannten Werder-Maschine (*Ludwig Werder,* 1808–1885, deutscher Maschinenbauingenieur, entwickelte eine Universalprüfmaschine zur Festigkeitsprüfung – zunächst für Zugbolzen für Eisenbahnbrücken –, die als „Werder-Maschine" allgemein bekannt und richtungsweisend für den Prüfmaschinenbau in Deutschland wurde), die „der Erprobung der Festigkeitsverhältnisse der Baumaterialien und der Förderung des materialtechnischen Unterrichts an der polytechnischen Schule der Schweiz dienen" sollte. Mit dieser Prüfmaschine wurden bis 1871 Untersuchungen an Eisenbahn- und Brückenmaterialien, Bronzesorten sowie natürlichen und künstlichen Bausteinen durchgeführt. Dennoch wurde erst 1880 am Oltener Polytechnikum eine Materialprüfungsanstalt eingerichtet, mit deren Leitung *Ludwig von Tetmajer* (1850–1905) beauftragt wurde.

Auf Veranlassung *v. Tetmajers* und *Bauschingers* fand vom 22.–24. 9. 1884 die erste der „Conferenzen zur Vereinbarung einheitlicher Prüfungsmethoden für Bau- und Constructionsmaterialien" in München statt. Diese Konferenz wurde aus dem Bedürfnis nach Normen und Prüfverfahren zum – auch internationalen – Vergleich von Versuchsergebnissen einberufen. Die Konferenz wurde von 79 Teilnehmern besucht, von Materialprüfanstalten sowie von den Werk- und Baustoffe herstellenden und verbrauchenden Firmen kamen. Ein Komitee zum Studium einheitlicher Prüfungsmethoden wurde eingesetzt, dessen vorläufiger Bericht auf der zweiten Konferenz in Dresden 1886 gebilligt wurde [138]. Auf der ersten Konferenz wurde als bedeutsam für die Belange der Baustoffprüfung die Einführung des Vicat'schen Nadelapparates zur Bestimmung der Abbindezeit von Zementen beschlossen. Ferner wurden die Druckfestigkeitsprüfung als entscheidende Prüfung sowie Geräte für die Herstellung und Prüfung der Probekörper empfohlen. Auch eine einheitliche Nomenklatur der hydraulischen Bindemittel (hydraulische Kalke, Romancemente als Kalke, Portlandzemente, hydraulische Zuschläge, Puzzolanzemente, gemischte Zemente) wurde auf der ersten Konferenz in München behandelt [64]. Im Jahre 1895 wurde auf der 5. Konferenz in Zürich von *v. Tetmajer* vorgeschlagen, aus der „Konferenz" eine neue, mit Satzungen versehene Organisation mit erweiterter Aufgabenstellung zu schaffen, die den Namen erhielt: „Internationaler Verband für die Materialprüfung der Technik" (IVM). *V. Tetmajer* übernahm den Vorsitz dieser internationalen Vereinigung. Gemäß seinen Statuten verfolgte der Verband „die Entwicklung und Vereinbarung einheitlicher Prüfungsverfahren zur Ermittlung der technisch wichtigen Eigenschaften der Baustoffe und anderer Materialien sowie die Vervollkommnung der hierzu dienenden Einrichtungen ... die Erreichung dieses Zweckes wird angestrebt

1. durch die Wanderversammlungen und die Verhandlungen des Verbandes,
2. durch die Herausgabe einer Verbandszeitschrift,
3. durch sonstige den Zielen des Verbandes förderlich erscheinende Maßnahmen".

Organ des Verbandes wurde die Zeitschrift „Baumaterialienkunde – Les Materiaux de Construction", deren offizieller Teil in deutscher und französischer Sprache publiziert wurde.

Die deutschen Mitglieder des Verbandes erkannten bald die Notwendigkeit einer festeren Organisation im eigenen Lande, um die Arbeit in den Ausschüssen des IVM besser koordinieren und vorbereiten zu können. Am 15. August 1896 wurde der Deutsche Verband für Materialprüfung der Technik (DVM) gegründet, der im Oktober desselben Jahres zu seiner ersten Mitgliederversammlung in Karlsruhe zusammentrat. Die Satzung, die sich der DVM gab, war an die des IVM angelehnt. So definierte beispielsweise § 2 [138]:"Der Verband bezweckt die Entwicklung und Vereinbarung einheitlicher Prüfungsverfahren zur Ermittlung der technisch wichtigen Eigenschaften der Baustoffe und anderer Materialien, sowie die Vervollkommnung der hierzu dienenden Einrichtungen im Interesse der deutschen Technik. Die Erreichung dieses Zweckes wird angestrebt:

1. durch jährlich wiederkehrende Versammlungen der Vorstände der deutschen Prüfungsanstalten und sonstiger Teilnehmer,
2. durch die Tätigkeit der Prüfungsanstalten und der übrigen Verbandsmitglieder,
3. durch sonstige, den Zielen des Verbandes förderlich erscheinenden Maßnahmen".

Das erste deutsche Forschungs- und Prüflaboratorium für Mörtel und Zemente wurde schon 1873 durch *Wilhelm Michaelis* gegründet. In diesem „Laboratorium für die Zementindustrie" wurden unter Leitung von *Michaelis* die wichtigsten Grundlagen für die Zementprüfung erarbeitet [50]. 1907 übernahm *Hans Kühl* (1879–1969) dieses Labor, das dann 1922 der Technischen Hochschule in Berlin-Charlottenburg angegliedert wurde. Es entstand das „Zementtechnische Institut" an dieser Hochschule, das in zahlreichen Forschungsarbeiten das Wissen über den Baustoff Zement entscheidend bereicherte [98] [121].

Der Antrag auf Gründung eines Industrieinstitutes der deutschen Zementindustrie wurde 1899 auf der 22. Generalversammlung des Vereins Deutscher Portland-Cement-Fabrikanten formuliert [193]. 1902 nahm das Labor in Berlin-Karlshorst seine Arbeit auf. Dieses Vereinsinstitut führte Forschungs- und Prüfaufgaben für die deutsche Zementindustrie bis zum Jahre 1944 durch. Infolge der Kriegsereignisse wurden die Ausrüstungen des Institutes nach Steudnitz in Thüringen ausgelagert. Im Frühjahr 1946 wurde auf Initiative des verdienstvollen Nestors der Weimarer Baustofforschung und -prüfung *Friedrich August Finger* (1885–1961) das ausgelagerte Inventar dieses Institutes nach Weimar gebracht [133] [151]. Dort bildete es den Grundstock zunächst für ein Baustoffprüfamt und später für das Institut für Baustoffe, aus dem die heutige Materialforschungs- und Prüfanstalt (MFPA) an der Bauhaus-Universität in Weimar hervorgegangen ist [142]. Im westlichen Teil Deutschlands wurde nach 1945 das Institut der Zementindustrie (VDZ) in Düsseldorf Nachfolger des 1902 in Berlin-Karlshorst gegründeten Laboratoriums [62].

Die heutige Bundesanstalt für Materialprüfung in Berlin (BAM) ist in ihrem Ursprung auf *August Wöhler* (1819–1914) zurückzuführen. *Wöhler* wurde insbesondere durch seine Dauerversuche zur Festigkeit von Stahl und Eisen bekannt. Durch seine sorgfältigen Untersuchungen über alle in der Praxis vorkommenden Belastungsarten war es Wöhler gelungen, die Gesetzmäßigkeiten, die die Festigkeit von Stahls und Eisen bestimmen, zu formulieren und zuverlässige Werte für die Spannungen zu ermitteln, bei denen die einzelnen Belastungsarten noch zulässig sind („Wöhler-Kurven" – der für jede Werkstoffprobe unter definierten Versuchsbedingungen charakteristische Verlauf der Spannung über der Bruchlastspielzahl). Ausgangspunkt der heutigen Bundesanstalt für Materialprüfung war eine kleine Versuchsstation zur Prüfung der Festigkeit von Stahl und Eisen, die zunächst in einem Keller des Hauses der Königlichen Gewerbeakademie in Berlin untergebracht war und mit deren Leitung 1871 *Ludwig Spangenberg* (1814–1881) beauftragt wurde. Bezweckt wurde mit dieser Versuchsstation zunächst nicht mehr, als die Wöhlerschen Versuche weiterzuführen und auszubauen. Die Versuchsanstalt wurde bald zu einer Königlich Mechanisch-Technischen Versuchsanstalt an der Technischen Hochschule erweitert, die mit dieser 1884 auf das neue Hochschulgelände in Charlottenburg übersiedelte. 1904 entstand aus ihrer Vereinigung mit der Chemisch-Technischen Versuchsanstalt zunächst das Königliche, später dann Staatliche Materialprüfungsamt [138].

Die Gründe, die zur Einrichtung der Berliner Versuchsanstalten geführt hatten, sind in der seit etwa der Mitte des 19. Jahrhunderts sprunghaft zunehmenden Industrialisierung mit ihrem steigenden Bedarf sowohl an Stahl und Eisen als auch Zement und Beton zu suchen.

Die Prüfung von Baustoffen wurde an der Berliner Gewerbeakademie innerhalb des Lehrgebietes Statik, Mechanik, Hydrostatik und Entwerfen von

Bauwerken durchgeführt, das von 1828 bis 1850 von *Adolph Brix* (1798–1870) vertreten wurde.

1875 wurde ein Baustoff-Prüflaboratorium errichtet, mit dem „den Baubeamten und dem bauenden Publikum die Gelegenheit gegeben wird, unter gehöriger Aufsicht Druckproben mittels einer geeigneten hydraulischen Presse vorzunehmen". Mit der Leitung wurde *Emil Paul Böhme* (1838–1894) beauftragt, der dieses Prüflaboratorium zielstrebig ausbaute. Mit der Bekanntgabe des Reglements der Königlichen Technischen Versuchsanstalten wurde das Baustofflaboratorium als „Prüfungsstation für Baumaterialien" benannt. Mit einem Erlaß des Ministers der öffentlichen Arbeiten vom 16. August 1880 wurde sie als diejenige Instanz bestimmt, die bei Streitigkeiten über die Güte der gelieferten Baustoffe zu entscheiden hatte. Die Wahrnehmung dieser Aufgabe führte zu einer erfolgreichen Zusammenarbeit mit den Zementfabrikanten und setzte die Prüfungsstation in die Lage, die Bedürfnisse der Baustoffindustrie beurteilen und eine unparteiische Vermittlung in Streitfällen übernehmen zu können.

Dem Leiter der Prüfungsstation für Baumaterialien *Böhme* wurde sogar von 1881 bis 1884 die kommissarische Leitung der gesamten Mechanisch-Technischen Versuchstation übertragen, und als diese 1884 der Technischen Hochschule angegliedert wurde, geschah das gleiche auch mit der Prüfungsstation für Baumaterialien. In gemeinschaftlicher Arbeit mit dem Verein Deutscher Portland-Cementfabrikanten wurden unter der Leitung von *Böhme* die Prüfverfahren und die Normung auf dem Gebiet des Zements verbessert sowie die würfelförmigen Probekörper bei den Druckfestigkeitsversuchen eingeführt. Ferner wurden an der Prüfungsstation Verfahren zur beschleunigten Volumenbeständigkeitsprüfung, die Festigkeitsprüfung mit dem Schlagwerk (Böhme-Hammer), die Verschleißprüfung von Gesteinen und Beton sowie die Prüfung von Mörtelmischern entwickelt. Nach *Böhmes* Tod ging 1895 die Prüfungsstation in der Mechanisch-Technischen Versuchsanstalt als Abteilung für Baumaterialprüfung auf, die von *Max Gary* (1859–1923) geleitet wurde. Nach dem Tode *Garys* wurde die Abteilung für Baumaterialprüfung von *Heinrich Burchartz* (1864–1938) geleitet und wurde in Abteilung für Bauwesen umbenannt, da inzwischen weitere Aufgaben, wie die Prüfung von Baukonstruktionen sowie physikalische Baustoffprüfungen, hinzugekommen waren [138].

Nach dem ersten Weltkrieg wurden die Aufgaben des Materialprüfungsamtes über die Prüfung der Bindemittel und verschiedenen Bausteine sowie des Feuerschutzes von Baukonstruktionen hinaus erheblich erweitert. Verstärkt waren neue Baustoffe zu beurteilen und vor ihrer Zulassung zu prüfen. Auf dem Gebiet des Tiefbaus wurden vom Materialprüfungsamt insbesondere für das Projekt der Reichsautobahnen umfangreiche Untersuchungen über Natursteine, Bindemittel und Beton durchgeführt.

Nach dem zweiten Weltkrieg entwickelte sich die Materialprüfanstalt bis 1951 wieder zu einer wirkungsvollen Institution mit über 300 Mitarbeitern. Von den sogenannten vier Hauptabteilungen widmete sich die zweite, deren Leiter bis 1948 *Alfred Hummel* war, den Fragen der Baustoffe, der Baukonstruktionen und des Holzschutzes. Die Abteilung 2a „Mechanische und chemische Technologie der Baustoffe" wurde von *Kurt Charisius* geleitet. 1967 wurde die Abteilung Baustoffe und Baukonstruktionen in Abteilung Bauwesen umbenannt [138].

13.
Zusatzmittel und Zusatzstoffe

Die Geschichte der Zusatzmittel und Zusatzstoffe ist eng mit der der Bindemittel, Mörtel und Betone verbunden. Seit Menschen zum Bauen Bindemittel verwendeten, wurden eigentlich immer bewußt oder unbewußt die verschiedenartigsten Zusätze dem Bindemittel zugegeben. Das geschah früher wie heute aus vorwiegend zwei Gründen. Zum einen will man das Bindemittel oder den Mörtel und Beton durch Zusätze so beeinflussen, daß deren Eigenschaften verändert / verbessert / erweitert werden und zum anderen will oder muß man durch Zusätze teure oder nur in begrenztem Umfang vorhandene Ausgangsstoffe rationell ergänzen oder ersetzen.

Die ältesten Zusatzmittel

Die Verwendung von Baustoffen war insbesondere in alten Zeiten vorrangig von den natürlichen Gegebenheiten abhängig. So waren es vermutlich zunächst natürlich vorkommende Erden und Tone, die als „verbindendes Mittel" zum Zusammenfügen von pflanzlichen Stoffen oder Natursteinen, den ältesten zum Bauen verwendeten Stoffen, verwendet wurden. Zunächst wurden alle Stoffe so verwendet wie man sie gerade vorfand und irgendwann wird man entdeckt haben, daß sich z.B. ein modifizierter (durch Zusätze veränderter) Ton in bestimmtem Situationen besser bewährt als ein reiner Ton. Neben Tonen und Erden wurden in alten Zeiten als weitere natürlich vorkommende Bindemittel auch bituminöse Stoffe verwendet. Voraussetzung waren entsprechende Rohstoffquellen. Dies waren vor allem bituminöse Sickerstellen, hauptsächlich im Gebiet zwischen Nil und Euphrat und Tigris. Die bisher älteste nachgewiesene Anwendung von Bitumen in Verbindung mit dem Bauen datiert aus einer Zeit um etwa 3500 v. Chr. In Mesopotamien wurden bei Ausgrabungen einfache Behausungen gefunden, die aus einem Traggerüst aus Rohrbündeln bestanden und die mit Bitumen verstrichene Schilfmatten als Wandverkleidungen hatten [1] [2]. Auf eine Zeit zwischen 3500 und 3000 v. Chr. werden bituminöse Mörtel geschätzt, die ebenfalls in Mesopotamien bei der Herstellung von Bauwerken aus luftgetrockneten Lehmziegeln verwendet wurden. Diese frühen bituminösen Mörtel enthielten 25 bis 35 % Bitumen und die restlichen Mörtelbestandteile waren Zusätze. Diese bestanden aus Sand, Lehm sowie Stroh- und Schilfhäcksel. Auch in bituminösen Mörteln, die an Bauwerken einer frühen Hochkultur im Industal bei Mohenjo Daro gefunden wurden und die ebenfalls aus einer Zeit um etwa 3000 v. Chr. stammen, wurden Zusätze (Gips) festgestellt.

Von den Bindemitteln, die durch einen chemischen Prozeß erhärten sind Kalk und Gips die ältesten. Wann zum ersten Male bewußt der Kreislauf des Kalk- oder Gipssteins vom Naturstein zum Bindemittel genutzt wurde liegt im Dunkel der Geschichte. Man nimmt an, daß das irgendwann vor 10000 oder 20000 Jahren erfolgt sein könnte. Der bisher älteste gesicherte Nachweis der Anwendung von gebranntem Gips wurde bei Catal Huyuk in Kleinasien gefunden. Diese Funde werden einer Zeit um 9000 v. Chr. zugeordnet [3]. Der älteste Nachweis der Verwendung von gebranntem Kalkstein stammt aus einer jungsteinzeitlichen Kultur des Donauraumes [4] [5]. Die in den Hütten von Siedlungsresten gefundenen Fußböden bestanden aus einer Art Beton, der aus gebranntem Kalksteinsplitt sowie Kies und Sand hergestellt war und die einer Zeit zwischen 5600 u. 5000 v. Chr. zugeordnet werden. Die bei den Bauten aus den Zeiten der frühen Hochkulturen in Ägypten und Griechenland gefundenen Mörtel aus gebranntem Kalk oder Gips waren eigentlich alle mit Zusätzen versehen oder wie hin und wieder geschrieben wurde, verunreinigt.

Der römische Baumeister und Schriftsteller *Vitruv* war dann der erste, der auch Mörtelrezepturen unter Verwendung von Zusätzen schriftlich festhielt. In seinen um 20 v. Chr. erschienen 10 Büchern über Architektur [6] berichtete er u.a., daß die Griechen für einen Estrich eine Mischung aus Kalk und Sand sowie einem Zusatz von Asche herstellten. Er beschreibt weiter einen Mörtel für Hypocaustanlagen, der mit einem Zusatz von Haaren zu versehen sei. Am interessantesten ist aber eigentlich, daß die Römer schon wußten, daß ein luftporenhaltiger Mörtel eine hohe Frostbeständigkeit hat. *Vitruv* schreibt, daß man dem Kalk für frostgefährdeten Estrich Öl zumischen soll. Bei neueren Dünnschliffuntersuchungen von alten Mörteln römischer Aquädukte konnten kugelige Luftporen mit Durchmessern von 0,1 bis 1 mm in regelmäßiger Verteilung im Mörtel festgestellt werden [7]. Auch der Zusatz von Puzzolanen zur Herstellung wasserdichter, hydraulischer Mörtel war den Römern schon bekannt und von *Vitruv* beschrieben. Die Feststellung, daß Kalk bei Zusatz von vulkanischer Asche oder Ziegelmehl einen hydraulischen Mörtel ergibt, machten wahrscheinlich zuerst die Phönizier. Zumindest haben sie aus vielleicht noch älteren Anwendungen eine systematische Technik entwickelt [8]. Auf der Insel Santorin gefundene Zisternen, die mit einem Mörtel aus Kalk und dem auf der Insel gefundenen vulkanischen Sand – auch Santorinerde genannt – gebaut wurden, sind von den Phöniziern errichtet worden. Vermutlich hat man den vulkanischen Sand zunächst nur als Ersatz für andere Sande verwendet und hat erst später deren Wert für die Erhärtung unter Wasser erkannt. Bei den ebenfalls von Phöniziern gebauten Zisternen in Jerusalem aus einer Zeit um etwa 1000 v. Chr. wurde als hydraulischer Zusatz Ziegelmehl verwendet.

Über die Herstellung eines hydraulischen Mörtels mit dem Zusatz vulkanischer Aschen berichtet *Vitruv*: „.... indem nun drei auf ganz ähnliche Art durch die Stärke des Feuers gebildete Dinge, (nämlich Kalk, Puzzolanerde und Tuff) zu einer Mischung gelangen, haften sie, nachdem sie plötzlich Flüssiges aufgenommen haben, fest aneinander und werden, durch die Feuchtigkeit gehärtet, schnell und innig untereinander verbunden, und weder der Wogendrang noch die Gewalt des Wassers vermögen sie mehr zu lösen...". Im alten Römischen Reich wurden zur Herstellung dieser Mörtel vulkanische Aschen verwendet, die in der Bucht Puzzuoli gefunden wurden, den Erden aus Puzzuoli, die dann zu der Bezeichnung Puzzolane führten.

Vom Mittelalter bis ins 19. Jahrhundert

Mit dem Zerfall des Römischen Reiches ging auch der Niedergang der Bautechnik einher und damit gerieten auch die Erkenntnisse über die Wirkung verschiedener Zusätze auf Kalk- und Gipsmörtel mehr oder weniger in Vergessenheit. Verschiedene Dinge wurden aber der Überlieferung her wahrscheinlich unbewußt beibehalten. So z.B. der Zusatz von Ziegelmehl. Man fand Ziegelmehl z.B. in den Mörteln der St. Peterskirche in Metz aus dem 6. Jahrhundert, der St. Albanskirche in Mainz aus dem 9. Jahrhundert sowie Dom und Rathaus in Aachen aus der karolingischen Zeit. Ziegelmehl wurde aber auch bei anderen Bindemitteln als Zusatz verwendet. So wurden bei einem um 1200 hergestellten Gipsestrich im Dom von Riga große Mengen Ziegelmehl verwendet. Ziegelmehl in Gipsen findet sich auch an der Marienkirche und der Stadtmauer in Mühlhausen/Thüringen [9]. Hier wird deutlich, wie tief die Überzeugung wurzelte, daß für Estrichmörtel der Zusatz von Ziegelmehl notwendig sei, obwohl er ja beim Gips lediglich einen magernden oder färbenden Zweck erfüllt. In der fünfbändigen „Encyclopädie der bürgerlichen Baukunst" [10] von *Christian Ludwig Stieglitz* aus dem Jahre 1792 ist dann allerdings wieder zu lesen, daß es „.... anzurathen sei, sich ein Magazin von Abgängen der Ziegel, von alten thönernen Gefäßen und Gläsern zu machen, und dieses von dem Gesinde in müßigen Stunden klar stoßen und durchsieben zu lassen, um es zur Mischung des Kalkes zu gebrauchen. Ein Theil Ziegelmehl mit zwei Theilen scharfem Wassersande, zu der gehörigen Qualität Bitterkalk gemischt, giebt einen Mörtel, der im Wasser und an feuchten Orten sehr bald bindet und sehr fest wird...".

Vom 17. Jahrhundert an mehren sich die Bestrebungen, Mörteleigenschaften mit unterschiedlichsten Zusätzen zu beeinflussen. Einige Beispiele sollen die Vielfalt dieser Versuche zeigen, wobei es aus heutiger Sicht teilweise zu kuriosen und abenteuerlichen Zusatzkombinationen kam. Nicht in jedem Fall waren die Auswirkungen der Zusätze auf die Mörteleigenschaften erklärbar, da der wissenschaftliche Hintergrund fehlte. Insbesondere die organischen Zusätze, wie Milch, Quark und Blut gaben immer wieder Anlaß zu Spekulationen und wurden zum Teil auch ins Reich der Phantasie verwiesen [11]. Neuere Untersuchungen belegen jedoch eindeutig, daß derartige Zusätze zur Anwendung kamen und es ist durchaus von wissenschaftlichem Interesse, sich diesen Problemen wieder zu nähern [12] [13].

13. Zusatzmittel und Zusatzstoffe

- Milch, Milchprodukte und Blut enthalten Eiweiß und das Milcheiweiß übt auf den gelöschten Kalk eine ähnliche Wirkung wie die freie Kieselsäure bei den Puzzolanen aus. Proteinhaltige Produkte bilden mit Kalk Ca-Caseinat, das zu einem dichteren, festen und auch wasserbeständigen Mörtel führt.
- Fette, z. B. Schweineschmalz, bilden mit Kalk Ca-Stearate, die eine hydrophobierende Wirkung haben und bei wasserabweisenden Putzen verwendet wurden.
- Öle – wie schon ausgeführt – wirken als Luftporenbildner und führen zu höherer Frostbeständigkeit.
- Blutplasma und Casein verbessern sowohl die Verarbeitungs- als auch die Festmörteleigenschaften und erhöhen ebenfalls den Luftporenanteil, wie das bei jüngsten Untersuchungen an karolingischen Mörteln der Torhalle in Lorsch sowie der Einhardbasilika in Steinbach ermittelt wurde [14].

Nachfolgend einige Beispiele origineller Mörtelrezepturen aus alter Literatur:

nach *J. G. Angermann's* „Allgemeiner Civil-Bau-Kunst" von 1766 [15]:

„... die Malabaren nehmen auch die Muscheln zu ihrem Kalke, welche sie aber mit gedörrtem Kuhmist oder Reys-Strohe brennen; und danach mischen sie solchen mit schwartzem Zucker, der von dem Safte des Cocos-Baumes gemacht wird, worunter noch eine Menge Eyer kommen. Dieser Kalk oder Mörtel glänztz wie ein Spiegel; und wenn hölzerne Wände damit überzogen werden, so widersteht der Anwurf dem Feuer..."

nach *Miliza's* „Grundsätzen der bürgerlichen Baukunst" von 1784 [16]:

„... die Alten ließen ein Stück ungelöschten Kalk in Wein löschen, rieben Schweinsfett und Feigensaft darunter, so erhielten sie eine Masse, die dem Marmor an Härte gleich kam. Was für einen herrlichen Mörtel müßte das zu Wasserleitungen und Cisternen abgeben, zumal wenn man zerlassenes Pech darunter mengte, und, wenn er aufgetragen wäre, Leinöl darüber striche..."

„... wenn man unter den Kalk pulverisierten Marmor, Tuffstein und Gyps mengt, und mit Wasser oder Urin durcharbeitet, so ist dieser Cement, wenn alles recht gut durcheinander gearbeitet und durchzogen ist, besonders gut..."

„... wenn man unter ungelöschten Kalk Käsequark oder Eyweiß rührt, bekommt man einen festen Kitt..."

nach *Chr. L. Stieglitz's* „Encyclopädie der bürgerlichen Baukunst" von 1792 [10]:

„... wenn man den Gypskalk mit saurer Milch oder Essig einrührt, so macht dieses eine feste Masse, als durch die Vermischung mit Wasser hervorgebracht wird. Weil aber diese Vermischung kostbar ausfallen würde, sie doch aber vorteilhaft ist, so ist es gut, wenn man das Wasser durch etwas zugegossenen Essig oder durch eingelegte saure Kräuter versäuert..."

„... man löscht Kalk in altem Leinöl ab, und mischt Quark, zerstoßenes Glas und klein gestoßene Kieselsteine, nebst gesiebtem Hammerschlag darunter..."

nach *H.-U. Pierrer's* „Encyclopädischen Wörterbuch der Wissenschaften, Künste und Gewerbe" von 1825 [17]:

„... bedient man sich eines Cementes von 4 Th. Käsemasse, 3 Th. feinem Sand und 2 Th. Kalk..."

nach *C. Matthaen's* „Praktischem Handbuch für Maurer und Steinmetzen" von 1826 [18]:

„... man vermischt 2 Pfund gereinigten Weinstein, 20 Pfund gelöschten und getrockneten Kalk, welcher zuvor durch ein feines Sieb geschlagen worden; hierauf nimmt man einen Käse, und so viel starkes Leimwasser als zur Bearbeitung der Masse erforderlich ist. Man kann ihr frisch jede beliebige Form geben, und wenn diese getrocknet, sie feilen und polieren..."

nach *W. G. Bleichrodt's* „Architektonischem Lexikon oder Allgemeinen Real Encyclopädie" von 1830 [19]:

„... es wird gut abgetropfter, frischer, ungesalzener Käse oder Quark in seinem natürlichen Zustande mit Kalk, welcher an der Luft gelöscht wurde, und sich in ein feines Pulver verwandelt hat, dergestalt vermengt und innig verbunden, bis sich die Masse zu einem sehr zähen Teige, welcher lange Fäden zieht, gebildet hat...".

nach *M. Weber's* „Kunst des Bildformers und Gypsgießers" von 1861 [20]:

„... frisch gebrannter Kalk in Ochsenblut gelöscht und mit Ziegelmehl vermengt, gibt ... einen wasserfesten Cement..."

nach *H. E. von Waldegg's* „Kalk-, Ziegel- und Röhrenbrennerei" von 1861 [21]:

„... man wendet ... frische aus der geronnenen Milch ausgeschiedene Käsemasse oder getrockneten Käse an. Die ersteren reibt man unmittelbar mit dem Ätzkalk (oder frischem Mehlkalk) ohne weitere Zuthat auf einem glatten Steine zusammen, bis eine weiche, sich ziehende Masse ohne Spur von Kalkkörnern entsteht. Den anderen schneidet man in dünne Scheiben und rührt und kocht ihn so lange mit Wasser, bis er zu einer ganz zähen terpentinähnlichen Masse geworden ist; gießt das Wasser ab und knetet in einem warmen Mörser so viel luftzerfallenen Kalk hinein, daß eine weiche bildsame Masse erhalten wird, die man sogleich verwenden muß, da sie rasch erhärtet; der Käse nimmt dabei höchstens ¼ seines Gewichtes an Kalk auf..."

nach O. Mothes „Illustriertem Bau-Lexikon" von 1863 [22]:

„... in Wein gelöschter Kalk, mit Schweineschmalz und Feigen zusammengerieben und auf die zuvor mit Oel getränkte Mauer aufgetragen..."

„... trocken gelöschter Kalk wird ganz fein gesiebt, 1 Theil Kalkpulver mit 2 Theilen Kies gemischt und mit möglichst wenig Rindsblut angefeuchtet, diese Mischung auf den Boden ausgebreitet ... soll die Fläche sehr fein werden, so nimmt man zur nächsten Lage 10 Theile feingesiebten Kalk, 1 Theil Roggenmehl, etwas Rindsblut, stampft dies zu zähem Mörtel ... worauf man es nochmals mit Rindsblut streicht..."

„... man mischt hiezu den Kalk mit gestoßenen Ziegelsteinen und Ochsenblut, trägt dies 4 Zoll stark auf, schlägt es breit und übergießt es nochmals mit derselben, aber dünner eingemachten Mischung..."

Über eine besonders originelle Form des Zusatzes von Eiweiß berichtet Scheidegger [3]:

„... in den Zusatzbauten der Stadtmauer von Solothurn, die seinerzeit nach dem System Vauban erbaut wurden ist, fand man im Mörtel Hohlräume, die ganz eingelegten Eiern entsprachen. Man kannte also das Verfahren, Eier dem Mörtel beizumischen, aber man wußte nicht mehr wie und legte deshalb sorgfältig ganze Eier zwischen die Steine in den Mörtel ein..."

Zusatzmittel in der neuzeitlichen Betontechnologie

Heute unterscheidet man nach der Europäischen Vornorm pr EN 206 zwischen Zusatzmitteln und Zusatzstoffen [23]. Dabei werden Zusatzmittel als Produkte definiert, die in geringen Mengen vor oder während des Mischens oder während eines zusätzlichen Mischvorganges zugegeben werden und die Eigenschaften des Betons in der geforderten Weise ändern. Als Zusatzstoffe werden fein verteilte anorganische Stoffe bezeichnet, die dem Beton zugegeben werden können, um bestimmte Eigenschaften zu verbessern oder um besondere Eigenschaften zu erzielen.

Beschleuniger

Ältestes Zusatzmittel der neuzeitlichen Betontechnologie – der Zeit des Bauens mit Betonen auf der Basis von Portlandzementen – ist mit großer Wahrscheinlichkeit das Calciumchlorid. 1873 soll es zum ersten Mal als Beschleuniger in Deutschland verwendet worden sein [24]. 1885 wurde in einem englischen Patent und 1886 von E. Candlot vorgeschlagen, Calciumchlorid zur schnelleren Erhärtung von Zement bzw. Zementbetonen zu verwenden. Die Erkenntnis über den Wirkungsmechanismus der Beschleunigung durch Calciumchlorid wird heute im allgemeinen in der Literatur als gesichert angesehen [25] [26]. Es ist die Ansicht vorherrschend, daß die beschleunigende Wirkung auf die Bildung schwerlöslicher Salze zurückzuführen ist, die aus der wässrigen Lösung in Form kristalliner, oberflächenreicher Mikrokeime ausgeschieden werden. Auf der Oberfläche dieser Mikrokeime wachsen die C-S-H-Phasen beschleunigt auf. Calciumchlorid ist zwar der bekannteste, billigste und wahrscheinlich auch effektivste Beschleuniger, doch ist er wegen seiner korrosionsfördernden Eigenschaften bei stahlbewehrten Betonen nicht oder nur beschränkt einsetzbar. Die korrosionsfördernde Eigenschaft von Calciumchlorid ist bereits seit dem Jahre 1919 bekannt. Aus der gleichen Zeit stammen Veröffentlichungen, die dem Calciumchlorid eine festigkeitssteigernde bzw. eine frostschützende Wirkung zuschreiben [27].

Heute unterscheidet man zwischen Erstarrungsbeschleunigern und Erhärtungsbeschleunigern.

- Erstarrungsbeschleuniger sind Zusatzmittel, die die Zeit beim Übergang von einer Mischung vom plastischen in den festen Zustand verkürzen und
- Erhärtungsbeschleuniger sind Zusatzmittel, die die Frühfestigkeit erhöhen, mit oder ohne Beeinträchtigung der Erstarrungszeit.

Erstarrungsbeschleuniger werden insbesondere für Spritz- und Unterwasserbeton eingesetzt. Hier muß der Beton innerhalb weniger Minuten erstarren und eine rasche Frühfestigkeitsentwicklung aufweisen. Früher verwendete man dafür vor allem Beschleuniger auf der Basis von Alkalisilikaten, deren Wirkung neben der Erstarrungsbeschleunigung durch den sofort sich einstellenden hohen pH-Wert mehr auf einem Klebeeffekt als auf dem schnellen Erstarren des Betons beruht. Nachteilig dabei ist, daß sie die Endfestigkeit im Vergleich zu nicht beschleunigtem Beton um 50 und mehr Prozent erniedrigen und auch ökologisch bedenklich sind. Deshalb wird zunehmend auf Beschleuniger auf dieser Grundlage verzichtet. Bessere Ergebnisse werden mit Erstarrungsbeschleunigern auf der Basis von Alkalicarbonaten (Kaliumcarbonat), Alkalihydroxiden oder Alkalialuminaten erzielt [28]. Am häufigsten wird Alkalialuminat in fester oder flüssiger Form eingesetzt. Durch die Verwendung von Alkalialuminaten verbessert sich auch das Auslaugverhalten von Spritzbeton, das schlechter als bei „normalem Beton" ist. Neueste Entwicklungen auf diesem Gebiet sind Spritzbetone ohne Beschleuniger. Dazu werden u.a. gipsarme Zemente unter Verwendung von Silicastaub verwendet [29].

Erhärtungsbeschleuniger werden u.a. beim Betonieren bei tiefen Temperaturen sowie beim Betonieren mit kurzen Ausschalfristen verwendet. Hier werden heute vor allem Calciumformiat $Ca(CHO_2)_2$ (Entwicklung aus den USA, Patent aus dem Jahre 1965), Calciumnitrat $Ca(NO_3)_2$ (Entwicklung aus den USA, Patent 1969) und Aluminiumsulfat $Al_2(SO_4)_3$ eingesetzt. Diese Substanzen wirken im Gegensatz zu Calciumchlorid nicht korrosiv auf Stahl. Als weitere chloridfreie und nicht korrosiv wirkende Beschleuniger wurden in den USA Zusatzmittel auf der Basis von Spodumen $LiAlSi_2O_6$ (Patent aus dem Jahre 1967), Lithiumoxalat $Li_2C_2O_4$ und Alkalisalzen von Oxalsäuren (Patent aus dem Jahre 1968) entwickelt, die aber kaum praxiswirksam wurden [30].

Eine weitere Möglichkeit der Erhärtungsbeschleunigung stellt die Zugabe von Kristallisationskeimen zu Zement und Beton dar. Die ersten grundlegenden Untersuchungen dazu wurden Anfang der 50er Jahre durchgeführt [31] [32]. Werden diese Keime in Verbindung mit chemischen Zusatzmitteln verwendet, so können durch geringe Zugaben hohe Festigkeiten des Betons in den ersten Tagen erreicht werden. Aufbauend auf diesen Forschungen wurden auch in der DDR entsprechende Untersuchungen durchgeführt, wobei 3-Tage-Festigkeiten erreicht wurden, die etwa 100% der 28-Tage-Festigkeit entsprachen. Als Kristallisationskeime dienten bereits erhärtete und auf Zementfeinheit gemahlene Zemente. Da es jedoch schwierig war, die für den jeweiligen Zement spezifische Keimart herauszufinden, wurden die Versuche eingestellt [33]. In den 80er Jahren wurden in der Sowjetunion ebenfalls Versuche mit strukturbildenden Mineralzusätzen zur Frühfestigkeitserhöhung von Zement und Beton durchgeführt. Als Kristallisationskeime, sogenannten „Krents", wurden gebrannter Ton, Zeolithe, Kraftwerksaschen u.ä. verwendet. Der Wirkungsmechanismus z.B. der Tone soll darin bestehen, daß bei der Hydratation an den aktiven Zentren des Tonzusatzes freie Kieselsäure gebildet wird, die zu einer Erhöhung der Frühfestigkeit des Systems führt [34]. Neuere Untersuchungen an Tonerdeschmelzzementen bestätigen die erstarrungsbeschleunigende Wirkung von Kristallisationskeimen. Durch den Zusatz von arteigenen Kristallisationskeimen verkürzten sich die Erstarrungszeiten und die Zementstein-Druckfestigkeiten betrugen nach 4 Stunden mindestens 50 N/mm² [35].

Verzögerer

Zur gleichen Zeit, als die ersten Betrachtungen zur Beschleunigung des Erstarrens und Erhärtens erfolgten wurden auch die ersten Beobachtungen zum Verzögern dieser Prozesse mitgeteilt. *Candlot* stellte bei seinen Versuchen um 1885 über den Einfluß von Calciumchlorid nicht nur dessen Beschleunigerwirkung fest, sondern berichtete auch, daß bei bestimmten Dosierungen ein verzögertes Abbinden festzustellen war. Er stellte auch fest, daß Magnesiumchlorid verzögernd wirkt [27]. Etwa zur gleichen Zeit wurde von *Wilhelm Michaelis* die abbindeverzögernde Wirkung von Gips auf Zement festgestellt.

Verzögerer sind Zusatzmittel, die die Zeit beim Übergang einer Mischung vom plastischen in den festen Zustand verlängern. Die Entwicklung von Abbindeverzögerern wurde ab Ende der 30er/ Anfang der 40er Jahre betrieben, insbesondere an der Technischen Hochschule in Breslau. Eine erste Vermarktung erfolgte durch die Fa. Chemische Fabrik Grünau, Berlin. Ab 1954 war ein verstärkter Einsatz von Verzögerern bei Bau von Spannbetonbrücken zu verzeichnen [36]. Die Liste der Verbindungen, die einzeln oder teilweise in Kombination miteinander als Verzögerer verwendet wurden und werden ist lang. Am häufigsten werden Verzögerer auf der Basis von Saccharosen, Hydroxycarbonsäuren und Gluconaten bei den organischen sowie auf der Basis von Phosphaten und Phosphonaten bei den anorganischen Zusatzmitteln eingesetzt. Einen großen Einfluß auf die verzögernde Wirkung haben die Zementart und die Temperatur bei der Verarbeitung. Hüttenzemente und C_3A-arme Zemente reagieren im allgemeinen besser als Portlandzemente und bei steigenden Temperaturen nimmt die Verzögerungszeit ab.

Im Gegensatz zu anderen Zusatzmitteln (Fließmittel, Luftporenbildner u.a.), die hauptsächlich physikalisch wirken, beeinflussen Verzögerer wichtige chemische Reaktionen. Über den Mechanismus der Verzögerung des Erstarrens von Beton bestehen teilweise recht unterschiedliche Vorstellungen. Zu den vorgeschlagenen Mechanismen gehören [37]:

- Adsorption der Verzögerer an Oberflächen der reaktiven Klinkerphasen
- Niederschläge von Reaktionsprodukten des Verzögerers mit den in Wasser gelösten Zementbestandteilen auf der Oberfläche der reaktiven Klinkerphasen
- Bildung schwerlöslicher Salze und Komplexe mit Calciumionen, die bei der Zementhydratation freigesetzt werden
- Behinderung des Kristallwachstums aus dem Keimstadium heraus.

Verzögerer reagieren häufig sehr unterschiedlich auf geringe Änderungen der chemischen Randbedingungen und/oder der Temperatur. Die Reaktionen sind kompliziert, und es ist nicht leicht, sie zielsicher zu beherrschen. Dazu kommt, daß die Erstarrungsphase des Zementleims bzw. des Betons hinausgeschoben und je nach Stoffart des Zusatzmittels unter Umständen auch verlängert wird, der Beton aber vor und während dieser Phase für Umwelteinflüsse besonders empfindlich ist. Die Auswirkungen eines verzögernden Zusatzmittels auf Eigenschaften und Verhalten des Betons ist abhängig von der Stoffart des Zusatzmittels, der Zusammensetzung des Zementes, der Frischbeton- und Lagerungstemperatur (die Verzögerungszeit nimmt mit steigender Temperatur ab) sowie von der Betonherstellung, zum Beispiel der Mischdauer. Um das damit verbundene Risiko möglichst klein zu halten, sind vor und während der Betonherstellung zusätzliche Prüfungen erforderlich. Die Zusatzmittelmenge und die Verzögerungszeit sind auf das für den Bauablauf unumgängliche Mindestmaß zu begrenzen. Der Nachbehandlung des Betons kommt eine besondere Bedeutung zu [38].

Seit einigen Jahren gibt es auch sogenannte „Langzeitverzögerer", die die Hydratationsprozesse in einer Frischbetonmischung nahezu vollständig unterbrechen können. 1978 wurden durch Sicotan, Osnabrück und Heidelberger Zement die ersten dieser Zusatzmittel auf den Markt gebracht [36]. Gegenüber gewöhnlichen Verzögerern weisen diese, auch Stabilisatoren genannten Zusatzmittel, mehrere Vorteile auf. Der Frischbeton kann nicht nur einige Stunden, sondern mehrere Tage lang stabilisiert werden, wobei die Stabilisierungszeit recht genau eingestellt werden kann. Mittels eines „Aktivators" (Beschleunigers) kann die Stabilisierung durch kurzes Durchmischen jederzeit aufgehoben werden. Die Anwendung des Systems Stabilisator/Aktivator ist fast ausschließlich auf Spritzbeton beschränkt [37].

Zu den Langzeitverzögerer zählt auch die als Recyclinghilfe benannte neue Gruppe von Zusatzmitteln [39]. Ausgangspunkt für diese Entwicklung war die Suche nach Möglichkeiten zur Wiederverwertung von Restbeton in der Transportbetonindustrie. Mit Hilfe der Recyclinghilfen soll der Restbeton solange „eingeschläfert" werden, bis eine Wiederverwertung des Betons gewünscht wird und der „eingeschläferte" Beton zum Zeitpunkt der Wiederverwendung wieder aktiviert bzw. „aufgeweckt" werden kann. Typisch für diese Verzögerer sind extreme Verzögerungszeiten. Dies neuartigen Produkte bestehen bevorzugt aus Phosphorderivaten und Zitronensäure. Ein großer Vorteil dieser Produkte ist, daß der Verzögerungsprozeß durch Zugabe von geeigneten Beschleunigern gestoppt und umgekehrt werden kann, teilweise unterstützt durch einen Plastifizierer, der den Hydratationsprozeß ebenfalls jederzeit wieder aktivieren kann. Diese Beschleuniger basieren auf Calciumsalzen. Von der Fa. Woermann GmbH & Co. KG werden derartige Recyclinghilfen unter dem Produktnamen Delvo-Stop hergestellt.

Dichtungsmittel

Wichtiger als die Beschleunigung und die Verzögerung der Erhärtung war in der Zeit zwischen 1900 und 1930 das Problem der Verbesserung der Dichtigkeit des Betons. Eine Vielzahl von Veröffentlichungen dieser Zeit beweist das. Als Dichtungsmittel für Mörtel und Beton wurden u.a. vorgeschlagen: Tonerdeseife; Schmierseife; Mischungen aus Seife, Tonerdesalz und Kalkhydrat; Tonzusätze; Mischungen aus Kalkhydrat, Fett und darin gelöstem Bitumen, Rohnaphta, Rückstände der Erdölreinigung und Teergewinnung; Fe_2O_4; NH_3 [27]. 1923 brachte die Chemische Fabrik Grünau Landshoff & Meyer AG ein Dichtungsmittel auf der Basis von Eiweißstoffen auf den Markt [36]. Die Versuche, mit Dichtungsmitteln einen wasserdichten Mörtel oder Beton herzustellen, waren verständlich, kannte man doch noch nicht die Gesetze, die es erlauben, mit Zement, Zuschlägen und Wasser auch ohne Zusätze einen wasserundurchlässigen Beton herzustellen. Heute gibt es zwar auch noch Dichtungsmittel, doch sprechen gegen die Anwendung inzwischen folgende Gründe [40]:

- Beton ist bei einem w/z-Wert < 0,55 auch ohne Dichtungsmittel wasserundurchlässig;
- schlechter Beton wird auch durch Dichtungsmittel nicht wasserundurchlässig;
- durch den Einsatz von Betonverflüssigern und Fließmitteln kann die Dichtheit mehr und nachhaltiger verbessert werden.

Heute sind Dichtungsmittel vor allem in Verbindung mit Umweltschutzmaßnahmen verbunden. Zum Schutz von Grundwasser und Böden müssen heute ausreichende Sicherheitsmaßnahmen beim Umgang mit wassergefährdeten Flüssigkeiten getroffen werden. Zu diesen Schutzmaßnahmen gehören insbesondere Schutzbauwerke u. a. in Form von Auffangwannen aus dichtem Beton. Neben Fließmitteln und Silicastaub werden organische Dichtungsmittel zur Herstellung dichter Betone verwendet [41].

Verflüssiger

In den 30er Jahren beginnt der Einsatz von Verflüssigern zur Verbesserung der Verarbeitbarkeit von Beton. Betonverflüssiger verbessern bei gleichem w/z-Wert die Verarbeitbarkeit des Betons, indem sie die Anziehungskräfte zwischen den Zementkörnern beeinflussen und damit einer Flockenbildung entgegenwirken oder eine Schmierwirkung erzeugen. Bei gleicher Verarbeitung wird durch die Verflüssiger der Wasseranspruch und damit der w/z-Wert verringert, was zu einer Erhöhung der Dichtigkeit des Betons und auch zu einer Festigkeitssteigerung führt. Besonders hochwirksame Verflüssiger werden auch als Fließmittel, Superplasifikatoren, Hochleistungsverflüssiger, Super-Wasserreduzierer (in den USA auch kurz „supers" genannt) oder high range water reducing admixtures (HRWR) bezeichnet.

Als Geburtsjahr der Verflüssiger wird das Jahr 1930 angegeben [30]. Zu dieser Zeit bestanden in den USA einige der Highways aus drei Fahrbahnspuren, was bei Überholmanövern häufig zu Frontalzusammenstößen führte. Um diese zu reduzieren, sollte die mittlere Fahrspur andersfarbig, dunkel, gestaltet werden, um den Autofahrer zu warnen. Die dunkle Farbe wollte man durch das Einmischen von Kohlenstoff in die Betonmischung erreichen. Die gleichmäßige Verteilung des Kohlenstoffs im Frischbeton wurde durch ein Dispergierungsmittel möglich. Als Dispergierungsmittel diente ein Natriumsalz eines sulfonierten Formaldehyd-Naphthalin-Kondensats, dem Vorläufer der späteren Verflüssiger und Fließmittel. Bei Untersuchungen wurde festgestellt, daß das Dispergierungsmittel auch positiv auf den Zement wirkte, denn die Prüfkörper aus den mit Kohlenstoff versetzten Fahrbahnen wiesen gegenüber den anderen höhere Festigkeiten auf. Danach begann man in den USA nach anderen Mitteln mit ähnlichen Eigenschaften zu suchen, da die Kosten der Naphthalin-Formaldehyde sehr hoch waren. 1938 und 1939 wurden zwei Patente für Betonverflüssiger angemeldet, in denen Calciumlignosulfonate als Ausgangsstoff genannt wurde [30]. In den folgenden Jahren wurden dann verschiedene Kombinationen auf der Basis von Naphthalin- und Ligninsulfonaten als Betonverflüssiger entwickelt. Die Kombination mit Triethanolamin als Gegenmittel zur Verhinderung einer Abbindeverzögerung wurde 1936 patentiert.

In Deutschland wurden in den 30er Jahren zur Verbesserung der Verarbeitbarkeit von Beton beim Bau des Westwalls und der Autobahn der Verflüssiger Plastiment (auf der Basis von Sulfitablauge) der Fa. Plastiment, Malsch bei Karlsruhe eingesetzt [36]. Auf dem Markt waren weiter Verflüssiger unter den Bezeichnungen Betonplast (ein Eiweißabbauprodukt), Pellex, Murasit und Tricosal (auf der Basis von Sulfitablauge) [42]. In den Jahren 1954 bis 1958 erfolgte in Deutschland die Entwicklung von Betonverflüssigern auf der Basis von Ligninsulfonaten und deren Salzen oder Oxysäuren und deren Salzen durch fast alle Zusatzmittelhersteller [36].

Die Entwicklung von Superverflüssigern wurde anfänglich nur in Japan und Deutschland verfolgt. 1964 kam in Japan der erste Superverflüssiger auf den Markt. In Deutschland wurden Mitte der 60er Jahre die ersten Entwicklungen zur Herstellung von Fließbeton durchgeführt. Von der Fa. Woermann wurde dabei das von der Firma selbst entwickelte Fließmittel „Liquidol" verwendet. Da es sich dabei um ein Produkt auf der Basis von Ammoniumsalz handelte, kam es zu einer starken Geruchsbelästigung durch Ammoniak. Trotz guter Verflüssigung setzte es sich aber nicht auf dem Markt durch [43]. Erfolgreicher war die Entwicklung eines Superplastifikators auf der Basis von Melaminsulfonaten (MELMENT) von den Süddeutschen Kalkstickstoffwerken in Trostberg. Ab 1971 erfolgte die aktive Vermarktung von Fließbeton in Deutschland. In den USA verlief die Einführung von Superplastifikatoren zunächst sehr schleppend. Zurückzuführen war das zunächst auf die hohen Kosten, die Unsicherheit über das Langzeitverhalten von Betonen mit diesem Zusatz sowie dem Fehlen einer verbindlichen Richtlinie in dem ASTM-Regelwerk. Erst ab Mitte der 70er Jahre kam es zu einem sprunghaften Anstieg der Verwendung von Superplastifikatoren in Verbindung mit Fließbeton und hochfestem Beton in den USA [30].

Zur Erklärung der verflüssigenden und dispergierenden Wirkung von Superplastifikatoren werden in der Literatur folgende Fakten genannt und diskutiert [43]:

- Entflockung und starke Dispergierung der Zementteilchen
- Erniedrigung der Oberflächenspannung des Wassers
- Induktion von elektrostatischer Abstoßung zwischen Teilchen
- Bildung eines Schmierfilms zwischen den Zementteilchen
- Behinderung der oberflächlichen Hydratation der Zementteilchen, wodurch mehr Wasser für Verflüssigung zur Verfügung steht
- Morphologie der Hydratationsprodukte (z.B. Ettringit) wird verändert

Die wichtigsten Superplastifikatoren bestehen aus folgenden Grundstoffen:

Ligninsulfonate (Salze der Ligninsulfonsäuren, die bei der Herstellung von Papier oder Zellstoff durch den sauren Sulfitaufschluß anfallen). Ligninsulfonate wirken bereits in niedrigen Konzentrationen verflüssigend. Sie verzögern allerdings die Zementhydratation und haben die Tendenz, Luftporen zu bilden. Die eingeführte Luft kann in großen Blasen vorliegen, die dann nur wenig zur Erhöhung der Frostbeständigkeit beitragen. Sie sind nicht für die Herstellung von Betonfertigteilen sowie für frühhochfesten Beton für den Straßenbau geeignet, da – wie schon erwähnt – die Zementhydratation unerwünscht verzögert wird und der mit Entschäumeradditiv versehene Rohstoff die erwünschte Bildung von Mikroluftporen für Frost-Tausalzwiderstandsfähigen Straßenbeton verhindert. Geeignet sind sie für Transportbeton und überall dort, wo einige Stunden Verzögerung erwünscht sind.

Melaminsulfonate (Polymere des Melamins; sie werden durch einfache Syntheseschritte großtechnisch hergestellt). Melaminsulfonate benötigen relativ hohe Dosiermengen (> 1 % einer 30 %igen wäßrigen Lösung, bezogen auf die Zementmasse). Zusätzlich zur weichen Konsistenz des Frischbetons kann durch höhere Dosierungen ein gewisser „Klebeffekt" erzielt werden, der einen guten Zusammenhalt des Betons bewirkt, ohne daß dieser an der Schalung haftet. Melaminsulfonate eignen sich sowohl bei der Herstellung von Fertigteilen als auch (kombiniert mit einem Luftporenbildner) im Straßenbau.

Naphthalinsulfonate (synthetisch hergestellte Calcium- oder Natriumnaphthalinsulfonate). Naphthalinsulfonate wirken schon in geringen Dosiermengen. Sie verzögern die Hydratation kaum und wirken nicht luftporenbildend. Sie eignen sich wie die Melaminsulfonate bei der Herstellung von Fertigteilen und – kombiniert mit Melaminsulfonaten – ebenfalls für den Straßenbau.

Neben diesen drei Haupttypen gibt es zahlreiche andere Verbindungen, die sich zur Verflüssigung eignen. Dazu zählen u.a. Polyacrylate, Polystyrolsulfonate, Polymere von Maleinsäurederivaten [43].

In den letzten Jahren wurde insbesondere in Japan die Entwicklung eines hochfließfähigen Betons ohne Verdichtung betrieben [45] [46]. Dieser auch „self-compacting highly-flowable concrete" genannte Beton wird als Material einer neuen Generation bezeichnet. Als Ursachen für eine derartige Entwicklung werden angegeben, daß

- nicht in ausreichendem Maße Arbeitskräfte zur Verfügung stehen, die die Verdichtungsarbeiten vornehmen können und
- daß die Verdichtung von Beton mit Rütteltechnik mit extremer Lärmbelastung verbunden ist, die sowohl nachteilige Folgen für die Gesundheit der Arbeiter haben kann, als auch eine enorme Belästigung für Anlieger ist.

Hochfließfähiger Beton löst jedoch nicht nur solche Probleme, sondern er verbessert auch die Effizienz des Bauens.

Die herausragenden Eigenschaften eines self-compacting highly flowable concrete sind

- seine hohe Fließfähigkeit
- der Widerstand gegen Entmischung und
- die Fähigkeit, den Raum zwischen der Bewehrung vollständig auszufüllen.

Während Fließfähigkeit und Widerstand gegenüber Entmischung von den Ausgangsstoffen und der Mischungszusammensetzung abhängen, ist die Fähigkeit des vollständigen Umhüllens der Bewehrung von der Form der Schalung und der Bewehrungsdichte abhängig.

Die hohe Fließfähigkeit dieses Betons wird durch die Zugabe einer großen Menge an Superverflüssigern erreicht, wobei jedoch zu beachten ist, daß extremes Fließen Entmischungen verursachen kann. Dieser Eigenschaft kann man begegnen entweder durch die Zugabe eines „Zusatzes zur Viskositätskontrolle" oder den Zusatz einer großen Menge von pulverförmigem Material. Jedoch kann wiederum ein übertriebener Einsatz zum Verhindern des Entmischens zur Verringerung der Fließfähigkeit führen. Es ist deshalb unumgänglich ein Optimum zu ermitteln. Aber selbst, wenn eine hohe Fließfähigkeit und ein ausreichender Widerstand gegen Entmischung erreicht ist, ist das noch keine Garantie, daß auch alle Zwischenräume der Stahlbewehrung vollständig ausgefüllt werden können. Zum Erreichen dieser Eigenschaft muß die Anordnung der Stahlbewehrung berücksichtigt und das Volumen und die maximale Korngröße der Grobzuschläge kontrolliert werden. Sind alle diese Voraussetzungen erfüllt kann ein self-compacting highly flowable concrete hergestellt werden.

Die zur Herstellung dieses Betons mit hoher Fließfähigkeit notwendigen Superplastifikatoren oder high range water reducing und luftporeneinbringenden Zusatzmittel sollen den Beton befähigen, die Fließfähigkeit über einen bestimmten Zeitraum hin zu behalten, ohne daß diese einen nachhaltigen Einfluß auf den Beton nach seiner Erhärtung hat. In Japan werden dafür Naphtalinsulfonate, Polycarboxylsäuren u.a. verwendet.

Auf Polycarboxylsäure basierende Verflüssiger werden auch als Advanced Superplasticizer bezeichnet. Ihre Bedeutung für einen verstärkten zukünftigen Einsatz dieser Produkte liegt in einer

- höheren Verflüssigerleistung für hochfeste Zemente (> 80 N/mm^2) und
- längeren Verarbeitungszeiten (bis zu 90 Minuten).

Diese Eigenschaften werden von den Standardverflüssigern auch durch eine höhere Dosierung nicht erreicht [47]. Der wasserreduzierende Effekt wird durch die Dispergierung der Zementpartikel erreicht. Bei den Polycarboxylaten spielen 2 Faktoren eine Rolle:

- Elektrische Abstoßungskräfte aufgrund der negativen Ladung der Polycarboxylate.
- Sterische Abstoßung durch Haupt- und/oder Seitenkette.

Aufgrund des kombinierten Effektes wird der wasserreduzierende Effekt bei den Polycarboxylaten bei niedrigerer Einsatzmenge erreicht als bei den auf Naphtalinsulfonat oder Melaminsulfonat basierenden Produkten, wo nur die elektrische Abstoßung eine Rolle spielt. In Deutschland werden derartige Zusatzmittel von der BASF unter den Produktnamen „Sokalan" hergestellt.

Ein stark verflüssigendes organische Zusatzmittel der Fa. Hoechst AG ist unter dem Namen Mowilith LDM 6880 sowie von Heidelberger Zement mit der Bezeichnung BD 10 auf dem Markt. Bei Mowilith handelt es sich um eine weichmacherfreie, verseifungsbeständige, wässrige Copolymerisat-Dispersion auf der Basis von Styrol- und Acrylsäureester. Mowilith verbessert wie BD 10 die Dichtigkeit und die Säurebeständigkeit der Betone und erhöht deren Festigkeiten.

Bei der Herstellung hochfester und anderer Spezialbetone (High-Performance Conrete) ist die Verwendung von Superplastifikatoren heute eine notwendige Voraussetzung. Superplastifikatoren werden auch bei Versuchen genutzt, Zementwerkstoffe mit neuartigen Materialeigenschaften herzustellen. In Verbindung mit Silicastaub, Portlandzement und Superverflüssiger wurden so hochfeste Werkstoffe mit den Bezeichnungen „DSP" (densified systems containing homogeniously arranged ultrafine particles), „Densit", „MDF" (macro defect free) oder „NIMS" (new inorganic materials) hergestellt [48] [49]. Dabei handelt es sich um neue silikatische Werkstoffe mit völlig neuartigen Festigkeits- und Elastizitätseigenschaften. Im Vergleich zu derzeit praxisüblichen Bestwerten erhöhen sich die Biegezugfestigkeiten um etwa das vierfache auf Werte von 60 ... 70 N/mm$\leq$ und die Druckfestigkeiten auf etwa 200 N/mm$\leq$. Der Ausgangspunkt dieser Entwicklung sind festkörperphysikalische Schlußfolgerungen, wonach mit einer qualitativen Veränderung der grundlegenden Gefügeeigenschaften die ausnutzbaren Festigkeiten des Zementsteins erheblich verbessert werden können. Dazu müssen die bei der Herstellung von Zementwerkstoffen auftretenden Gefügedefekte (Risse, Poren) weitestgehend vermieden werden. Um die genannten Materialeigenschaften zu erreichen, ist auch eine besondere Prozeßtechnik notwendig. Eine wichtige Bedeutung hat dabei der Mischprozeß, der weit intensiver und länger andauert gegenüber normalen Mischzeiten. Zur Herabsetzung des Porenvolumens muß ein druckausübendes Formgebungsverfahren unter Verwendung von Vakuum angewendet werden und danach macht sich noch eine besondere Nachbehandlung bei definierten Bedingungen erforderlich. Diese Materialien werden zwar den Masssenbaustoff Beton nicht ersetzen, stellen aber für einige spezielle Anwendungsgebiete eine interessante Alternative dar.

Luftporenbildner (LP-Mittel)

Luftporenbildner wurden, wie bereits erwähnt, schon bei Mörteln und Estrichen der alten Römer verwendet. Die Wiederentdeckung der luftporenbildenden Eigenschaften bestimmter Stoffe und deren Auswirkung insbesondere auf die Frostbeständigkeit von Betonen erfolgte Mitte der 30iger Jahre dieses Jahrhunderts rein zufällig in den USA. Im Jahre 1934 stellte sich bei der laufenden Untersuchung von Bohrkernen aus neuen Betondecken durch die Straßenbaubehörde des

Staates Kansas heraus, daß die Festigkeitskennwerte bei einzelnen der verwandten Zemente stets unter dem üblichen Durchschnitt lagen. Man fand bald, daß frische Mörtel gleicher Art entsprechend niedrigere Litergewichte hatten und das diese auf dem Vorhandensein von kleinen Luftbläschen im Mörtel beruhten, deren Entstehen auf geringe Mengen von Aluminium- und Calciumstearaten, Talg und Harzen zurückgeführt werden konnte, die im Zementwerk als Mahlhilfsmittel bei der Klinkermahlung zugesetzt worden waren [50]. Beim Straßenbau im Staate New York zeigten etwa zu gleicher Zeit bestimmte Abschnitte von Betonstraßen eine augenscheinlich bessere Beständigkeit gegenüber dem Einfluß von chloridhaltigen Tausalzen als andere. Bei einer Überprüfung wurde festgestellt, daß die beim Bau der beständigeren Straßenabschnitte verwendeten Zemente mit organischen Stoffen in Berührung gekommen waren. Es handelte sich um Rinderfett und Fischöl, die als Mahlhilfsmittel verwendet wurden. Es gibt auch eine andere Geschichte, die besagt, daß Antriebe von Zementmühlen defekt gewesen seien und somit auslaufendes Schmieröl in die entsprechenden Zementchargen gelangt wäre [51]. Ab 1938 wurde die Erforschung dieser Erscheinung durch die Portland Cement Association aufgegriffen und gleichzeitig mehrere Versuchsstrecken mit sorgfältig zusammengestellten Betonen ausgeführt., von denen die des Werkes Hudson der Universal-Atlas-Cement Co. am bekanntesten wurden. Der Erfolg war derart, daß bald jedes größere Zementwerk in den nördlichen Staaten gezwungen war, einen mit geringen Mengen eines Luftporenbildners versetzten Zement herzustellen. Als Zusatzmittel wurden zunächst wasserunlösliche Fette verschiedener Art verwendet, die beim Mischen mit freiem Kalk oder Alkalien aus dem Zement verseifen und durch die Bewegung im Mischer zur Bildung von Schaumbläschen führten (daher stammt auch die Bezeichnung „Bläschenbeton", der in der Schweiz für diesen Beton geprägt wurde). Daneben verwendete man Collophonium, sulfurisiertes Rizinusöl, Gummiemulsion, das Kunstharz „Vinsolresin" (ein Kunstharz der Vinyl-Gruppe, das ursprünglich als Bindemittel für Faserplatten entwickelt worden war) und auch einfach Aluminiumpulver [50].

In Deutschland wurden Luftporenbildner durch *Heinrich Woermann* eingeführt [43]. Er traf in den Jahren 1949/50 einen Bekannten aus den USA, der ihn auf die erfolgreiche Verwendung von Vinsolharz als Luftporenbildner hinwies. Aus dieser Zeit stammt auch die Bezeichnung „Mischöl", die sich bei allen Bauchemiefirmen erhalten hat. Sie kamen unter Handelsnamen wie Cerok, Elapor, Frioplast, Lugaflux, Plastocret auf den Markt [42].

Die Wirkung der lufteinführenden Zusatzmittel beruht auf physikalischen Prinzipien. Die durch diese Zusatzmittel gebildeten Mikroluftporen unterbrechen die Kapillaren, aus denen sich dann bei Frosteinwirkung der Gefrierdruck in die Luftporen hinein ausgleichen kann. Luftporenbildende Zusätze erhöhen daher die Widerstandsfähigkeit des Betons gegenüber Frost und Taumittel. Die Wirkung ist erst gegeben, wenn die eingeführten Mikroluftporen < 300 µm 1,5 bis 3 % betragen. Sie müssen außerdem so fein und gleichmäßig verteilt sein, daß der Abstand der Luftporen im Zementstein 0,2 mm nicht überschreitet. Dieser Nachweis kann nur mikroskopisch an Festbetonanschliffen oder mit Bildanalyse geführt werden. Es wird dabei der Abstandsfaktor AF als statistischer Mittelwert bestimmt, der der größte Abstand eines Punktes im Zementstein vom Rande der nächsten Luftpore ist und 0,20 mm nicht überschreiten darf. Die Methode des Luftabstandsfaktors wurde erstmals 1950 beschrieben [51]. LP-Mittel wirken in der Regel auch verflüssigend.

Die Wirkung von Luftporen wird durch zahlreiche Faktoren beeinflußt [52]:

Faktor	Einflüsse
Zement	je feiner der Zement, desto niedriger ist der Luftporengehalt unter vergleichbaren Bedingungen (Mengen, LP-Gehalt)
Feinzuschlag	runde Zuschlagteile begünstigen die Einführung von Luft
Grobzuschlag	Staub auf Zuschlagteilen vermindert den Luftgehalt; gebrochener Zuschlag führt zu weniger Luft als rundes Korn
Zusatzstoffe	Flugaschen oder andere puzzolanisch wirkende Zusatstioffe erfordern mehr LP-Mittel

Fortsetzung Faktor/Einflüsse

Wasser	wenn LP-Mittel vor der Zugabe durch hartes Wasser verdünnt werden, vermindert sich ihre Wirksamkeit
Recyclingwasser	kann Luftporenbildung verhindern oder beeinträchtigen und ist für LP-Betone deshalb nicht zu verwenden
Konsistenz	Frischbeton mit weichplastischer Konsistenz (Ausbreitmaß 35 ... 45 cm) bildet unter vergleichbaren Bedingungen am meisten wirksame Luftporen
Temperatur	eine Zunahme der Betontemperatur bedeutet eine Abnahme des Luftgehalts
Mischer	die Menge der eingeführten Luft nimmt ab, je stärker die Mischerblätter abgenutzt sind; die eingebrachte Luftmenge nimmt zu, wenn der Mischer nicht mit der Maximalmenge beschickt wird
Mischzeit	der Luftgehalt nimmt mit zunehmender Mischzeit zu, wenn 2 Minuten bei stationären und 15 Minuten bei Fahrmischern nicht überschritten werden
Verdichtung	übermäßiges Vibrieren reduziert den Luftgehalt um 10 ... 30 Prozent
Öle und Fette	je nach Produkt erhöhen oder erniedrigen Öle und Fette den Luftgehalt
Andere Zusatzmittel	die meisten Zusatzmittelarten erhöhen den Luftgehalt von Beton, wenn sie mit LP-Mittel eingesetzt werden; wenn die Zugabe von Zusatzmitteln erst 15 Sekunden nach Mischbeginn erfolgt, wird mehr Luft eingebracht

Zusatzstoffe

Nach der europäischen Vornorm pr EN 206 werden als Betonzusatzstoffe Materialien bezeichnet, die dem Beton beigefügt werden, um bestimmte Eigenschaften zu verbessern oder besondere Eigenschaften zu erzielen. Derartige Stoffe können mineralischen oder organischen Ursprungs sein. Man kann sie wie folgt einteilen [53]:

Organische Zusatzstoffe

Typ	hydraulische Aktivität	Beispiel
Farbpigmente	inert	Sepia, Karmin Teerfarben Anilinfarben
Fasern	inert	Kunststofffasern • Polypropylen • Polyamid
Kunststoffdispersionen		• Polyvinylpropionat • Polyvinylacetat • Polyvinylacrylat • Styrolbutadienlatices • Neoprenlatex • Epoxidharz

Mineralische Stoffe

Typ	hydraulische Aktivität	Beispiel
hydraulisch	hochaktiv	Spezialzemente hydraulischer Kalk
latent hydraulisch	hochaktiv	Hüttensand
puzzolanisch	hochaktiv	Microsilica Nanosilica Reisasche
	mittelaktiv	calciumarme Flugaschen natürliche Puzzolane • vulkanische Gläser • vulkanische Tuffe • Trass • Phonolith • Diatomeenerde
	schwach aktiv	kristalline Schlacken
Füller	inert	Steinmehl • Kalksteinmehl • Quarzmehl
Fasern	inert	Stahlfasern Glasfasern
Quellzusätze		Quellzemente gasfreisetzende Stoffe
Farbpigmente	inert	Metalloxide und -salze Erdfarben Kreide Graphit

Viele der genannten Zusatzstoffe werden bereits im Zementwerk mit dem Zement vermischt. Von den sogenannten Zumahlstoffzementen sind hier insbesondere die Hüttenzemente, die Flugaschenzemente und die Zemente mit Kalksteinzusatz zu nennen. Die Frage des „Zumischens" bestimmter Stoffe zum Portlandzement stand in der Frühzeit der Portlandzementherstellung oft im Brennpunkt des Interesses, wobei handfeste ökonomische Fragen dabei im Vordergrund standen. Bereits im Jahre 1880 hatte Erdmenger festgestellt, daß in Wasser unlösliche Zusatzstoffe die Festigkeit erhöhen, „wenn sie die Funktion des Porenschließens gut erfüllen" [8]. Von dieser Erkenntnis ermuntert, machten einige Zementfabrikanten Gebrauch, indem sie Kalksteinmehl, Hüttensand, Hochofenschlacke oder einfach Sand und getrockneten Ton dem Portlandzement zusetzten. Die Zumischproblematik wurde auf einer außerordentlichen Generalversammlung des Vereins Deutscher Zementfabrikanten im Jahre 1882 wie folgt behandelt:

„Die Zumischung fremder minderwertiger Körper zum Portland-Cement nach dem Brennen ist als Verfälschung anzusehen, wenn beim Verkauf dieser gemischten Ware nicht kenntlich gemacht wird, daß ein solcher Zusatz sich im Zement befindet. Zusätze bis zu 2 Prozent zum Zwecke, dem Cement besondere Eigenschaften zu erteilen, sollen nicht als Fälschung angesehen werden".

Hüttensand

Die Zumischfrage fand dann 1885 ihren vorläufigen Abschluß, indem der Verein Deutscher Zementfabrikanten eine Begriffsbestimmung für Portlandzement festlegte, die eine Zumischung „fremder" Stoffe ausschloß - „... jedes Produkt ... welchem während oder nach dem Brennen fremde Körper beigemischt sind, ist nicht als Portland-Cement zu betrachten und der Verkauf derartiger Produkte unter der Bezeichnung „Portland-Cement" ist als eine Täuschung des Käufers anzusehen ..." [54]. Die Verfechter der Zumischung konterten, indem sie verbreiteten, daß sie „ihre gute Ware nicht mehr unter dem Namen des schlechten Produktes Portland-Cement" verkaufen wollten. Das erste Produkt, das sich als Portlandzement mit Zumahlstoff durchsetzte war der damals sogenannte Schlackenzement. Das Verdienst, die hydraulischen Eigenschaften der granulierten basischen Hochofenschlacke entdeckt zu haben, gebührt *Emil Langen* (1862). Mit dem Schlackensand wurden zwar ab 1865 Steine hergestellt, doch erst im Jahre 1879 wird er erstmalig als Zusatzstoff zum Portlandzement und 1880 zur Herstellung eines Kalk-Schlackenzementes verwendet.

Stein- und Braunkohlenflugaschen

Erste Versuche der Verwendung von Stein- und Braunkohlenaschen als Zusatz zu Zement und Beton wurden zu Beginn des 20. Jahrhunderts unternommen [27]. 1941 und 1951 trat in Deutschland
W. Kronsbein für eine Verwendung von Steinkohlenflugasche als Füllstoff in Beton ein [55]. Im Jahre 1970 erfolgte in Deutschland die erste bauaufsichtliche Zulassung einer Steinkohlenflugasche als Betonzusatzstoff. Ab 1974 gilt der Prüfbescheid des Deutschen Institutes für Bautechnik. Seit 1984 darf Steinkohlenflugasche, die ein Prüfzeichen als Betonzusatzstoff nach DIN 1045 besitzt, unter bestimmten Bedingungen auf den w/z-Wert und den Mindestzementgehalt angerechnet werden [56]. Steinkohlenflugaschen reagieren puzzolanisch. Sie beginnen erst nach etwa sieben oder mehr Tagen zu reagieren, wenn durch die Zementhydratation genügend Calciumhydroxid freigesetzt worden ist. Wichtigstes Kriterium für die Beurteilung der Wirksamkeit von Flugaschen ist ihre Feinheit, die nicht nur die puzzolanische Reaktivität, sondern auch die Rheologie und die Fülleraktivität maßgebend beeinflußt. Flugasche verbessert die Verarbeitbarkeit eines Betons bei gleicher Wassermenge. Bei einer (notwendigen) sorgfältigen Nachbehandlung wirkt sich ein Flugaschezusatz nicht negativ auf die Festbetoneigenschaften aus. Infolge der puzzolanischen Reaktion wird das Porengefüge des Betons verdichtet und damit die Durchlässigkeit des Betons im Vergleich zu Beton aus Portlandzement allein vermindert. Eine niedrigere Permeabilität bedeutet einen größeren Widerstand gegen das Eindringen von Wasser (Frostbeständigkeit) und darin gelösten Ionen (Sulfat- und Chlorid-Ionen). Im Hinblick auf die Carbonatisierung zeigen Betone mit Flugaschen ein ähnliches Verhalten wie entsprechende Referenzbetone ohne Flugasche.

Bis jetzt beschränkt sich die Verwendung von Flugaschen in Deutschland fast ausschließlich auf Steinkohlenflugasche. Für Braunkohlenflugaschen bestehen zur Zeit wegen ihrer schwankenden Zusammensetzung und ihres häufig hohen CaO- und SO_3-Gehaltes bzw. der Nichterfüllung der Anforderungen für die Verwendung als Betonzusatzstoff keine nennenswerten Einsatzmöglichkeiten im traditionellen Bau- und Baustoffsektor. Neue Untersuchungen haben jedoch gezeigt, daß Braunkohlenflugaschen ebenso wie die Steinkohlenflugaschen den Zement teilweise im Beton ersetzen können. Das dies bei entsprechender Aschequalität völlig unproblematisch geht, zeigen die mehr als 1 Mill. t/a produzierten Zemente PZ 9/45 in der DDR, der ca. 22% Braunkohlenflugasche Hagenwerder – einer puzzolanisch wirkenden Braunkohlenflugasche – enthielt.

Microsilica

In den 50er Jahren wurde in den skandinavischen Ländern die Wirkung von amorphen Siliciumdioxid im Zementbeton untersucht. Es handelte sich hierbei um Silica-Stäube, die später z. B. unter dem Namen Microsilica in den Handel gebracht wurden. Silicastaub entsteht als Nebenprodukt bei der Herstellung von Silicium und Siliciumlegierungen (Ferrosilicium). Ursprünglich sollte nur aus Umweltschutzgründen eine Verwertungsmöglichkeit für das Abprodukt gefunden werden, heute übersteigt sein Preis oft den des Zementes. Silicastaub besteht zu 85 bis 98% aus Siliciumdioxid in nichtkristalliner Form. Charakteristisch für die kugelförmigen Teilchen ist ihre große spezifische Oberfläche (18 ... 22 m^2/g), die vergleichbar mit der von Zigarettenrauch ist, bzw. der sehr kleine Durchmesser (0,1 ... 0,2 μm). Silicastaub wird in drei Lieferformen angeboten [53]:

- loser, unkompaktierter Staub mit einer Schüttdichte von etwa 200 kg/m^3 (im Baubetrieb praktisch nicht zu handhaben)
- kompaktierter Staub mit einer Schüttdichte von etwa 500 kg/m^3 (unproblematische Handhabung, allerdings muß die Mischzeit verlängert werden, damit der Zusatzstoff gleichmäßig verteilt werden kann)
- wäßrige Suspension (Slurry) mit etwa 50% Feststoffanteil (muß durch Umrühren homogen und stabil gehalten werden; frostgefährdet)

Wie Flugasche wirkt auch Silicastaub puzzolanisch. Zusammen mit dem Calciumhydroxid, das bei der Hydratation von Portlandzement freigesetzt wird, reagiert er zu Calciumsilicathydraten. Bedingt durch die große Feinheit und den hohen SiO_2-Gehalt ist Silicastaub aber wesentlich reaktiver als Flugasche.

Am Frischbeton wirkt sich die Verwendung von Microsilica betontechnologisch wie folgt aus [57]:

- der Frischbeton wird klebriger
- um den erhöhten Wasseranspruch auszugleichen, ist die Verwendung eines Verflüssigers oder Superverflüssigers unumgänglich
- Microsilica eignet sich gut zur Verbesserung der Kohäsion des Frischbetons und zur Verminderung des Blutens und der Entmischungsneigung
- als Folge des verbesserten Wasserrückhaltevermögens und verminderten Blutens neigen Betone mit dem Zusatz von Microsilica allerdings stärker zur Bildung von „Schrumpfrissen". Zu ihrer Vermeidung muß die Betonoberfläche deshalb schon bei mäßig austrocknenden Bedingungen abgedeckt werden oder anderweitig gegen Feuchtigkeitsverluste geschützt werden.

Die beträchtliche Festigkeits- und Dauerhaftigkeitssteigerung von Betonen mit Silicazusatz im Vergleich zu Referenzbetonen ohne den Zusatz wird sowohl auf die feinere Porenverteilung und den verbesserten Verbund zwischen Zementstein und Zuschlag zurückgeführt. Die verminderte Permeabilität führt zu weiteren positiven Eigenschaften des erhärteten Betons [53]:

- erhöhte Beständigkeit gegenüber aggressiven Chemikalien
- kleinere Carbonatisierungstiefen
- geringere Chlorideindringtiefen
- erhöhte Sulfatbeständigkeit auch bei Zementen mit hohem C_3A-Gehalt
- tendenziell verbesserte Frost- und Frost-Tausalz-Beständigkeit.

Microsilica wurde erstmals 1952 in Oslo beim Bau eines Tunnels eingesetzt, wobei 15 Masseprozent des Zementes durch den Zusatzstoff ersetzt wurden (heute wird in der Regel mit Dosiermengen zwischen 5 und 10 %, bezogen auf den Zementgehalt gearbeitet). Umfangreichere Anwendungen sind jedoch erst seit den 70er Jahren bekannt. Insbesondere in den skandinavischen Ländern wurde den Hochleistungsbetonen unter Verwendung von Microsilica als Zusatzstoff große Aufmerksamkeit geschenkt. Seit 1976 wird in der norwegischen Betonnorm Microsilica als puzzolanischer Betonzusatz geführt. Eindrucksvolle Beispiele des Bauens mit solchen Betonen sind die künstlichen Bohrinseln. In den USA nimmt die Zahl der Brücken zu, die mit microsilicahaltigem Beton gebaut werden und in Skandinavien werden Straßen mit Druckfestigkeiten von 100 bis 110 N/mm² gebaut, die eine große Verschleißfestigkeit aufweisen. Ein wichtiger Anwendungsbereich von Microsilica ist der Spritzbeton. In Kanada wird Microsilica als Spritzbetonzusatz seit 1982 im Tunnel- und Eisenbahnbau angewendet, besonders im Zusammenhang mit Stahlfaserspritzbeton und Reparaturmörtel. Zusätzlich zu den Verbesserungen hinsichtlich der Druckfestigkeit und der Dichtigkeit vermindert Microsilica die Rückprallmenge beträchtlich und ermöglicht infolge der erhöhten Klebekraft den Auftrag größerer Schichtdicken in vertikalen Anwendungen bei verbesserter Untergrundhaftung. Seit 1985 wird Microsilica auch in Großbritannien und Island verwendet, hauptsächlich wegen der geringeren Gefahr einer Alkali-Kieselsäure -Reaktion. Beide Länder verfügen über stark AKR- reaktive Zuschläge [58]. In Island enthält jeder Zement Microsilica.

Reishülsenasche

Ein weiteres Abfallprodukt, dessen Zusammensetzung und Eigenschaften dem Microsilica ähnlich sind ist Reishülsenasche (rice-husk ash). Diese fallen in großen Mengen beim Mahlen von Reis an. Durch kontrollierte Verbrennung bei 500 bis 700 °C entstehen pro Tonne dieser Hülsen etwa 200 kg eines hochpuzzolanischen Materials, das 90 bis 95 % SiO^2 enthält und ähnlich wie Microsilica einge-

Produkt	mittlere Teilchengröße in µm	spezifische Oberfläche in m²/g
Nanosilica	0,015	180 ... 230
Microsilica	0,1 ... 0,2	18 ... 22
Steinkohlenflugasche	10	etwa 0,4
Portlandzement	10	etwa 0,4

setzt werden kann. Die Verwendung dieses Materials ist vor allem in Entwicklungsländern interessant, in denen Zement oft sehr teuer ist und Reishülsen in großen Mengen anfallen [53].

Nanosilica

Verhältnismäßig neu auf dem Markt ist ein weiterer Silicastaub mit der Bezeichnung Nanosilica. Dies ist eine synthetisch hergestellte, völlig amorphe Kieselsäure, die noch feiner und damit reaktiver als Microsilica ist [59].

Als weitere Vorteile gegenüber Microsilica werden genannt:

- chemisch hochrein und vollständig amorph
- mittlere Teilchengröße von 15 nm, etwa 10fach feiner als Microsilica
- stabile wäßrige, kolloidale Lösung
- Dosierung zwischen 1 und 5 % bezogen auf den Zementgehalt

Positive Erfahrungen mit Nanosilica wurden beim Einsatz im Spritzbeton, dem System „SIFCON" und bei der Fertigteilherstellung gemacht.

Kieselgur

Als puzzolanischer Betonzusatz kann auch Kieselgur (auch Diatomeenerde, Tripel, Infusorienerde oder Molererde genannt) verwendet werden. Kieselgur ist ein biogenes Mineral, das zu 85 bis 91 Masse-% aus SiO_2 besteht. Die positive Wirkung von Kieselgur auf Beton wurde schon 1905 erkannt, als *Edelmann* und *Wallin* ein Patent anmeldeten, bei dem ein Zusatz von 5 % Kieselgur sowohl die Druckfestigkeit erhöhen als auch das Treiben des Betons verhindern sollte [27]. Die Anwendung als Betonzusatzstoff ist nicht so verbreitet (USA, Frankreich, Dänemark) und bleibt auf spezielle Anwendungsfälle beschränkt. Kieselgur im Beton kann zur Vorbeugung gegen Alkali-Kieselsäure-Reaktionen genutzt werden.

Literatur

[1] Davey, N.
A History of Building Materials
London: Phoenix House 1961

[2] Forbes, A.
Aus der ältesten Geschichte des Bitumens
Bitumen 4 (1934) Nr. 2, S. 6–11

[3] Scheidegger, F.
Aus der Geschichte der Bautechnik
Basel, Boston, Berlin: Birkhäuser-Verlag 1990

[4] Sinn, H. B.
Beton gibt es seit 7600 Jahren
Beton 23 (1973) Nr. 9, S. 385–386

[5] Sinn, H. B.
Und machten Staub zu Stein
Düsseldorf: Beton-Verlag 1973

[6] Vitruv (Vitruvius Pollio)
De architectura libri decem – 10 Bücher über die Architektur
Berlin: Akademie-Verlag 1964

[7] Rupp, E.
Bautechnik im Altertum
München: 1964

[8] Haegermann, G.; Huberti, G.; Möll, H.
Vom Caementum zum Spannbeton
Wiesbaden, Berlin: Bauverlag 1964

[9] Quitmeyer, F.
Zur Geschichte der Erfindung des Portlandzementes
Berlin: Verlag der Tonindustriezeitung 1911.
Dissertation

[10] Stieglitz, Chr. L.
Encyclopädie der bürgerlichen Baukunst
Leipzig: 1792

[11] Henning, E.; Bleck, R.-D.
Untersuchungen an alten Mörteln
Bauzeitung, 23 (1969) Nr. 7, S. 378–379

[12] Chandra, S.; Aavik, J.
Influence of proteins on some properties of portland cement mortar
International Journal of Cement Composites and Ligthweight Concrete 9 (1987) Nr. 2, S. 91–94

[13] Rauschenbach, F.
Zur Wirkung und Bestimmung organischer Zusätze in Kalk- und Gipsmörteln
Hochsch. f. Archit. u. Bauwesen Weimar 1993.
Dissertation

[14] Böttger, K. G.
Mörtel für die Erhaltung historischer Kalkputze: Haftmörtel, Hinterfüllmörtel und Kalkputze
Bauhaus-Universität Weimar 1997.
Dissertation

[15] Angermann, J. G.
Allgemeine Civil-Bau-Kunst
Halle: Verlag Joh. Jac. Curt 1766

[16] Miliza
Grundsätze der bürgerlichen Baukunst
Leipzig: Schwickert'scher Verlag 1784

[17] Pierrer, H.-U.
Encyclopädisches Wörterbuch der Wissenschaften, Künste und Gewerbe
Altenburg: Literatur Comtoir 1823

[18] Matthaen, C.
Praktisches Handbuch für Maurer und Steinmetzen in:
Neue Schauplätze der Künste und Handwerke, Band 22
Weimar: Verlag Voigt 1826

[19] Bleichrodt, W. G.
Architektonisches Lexikon oder Allgemeine Real-Encyclopädie
Ilmenau: Verlag Bernh. Friedr. Voigt 1830

[20] Weber, M.
Die Kunst des Bildformers und Gypsgießers.
in: Neue Schauplätze der Künste und Handwerke
Weimar: Verlag B. F. Voigt 1861

[21] Waldegg, von E. H.
Die Kalk-Ziegel- und Röhrenbrennerei
Leipzig: Verlag von Theodor Thomas 1861

[22] Mothes, O.
Illustriertes Bau-Lexikon
Leipzig, Berlin:
Verlagsbuchhandlung Otto Spaner 1863

[23] prEN 206 Beton – Eigenschaften, Anforderungen, Herstellung, Gütenachweis und Zertifizierung. 1995

[24] Mielenz, R. C.
History of Chemical Admixtures for Concrete
Concrete International, Design & Construction
6 (1984) Nr. 4, S. 40–53

[25] Henning, O.; Goretzki, L.
Über die Anwendung von Zusatzmitteln im Bauwesen
Wiss. Z. Hochsch. f. Archit. u. Bauwesen Weimar 22 (1975) Nr. 3, S. 301–307

[26] Krähner, A.
Der Wirkungsmechanismus ausgewählter chemischer Beschleunigerzusätze beim Erstarren und Erhärten von Zement und Beton.
Silikattechnik 24 (1973) Nr. 12, S. 409–411

[27] Wecke, F.
Handbuch der Zementliteratur
Berlin-Charlottenburg: Zementverlag GmbH 1927

[28] Ronneberg, H.
Admixtures for Concrete – Some Historical Aspects
MELMENT- Seminar v. 18.11.1987

[29] Meyer, L.
Forschung und Entwicklung in drei Jahrzehnten
Philipp Holzmann AG, 1993

[30] Dodson, V. H.
Concrete Admixtures
New York: Van Nostrand Reinhold 1990

[31] Duriez, M.
Die Betonzusatzmittel
Betonstein-Ztg. 24 (1958) Nr. 2, S. 122–135

[32] Duriez, M.; Lezly, R.
Possibilitès nouvelles dans le durcissement rapide des ciments, mortiers et bètons
Ann. Inst. techn. Batim. Trav. Publ., (1956) 98, 22 S.

[33] Schunak, H.
Versuche mit Kristallisationskeimen bei der Betonherstellung zur Erreichung hoher Anfangsfestigkeiten
Silikattechnik 10 (1959) Nr. 7, S. 326–330

[34] Sycev, M. M.; Kazandskaja, E. N.; Petuchov, A.A.
Aktivacija tverdenija portlandcementa s pomoscju glinistych dobavok
Cement 82 (1982) Nr. 1, S. 12–13

[35] Knöfel, D.; Duckwitz, S.; Bier, Th.
Optimierung der Festigkeit von Tonerdeschmelzzement zu frühen Prüfterminen
ZKG International 50 (1997) Nr. 8, S. 454–462

[36] Heidelberger Baustofftechnik GmbH
Persönliche Mitteilung von K. Breuckmann

[37] Hermann, K.
Zusatzmittel: VZ
Cementbulletin 62 (1994) Nr. 2, S. 2–7

[38] Weigler, H.
Verzögerter Beton – Betontechnologische Probleme und Maßnahmen
Betonwerk+Fertigteil-Technik 49 (1983) Nr. 6, S. 363–367

[39] Heinrich, W.; Wagner, J.-P.: Recyclinghilfen - Eine neue Zusatzmittelgruppe
In: 13. Internationale Baustofftagung IBAUSIL 1997
Hrsg.: F.A. Finger-Institut für Baustoffkunde 1997
Tagungsband 1.
S. 1-0483-1-0490

[40] Wesche, K.
Baustoffe für tragende Bauteile
Band 2: Beton – Mauerwerk, 3. völlig neubearbeitete und erweiterte Auflage Wiesbaden, Berlin: Bauverlag 1993

[41] Paschmann, H.; Grube, H.
Einfluß mineralischer und organischer Zusatzstoffe auf die Dichtigkeit gegenüber organischen Flüssigkeiten und auf weitere Eigenschaften des Betons.
Teil 1
Beton 44 (1994) Nr. 1, S. 24–29
Teil 2
Beton 44 (1994) Nr. 2, S. 86–91

[42] Keil, F.
Luftporen-Beton
Zement-Kalk-Gips 6 (1953) Nr. 5, S. 137–151

[43] Woermann GmbH & Co. KG
Persönliche Mitteilung von W. Heinrich

[44] Hermann, K.
Zusatzmittel: BV und HBV
Cementbulletin 62 (1994) Nr. 11, S. 2–7

[45] Nagataki, S.
Concrete Technology in Japan
in: CONSEC '95, Sapporo, S. 1–20

[46] Yurugi, M.; Saki, G.; Sakata, N.:
Viscosity Agent and Mineral Admixtures for Highly Fluidized Concrete
in: CONSEC '95, Sapporo, S. 995–1004

[47] Klingelhöfer, P.
Neue Betonverflüssiger auf Basis Polycarboxylat
In: 13. Internationale Baustofftagung IBAUSIL 1997
Hrsg.: F.A. Finger-Institut für Baustoffkunde 1997
Tagungsband 1.
S. 1-0491 – 1-0495

[48] Birchall, J. D.; Howard, A. J.; Kendall, K.
Flexural strength and porosity of cement
Nature, 289 (1981) S. 388–390

[49] Alford, N. N.; Groves, G. W.; Double, D. D.
Physical properties of high strength cement pastes
Cement & Concrete Research 12 (1982) Nr. 3, S. 349–358

[50] Dyckerhoff, H.
„Porenbildner" im Beton
Zement-Kalk-Gips 1(1948) Nr. 5, S. 93–95

[51] Ramachandran, V. S.
Concrete Admixtures Handbook – Properties, Science and Technology
New Jersey: Noyes Publications 1984

[52] Hermann, K.
Zusatzmittel: LP
Cementbulletin 62 (1994) Nr. 11, S. 2–7

[53] Hermann, K.
Zusatzstoffe
Cementbulletin 63 (1995) Nr. 4, S. 2–8

[54] Protokoll der XXI. General-Versammlung des Deutschen Vereins für die Fabrikation von Ziegeln, Thonwaaren, Kalk und Zement 1885, S.28

[55] Keil, F.
Zement – Herstellung und Eigenschaften
Berlin, Heidelberg, New York: Springer-Verlag
1971

[56] Schießl, P.; Härdtl, R.
Steinkohlenflugasche im Beton -
Untersuchungen über Wirkung und
Anrechenbarkeit
Beton 43 (1993) Nr. 11, S. 576–580
Beton 43 (1993) Nr. 12, S. 644–648

[57] Jahren, P.
Use of silica fume in concrete
ACI Publication SP-79, Vol. 2, S. 625–642

[58] Jodl, H.-G.
Anwendungen von Mikrosilika im Betonbau
Zement und Beton 34(1989)Nr. 1, S. 15–19

[59] Wagner, J.-P.; Hauck, H. G.
Nanosilica – ein Zusatz für dauerhaften Beton
Wiss. Z. Hochsch. f. Archit. u. Bauwesen
Weimar 40 (1994) Nr. 5/6/7, S. 183–187

14. Zeittafeln

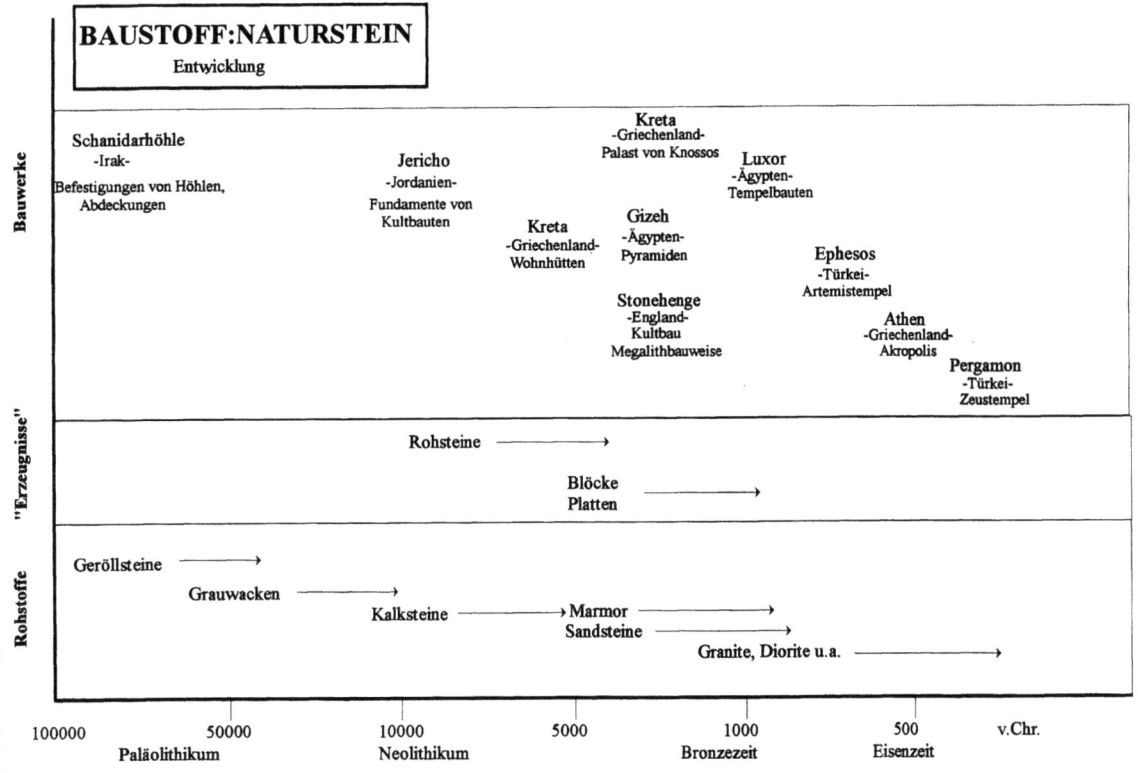

14. Zeittafeln

BAUSTOFF:NATURSTEIN
Entwicklung 1740-1900

Rohblöcke:
Gewinnung
-Sprengen
    Hammer, Meißel, Steinbohrer, Schwarzpulver
        Steinbohrmaschine unter
        Verwendung von Preßluft ——→
-Spalten
    Hammer, Meißel, Steinbohrer, Keile
        Schrämmaschine ——→

Anwendung
    Mauerwerk, Einfassungen, Stufen, Pflaster u.a.

Werksteine:
Bearbeitung
-Grobbearbeitung
    Hammer, Meißel, Säge
-Feinbearbeitung
    Schleifen mit Wasser
    Polieren mit Schmirgel und Sand
        Gatterdiamantsäge ——→

Anwendung
    Baustoff für dekorative Zwecke

Bruchsteine:
Gewinnung
Sprengen
Zerkleinern mit einfachen Maschinen; Quetschwerke, Pochwerke, Walzenbrecher
        Backenbrecher ——→

Anwendung
    Bettungsstoff, Straßenschotter u.a.

Sande und Kiese:
        Siebtrommel ——→   Stromklassierer ——→
Anwendung
    Zuschlag für Mörtel und Betone

1740 1760 1780 1800 1820 1840 1860 1880 1900

BAUSTOFF:NATURSTEIN
Entwicklung ab 1900

Rohblöcke/Werksteine:
-Gewinnung
    Spalten mit Sprengstoff und/oder mechanischen Werkzeugen
        Schonendes Sprengen
        (Konturensprengen)
-Formgebung
    mit mechanischen Werkzeugen /Sägen, Schrämen)
    durch Schneiden mit Wasser, Flamme oder Laser
        Konturensäge
        (computergesteuert)
-Oberflächenbearbeitung
    grob durch Schurren, Stocken, Abstrahlen, Absanden
    fein durch Schleifen, Polieren, Flämmen

Zuschläge:
Schotter und Splitt
    -ständig steigender Anteil an der Gesamtproduktion von Natursteinerzeugnissen
    -Gewinnung
        Großbohrlochsprengen
    -Aufbereitung
        Zerkleinerung durch Backenbrecher (Vorbrecher), Kreisel-, Kegel- und Prallbrecher (Nachbrecher) und Walzenbrecher
        Klassierung mit Schwing- und Exentersieben
    -Lagerung
        Freilager, Silos und Bunker
Sand und Kies
    ständige Verbesserung der Aufbereitung infolge der Anforderungen der Betonindustrie ——→
    -Gewinnung
        kontinuierlicher oder diskontinuierlicher Baggereinsatz
    -Aufbereitung
        Trommel-, Vibrator- und Schwingsiebe
        Setzmaschinen

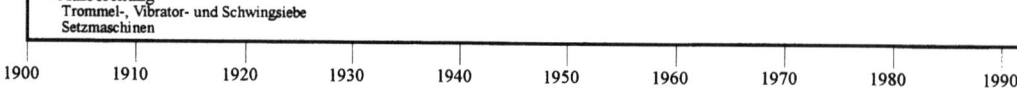
Gesamtproduktion im
Weltmaßstab etwa 3 Mrd. t

Technologie

1900 1910 1920 1930 1940 1950 1960 1970 1980 1990

176

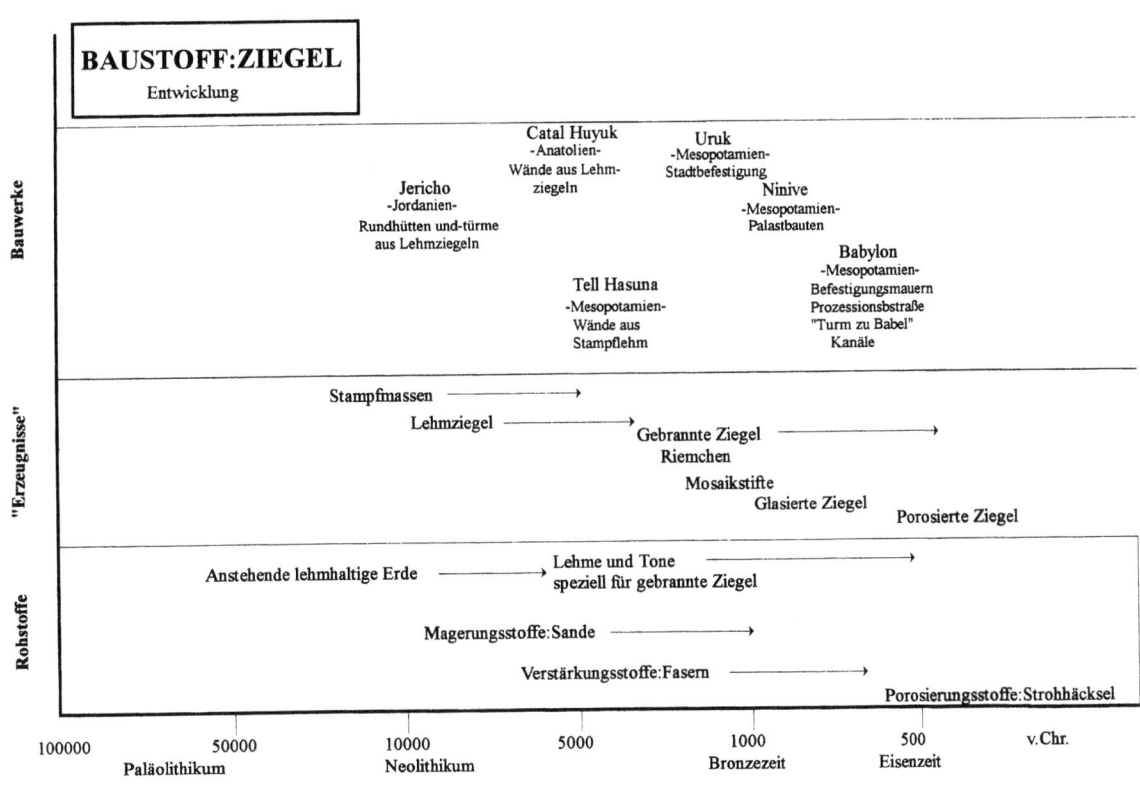

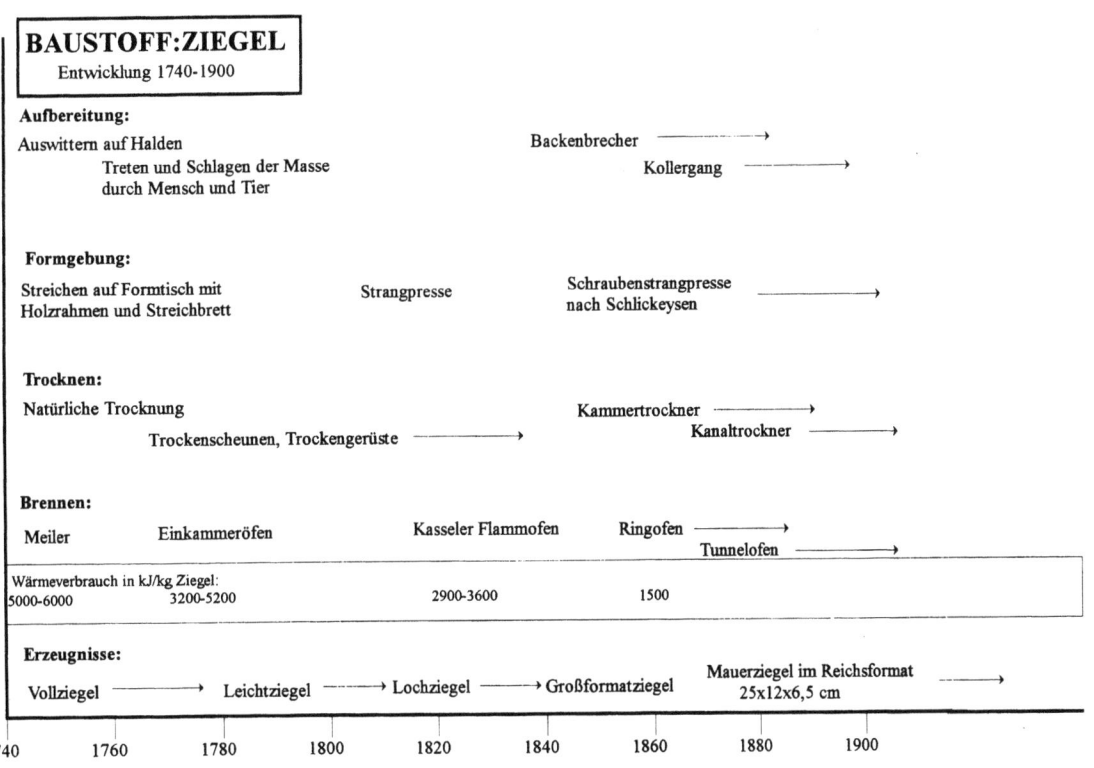

14. Zeittafeln

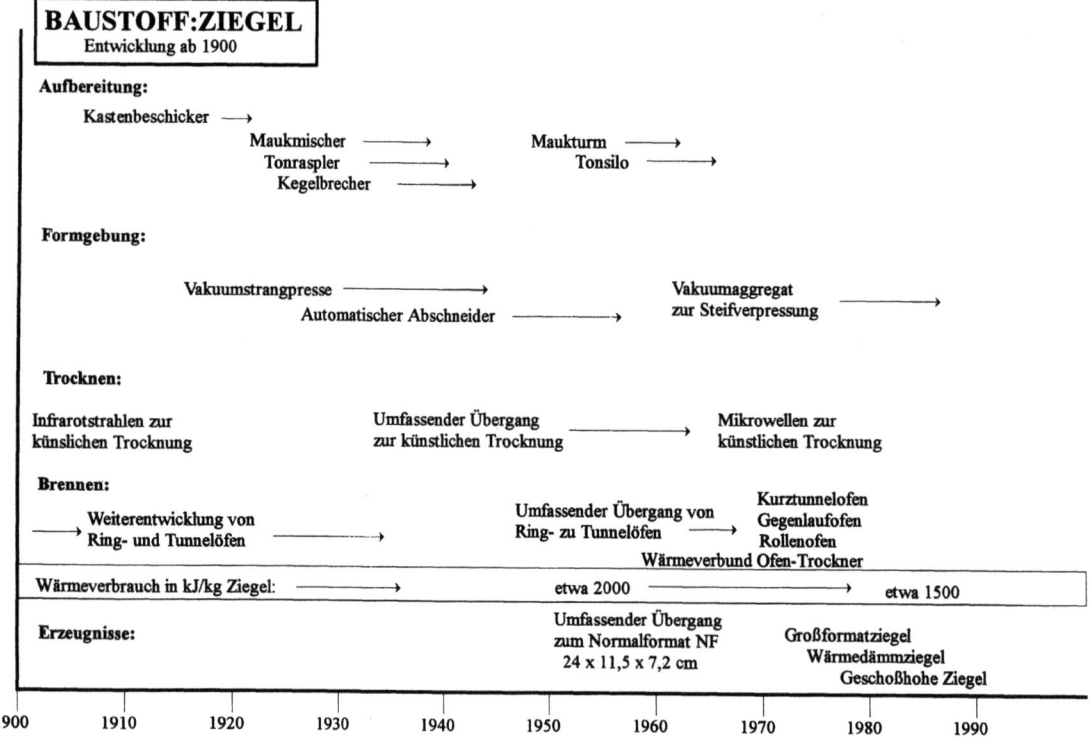

14. Zeittafeln

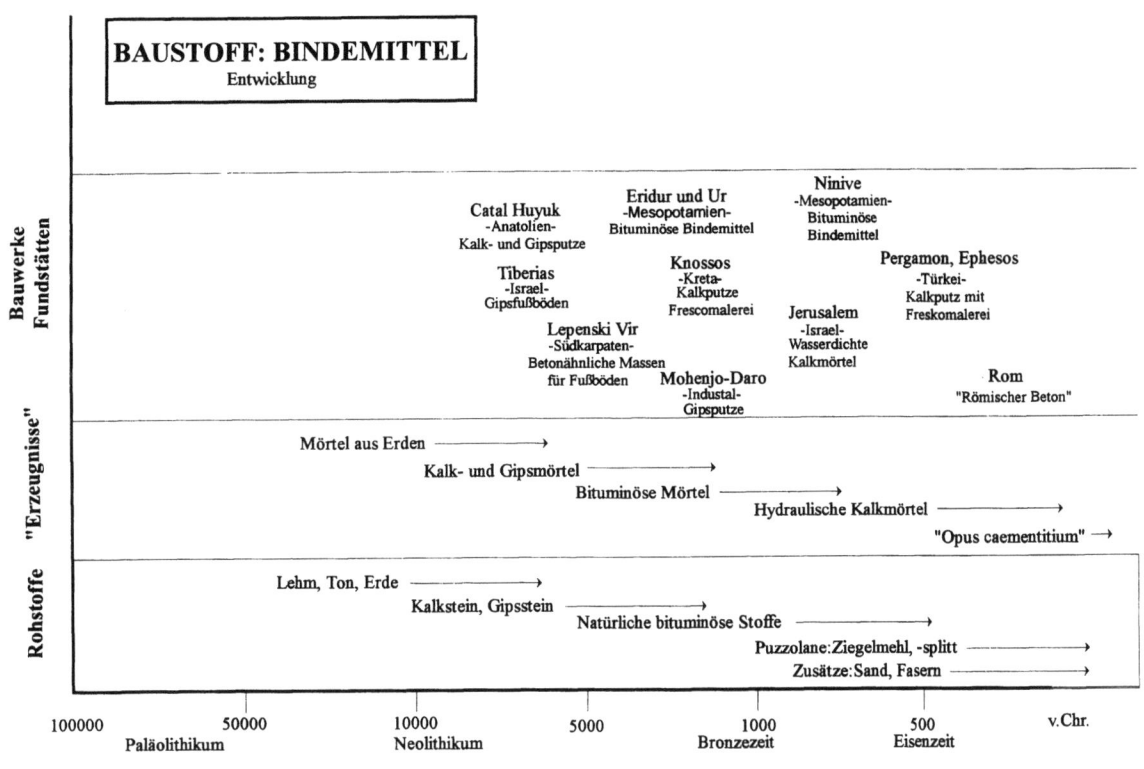

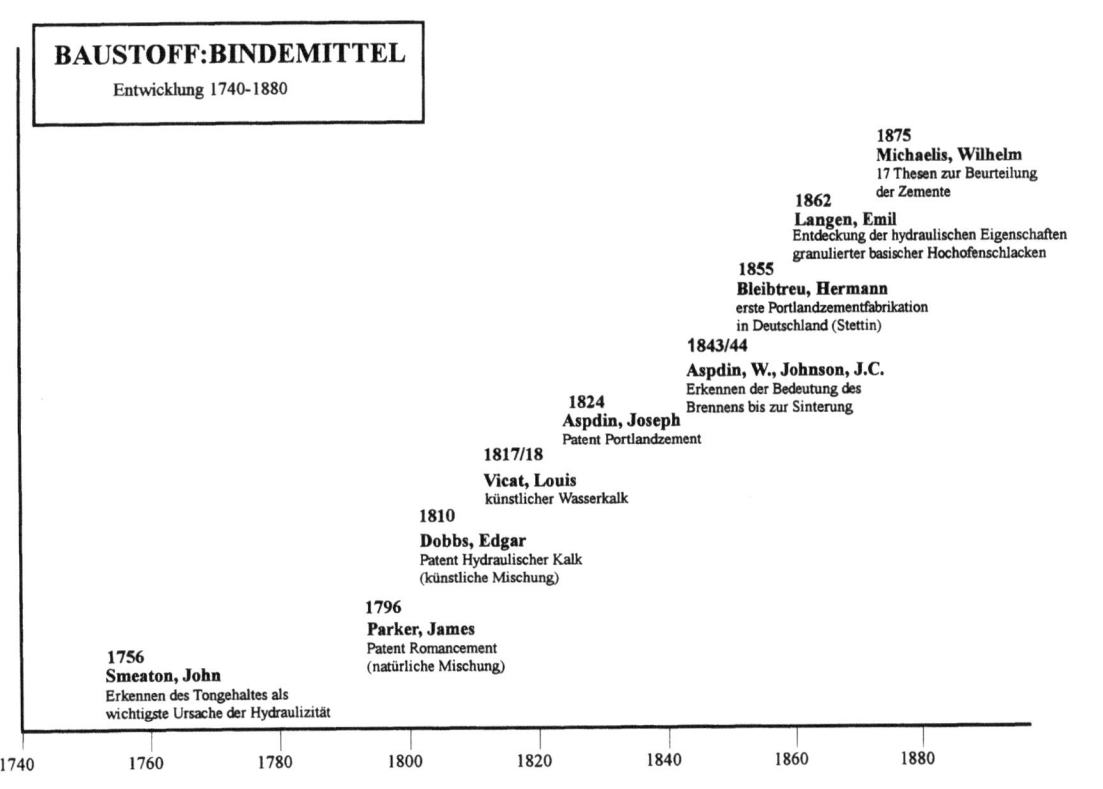

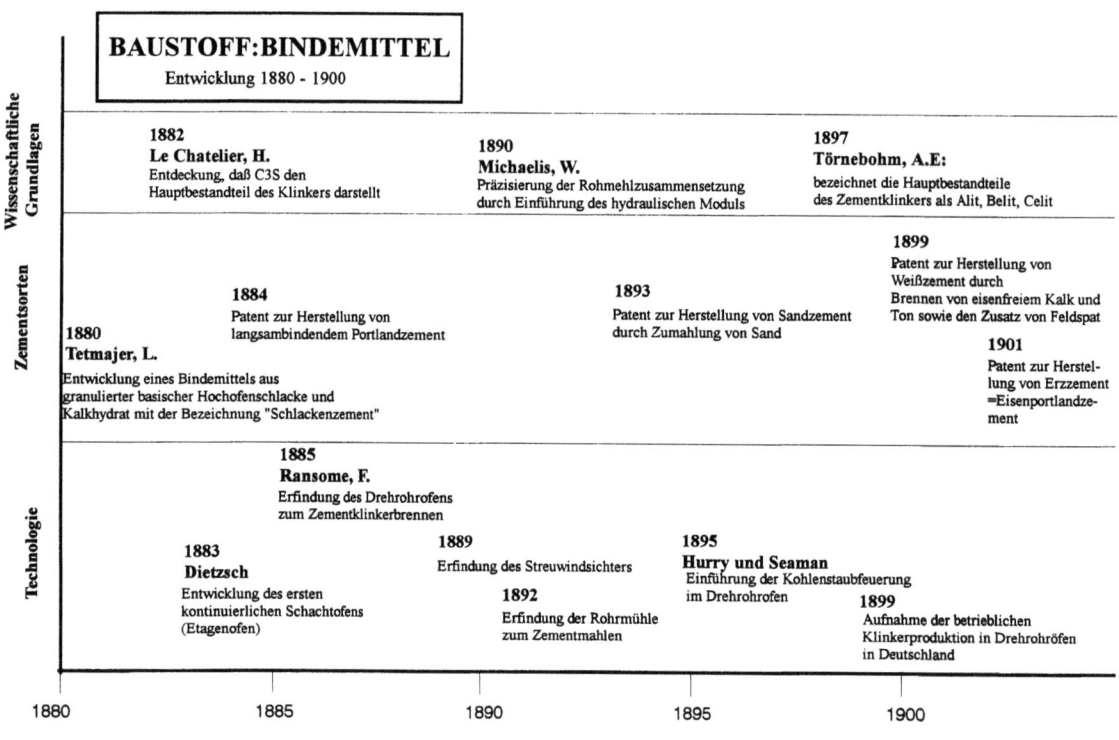

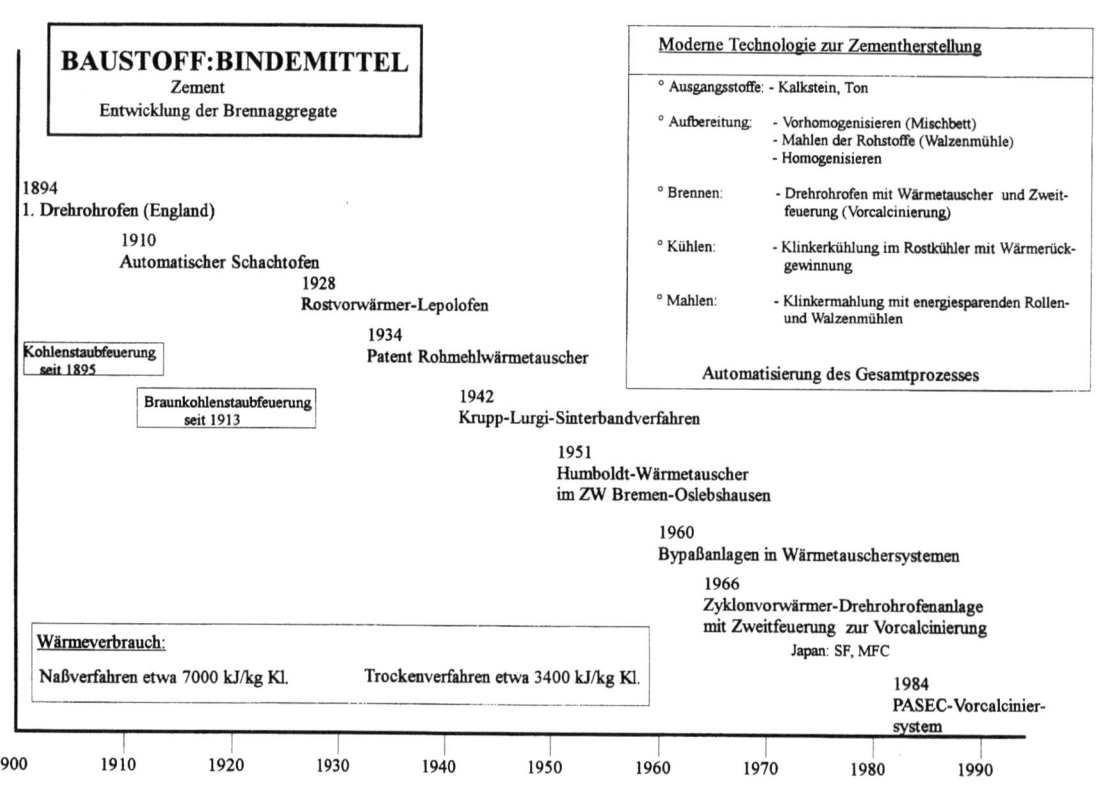

14. Zeittafeln

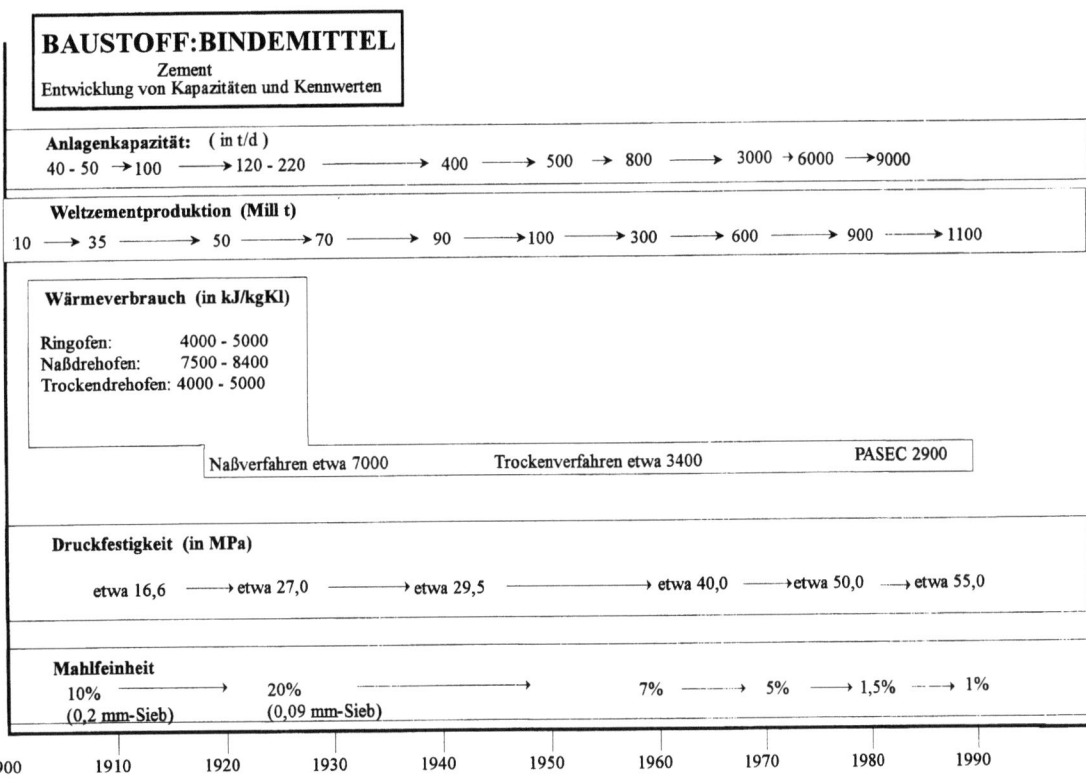

BAUSTOFF:BINDEMITTEL
Zement
Entwicklung von Kapazitäten und Kennwerten

Anlagenkapazität: (in t/d)
40 - 50 →100 →120 - 220 → 400 → 500 → 800 → 3000 →6000 →9000

Weltzementproduktion (Mill t)
10 → 35 → 50 →70 → 90 →100 → 300 → 600 → 900 → 1100

Wärmeverbrauch (in kJ/kgKl)

Ringofen: 4000 - 5000
Naßdrehofen: 7500 - 8400
Trockendrehofen: 4000 - 5000

Naßverfahren etwa 7000   Trockenverfahren etwa 3400   PASEC 2900

Druckfestigkeit (in MPa)
etwa 16,6 → etwa 27,0 → etwa 29,5 → etwa 40,0 → etwa 50,0 → etwa 55,0

Mahlfeinheit
10%   → 20%   →   7% → 5% → 1,5% → 1%
(0,2 mm-Sieb) (0,09 mm-Sieb)

1900   1910   1920   1930   1940   1950   1960   1970   1980   1990

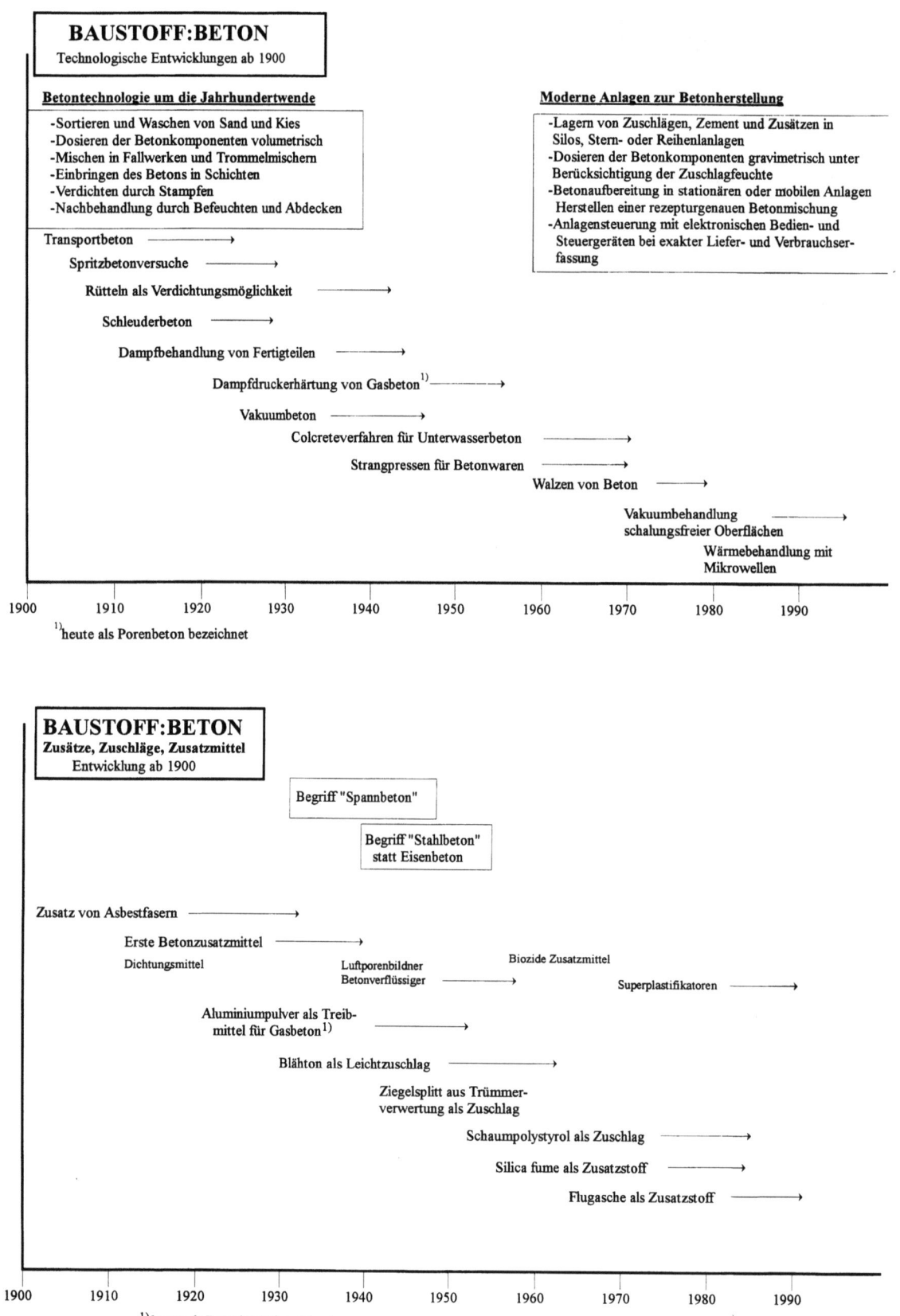

14. Zeittafeln

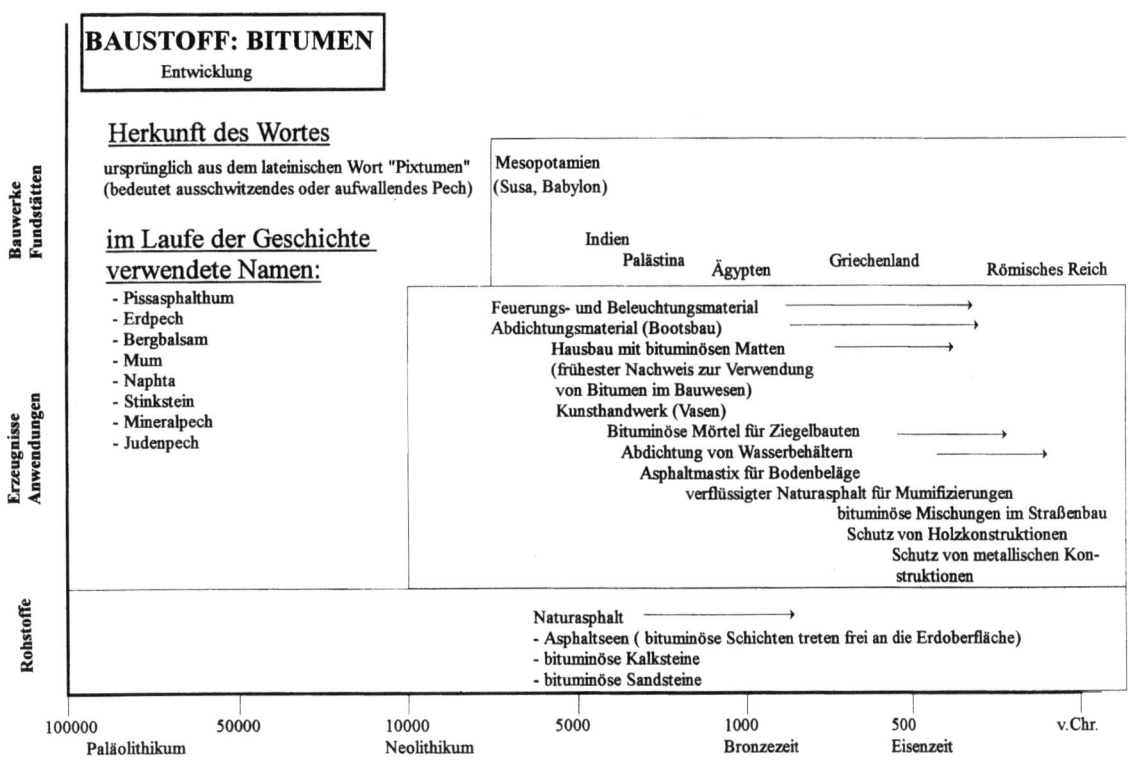

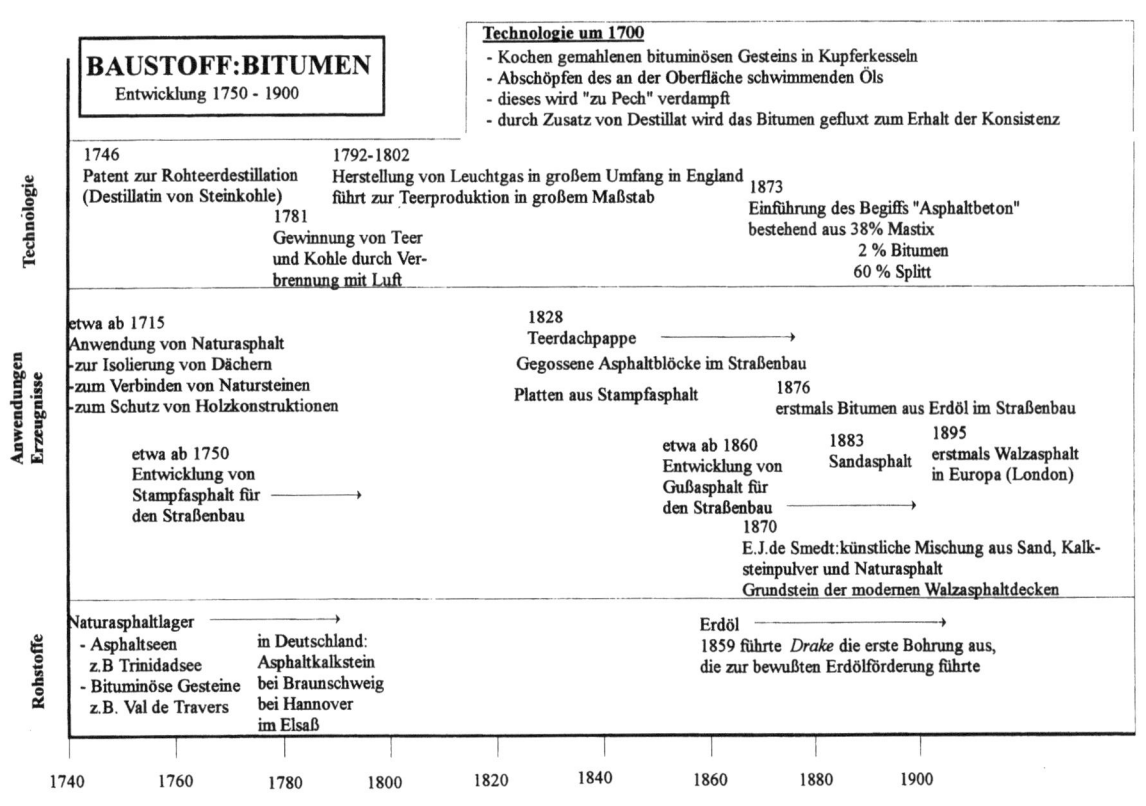

14. Zeittafeln

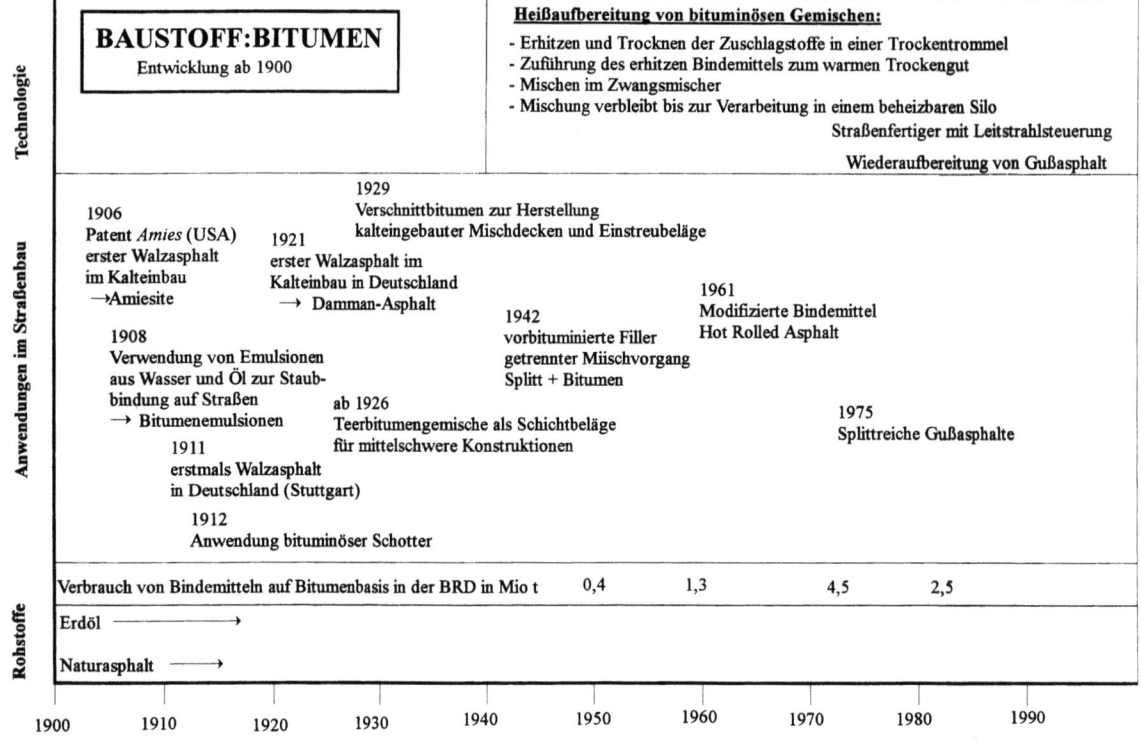

14. Zeittafeln

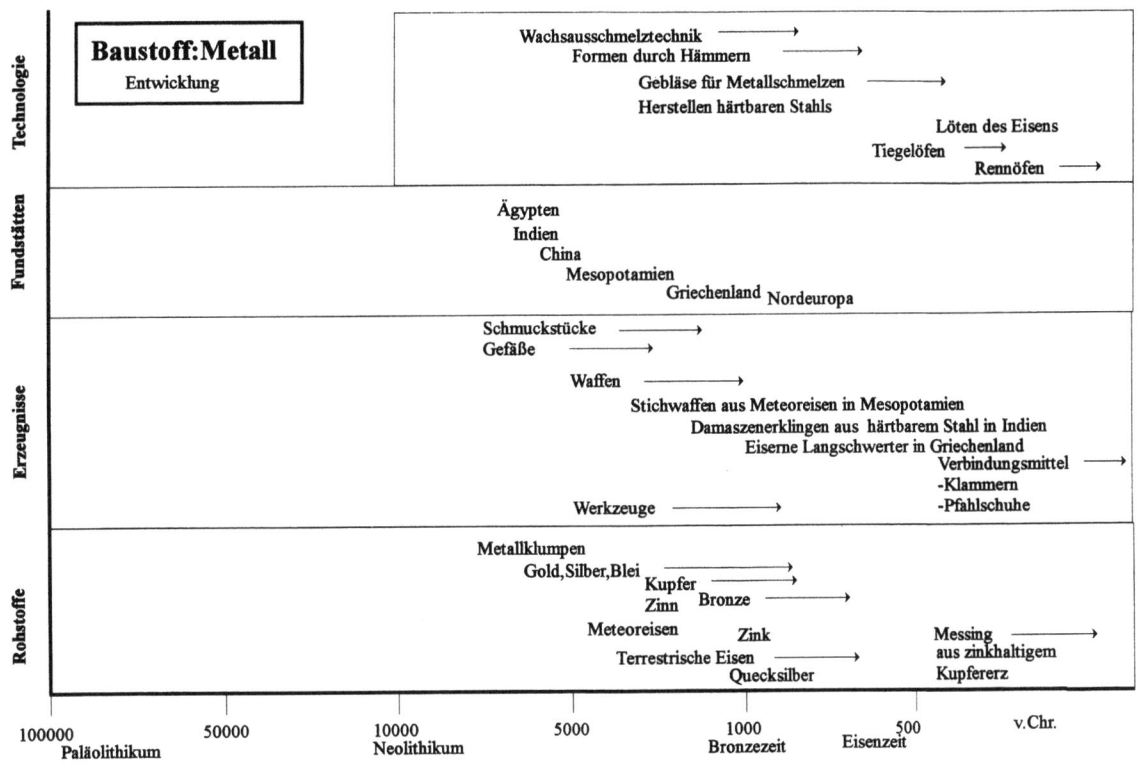

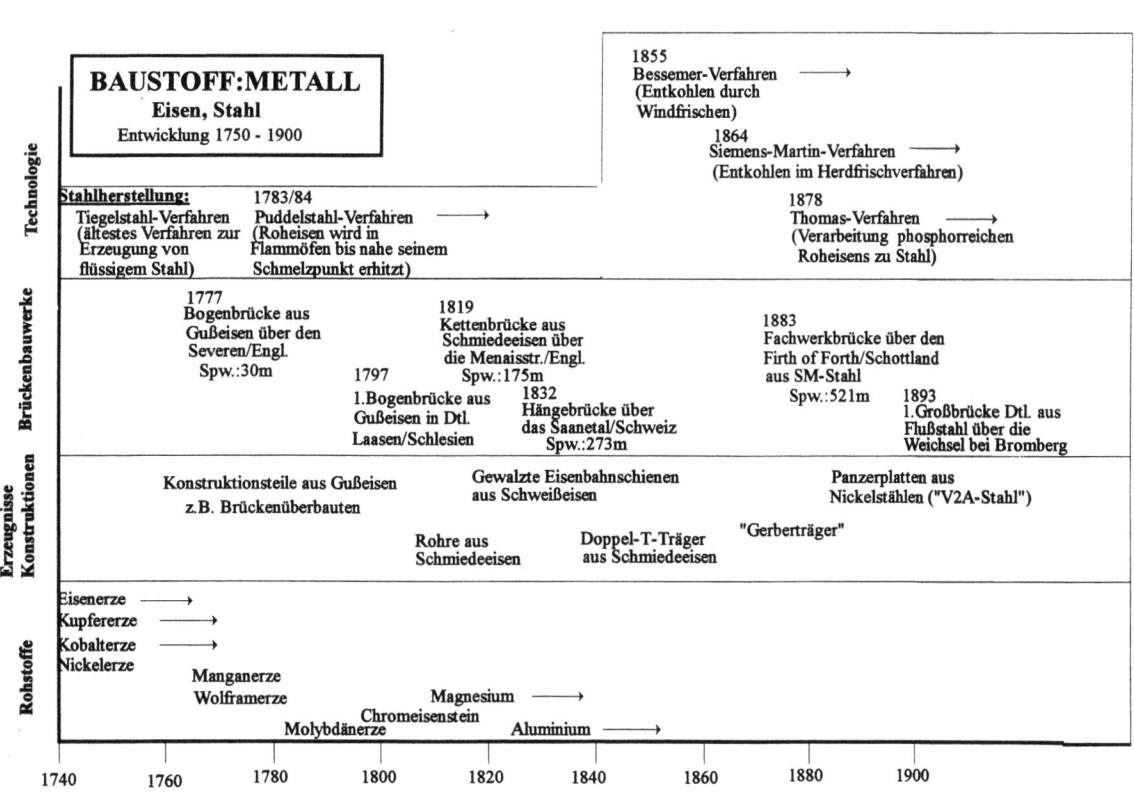

14. Zeittafeln

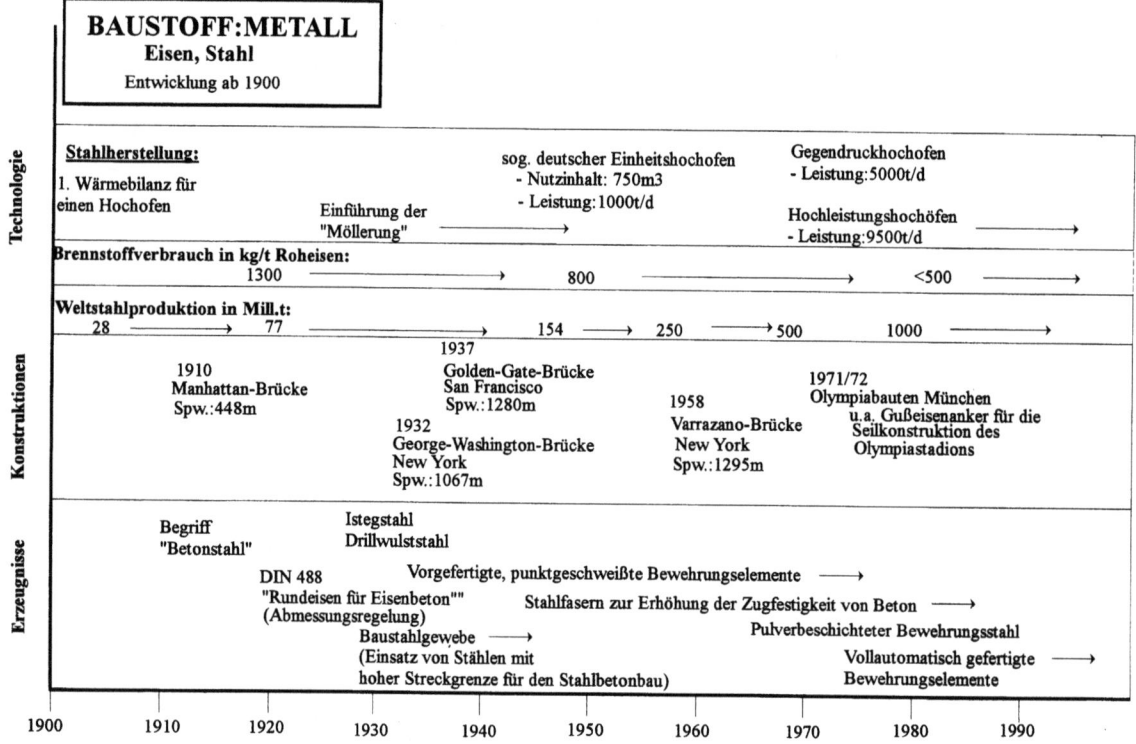

14. Zeittafeln

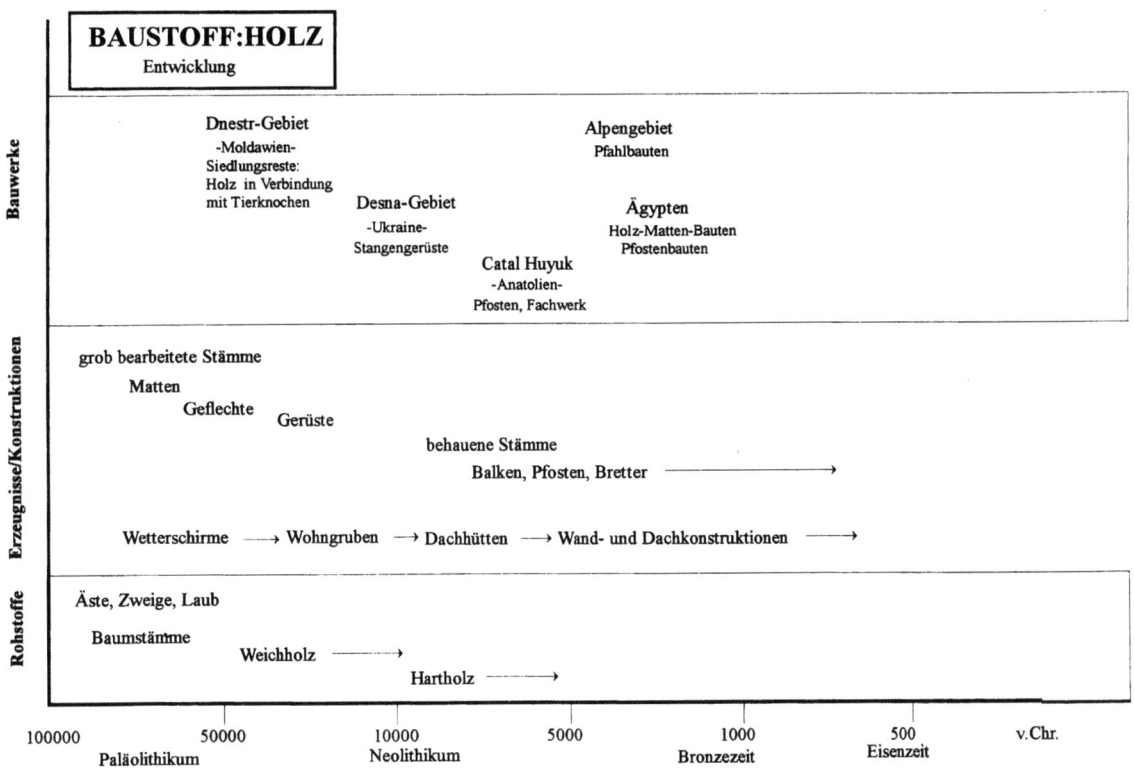

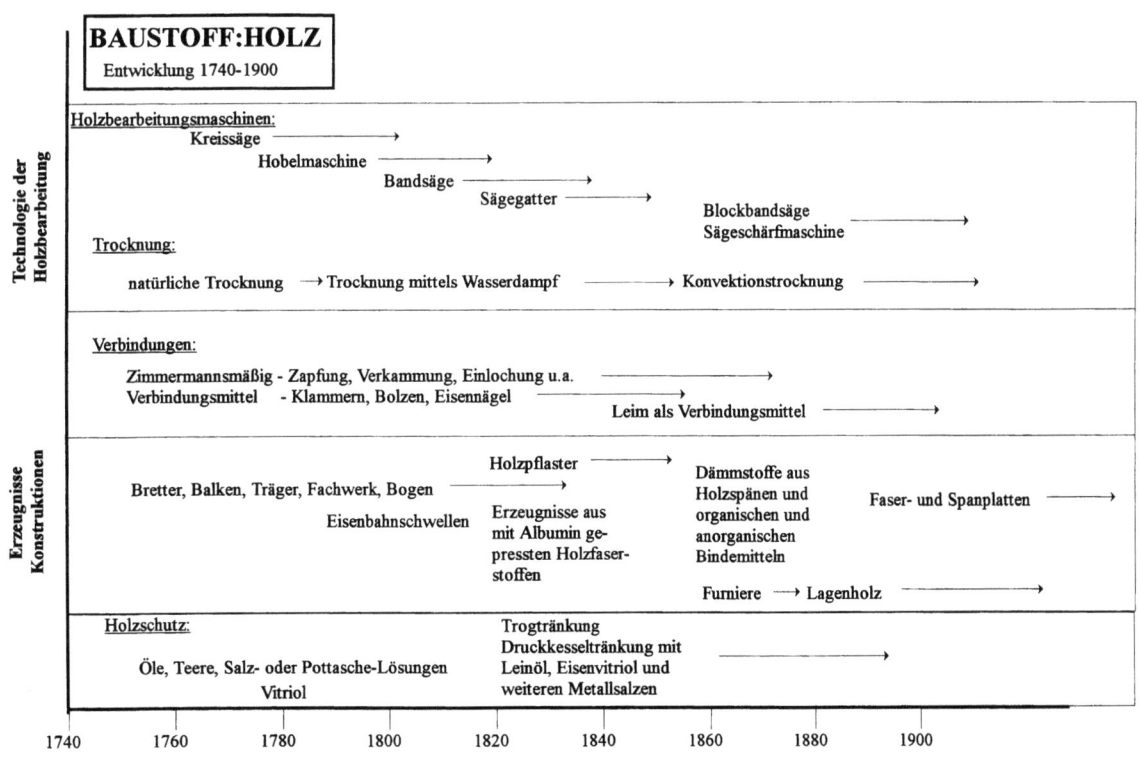

187

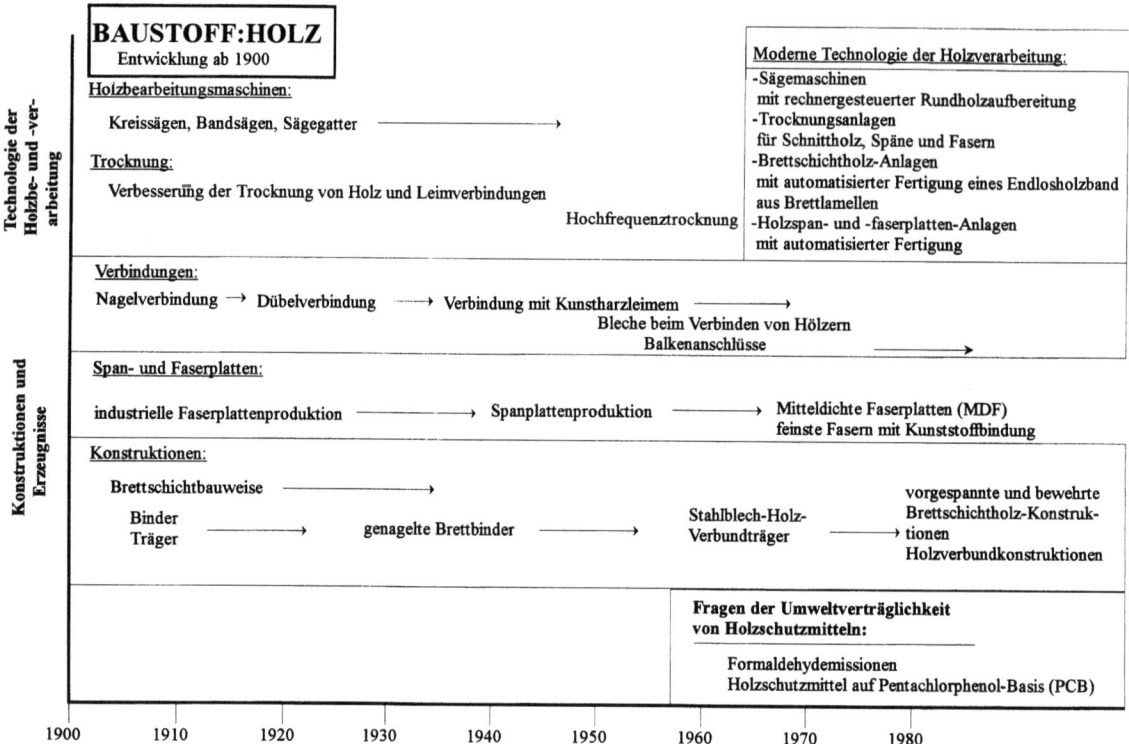

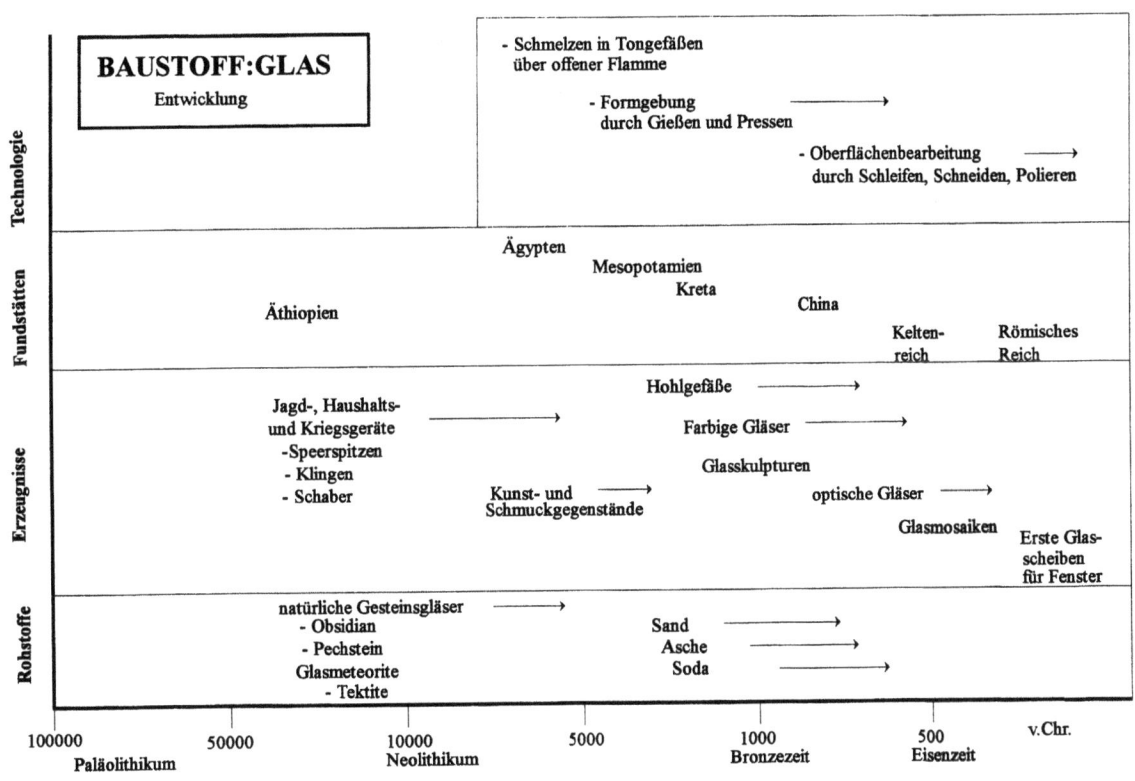

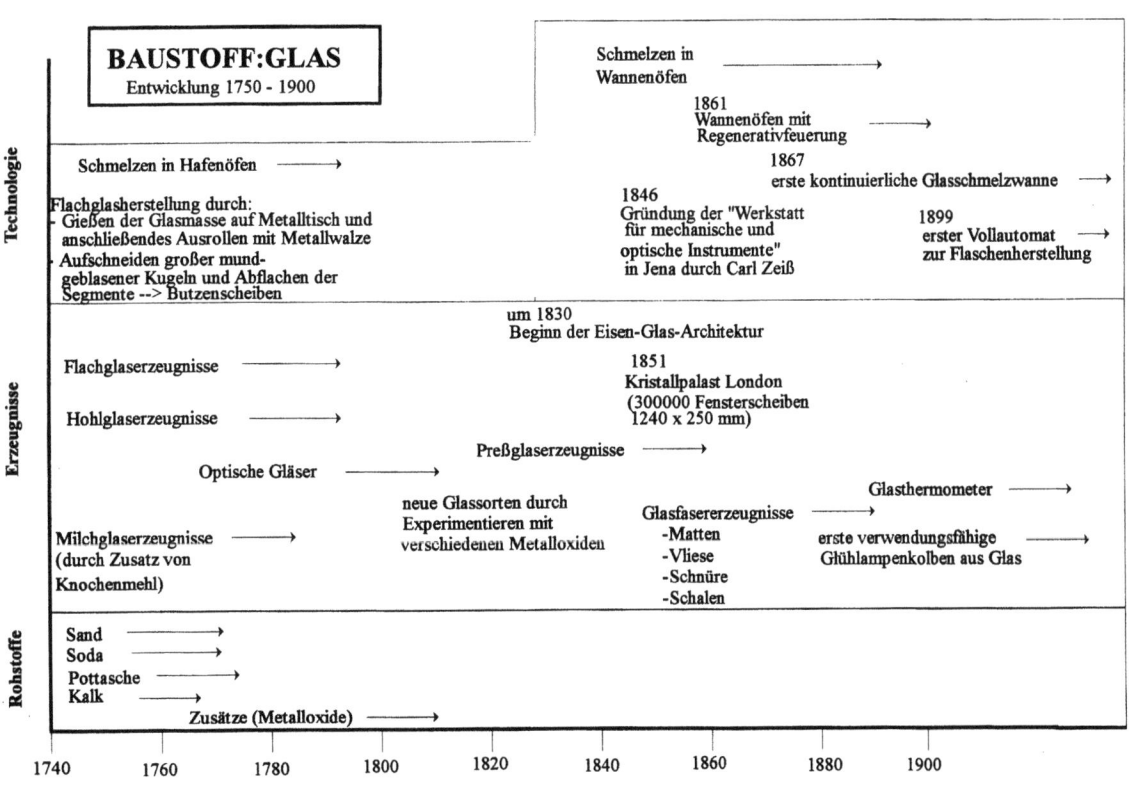

14. Zeittafeln

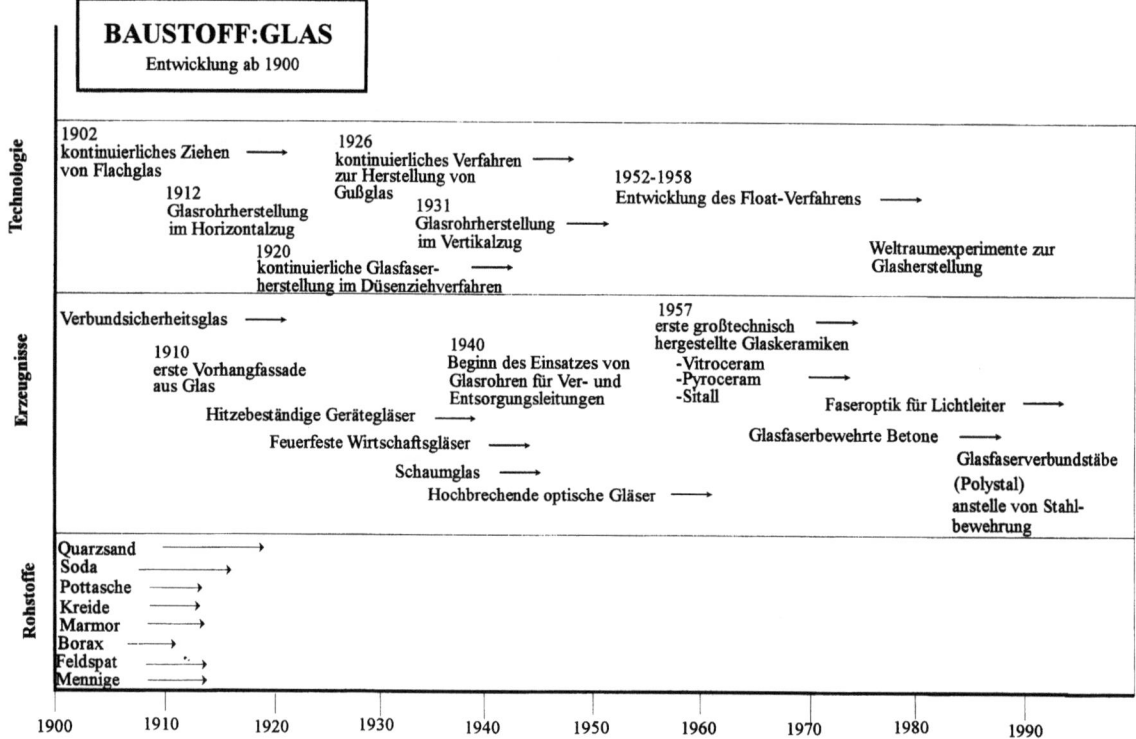

14. Zeittafeln

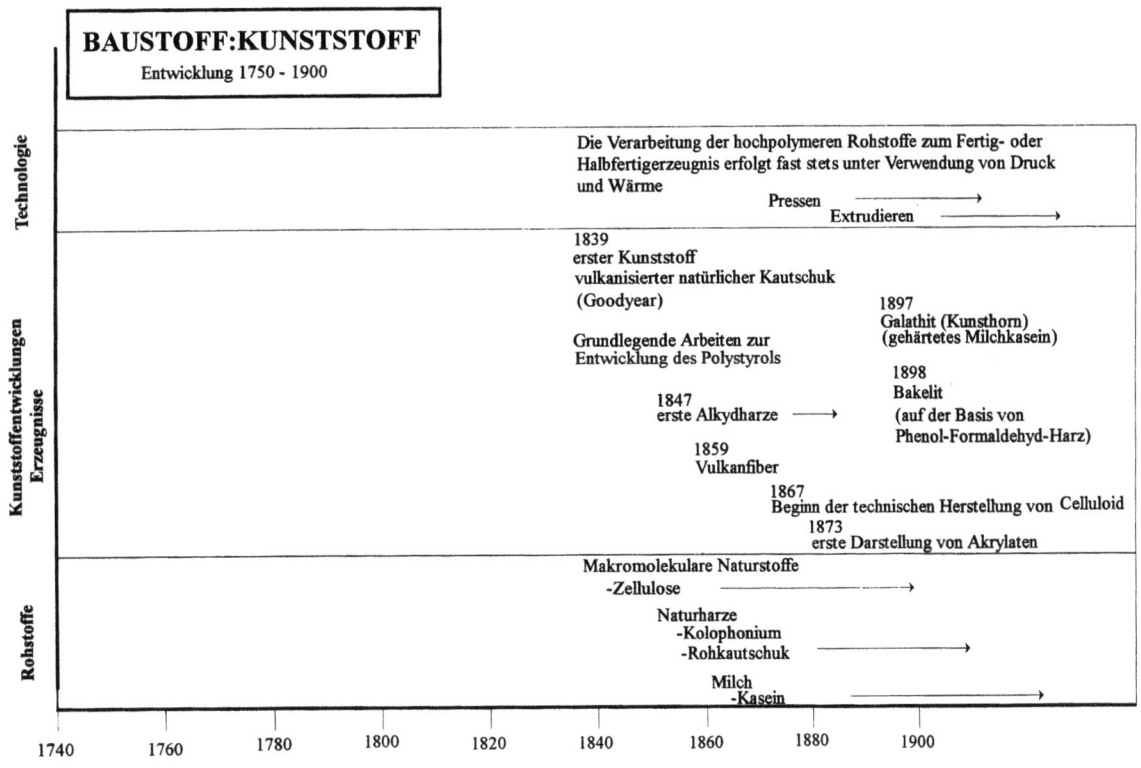

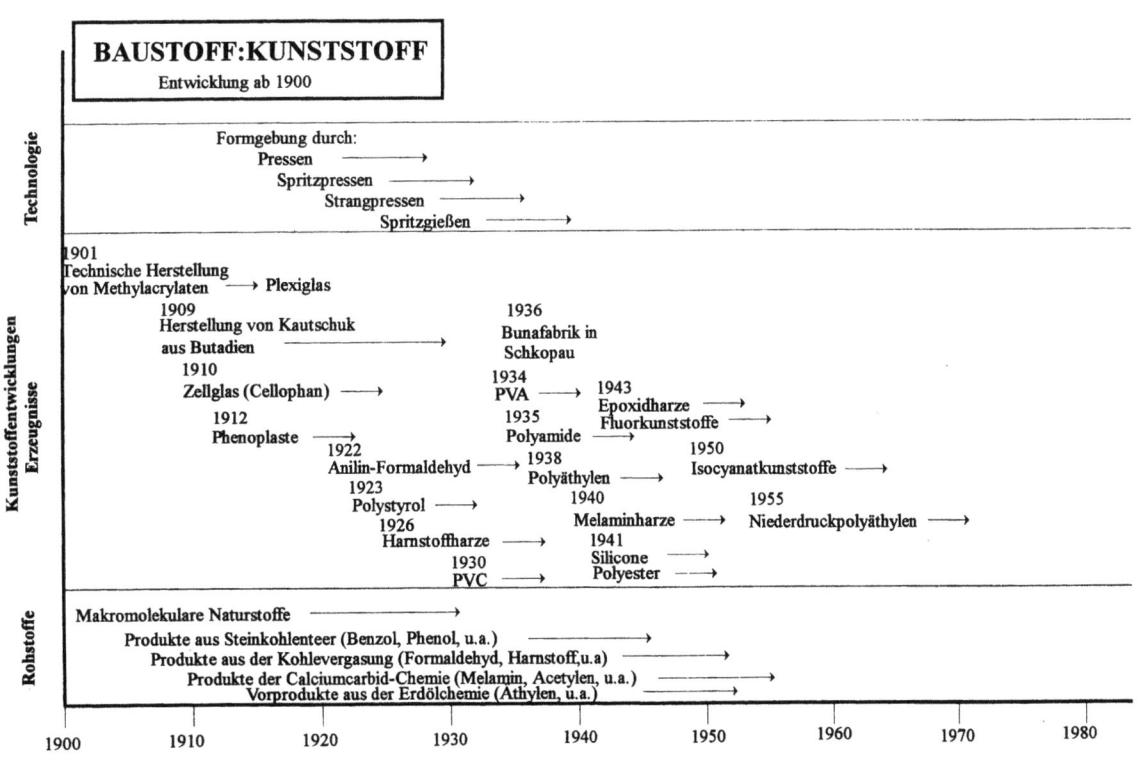

BAUSTOFFPRÜFUNG
Entwicklung der Festigkeitsprüfung 1

um 1626
Mersenne, M.
Versuche mit auf Zug und Druck beanspruchten Holz-, Metall- und Glasstäben

1638
Gallilei, G.
Begründung der dynamischen Bewegungslehre sowie der Festigkeitslehre "Discorsi e Dimonstrazioni matematiche"

1658
Hooke, R.
Definition der Elastizität

1707
Parent, A.
Biegeversuche an Holzbalken

1729
Musschenbroek, P.
erste Prüfapparate zur Druck- und Bruchfestigkeitsprüfung

1772
Quist, B.
Biegeversuche an Kalkmörteln

1773
Coulomb, C.A.
Lösung des Problems der Biegung eiseitig eingespannter rechteckiger Balken

1790
Gauthey, E.M.; Soufflot,; Rondelet, J.
Druckversuche mit Steinen und Mörteln

1800
Telford, Th.
Untersuchungen zur Zugfestigkeit von Schmiedeeisen und Stahl

1807
Young, Th.
Einführung des E-Moduls

1812
Mohs, C.F.Chr.
Einführung der Ritzhärteprüfung

1600 — 1650 — 1700 — 1750 — 1800 — 1850 — 1900

BAUSTOFFPRÜFUNG
Entwicklung der Festigkeitsprüfung 2

um 1850
Rankine, W.J.M.
Versuche über den Ermüdungsbruch

1852
Werder, L.
Entwicklung einer Universalprüfmaschine

ab 1856
Wöhler, A.
Dauerversuche zur Festigkeitsprüfung von Stahl und Eisen

1858
Grant, J.
Anwendung eines exakten Prüfregimes (7-Tage-Probe) an genormten Prüfkörpern zur Zugfestigkeitsprüfung von Zementprüfkörpern

1876
Michaelis, W.; Frühling, H.
sog. "Zerreissungswaage" zur Zugfestigkeitsprüfung von Zementprüfkörpern, die im Grundprinzip auf einen Vorschlag L. da Vinci's zurückgeht (wird in verbesserter Form noch heute zur Biegefestigkeitsprüfung verwendet)

1900
Brinell, J.A.
Bestimmung der Härte von festen Körpern aufgrund des Eindrucks eines Stahlstempels

1900
Charpey, G.
Entwicklung der Kerbschlagprüfung

1901
erste deutsche Prüfmaschine zur Prüfung von Betonwürfeln von 30 cm Kantenlänge und einem Druck bis zu 300 t

1850 — 1860 — 1870 — 1880 — 1890 — 1900

14. Zeittafeln

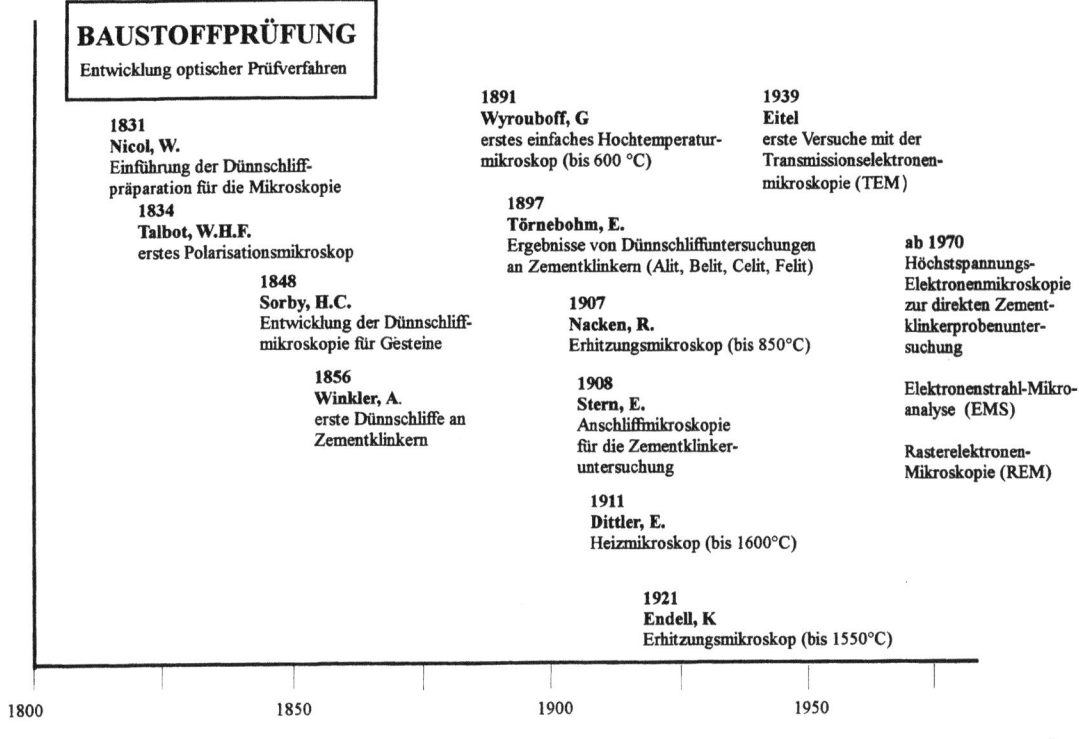

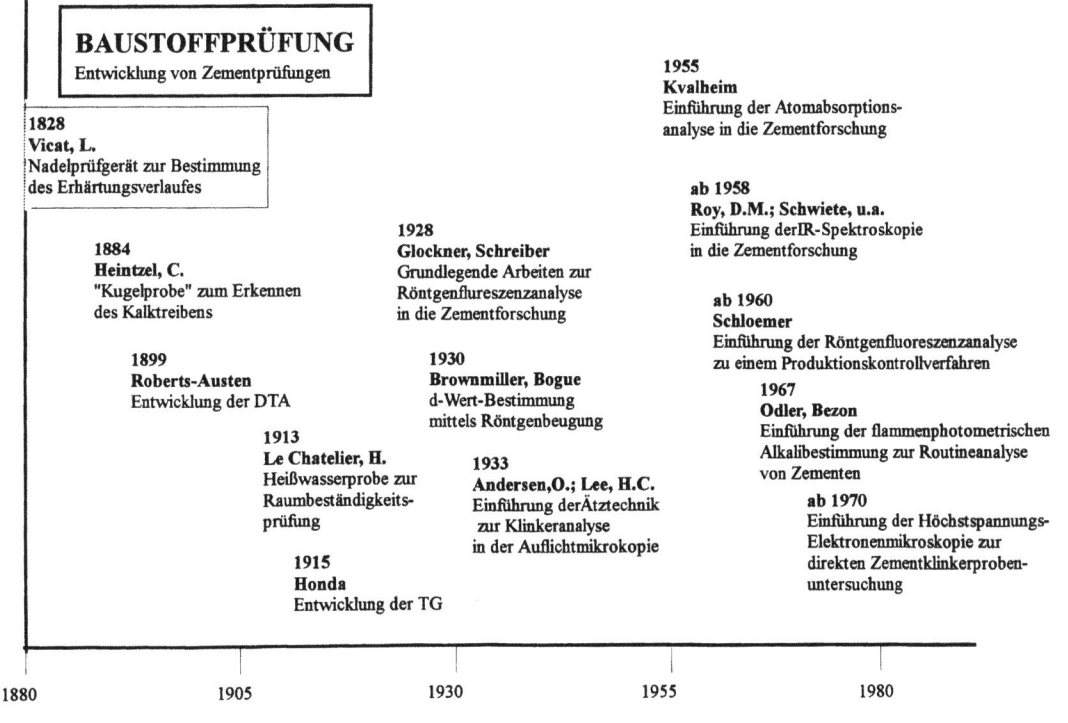

BAUSTOFFPRÜFUNG
Entwicklung von Prüfeinrichtungen

1853
Bischof, C., *Wiesbaden*
Prüflabor zur Rohstoffuntersuchung

1870
Bauschinger, J., *München*
"Mechanisch-technisches Laboratorium"
erstes Materialprüfungsinstitut Deutschlands

1871
Spangenberg, L., *Berlin*
Versuchsstation zur
Prüfung der Festigkeit
von Stahl und Eisen

1904
Königliches, später
Staatliches Material-Prüfungs-Institut
an der TH Berlin
→ **1954**
Bundesanstalt für
Materialprüfung (BAM)

1872
Michaelis, Frühling, Rudeloff, *Berlin* → **1922**
"Laboratorium für Baumaterialprüfung"
Kühl, H.
Zementtechnisches Institut
an der TH Berlin

1875
Berlin
Prüfungsstation für Baumaterialien
an der Gewerbeakademie

1946
Finger, F.A., *Weimar*
erstes Thüringisches
Baustoffprüfamt
→ **1992**
MFPA
Weimar

1953
Finger, F.A., *Weimar*
Fakultät Baustoffkunde und
Baustofftechnologie an der Hochschule
für Architektur und Bauwesen

1902
Berlin-Karlshorst
Labor des Vereins Deutscher
Portlandcement-Fabrikanten
→ **1945**
Düsseldorf
VDZ-Institut

1850   1875   1900   1925   1950   1975

Literaturverzeichnis

[1] Abrams, D. A.
Design of Concrete Mixtures
Bud. J. Structural mater. research labor (1918)

[2] Ahnert, R.
Festlegung der Ziegelformate –
älteste Normung eines Baustoffes
Baustoffindustrie *29* (1986) Nr. 5, S. 134–135

[3] Alberti, K.
Kalk
in: Ullmanns Enzyklopädie der techn. Chemie
München-Berlin: Urban & Schwarzenberg
1957. 9. Bd., S. 241–253

[4] Althammer, A.
Der Betondachstein gestern und heute
Beton *11* (1961) Nr. 8, S. 527–538

[5] Angermann, J. G.
Allgemeine Civil-Bau-Kunst
Halle: Verlag Joh. Jac. Curt 1766

[6] Aunap, G.
Städtischer Straßenbau unter besonder
Berücksichtigung der Gußasphaltbauweise
Bitumen *35* (1973) Nr. 4, S. 90–94

[7] Banditt, W. O.
Gebrannte Erde
Hannover: Steinbock Verlag 1965

[8] Barfoot, R. J.
Joseph, James and William –
the Aspdin jigsaw
Concrete *8* (1974) Nr. 8, S.18–26

[9] Behm-Blanke, G.
Ur- und frühgeschichtliche Kulturen im
Stadtgebiet
in: Geschichte der Stadt Weimar
Weimar: Hermann Böhlaus Nachfolger 1976

[10] Beidatsch, A.
Wohnhäuser aus Lehm
Berlin-Buxtehude. 1946

[11] Bekker, P. C. F
Merkmale der Formgebungsmethode des
Streichens
Ziegelind. Internat. *40* (1988)
Nr. 5, S. 226–231

[12] Benhamou, G.
Le Platre
Paris: J. B. Bailliere 1981

[13] Bernal, J.D.
Die Wissenschaft in der Geschichte
Berlin: Deutscher Verlag der Wissenschaften
1961. 2. Aufl.

[14] Berrer
Ingenieurleistungen im alten China
Bauingenieur *12* (1931) Nr. 11, S. 183–188

[15] Binding, G.
Dachziegel seit der Römerzeit
Teil 1
Bautenschutz u. Bausanierung *12*
(1989) Nr. 3, S.18–23
Teil 2
Bautenschutz u. Bausanierung *12*
(1989) Nr. 4, S. 20–24

[16] Binding, G.
Geschichte des Ziegels
Ziegelind. Internat. *37* (1985) Nr. 10,
S. 549–551

[17] Block, B.
Das Kalkbrennen im Schachtofen mit
Mischfeuerung
Leipzig: Verlag Otto Spaner 1917

[18] Bock, O.
Die Ziegelfabrikation
Leipzig: Verlag Bernh. Friedr. Voigt 1901

[19] Böger, H.-H.
Von Babylon bis Harzgerode
Halle: Selbstverlag 1989 (unveröffentlicht)

[20] Böke, H.-D.
Brennen
in: Handbuch für die Ziegelindustrie
Hrsg.: Bender, W.; Händle, F.
Wiesbaden, Berlin: Bauverlag 1982

[21] Bönner, M.
Die Wiege stand in Hamburg –
Jürgen Hinrich Magens erfand 1903 den
Transportbeton
Beton 44 (1994) Nr. 3, S. 160–162

[22] Bonzel, J.
Hundert Jahre Bauen mit Beton
Zement-Kalk-Gips 30 (1977) Nr. 9, S. 439–450

[23] Boon, A. A.
Der Bau von Schiffen aus Eisenbeton
Berlin: W. Ernst u. Sohn 1981. 2. Aufl.

[24] Büsing, F.W.; Schumann, C.
Der Portland-Cement und seine
Anwendungen im Bauwesen
Berlin: Kommissions-Verlag der „Deutschen
Bauzeitung" GmbH 1905

[25] Burchartz, H.
Die geschichtliche Entwicklung der
Zementprüfung nach den Normen
in: Mitteilungen der deutschen
Materialprüfungsanstalten.
Sonderheft VII
Berlin: Justus Springer 1929

[26] Carp, H.
Aus der Geschichte des Bitumens
Bitumen 11 (1960) Nr. 1, S. 13–16

[27] Conrad, D.; Hänseroth, Th.
Die „Geburtsstunde des modernen
Bauingenieurwesens" vor 250 Jahren und
ihre Vorgeschichte
Bautechnik 70 (1993) Nr. 3, S. 176–180

[28] Davidovits, J.
Ancient and modern concretes: what is the
real difference?
Concrete Internat. Design & Construction 9
(1988) Nr. 12, S. 23–35

[29] Davidovits, J.; Comrie, D. C.; Paterson, J. H.;
Ritcey, D. J.
Geopolymeric concretes for environmental
protection
Concrete Internat. Design & Construction 12
(1990) Nr. 7, S. 30–40

[30] Dajun, D.
Mauerwerksbauten in China
Bautechnik 70 (1993) Nr. 6, S. 339–348

[31] Danielowski, G.
150 Jahre deutscher Betondachstein
Beton 44 (1994) Nr. 2, S. 69–74

[32] Darsow, W.
Altgriechische Tondächer von Sizilien
Ziegelindustrie 4 (1951) Nr. 18, S. 590–593

[33] Dartsch, B.
Wirkungen und Folgen einer technischen
Neuerung gezeigt am Beispiel Stahlbeton
Technische Hochschule Darmstadt.
Dissertation 1984

[34] Davey, N.
A history of building materials
London: Phoenix House 1961

[35] Duda, W. H.
Cement-Data-Book
Band 1: Internationale
Verfahrenstechniken der Zementindustrie
Wiesbaden, Berlin: Bauverlag 1985. 3. Aufl.

[36] Elliot, C. D.
The development of materials and systems
for building
London: Phoenix House 1992

[37] Eymann, W.
Geschichte des Asphaltstraßenbaues
Bitumen 10 (1940) Nr. 6/7, S. 81–83

[38] Ferstl, W.
Unbekannte Meisterwerke der Baukunst –
Hochhäuser aus luftgetrocknetem Lehm
im Nord-/Südjemen (Arabische
Halbinsel) und Moscheen in Franz. Sudan-
Mali (Westafrika)
Ziegelind. Internat. 47 (1994)
Nr. 4, S. 242–248

[39] Feustel, R.
Bilder zur Ur- und Frühgeschichte
Thüringens
Weimar: Museum für Ur- und Frühgeschichte
Thüringens 1983

[40] Fleischmann, B.
Hochglanz-Marmor aus Gips
Bautenschutz u. Bausanierung 14 (1991)
Nr. 6, S. 50–51

[41] Föhl, A.
Die Ära der Ringziegelöfen
Daidalos (1992) Nr. 43, S. 124–127

[42] Forbes, R. J.
Aus der ältesten Geschichte des Bitumens
Teil 1
Bitumen *4* (1934) Nr. 1, S. 6–11
Teil 2
Bitumen *4* (1934) Nr. 2, S. 43–47
Teil 3
Bitumen *4* (1934) Nr. 3, S. 60–66

[43] Forbes, R. J.
Das Bitumen in den fünfzehn Jahrhunderten vor Drake (300–1860)
Teil 1
Bitumen *7* (1937) Nr. 1, S. 11–17
Teil 2
Bitumen *7* (1937) Nr. 2, S. 37–39
Teil 3
Bitumen *7* (1937) Nr. 3, S. 59–64
Teil 4
Bitumen *7* (1937) Nr. 4, S. 84–87
Teil 5
Bitumen *7* (1937) Nr. 5, S. 102–103
Teil 6
Bitumen *7* (1937) Nr. 6, S. 129–134

[44] Forbes, R. J.
Neues zur ältesten Geschichte des Bitumens
Teil 1
Bitumen *8* (1938) Nr. 6, S. 128–134
Teil 2
Bitumen *8* (1938) Nr. 7, S. 161–166

[45] Forbes, R. J.
Untersuchungen über die ältesten Anwendungen von Bitumen in Mesopotamien
Teil 1
Bitumen *5* (1935) Nr. 1, S. 9–15
Teil 2
Bitumen *5* (1935) Nr. 2, S. 41–44
Teil 3
Bitumen *5* (1935) Nr. 3, S. 63–68

[46] Forell, C. von
Wie der erste deutsche Drehrohrofen entstand
Tonindustrie-Zeitung *31* (1907) Nr. 76, S. 917–921

[47] Francis, A. J.
Aus den Anfängen der Zementherstellung in England
Zement-Kalk-Gips *18* (1965) Nr. 7, S. 334–338

[48] Freier, E.; Grunert, St.; Freitag, M.
Eine Reise durch Ägypten
Berlin: Henschelverlag 1986

[49] Füting, M.
Die Entwicklung der Portlandzement-Untersuchung
Silikattechnik *39* (1988) Nr. 6, S. 205–207

[50] Füting, M; Lange, P.
Entwicklung der Portlandzement-Untersuchungen – Frühe Prüfmethoden (Teil 1)
Baustoffindustrie *32* (1989) Nr. 3, S. 76–78

[51] Gary, M.
Entstehung des Drehrohrofens
Tonindustrie-Zeitung *31* (1907) Nr. 88, S. 1152–1153

[52] Gerner, M.
Zum Stand der Fachwerkgefügeforschung
Bautenschutz u. Bausanierung *10* (1987) Nr. 5, S. [188]–[190]

[53] Gesell, G.
Putz
Berlin: Alfred Metzner Verlag 1943

[54] Gilly, D.
Handbuch der Landbaukunst
Berlin: Viehweg 1798

[55] Göbel, K.
Ziegel – Bau- und Gestaltungsstoff gestern, heute und morgen
Ziegelind. Internat. (1986) Sonderausgabe, S. 6–12

[56] Goslich, K.
Beitrag zur Geschichte der Portlandzemente
Zement *14* (1925) Nr. 20, S. 440

[57] Gourdin, P.
Historie du mot beton
Ciments, Betons, Platres, Caux (1979) Nr. 1, S. 716

[58] Graefe, E.
Anwendungsformen des Bitumens für den Straßenbau im Wandel der Zeiten
Bitumen *1* (1931) Nr. 1, S. 3–7

[59] Grün, R.
Baustoffe und Bauweisen im Wandel der Zeiten
Mitteilung aus dem Forschungsinstitut der Hüttenzement-Industrie Nr. 185
Berlin: Verlag Chemisches Laboratorium für Tonindustrie und Tonindustrie-Zeitung 1938

[60] Grün, R.
Chemie und Baukunst
Mitteilung aus dem Forschungsinstitut der Hüttenzement-Industrie Nr. 219
Sonderdruck aus der Zeitschrift „Deutsche Technik", Oktober-Heft 1940

[61] Guthmann, A.
50 Jahre gekörnte Hochofenschlacke
Tonindustrie-Zeitung *36* (1912) Nr. 4/5, S. 752–753

[62] Haegermann, G.
Die Geschichte der drei Zementvereine bis zu ihrem Zusammenschluß
in: Vorträge auf der ordentlichen Mitgliederversammlung am 20. Mai 1949 in Düsseldorf
Wiesbaden: Bauverlag 1949

[63] Haegermann, G.
Dokumente zur Entstehungsgeschichte des Portland-Cements
Zement-Kalk-Gips 23 (1970) Nr. 1, S. 1–11

[64] Haegermann, G.; Huberti, G.; Möll, H.
Vom Caementum zum Spannbeton
Wiesbaden, Berlin: Bauverlag 1964

[65] Hasak, D.
Mörteltechnik – Einiges über den Loriotschen Mörtel und über den mittelalterlichen Mörtel
Tonindustrie-Zeitung 49 (1925) Nr. 77, S. 1080–1081

[66] Heidrich, K.-D.; Hofmeister, H.; Ricken, H.
Historische Betrachtungen über die Baunormung in Deutschland (Teil 1)
Bauzeitung 45 (1991) Nr. 5, S. 354–356

[67] Henning, E.; Bleck, R.-D.
Untersuchungen an alten Mörteln
Bauzeitung 23 (1969) Nr. 7, S. 378–379

[68] Hirt, A.
Die Geschichte der Baukunst bei den Alten
Berlin: Reimers 1828

[69] Hollemann, A. F.; Wiberg, E.
Lehrbuch der anorganischen Chemie
Berlin: Walter de Gruyter & Co 1956. 37.–39. Aufl.

[70] Hopff, H.
Die Entwicklung der Kunststoffchemie
Kunststoffe-Plastics 1 (1954) Nr. 1, S. 7–16

[71] Hüser, H.
Die Gründung des Deutschen Beton-Vereins am 5. 12. 1898
Berlin: R. F. Funke 1899

[72] Hufnagel, O.
Kurze Geschichte der Ziegelindustrie
in: Handbuch für die Ziegelindustrie
Hrsg.: Bender, W.; Händle, F.
Wiesbaden, Berlin: Bauverlag 1982

[73] Jochmann, F.
Der Glasmacher – Der Hohlglasmacher
Sprechsaal f. Keramik, Glas, Email 91 (1958) Nr. 16, S. 373–376

[74] John, L.
Haarrißfreie Feinschichten für Platten und Dachsteine
Betonsteinzeitung 2 (1936) Nr. 14, S. 222–224

[75] Jungwirth, D.; Beyer, E.; Grübl, P.
Dauerhafte Betonbauwerke – Substanzerhaltung und Schadensvermeidung in Forschung und Praxis
Düsseldorf: Betonverlag 1986

[76] Justitz, D.
Siliciumchemie – Silikone
Kunststoffe-Plastics 1 (1954) Nr. 1, S. 27–29

[77] Kalsing, H.
Glastechnologie – Ein Lehrgang für die technischen und kaufmännischen Nachwuchskräfte der Glasindustrie
Sprechsaal f. Keramik, Glas, Email 94 (1961) Nr. 9, S. 216–219

[78] Kastl, J.
Entwicklung der Straßenbautechnik vom Saumpfad bis zur Autobahn
Berlin: Verlag Technik 1953

[79] Kiepenheuer, L.
Kalk und Mörtel
Leipzig: etwa 1906/1907

[80] Kiosseff, H.
Ist das Geheimnis der Pyramiden gelüftet?
Thüringische Landeszeitung 1986, v. 2. 9.

[81] Klemm, D.D.; Klemm, R.
Mortar evolution in the old kingdom of egypt
Basel: Birkhäuser Verlag 1990

[82] Knapp, F.
Die Epoxidgießharze
Kunststoffe-Plastics 12 (1965) Nr. 3, S. 140–143

[83] Knoblauch, H.; Schneider, U.
Bauchemie
Düsseldorf: Werner Verlag 1992. 3. Aufl.

[84] Koenen, M.
Zur Entwicklungsgeschichte des Eisenbetons
Zement 10 (1921) Nr. 43, S. 545–547

[85] Kreutzer, W.; Lüngen H. B.; Meißner, F.
Der Hochofen – Stationen seiner Entwicklung
Stahl und Eisen 106 (1986) Nr. 18, S. 933–945

[86] Krömer, R.
Beton – Fragmente seiner Geschichte
Betonwerk+Fertigteiltechnik 57 (1993) Nr.1, S. 40–51

[87] Kruis, A.
Gips
in: Ullmann Encyclopädie d. chem. Technik,
8. Band
München, Berlin: Urban & Schwarzenberg
1957

[88] Kruse, K.B.
Kleines Glossar zur Geschichte der Herstellung und Verwendung von Backsteinen
Arch plus (1986) Nr. 84, S. 66–69

[89] Kühne, K.
Glas – seine Herstellung und Anwendung
Dresden: Verlag Theodor Steinkopf 1968

[90] Kurrer, K.-E.
Zur Frühgeschichte des Stahlbetonbaus in Deutschland – 100 Jahre Monier-Broschüre
Beton- u. Stahlbetonbau *88* (1988)
Nr. 1, S. 6–12

[91] Lach, Th.
Poröser Beton
Zement *22* (1936) Nr. 10, S. 151–154

[92] Lamprecht, H.-O.
Architekt und Ingenieur in der römischen Antike
Beton *42* (1992) Nr. 6, S. 324–329

[93] Lamprecht, H.-O.
Opus caementitium – Bautechnik der Römer –
Düsseldorf: Beton-Verlag 1993

[94] Lange, P.
Die Herausbildung der Silikattechnik als eine Disziplin der Technikwissenschaften
Technische Universität Dresden: Dissertation B 1984

[95] Lange, P.; Hartenstein, O.
Zur Entwicklung der Baustoffindustrie in Südostthüringen (II)
Wiss. Z. Hochsch. Archit. Bauwes. Weimar *24* (1977) Nr. 4/5, S. 427–434

[96] Lippert, G.
Der Stahl und seine Bedeutung für den Aufbau
Bauzeitung *6* (1951) Nr. 6, S. 168–169

[97] Listner, K.
100 Jahre Herstellung von Betonrohren
Beton *16* (1966) Nr. 3, S. 97–98

[98] Locher, F.W.
Hundert Jahre Forschung über Zementchemie in Deutschland
Zement-Kalk-Gips *30* (1977) Nr. 9, S. 420–429

[99] Lüpfert, H.
Metallische Werkstoffe
Leipzig: Akademische Verlags-Gesellschaft Geest & Portig 1961

[100] Maier, J.
Historische Steinbautechniken
Teil 1
Bautenschutz u. Bausanierung *13* (1990)
Nr. 3, S. 14–18
Teil 2
Bautenschutz u. Bausanierung *13* (1990)
Nr. 4, S. 32–34

[101] Maier, J.
Instandsetzen von Gebäuden alter Bauart
Teil 6: Natursteinmauerwerk
Bausanierung *4* (1993) Nr. 4, S. 518–524

[102] Maier, J.
Instandsetzen von Gebäuden alter Bauart
Teil 8: Backsteinmauerwerk
Bausanierung *5* (1994) Nr. 2, S. 27–32

[103] Malchow, A.
Über die Abdichtung von Bauwerken unter Verwendung von Asphalt und Bitumen
Bitumen *7* (1937) Nr. 10, S. 206–210

[104] Marquard, E.
Geschleuderte Beton- und Eisenbetonrohre
Die Bautechnik (1930) Nr. 40, S. 587–602

[105] Matthaen, C.
Praktisches Handbuch für Maurer und Steinmetzen
in: Neue Schauplätze der Künste und Handwerke, Band 22
Weimar: Verlag Voigt 1826

[106] Michaelis, W.
Über Kalkmörtel
Tonindustrie-Zeitung *32* (1908) Nr. 54, S. 738

[107] Michaelis, W.
Wer war der Erfinder des Portlandzements?
Tonindustrie-Zeitung *28* (1904) Nr. 7, S. 59–60

[108] Michaelis, W.
Wer war der Erfinder des Portlandzements?
Tonindustrie-Zeitung *29* (1905) Nr. 36, S. 369–370

[109] Mislin, M.
Geschichte der Baukonstruktion und der Bautechnik
Düsseldorf: Werner-Verlag 1988

[110] Moll, W.
Vom Dampfkarren zum Großmischer
Beton *20* (1970) Nr. 8, S. 335–337

[111] Mothes, O.
Illustriertes Bau-Lexikon
Leipzig, Berlin: Verlagsbuchhandlung
Otto Spaner 1863

[112] Nachtigall, W.; Oppitz, V.; Pech, E.; Pohl, H.-J.
Glas – Unterhaltsamer Streifzug durch
Geschichte und Gegenwart eines faszinierenden Stoffes
Berlin: Verlag Die Wirtschaft 1988

[113] Naske, C.
Die Portland-Cement-Produktion
Leipzig: 1903

[114] Nellensteyn, F. J.
Untersuchung eines Asphaltes aus den Ausgrabungen von Mohenjo-Daro (Indus-Tal)
Bitumen *5* (1935) Nr. 1, S. 15–18

[115] Nerlich, G.
Pyramiden
Leipzig: F. A. Brockhaus Verlag 1968

[116] Neumann
Beiträge zur Geschichte der
Mörtelbereitung
Teil 1
Cement *5* (1916) Nr. 6, S. 32
Teil 2
Cement *5* (1916) Nr. 7, S. 37–38
Teil 3
Cement *5* (1916) Nr. 8, S. 46–47
Teil 4
Cement *5* (1916) Nr. 9, S. 53–55

[117] Niemeyer, R.
Der Lehmbau und seine praktische
Anwendung
Hamburg: 1946

[118] Palladio, A.
Zwei Bücher von der Baukunst
Nürnberg: Joh. Andrea Endters Seel Söhne
1698

[119] Pasquet, A.
Leben und Werk Rene Ferets
in: 3. ibausil. Tagungsbericht
Weimar: Hochsch f. Archit. u. Bauwes.
1968, S. 25–26

[120] Petrik, H.
Gefachausfüllungen an historischen
Fachwerkgebäuden
Bautenschutz u. Bausanierung *10* (1987)
Nr. 5, S. [197]–[202]

[121] Peukert, E.
In memoriam – Professor Dr. Hans Kühl
Silikattechnik *30* (1979) Nr. 2, S. 57–58

[122] Preiswerk, E.
Die Epoxydharze und die Entwicklung der
Verbundkörper (Composites) Kunststoffe-
Plastics *13* (1966) Nr. 6, S. 262–264

[123] Prüssing, G. G.
Aus der Geschichte der deutschen
Zementmaschinen-Industrie
Zement-Kalk-Gips *5* (1952) Nr. 5, S. 127–133

[124] Quitmeyer, F.
Zur Geschichte der Erfindung des
Portlandzementes
Berlin: Verlag der Tonindustriezeitung
1911. Dissertation

[125] Rauschenbach, F.
Zur Wirkung und Bestimmung organischer
Zusätze in Kalk- und Gipsmörteln
Hochsch. f. Archit .u. Bauwes. Weimar
1993. Dissertation

[126] Rayment, D. L.
The Electron Microprobe Analysis of the
C-S-H Phases in a 136 Year old Cement Paste
Cement & Concrete Research *16* (1986)
Nr. 3, S. 341–344

[127] Rechmeier, H.
Der fünfstufige Wärmetauscherofen zum
Brennen von Klinker aus Kalkstein und
Ölschiefer
Zement-Kalk-Gips *23* (1970)
Nr. 4, S. 249–253

[128] Rehm, G.
Otto Graf – ein Genie?
in: VDI Jahrbuch Bautechnik 1993.
S. 489–529

[129] Reichherzer, R.
Entwicklung und Stand der
Kunststoffwirtschaft
Kunststoffe-Plastics *5* (1958) Nr. 1, S. 13–16

[130] Reithmeir, C.
Wie wird Stuckmarmor hergestellt?
Stein (1992) Nr. 10, S. 21–25

[131] Riepert, P.H.
Adressbuch der Zement,-Kalk- und
Gipsindustrie
Berlin-Charlottenburg: Zementverlag 1925

[132] Rincklake, A.
Anstriche auf frischem Zement
Tonindustrie-Zeitung *9* (1885)
Nr. 31, S. 448–449

[133] Röbert, S.
Die Entstehung und Fortentwicklung der Sektion Baustoffverfahrenstechnik an der Hochschule für Architektur v und Bauwesen Weimar aus der Sicht der in der Deutschen Demokratischen Republik durchgeführten ersten drei Hochschulreformen
Wiss. Z. Hochsch. Archit. Bauwes. Weimar
18 (1971)Nr.1, S.19–24

[134] Röbert, S.
Grundlagen der wissenschaftlichen Betonsynthese von Feret aus dem Jahre 1891
in: 3. ibausil. Tagungsbericht, Sektion 3
Weimar: Hochsch. f. Archit. u. Bauwes.
Weimar 1968. S.27–29

[135] Röbert, S.
50 Jahre Duff A. Abrams: Design of Concrete Mixtures
in: 3. ibausil. Tagungsbericht, Sektion 3
Weimar: Hochschul. f. Archit. u. Bauwes.
Weimar 1968. S. 30–39

[136] Ruebesam, H.
Die Entwicklungslinien ausgewählter Baustoff in ihrer gesellschaftlichen sowie technik- und wissenschaftshistorischen Determination in synoptisch-chronologischer Darstellung für den Zeitraum 1750 bis 1990
Bauakademie der DDR, Berlin 1990.
Dissertation A

[137] Rupp, E.; Friedrich, G.
Die Geschichte der Ziegelherstellung
Hrsg.: Bundesverband der Deutschen Ziegelindustrie e.V.
Königswinter: Gesellschaft für Druckabwicklung m.b.H.
3. Aufl. 1993

[138] Ruske, W.
100 Jahre Materialprüfung in Berlin – Ein Beitrag zur Technikgeschichte –
Berlin: Bundesanstalt für Materialprüfung (BAM) 1971

[139] Saechtling, H.
Mitten im Jahrhundert der Kunststoffe
in: Jahrhundert der Kunststoffe in Wort und Bild
Düsseldorf: Econ-Verlag GmbH 1952
S. 7–13

[140] Salonen, A.
Die Ziegeleien im alten Mesopotamien
Helsinki: 1972

[141] Schädlich, Ch.
Die „Monier-Broschüre" und der Beginn des Stahlbetonbaus in Deutschland
Wiss. Z. Hochsch. Archit. Bauwes. Weimar
10 (1963) Nr. 2, S. 131–136

[142] Schädlich, Ch.
Zur Geschichte der Hochschule für Architektur und Bauwesen Weimar seit 1945
Wiss. Z. Hochsch. Archit. Bauwes. Weimar
6 (1958/59) Nr. 4, S. 269–280

[143] Schäffler, H
Der Beitrag von Otto Graf zu den Betonbestimmungen in heutiger Sicht
in: 3. ibausil. Tagungsbericht, Sektion 3
Weimar: Hochsch. f. Archit. u. Bauwes.
Weimar 1968

[144] Schauwinhold, D.
Aus der Geschichte des Werkstoffes Stahl
Stahl u. Eisen *105* (1985)
Nr. 22, S. 1275–1282

[145] Scheidegger, F.
Aus der Geschichte der Bautechnik
Basel, Boston, Berlin: Birkhäuser-Verlag 1990

[146] Schneider, J.
Die Wiederentdeckung des Lehmbaus in den Industrieländern
Ziegelind. Internat. *38* (1985)
Nr. 10, S. 554–561

[147] Schneider, J.
Rückbesinnung auf den Lehmbau in Entwicklungsländern
Ziegelind. Internat. *38* (1985)
Nr. 11, S. 654–658

[148] Schenk, E.
100 Jahre Nitrozellulosekunststoffe als Pionier der Plastikindustrie
Kunststoffe-Plastics *1* (1954) Nr. 1, S. 47–50

[149] Schroeter, J.; Hugenschmidt, F.
Araldit bei der Erhaltung historischer Bauten
Kunststoffe-Plastics *13* (1966)
Nr. 5, S. 209–211

[150] Schulze,W.; Tischer,W.; Ettel, W.-P.
Der Baustoff Beton
Band 2: Nichtzementgebundene Mörtel und Betone
Berlin:Verlag für Bauwesen 1979. 2. Aufl.

[151] Schwarz, F.
F. A. Finger – 75 Jahre alt
Silikattechnik *11* (1960) Nr. 4, S. 190

[152] Sillem, H.; Ellerbrock, H.-G.; Funke, G.
Die Entwicklung der Verfahrenstechnik im Spiegel der
Tagungsberichte der deutschen Zementindustrie
Zement-Kalk-Gips *30* (1977) Nr. 9, S. 430–438

[153] Sinn. H.B.
Beton gibt es seit 7600 Jahren
Beton *23* (1973) Nr. 9, S. 385–386

[154] Sinn, H.B.
Eine Erfindung aus der Steinzeit: Ist Beton der älteste künstliche Baustoff?
Betonwerk+Fertigteiltechnik *37* (1973) Nr. 10, S. 760

[155] Sinn, H.B.
Und machten Staub zu Stein
Düsseldorf: Beton-Verlag 1973

[156] Speck, A.
Der Kunststraßenbau – Eine technisch-geschichtliche Studie von der Urzeit bis heute –
Berlin: Wilhelm Ernst & Sohn 1950

[157] Stark, J.; Huckauf, H.; Seidel,G.
Bindebaustoff-Taschenbuch
Band 3 – Brennprozeß und Brennanlagen
Berlin: Verlag für Bauwesen 1985

[158] Stark, J.; Müller A.
Internationale Entwicklungsrichtungen bei energiearmen Zementen
in: 10. ibausil. Tagungsbericht, Sektion 1
Weimar: Hochschule f. Archit. u. Bauwes. Weimar 1988

[159] Stark, J.; Wicht, B.
Vor 40 Jahren begann die Ausbildung von Baustoffingenieuren an der Hochschule für Architektur und Bauwesen in Weimar
Wiss. Z. d. Hochsch. f. Archit. u. Bauwes. Weimar *39* (1993) Nr. 3

[160] Staufenbiel, G.
Rückblick auf die Einführung der Pflichtnorm Mauerziegel im Jahre 1870
Ziegelindustrie *5* (1952) Nr. 9/10, S. 343–347

[161] Stegemann, R.
Das große Baustoff-Lexikon – Handwörterbuch der gesamten Baustoffkunde
Stuttgart, Berlin: Deutsche Verlagsanstalt 1941

[162] Steinbrecher, M.
Gipsestrich und -mörtel: Alte Techniken wiederbeleben
Bausubstanz *8* (1992) Nr. 10, S. 59–61

[163] Sterio, A. D. de
Der Erfinder des synthetischen Kautschuks und die Geschichte des Kunststoffes Buna
Kunststoffe-Plastics *4* (1957) Nr. 1, S. 27–30

[164] Stieglitz, Chr.L.
Encyclopädie der bürgerlichen Baukunst
Leipzig: 1792

[165] Straub, H.
Die Geschichte der Bauingenieurkunst – Ein Überblick von der Antike bis in die Neuzeit –
Basel, Boston, Berlin: Birkhäuser-Verlag 1992

[166] Strelocke, H.
Ägypten und Sinai – Geschichte, Kunst und Kultur im Niltal: Vom Reich der Pharaonen bis zur Gegenwart
Köln: Du Mont Buchverlag 1990

[167] Strube, W.
Der historische Weg der Chemie
Band 1 – Von der Urzeit bis zur industriellen Revolution
Leipzig: Deutscher Verlag für Grundstoffindustrie 1984

[168] Theiner, J.; Winkelhardt
Betonpumpen in der Praxis
Beton *42* (1992) Nr. 7, S. 396–399

[169] Urbach, H
Woher stammt das Wort "Zement"?
Zement *12* (1923) Nr. 17, S. 125–126

[170] Vitruv (Vitruvius Pollio)
De architectura libri decem – 10 Bücher über die Architektur
Berlin: Akademie-Verlag 1964

[171] Vogt, E.
100 Jahre Schneckenstrangpresse – Von der „Thonschraube" zum Vakuumaggregat
Silikattechnik *6* (1955) Nr. 11, S. 491–493

[172] Vosberg, G.
Dachziegel und Ziegeldächer
Ziegelindustrie *4* (1951) Nr.14/14, S. 411–414

[173] Wachtsmuth, F.
Der Ziegel in seiner geschichtlichen Wertung
Ziegelindustrie *4* (1951) Nr. 20, S. 649–652

[174] Wagenbreth, O.
Grundlinien einer Geschichte der Baustoffe und der Baustoffindustrie
Wiss. Z. Hochsch. Archit. Bauwes. Weimar
22 (1975) Nr. 3, S. 309–318

[175] Wagenbreth, O.
Über die „Forderung nach Bodenständigkeit" des in der Architektur verwendeten Natursteins
Wiss. Z. Hochsch. Archit. Bauwes. Weimar
15 (1968) Nr. 5, S. 541–550

[176] Wagenbreth, O.
Über einige historisch bemerkenswerte Ziegeleien in der Umgebung von Zeitz
Wiss. Z. Hochsch. Archit. Bauwes. Weimar
14 (1967) Nr. 4, S. 425–434

[177] Waldegg, H. E. von
Die Kalk-, Ziegel- und Röhrenbrennerei
Leipzig: Verlag Theodor Thomas 1861

[178] Weber, M.
Die Kunst des Bildformers und Gypsgießers
in: Neue Schauplätze der Künste und Handwerke
Weimar: Verlag B. F. Voigt 1861

[179] Wecke, F.
Handbuch der Zementliteratur
Berlin-Charlottenburg: Zementverlag GmbH 1927

[180] Weidhaas, H.
Aufgaben und erkennbarer gegenwärtiger Stand der Forschung über in Holz und Stein kombinierte Baukonstruktionen im Altertum
Teil 1:
Wiss. Z. Hochsch. Archit. Bauwes. Weimar
4 (1956/57) Nr. 3, S. 149–166
Teil 2:
Wiss. Z. Hochsch. Archit. Bauwes. Weimar
4 (1956/57) Nr. 4, S. 235–247
Teil 3:
Wiss. Z. Hochsch. Archit. Bauwes. Weimar
4 (1956/57) Nr. 5, S. 317–328

[181] Wein, G.
Geschichtliches über den Mauerziegel
Bauzeitung *9* (1955) Nr. 9, S. 33–35

[182] Wernekke
Aus der Geschichte des Eisenbetons
Zement *14* (1925) Nr. 29, S. 20

[183] Wesche, K.
Alfred Hummel's Beitrag zur Betontechnologie der letzten 50 Jahre
in: 3. ibausil. Tagungsbericht, Sektion 3
Weimar: Hochsch. f. Archit. u. Bauwes.
Weimar 1968

[184] Wicht, B.
Abgabe toxischer Stoffe aus Baustoffen
Literaturbericht (unveröffentlicht)
Weimar: Bauinformation, Fachbereich Baustoffe Weimar 1988

[185] Wicht, B.
Biotechnologie in der Baustoffindustrie – Mikrobielle Beeinflussung von Eigenschaften silikatischer Roh- und Baustoffe
Reihe Bauforschungsberichte Nr. T 2540
Stuttgart: IRB-Verlag 1993

[186] Wicht, B.
Glasfaserverbundstäbe anstelle von Stahlbewehrung
Literaturzusammenstellung Nr. 7/23/86
Weimar: Bauinformation, Fachbereich Baustoffe Weimar 1986

[187] Wicht, B.
Kohlenstoffaserverstärkter Beton
Literaturzusammenstellung Nr. 7/19/90
Weimar: Bauinformation, Fachbereich Baustoffe Weimar 1990

[188] Wilhelm, H.
Aus der Geschichte der Glasbläserei
Teil 1
Sprechsaal f. Keramik, Glas, Email
92 (1959) Nr. 11, S. 283–284
Teil 2
Sprechsaal f. Keramik, Glas. Email
92 (1959) Nr. 13, S. 355–356

[189] Würzener, K.
Aus den ersten Tagen des Portlandzementes in Deutschland
Zement-Kalk-Gips *5* (1952) Nr. 5, S. 133–137

[190] Zamarovskij, V.
Den sieben Weltwundern auf der Spur
Leipzig: Brockhaus-Verlag 1981

[191] Zipkes, E.
Straßenbautechnische Zeittafel
von 500 v. Chr. bis 2000 n. Chr.
Bitumen *39* (1988) Nr. 4, S. 170–173

[192] An der Wiege des Mauerziegels
Ziegelindustrie *9* (1956)
Nr. 18/19, S. 730–732

[193] Antrag des Vorstandes auf Erbauung eines Laboratoriums in Berlin und Anstellung eines Chemikers als Leiter desselben
Protokoll der Verhandlungen des Vereins Deutscher Portland-Cement-Fabrikanten, 22. u. 23. Februar 1899
Berlin: R. F. Funke 1899

[194] Aus den Kindertagen des Portland-Zements
Beton-Zement-Markt (1953) Nr.3/4, S. 39

[195] Bericht über die Leistungen auf dem Gebiet der Keramik und der verwandten Industrie – I. Ziegelfabrikation
Notitzblatt des Deutschen Vereins für Fabrikation von Ziegeln, Tohnwaaren, Kalk und Zement 14 (1878) Nr. 4, S. 399–401

[196] Bricks without straw
The Gypsum J. (1960) Nr.18, S. 3–7

[197] Chinas große Mauer
Bautenschutz u. Bausanierung 11 (1988) Nr. 3, S. 23–28

[198] Das Normal-Ziegelformat und die bayrische Bauordnung
Deutsche Bauzeitung (1878) S. 190–191

[199] Daten aus der Geschichte des Bitumens
Bitumen 3(1933)Nr.8, S.175

[200] Der erste Zementbrand der Stettiner Portland Cementfabrik im Dezember 1853
Zement 14 (1925) Nr. 10, S. 212–213

[201] Der Zirkular-Erlass des Preussischen Handelsministers über die Einführung des neuen Ziegelformats
Deutsche Bauzeitung (1870) S. 397

[202] Deutscher Zement 1852–1952
Hrsg.:Verein Deutscher Portland- und Hüttenzementwerke e.V.
Wiesbaden: Bauverlag 1952

[203] Die Epoxidharze in zwanzigjähriger Entwicklung
Kunststoffe-Plastics 14 (1967) Nr. 5, S. 154–159

[204] Erfahrungen aus der Geschichte des Walzasphaltes
Bitumen 3 (1933) Nr. 5, S. 110

[205] Formziegel
Bauzeitung 7 (1953) Nr. 1, S. 31

[206] Geschichte der Urgesellschaft
Berlin: Deutscher Verlag Wissenschaft 1982

[207] Mit Stahlbeton bauten bereits römische Ingenieure
Beton 37 (1987) Nr. 2, S. 41

[208] Weltrekord in Betonhochförderung – Mit serienmäßiger Betonpumpe 532 Höhenmeter überwunden –
Beton 44 (1994) Nr. 9, S. 550–552

[209] Zum Andenken an John Loudon Mac Adam
Bitumen, Teere, Asphalte, Peche u. verwandte Stoffe
7 (1956) Nr. 11, S. 411

[210] Werner, F.; Seidel, J.
Der Eisenbau –
Vom Werdegang einer Bauweise
Berlin, München: Verlag für Bauwesen 1992

[211] Pauser, A.
Eisenbeton 1850 – 1950 – Idee, Versuch, Bemessung, Realisierung
Wien: MANZ Verlags- und Universitätsbuchhandlung 1994

[212] Geschichte der deutschen Kalkindustrie
Hrsg.: Bundesverband der Deutschen Kalkindustrie e.V.
Bonn: Köllen Druck+Verlag GmbH 1992

[213] Leiße, B.
Holzschutzmittel im Einsatz – Bestandteile, Anwendungen, Umweltbelastungen
Wiesbaden, Berlin: Bauverlag GmbH 1992

Bildnachweis

Bild 1	Wicht
Bild 2	Lit. 159
Bild 3	Silikattechnik, 12(1961)Nr.8
Bild 4	Lit. 145
Bild 5	Lit. 145
Bild 6	Lit. 145
Bild 7	Lit. 145
Bild 8	Lit. 145
Bild 9	P.M.Perspektive (1993)Nr.34
Bild 10	Lit. 145
Bild 11	König: Propyläen Technikgeschichte 1992
Bild 12	Lit. 115
Bild 13	Lit. 109
Bild 14	Lit. 145
Bild 15	Lit. 145
Bild 16	P.M.Perspektive (1993)Nr.34
Bild 17	König: Propyläen Technikgeschichte 1992
Bild 18	Duruy: Die Welt der Griechen 1989
Bild 19	Duruy: Die Welt der Griechen 1989
Bild 20	Duruy: Die Welt der Griechen 1989
Bild 21	König: Propyläen Technikgeschichte 1992
Bild 22	Lit. 109
Bild 23	Lit. 109
Bild 24	Duruy: Die Welt der Griechen 1989
Bild 25	Lit. 109
Bild 26	Lit. 109
Bild 27	Lit. 109
Bild 28	Lit. 109
Bild 29	König: Propyläen Technikgeschichte 1992
Bild 30	Lit. 145
Bild 31	Lit. 78
Bild 32	Lit. 78
Bild 33	Lit. 78
Bild 34	Lit. 78
Bild 35	Lit. 78
Bild 36	Lit. 137
Bild 37	P.M. Perspektive (1993)Nr. 34
Bild 38	Ziegelindustrie (1984)Nr.1
Bild 39	Lit. 137
Bild 40	Stark
Bild 41	P.M. Perspektive (1993)Nr. 34
Bild 42	König: Propyläen Technikgeschichte 1992
Bild 43	Lit 137
Bild 44	Lit. 145
Bild 45	König: Propyläen Technikgeschichte 1992
Bild 46	Lit. 145
Bild 47	Lit. 137
Bild 48	Ziegelindustrie (1987)Nr.11
Bild 49	Lit. 18
Bild 50	Lit. 137
Bild 51	Lit. 137
Bild 52	Lit. 137
Bild 53	Lit. 145
Bild 54	Lit. 64
Bild 55	Lit. 138
Bild 56	Lit. 145
Bild 57	Lit. 145
Bild 58	Lit. 64
Bild 59	Bogue: The Chemistry of Portland Cement 1947
Bild 60	Lit. 64
Bild 61	Lit. 64
Bild 62	Lit. 17
Bild 63	Lit. 35
Bild 64	Lit. 35
Bild 65	Lit. 64
Bild 66	Lit. 93
Bild 67	Lit. 64
Bild 68	König: Propyläen Technikgeschichte 1992
Bild 69	Lit. 145
Bild 70	Lit. 93
Bild 71	Lit. 93
Bild 72	Lit. 92
Bild 73	Lit. 92
Bild 74	Beton (1987)Nr.2
Bild 75	Lit. 64
Bild 76	Lit. 64
Bild 77	Lit. 64
Bild 78	Lit. 64
Bild 79	Lit. 64
Bild 80	Lit. 119
Bild 81	Lit. 135
Bild 82	Lit. 128
Bild 83	Lit. 183
Bild 84	Lit. 145
Bild 85	Lit. 110
Bild 86	Lit. 42
Bild 87	Lit. 42
Bild 88	Lit. 42
Bild 89	Lit. 43
Bild 90	Lit. 43
Bild 91	Lit. 167
Bild 92	Lit. 167
Bild 93	König: Propyläen Technikgeschichte 1992
Bild 94	König: Propyläen Technikgeschichte 1992
Bild 95	Lit. 109
Bild 96	Lit. 109
Bild 97	Lit. 99
Bild 98	Lit. 96
Bild 99	Lit. 96
Bild 100	Lit. 99
Bild 101	Lit. 167
Bild 102	Lit. 167
Bild 103	Lit. 167
Bild 104	Lit. 167
Bild 105	Lit. 210
Bild 106	Lit. 210
Bild 107	Lit. 109
Bild 108	Lit. 210
Bild 109	Lit. 145
Bild 110	Lit. 145
Bild 111	Lit. 145
Bild 112	Lit. 34
Bild 113	Lit. 109
Bild 114	Lit. 109
Bild 115	König: Propyläen Technikgeschichte 1992
Bild 116	Lit. 109
Bild 117	Lit. 145
Bild 118	Lit. 145
Bild 119	Stark
Bild 120	Lit. 109
Bild 121	Lit. 109
Bild 122	Lit. 112
Bild 123	Lit. 112
Bild 124	Lit. 112
Bild 125	Lit. 112
Bild 126	Lit. 112
Bild 127	Lit. 112
Bild 128	Lit. 112
Bild 129	Lit. 138
Bild 130	Lit. 138
Bild 131	Lit. 138
Bild 132	Aus alten Schriften der Portland-Cement-Fabrik Dyckerhoff & Söhne 1938
Bild 133	Lit. 113
Bild 134	Lit. 64
Bild 135	Lit. 64
Bild 136	Lit. 138

Baustoffqualität
seit 1864

Das Stammwerk in Amöneburg heute (Stadtkreis Wiesbaden)

Sechs starke Marken – jede ein Begriff für Qualität

Die Marken der HEIDELBERGER BAUCHEMIE

Mit sechs am Markt etablierten Marken deckt die HEIDELBERGER BAUCHEMIE das komplette Leistungs- und Angebotsspektrum der Bauchemie in einer einzigartigen Qualität ab. Aufbauend auf dem Erfahrungs- und Marktpotential der einzelnen Marken sowie der Einbindung in die international renommierte HEIDELBERGER ZEMENT, bietet sie ihren Kunden in allen Bereichen ein überzeugendes Angebot.

● **ADDIMENT**
Bauchemie mit dem Schwerpunkt Beton- und Mörtelzusatzmittel. Spezialmörtel für den Ingenieurbau. Hilfsstoffe für das Betonieren und Produkte für den Tiefbau.

● **BAUTA**
die Marke für den Baumarkt. Ein bauchemisches Vollsortiment für den Do-it-yourselfer. 130 Produkte von der Kellerabdichtung bis zum Dachlack.

● **COMPAKTA**
Elastische Dichtstoffe und Montageschäume für Handwerk und Bau. Hochleistungsfähige Fugendichtstoffe auf Siliconbasis und Montageschäume für den Fenster-, Türen- und Fassadenbau.

● **DEITERMANN**
Bauchemie in anwendungsspezifischen Systemen. Marktführer im Bereich der Bauwerksabdichtung. Produkte für die Abdichtung, Fugendichtstoffe, Dachdeckerprodukte, Fliesenlegerprodukte, Fassadenprodukte, Beton- und Mörteltechnologie sowie ein- und zweikomponentige Reaktionsharze.

● **PACTAN**
Klebwerkstoffe für die industrielle Verbindungstechnik. Klebe-Systeme, Dicht- und Vergußmassen.

● **POLYMENT**
Die Spezialmarke für den Bautenschutz und die Instandsetzung von Beton. Betoninstandsetzungs-Systeme und Betonschutz-Systeme. Beschichtungs-Systeme für Industrieböden und den Gewässerschutz sowie Abdichtungs-Systeme für Betonbrücken und Parkbauten.

HEIDELBERGER BAUCHEMIE GMBH · Postfach 1165 · D-45702 Datteln · Telefon 0 23 63/3 99-0 · Telefax 0 23 63/3 99-3 54

KARSDORFER ZEMENT GmbH • Straße der Einheit 25 • 06638 Karsdorf

Tradition und Fortschritt

Für jede Anwendung das richtige Produkt

Ob Verkehrsflächen, Transportbeton, Betonfertigbauteile, Hochbau oder Tiefbau/Umwelttechnik – wir liefern maßgeschneiderte Bindemittel für die verschiedensten Bauvorhaben. Unser anwendungstechnisches Know-how basiert auf jahrzehntelanger Erfahrung. Diese garantiert auch zukünftig eine erfolgreiche Weiterentwicklung der Produkte im Hinblick auf die sich ständig ändernden Anforderungen.

VERKAUF:
Westdeutschland:
Tel.: 02 31/ 92 71 46-0
Fax: 02 31/ 92 71 46-99
Ostdeutschland:
Tel.: 03 36 38/ 54-205
Fax: 03 36 38/ 54-299

ANWENDUNGSTECHNIK:
Westdeutschland:
Tel.: 02 31/ 8 95 01-86
Fax: 02 31/ 8 95 01-66
Ostdeutschland:
Tel.: 03 36 38/ 54-220
Fax: 03 36 38/ 54-299

Ein Unternehmen der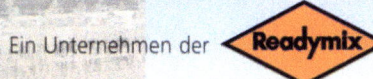

If you have any concerns about our products,
you can contact us on
ProductSafety@springernature.com

In case Publisher is established outside the EU,
the EU authorized representative is:
**Springer Nature Customer Service Center GmbH
Europaplatz 3, 69115 Heidelberg, Germany**

Printed by Libri Plureos GmbH
in Hamburg, Germany